SOCIAL INTELLIGENCE

The New Science of Human Relationships

情商 2

影响你一生的社交商

[美]丹尼尔·戈尔曼/著

魏平　张岩　王珍珍　王乾/译

中信出版集团·北京

图书在版编目（CIP）数据

情商．2，影响你一生的社交商 /（美）丹尼尔·戈尔曼著；魏平等译．-- 3 版．-- 北京：中信出版社，2018.1（2023. 4 重印）

书名原文：Social Intelligence: The New Science of Human Relationships

ISBN 978-7-5086-8377-5

I. ① 情… II. ① 丹… ② 魏… III. ① 情商－通俗读物 IV. ① B842.6-49

中国版本图书馆 CIP 数据核字（2017）第 285324 号

情商 2——影响你一生的社交商

著　　者：[美] 丹尼尔·戈尔曼
译　　者：魏　平　张　岩　王珍珍　王　乾
出版发行：中信出版集团股份有限公司
（北京市朝阳区东三环北路 27 号嘉铭中心　邮编　100020）
承 印 者：北京通州皇家印刷厂

开　　本：880mm × 1230mm　1/32　　印　　张：17.75　　字　　数：296 千字
版　　次：2018 年 1 月第 3 版　　印　　次：2023 年 4 月第15次印刷
京权图字：01-2006-5733
书　　号：ISBN 978-7-5086-8377-5
定　　价：75.00 元

社会发展的唯一目标应该是“日益完美的社交商”、和谐的人际关系以及相互的理解。

——乔治·赫伯特·米德

美国哲学家

目录

> 在人际情感交流中，权力的作用不可忽视。在两个人的交往中，通常权力较小的那个人会更多地调整自己的情绪。如何界定权力的大小是个很复杂的问题，但是在夫妻关系中，“权力”可以大致通过一些实际情况来衡量。比如，谁对对方情绪的影响力更大，或者谁掌握家庭财产大权，或者谁安排日常家庭生活（比如决定是否去参加一个派对）等。

> 如果缺乏一致性，那么交往中的人们就会感觉不舒服，可能会出现不合时宜的回答或者尴尬的冷场。人们可能会烦躁不安或者沉默冷淡。这些不协调会破坏和谐的人际关系。

> 当人们面对面进行交流的时候，情绪的传染会经由双方大脑中的多条神经通道进行。我们发现，负责情绪传染的神经系统可以控制所有情绪，不管是悲伤、焦虑还是兴奋。

当我们以自我为中心时，我们遇到的问题就会越来越多，自我封闭就会越来越严重，我们的世界就会越来越小。而当我们关注他人时，我们的世界就会越来越丰富多彩，我们自己的问题就会显得渺小，而且我们的交往能力可以得到加强，从而引发帮助他人的善举。

只要能够找到一个可以帮助你从不同视角看待自己痛苦经历的人一起重新体验过去的痛苦经历，就可以重新对这种经历进行编码，从而减轻你的痛苦。这可能就是病人和治疗师在遇到困难时安慰自己的良方之一：接受治疗的过程本身就有可能改变大脑对不良信息的储存。

> 如果自恋型领导者只喜欢听好消息的话，整个公司就有产生上述危险的倾向。而且如果那些领导者反感报告坏消息的员工的话，下属们自然而然地就会剔除那些坏消息。当然，并非所有的员工都是违心地过滤真实信息的。那些本身就自恋的员工会非常乐意地去歪曲事实，以满足自己的集体虚荣感。

> 虽然我们并不能完全进入他人的心灵，但是我们可以从他们的面部表情、声音和眼神中对他们的情感和思想做出推断。如果缺少这种能力，我们即使在最简单的人际交往中也会不知所措，不知如何去爱护、关心别人，更不要说去和别人竞争或者谈判了。

另一个出乎科学家意料的因素也左右着孩子的命运，那就是孩子的自尊意识。诚然，青少年的自尊意识总体上取决于他们的生活经历，而不是基因。但是，他们的自尊意识一旦形成，就会独立于父母的教养、同伴的压力和自己的基因，塑造着他们的行为。

在孩子长大之后，他可能不管在什么情况下都会自动采取这种逃避的方式，比如不管自己是否在杞人忧天都会采取防御措施。因此这样的孩子不会以乐观坦诚的态度对待别人，而是用一个冷漠疏远的外壳把自己保护起来。

对于孩子们来说，学会调节自己的情绪比寻求不现实的永恒幸福要重要得多。因此父母的目标不应该是培养孩子不堪一击的“乐观”个性，而是教会他们如何在任何情况下都能依靠自己恢复平静乐观的心情。

20% 的成人属于忧虑型，他们总是担心自己的爱人并不是真的爱自己，或者担心他们会离开自己。糟糕的是，他们对爱人的过度依赖和捕风捉影可能真的会促使爱人离开。他们往往认为自己不配得到爱和关心，但是同时他们往往会要求自己的爱人事事都要做到完美。

依恋的目的并不是要分享彼此所有的思想和感觉，而是要给对方留出自己的空间，这样才能平衡个人的需求和双方共同的需求。一位婚姻专家曾经说过："夫妻越善于保持距离，他们的关系就会越亲密。"

在一起生活几十年并且婚姻美满的夫妻会出现一种有趣的现象。他们之间长期的和谐关系似乎会在他们脸上留下印记：他们的容貌会越来越相似，显然这是长年累月共同的情感体验对面部肌肉影响的结果。每一种情感都会放松或者收紧某些特定的面部肌肉，因此当夫妻一起微笑或者皱眉的时候，他们的面部肌肉也在做着同样的运动。这样他们就会逐渐形成相似的面部曲线、皱纹等，因此会越来越相像。

我们会尽量避免与那些令人不愉快的人进行交流，但是生活中的许多人是我们无法逃避的，他们对我们的影响可能时好时坏：有时候他们令我们感到开心，有时候又会让我们生气。这种矛盾的关系需要我们在情绪上特别注意。

在与亲近的人相处时，我们控制情绪的能力，比如寻求安慰或者反思苦恼的能力，都会因为对方而得到加强。他们可能会提供建议或鼓励，或者通过积极的情绪传染来影响我们。

情绪会对人们的健康产生一定影响。因此，即使是打着提高效率的幌子，忽视病人作为一个人的基本需要也是欠妥的，这等同于自动放弃了治疗中潜在的生理同盟。

当我们感到悲伤时，我们的思维往往会比较混乱，而且往往会丧失追求阶段性目标的兴趣，哪怕这些目标对于我们来说十分重要。心理学家在研究情绪对学习能力的影响后总结说，如果学生在课堂上既不开心也不专心，那么他们只能学到一些皮毛。

> 第一次入狱是改造犯人的黄金机会，是帮助他们摆脱今后犯罪可能性的关键时期。这一时期十分重要，它决定了少年犯们今后是远离监狱还是屡次光顾。

> 轻微忧虑、担心的感觉，或者因为对“它们”的文化不了解而产生的不安感觉，都足以歪曲我们的认知分类。每一次忧虑、每一次媒体的负面报道和每一次遭受不公正待遇的感觉，都会为大脑增加歧视他们的“证据”。随着这些证据的不断积累，忧虑就会演变成反感，进而又会演变成敌视。

中文版序言
找到“幸福感的源泉”

一

这不是一本读来让人觉得轻松愉悦的书——它不是以通俗且煽情的文字取悦人的常识，而是以平实的语言和论据表达一种对常识具有颠覆性的见解。对于细心的读者来说，这是一本足以改变其世界观和个人心态的书。当然，作者的真正意图并非做理论性的翻案文章。要想理解本书的要旨，读者不妨先读一读本书的后记和附录。后记的标题“最重要的事情”道出了作者写作本书的意图。

什么是“最重要的事情”？对这个问题的回答，决定了一个人基本的价值取向和行为方式，也最终决定其生活质量和一生的“投入产出”。2002 年诺贝尔经济学奖得主卡尼曼“快乐水车”的隐喻或许能让我们意识到什么是“最重要的事情”。

卡尼曼经济理论的独特性首先在于其理论的“终极关怀”大异于传统的“经济人”假设。为了理论推导的方便，传统经济学把人的需求和行为方式大大简化，人被简化为一个“单向度的人”：总是以理性、计算的方式谋求自身利益最大化的人。这种假设最初只是被当作一种理论建构的“方便法门”，但久而久之被当成了一种不言而喻的真理，进而成为一种普遍的“常识”和“世界观”。大经济学家与小市民都不约而同地相信：人的所有行为的动机全都是为了自身利益最大化。最大化的个人利益通常被称为“财富”，“财富”又通常被等同于“幸福”（英语 Fortune 一词兼具“财富”和“幸福”之义，著名的《财富》杂志在中国曾一度被译为《幸福》）。当幸福与财富被等同为一的时候，无论是评判个人的价值还是评判社会的价值的标准，都被归入大一统的经济价值标准之中，成为“三位一体”的价值标准。这个标准相当明确和硬性，那就是 GDP（国内生产总值）。

亚当·斯密在写《国富论》的时候已经隐约看到了财富逻辑令人担忧的一面：财富增长的特性，意味着人们对没用物质的需求会无限滋生。创造更多的财富意味着必须生产越来越多的用完即扔的东西，因为财富的增长就是以交易量（最终汇入关于 GDP 的统计数字中去）的增长来衡量的，而生产经久耐用的东西和对不断推陈出新的各种用完即扔的产品的需求的缺乏，会抑制社会总交易量（即社会财富）的增长。社会和个人的成就感和幸福感被精确地量化，存量变得无关紧要，关键是增量。已有的东西的价值被迅速地清零，无法刺激起人的成就感和幸福感。人不是从已获得的东西中细致地感受其价值，而是从财富数量的增加和“破纪录”中感受到价值。

这就是卡尼曼所说的“快乐水车”。创造财富的过程就像是水车的旋转，在旋转的过程中，水车上的一个个小桶不断地把水舀起然后倒出去。亿万富翁与平民的差别，如同一个创造了巨大的财富流水量的水车与一只小桶的差别。“富人享受过的东西可能比穷人要多，但是他们只有获得更多的享受才能体会到和穷人一样多的幸福感。”水本身刺激不起“水车”的幸福感和成就感，能唤起其成就感的，是纪录不断被打破的水的数量。

这样，追求幸福被置换为创造财富，而创造财富又被置换为近乎“俄罗斯方块”的数字游戏。数字的增长成为幸福和快乐的唯一源泉，成为“最重要的事情”。

这种源泉是相当不可靠的。这不仅因为增长一旦停止或变成负增长，这种基于数字的快乐就会迅速被无聊和痛苦所取代，而且这种盲目追求财富数字增长的发展模式和生活方式本身就是社会和个人生活劣质化的原因。GDP 持续增加的结果并非“国民幸福总值”的增加，反而可能是自然、社会和个人生活的破坏，以及国民幸福指数的下降。对社会和谐和个人生活幸福来说，财富数字的增加反而可能成为“最不重要的事情”。

那么到底什么才是“最重要的事情”呢？

二

尼采曾经说过，你问最愚蠢的男人三加二等于几，他会说三加二等于六，你问最聪明的女人三加二等于几，她会说三加二等于五根蜡烛。对女性存在明显偏见的尼采无意中说出了一个事实：男性和女性表面上生活在同一个世界里，但感受到的是两个不同的世界。

哲学人类学的创始人马克斯·舍勒认为，资本主义和前资本主义的财富游戏规则的差别源于男性和女性感受世界的方式的差别。男性是视觉的动物，其快乐感受常常是与身体分离的，男人与其说是在追求快乐，不如说是在寻找经验性确认、足以证明其成就感的“证据”，所以男性的幸福感常常与数量、规模相关。相反，女性是听觉的动物，其快乐感受与直接的身体感受相关，女性的幸福感是无须理性证明的，是一种直接的感受，再大的规模和数量都比不上一个真实而微妙的感受能让女性产生幸福感。同样，男性和女性的失落和不快也表现出数量化与非数量化的差别。当一个农户家里丢了一只羊时，男主人的反应是“有只羊丢了”，而女主人的反应是“那只羊丢了”。“有只羊”和“那只羊”之别，实际上折射出两种大相径庭的把握世界的方式。

在舍勒看来，资本主义的游戏规则是男性中心主义的延伸。在一个围绕数量上的破纪录而进行财富竞赛的世界中，越来越要求人以理性和计算的方式把握世界，智力常常被等同于“理性和计算的能力”，而“三加二等于五根蜡烛”被认为是智力低下的表现。人们按近代工厂的流水线作业方式建立起的教育设施——学校，其使命就是培养标准类型（这种标准也是按可量化来设计）的智力，换言之，就是提高可以量化的智力（这种智力的功能就是对世界进行量化把握），即智商。

所谓智力，就是把握世界（环境和人）的多方面信息并做出恰当反应以获得幸福和快乐的能力。以理性和量化的方式来把握世界的能力，只是人的智力的一个方面，它的有效性有赖于特定的情景。但在财富竞争的逻辑下，日益单维化的世界要求人的智力也单维化，作为衡量理性化和量化把握世界效率的智商，成为评判人智力高下的唯一标准。人的智力的其他维度（如情感、社交）被大大忽视了。而忽视情感性智力和社交性智力的结果，是人脑越来越趋向电脑化，人越来越机器人化——拥有高超的智商，在情感和社会交往中却有“心智障碍”。

丹尼尔·戈尔曼深切地感受到这一点。他综合现代心理学、社会学和哲学的成果，对“智商的暴政”提出了强有力的挑战。20世纪90年代，他出版了《情商》一书，先是在美国，然后在全世界引起了强烈反响。情商对于智商的优越性一时成为时尚话题（我们从秉承这种观念的电影《阿甘正传》的巨大成功可以感受到这一点）。

10年后，经过进一步的研究，戈尔曼写出了《情商2：影响你一生的社交商》一书。揭示单维智力（智商）的有限性以及这种单维智力的滥用造成的恶果，展现智力的多维性和完整性，是与《情商》一书一脉相承的主题。但与《情商》相比，《情商2：影响你一生的社交商》一书的视野更为开阔，为人类智力提供了一幅整体的、全息性的图景。

当代心理学、社会神经学的研究成果表明，人对世界的把握能力和反应能力本质上是一种交往能力和对话能力，智商所衡量的那种智力只是这种交往和对话能力中相当有限的一部分。如果以这种智力来作为生存的基本技能甚至唯一技能，就如同只以一官而不是五官来感受和把握世界，陷入心理上的残障而不自知。人与世界、与他人的对话绝不仅仅是理性的、可编码的对话，比这种对话更能把握来自环境和他人的真实而隐秘的信息，决定人能否与环境和他人和谐相处的，是一种可称为“原对话”的对话。在大路神经系统之外，是一套更加精微（当然也更容易被人忽视）的神经系统——小路神经系统。大路神经系统只能把握显性信息，让人对世界和他人进行粗放的反应，而小路神经系统却能捕捉到大量隐性的信息，就像我们在读一首诗时并不只是在识字。弗洛斯特说，诗就是在翻译中失去的那种东西。我们在与他人交往的过程中，最真实的信息和沟通就是被大路神经系统漏掉的那种东西。如果不借助于小路神经系统，我们无法与人进行深切的沟通和交往，无法进行对话之外的“原对话”。而所谓社交商，就是衡量我们与人进行深切交往和“原对话”，实质性影响他人并被他人所影响、提升的能力。

正如戈尔曼所说的：“经济学家开始意识到，他们超级理性的经济理论忽视了人们的小路神经系统，也就是忽略了人们的情感因素，因此无法精确预测人们的选择，更不要说了解他们的幸福感源泉了。

生活的意义主要来自我们的幸福感和成就感。而高质量的人际关系是幸福感和成就感的主要源泉之一。情绪传染意味着我们的相当一部分情绪是通过与他人的交流而产生的。从某种意义上来说，和谐的人际关系就像情感维生素一样，可以帮助我们渡过难关并且在日常生活中滋养我们。”

找到“幸福感的源泉”才是“最重要的事情”。幸福感本质上是一种人的内在机能与外在对象的高度契合感、物我两忘的交融感。其反面是深切的孤独感。正如我在《孤独的狂欢——数字时代的交往》一书中所说的，数字化技术为人们提供了越来越先进的沟通和交往工具（手机、互联网），但这些沟通和交往工具再发达，都只是一种虚拟的、诉诸大路神经系统的沟通和交往，它让人类进入前所未有的狂欢状态，但这终究是一种“孤独的狂欢”。正如迅速升级的电脑并不能提高人的智商，日新月异的网络和通信技术也不能提高人的社交商，它让人们更加方便地对话，但不能实现真正的“原对话”。“原对话”早已发生，就在我们出生之初——母亲与婴儿目光的交流就是这种对话的“原型”，它与智商无关，与技术无关。

在“原对话”发生的那一刻，你会确信，“对整个世界来说，你只是一个人；而对某个人来说，你是整个世界”。

如何获得真正的“领导力”，是商业世界永恒的话题。正如《高效能人士的七个习惯》的作者史蒂芬·柯维在书中指出的，一个真正的领导者是一个无须使用武力的君王，犹如孩子眼中的母亲和父亲，领导力不是靠任命得来的，真正的领导力也不是靠威逼或利诱下属得来的，而是靠深度沟通中形成的深度信赖得来的，它引发的是一种情不自禁的追随和义无反顾的顺从。也就是说，真正的领导力来自高超的社交商。

吴伯凡

《21世纪商业评论》发行人

序言
揭开人际关系的新科学

在美军发动第二次伊拉克战争后不久，曾经有一队美军士兵去当地的清真寺拜访一位穆斯林长老，希望他能够协助分发救援物资。没想到，当地人误以为这些美军士兵是去逮捕他们的精神领袖——那位穆斯林长老，或者是去破坏他们的圣地清真寺的，因此数百名愤怒的当地人聚集在了清真寺外。

这些人包围了全副武装的士兵，他们挥舞着手臂，愤怒地叫喊着，并且不断缩小着包围圈。情况越来越危急，指挥官克里斯托弗·休斯上校急中生智，迅速想出了对策。

他先拿起一个喇叭，命令士兵们单膝跪下。然后又命令他们把枪口朝下放好。

最后他命令道："微笑。"

见此情形，虽然还有一些当地人仍然不依不饶地大声叫喊，但是大部分当地人都报以了友善的微笑。在上校命令士兵们边微笑边慢慢撤退的时候，甚至还有些人亲热地拍了拍士兵们的后背。[1]

这一机智的举动正是快速权衡后的结果。休斯上校必须充分意识到那些当地人是多么敌视他们，并且找到安抚方法。他必须保证士兵们信任他，绝对服从他的命令。他还必须保证他们的姿势能够冲破语言和文化的障碍，和当地人好好沟通。只有具备上述所有条件，他才能在瞬间做出“微笑”的命令。

这种使人无条件服从的权威和察言观色的能力正是一位杰出的执法者所必须具备的素质（当然平息平民骚乱的军官们也必须具备这种能力）[2]。不管你是否赞成美军在伊拉克的军事行动，你都不得不承认这样一个事实：这一事件表明在混乱、紧急的情况下人类的大脑具备多么高明的社交商。

我们也具有和休斯上校一样的神经系统，它不仅可以帮助休斯上校渡过难关，也可以在我们遇到潜在危险时，帮助我们决定到底是逃跑还是周旋下去。这一神经系统在人类历史上使不计其数的人得以保命，直到今天它对于我们来说仍是性命攸关。

在不是特别紧急的情况下，这一神经系统同样可以帮助我们应对每一次与别人的交往，不管是在战场、卧室还是超级市场。当恋人们含情脉脉地四目相视、初次接吻时，这一神经系统就在起作用。它还能解释为什么我们能够和朋友聊得热火朝天。

在节奏和语调非常关键的交流中，这一神经系统起着至关重要的作用。比如，它可以帮助律师了解陪审团成员的确切态度，可以让谈判者意识到自己已经争取到了最大利益，可以使病人信任即将为她做手术的医生。它还能解释为什么在会议中百无聊赖的人们会突然安静下来聚精会神地聆听。

现在，一门新的科学已经能够详细解释上述情况下神经系统的工作原理了。

大脑的社交性

本书旨在介绍一门新兴科学，它能够帮助我们深入洞悉日常人际交往。这门新兴科学最基本的发现就是：在人际交往中，人们大脑的神经系统是彼此联系的。

神经科学已经发现，正是大脑的组织结构使它具备了社交性，当我们与他人交流时，就必然产生大脑间的联系。这种神经系统间的联系使我们在与人交流时影响彼此的大脑，从而影响彼此的行为。

即使最平常的交往也会影响我们的大脑，给我们带来或愉悦或痛苦的情绪。我们交往时越是情绪化，彼此的相互影响就越大。那些和我们日复一日、年复一年生活在一起的人们，特别是那些我们非常在意的人，对我们的影响最为强烈。

在这些神经活动过程中，情绪在大脑里飞扬，就像在跳探戈一样。而社交活动就像一个人际关系自动调节器，当它影响我们的情绪时，也不断影响着大脑功能。

社交中出现的情绪会产生深远的影响，它反过来会影响整个身体，使我们释放出大量荷尔蒙，从而调节从心脏到免疫细胞的整个生理系统。最令人称奇的是，科学家们发现，调节免疫系统的特定基因活动与紧张的人际关系有关。

因此，人际关系不仅影响我们的社会活动，还会大大影响我们的生理系统。正是由于这种大脑间的联系，亲密的人际关系会影响我们的生理状态，不管是在听完同一个笑话后大笑，还是 T 细胞（免疫系统中阻止细菌和病毒入侵的斗士）中哪种基因被激活，都受到人际关系的影响。

因此，人际关系就成为一把双刃剑：友好的人际关系有助于我们的健康，而恶劣的人际关系则会成为危害我们健康的慢性毒药。

1995 年我出版了《情商》一书，本书所依据的科学理论都是在此之后出现的，而且越来越多的新理论正在不断涌现。在写《情商》时，我所关注的是个人通过控制自己的情绪和内在潜力来改善人际关系的能力，描述的是个人的心理状态。而本书则扩展到了交流双方心理状态和心理机制的相互作用。[3]

作为《情商》的姊妹篇，本书旨在从一个新的角度来探讨人类生活，以帮助人们更好地了解自己和周围的世界。[4] 因此，本书的焦点转向了人际交往的瞬间，通过研究许多个这样的瞬间，我们可以了解在人际交往中人们是如何相互影响的。

我们的研究可以解答下面的问题：是什么使精神疾病患者的行为如此危险？家长可以更好地帮助孩子们快乐成长吗？为什么幸福美满的婚姻可以使人获益颇多？良好的人际关系可以使人们远离疾病吗？

老师或者领导者可以影响学生或员工的大脑，使它们发挥最大潜力吗？互相仇视的民族是如何开始和平相处的呢？所有这些问题的答案又会给人们的生活带来什么样的启示呢？

人际交往为什么越来越少

虽然理论上人们知道良好的人际关系是多么的重要，但在实际生活中人与人之间的接触越来越少。这种社交性的逐渐减退包含很多方面，下面就是一些例子。

> 在得克萨斯州的一家幼儿园里，老师让一个6岁的小女孩放下玩具，结果这个小女孩大发脾气，不仅大声尖叫，还摔打椅子。最后她爬到老师的桌子底下，用力踢打，结果把上面的抽屉都踢了下来。她的疯狂发作只是得克萨斯州沃斯堡市幼儿园孩子流行病中的一个案例。[5]这种病症不仅发生在家境困难的学生中，家境富裕的孩子也有这种情况。有人认为孩子们之所以会有这种暴戾情绪，是因为他们的家长迫于经济压力不得不长时间工作，因而孩子们不得不在放学后独自待在家里。即使好不容易和父母相聚，也要承受他们因劳累而产生的暴躁情绪。也有些人认为这是因为孩子们看电视的时间太长了。有数据表明，在美国，40%还在学走路的两岁孩子每天看电视的时间至少有三个小时。也就是说在三个小时内，他们不和任何人交流，自然也就无从学会如何与人相处。因此，他们电视看得越多，上学后就会越蛮横。[6]

在德国的一个城市，有一个骑摩托车的人发生了车祸，被甩到了马路中间。他躺在那里，一动不动。行人们径直从他身边走过，开车的人们在等信号灯的时候好奇地盯着他看，就是没有一个人过来帮助他。终于，在过了漫长的15分钟后，一位司机在等信号灯时摇下车窗，问他是否受了伤，并用手机拨打了救援电话。这件事情被电视台曝光后，引起了公众极大的震惊和愤慨。其实在德国，每一个持有驾照的人都接受过紧急救援培训，就是针对这类突发事件的。但是就像一位德国急诊医生说的那样，人们"看到他人处于危险境地时竟然径直走开，一副漠不关心的样子"。

独自一人生活成了美国2003年最流行的生活方式。过去，家庭成员们经常在晚上聚在一起，共度美好时光。而现在他们发现很难有时间和亲人们待在一起了。在《单人保龄球》(*Bowling Alone*)一书中，罗伯特·帕特南精辟地分析了日益松散的美国社会结构，指出近20年来所谓"社会资本"的重要性正在逐渐降低。衡量这一资本的指标之一就是人们参加聚会的次数和拥有各种俱乐部会员卡的数量。在20世纪70年代，2/3的美国人参加各种俱乐部，定期参加聚会。而到了90年代，这一数字降到了1/3。帕特南分析说，这些数字的变化正反映了美国社会人际交往的减少。[7]但是，一种新型俱乐部的会员从20世纪50年代8 000人发展到了90年代末的两万人。[8]和老式俱乐部中人们面对面地交流并形成一定的社交网络不同，新型俱乐部的会员们都保持着相当的距离。他们通过电子邮件联系，主要的活动也从聚会变成了商业活动。

上面所有的例子都说明人际交往的机会正变得越来越少，这些都是和冷冰冰的科技发展分不开的。

佩戴耳机的坏处

让我们先来看一下罗西·加西亚遇到的麻烦吧。她经营的 Hot & Crusty 面包房位于纽约市的中央地铁站，生意非常好。每个工作日，大批的上班族乘地铁时都会经过这个面包房，因此这里经常会排起长龙。

但是罗西发现越来越多的顾客都心不在焉，目光茫然。当她问“你想要点什么”的时候，顾客经常是一点反应也没有。

然后她再重复道：“你想要点什么？”顾客还是没有反应。

罗西只好提高嗓门，大喊：“你想要点什么？”直到这时候，顾客才会注意到她。[9]

其实，顾客们并不聋，只是他们的耳朵里塞着 iPod（便携式数字多媒体播放器）的耳机而已。他们完全沉浸在自己的世界里，对周围发生的事情一无所知。更确切地说，他们已经与世隔绝。

当然，在 iPod 和随身听把行人与外界隔绝开之前，汽车早就已经开始这样做了。它把人们保护在玻璃、钢铁和宜人的音乐中，使人们可以不受任何干扰地经过公共场所。而在汽车发明之前，人们的代步工具往往是马车或者牛车，在这种交通方式下人们和周围的环境亲近多了。

这种由佩戴耳机所形成的“外壳”只会减少人际交流的机会。戴着耳机的人即使与熟人面对面地碰到，他们也不会注意，更不会去寒暄，因为他们是有理由这样做的：“我们的耳朵听不到外界的声音。”对他们来说，这些熟人只不过是出现在自己周围的普通物体罢了，没有任何其他意义。普通行人至少有机会同熟人打个招呼，和朋友闲聊几句，而这些听 iPod 的人却可以理所当然地目中无人。

当然，从 iPod 使用者的角度来说，他也在和人交流，他是在和音乐的演奏者交流，他在分享他们的喜怒哀乐。但是这些虚拟世界里的“他们”和周围一两步之遥的人一点关系也没有，这位全神贯注听音乐的人完全忽视了周围人们的存在。科技把人们吸引到了一个虚拟世界，让他们忘记了现实生活中的一切。由此产生的社会自闭症只不过是科技不断入侵人们生活的又一后果。

由于数字通信技术的发展，人们即使在度假时也很难摆脱工作的打扰。一项调查显示，美国人 34% 的假期时间都在处理工作事务，以至他们休假回来后觉得比休假前更紧张、更疲惫。[10] 电子邮件和手机更是打破了最后一道防线，进入了人们的私人时间和家庭生活。在我们和孩子们一起野餐时手机可能会响起，爸爸或者妈妈也有可能在晚间聚会的时候离开大家去查收电子邮件。

当然，如果孩子们也在专注于自己的电子邮件、网络游戏或者电视的话，那么他们是不会介意父母离开的。法国一项有全球72个国家25亿人参加的调查表明，2004年人们每天看电视的平均时间为3小时39分钟，其中日本人每天看电视时间最长，为4小时25分钟，美国人紧随其后。[11]

在1963年，当电视开始进入千家万户的时候，诗人T. S. 艾略特就曾警告人们："电视虽然可以让无数的人在同一时间欣赏同一个笑话，但人们仍然会感到非常孤独。"他的话一点没错！

互联网和电子邮件也是如此。在对4 830人进行调查之后，美国的一项研究宣称，对许多人来说，互联网已经取代电视，成为他们打发空闲时间的主要方式。一项研究表明，每上网一个小时，与朋友、同事、家人面对面交流的时间就少了24分钟。但是就像互联网专家、斯坦福大学社会学定量研究院院长诺曼·尼所说的那样："人们是无法通过网络来拥抱和亲吻的。"[12]

人际关系为什么如此重要

本书介绍了社会神经学这一新兴学科中一些对我们很有启发的发现。其实在着手写这本书之前，我对这一领域还一无所知，但是我渐渐发现许多学术文章和新闻事件都与人际关系的神经动力学有关。比如：

> 纺锤形细胞是一种新近被发现的神经细胞，它反应速度极快，可以帮助人们在社交场合迅速做出决定。而且科学家已经证

实这类细胞在人类大脑中的数量要远远超过其他物种大脑中该类细胞的数量。

镜像神经元是脑细胞的一种，它可以使人们察觉他人将要做的动作，并迅速做好模仿的准备。

当一位迷人的女士盯着一位男士看的时候，这位男士的大脑就会分泌一种可以使人产生快乐情绪的化学物质多巴胺。而在这位女士把目光移开后，多巴胺也就消失了。

上述每一个发现都反映了“社交脑”——指挥人们人际交流活动的神经系统——的工作。尽管单独的一个发现说明不了什么，但是当类似的新发现越来越多时，一门新学科就诞生了。

追溯“社会神经学”一词的起源，我发现其最早是由心理学家约翰·卡乔波和加里·贝恩特松在20世纪90年代初期使用的，他们俩在当时是这门新兴科学的先驱。[13] 最近，我在采访卡乔波的时候，他回忆道：“当时在神经科学家当中有许多人都对头盖骨以外的研究持怀疑态度，20世纪的神经科学认为社交行为太过复杂而难以对其进行研究。”

“今天，”卡乔波补充道，“我们可以着手去搞清大脑是如何驱动社交行为的，反过来，我们的社交世界又是如何影响大脑和生理习性的。”

社会神经学已经成为21世纪科学研究的热门领域，[14] 而且这门新学科已经解决了一些长期困扰科学家的难题。比如，不良的人际关系会导致压力荷尔蒙的急剧增加，从而损害抗病毒细胞的某些基因。

这中间的环节就是神经系统的工作机制，即不良的人际关系是如何影响身体产生压力荷尔蒙的。这正是社会神经学要研究的内容之一。

在这一新兴学科中，心理学家和神经学家共同利用功能性核磁共振成像（FMRI）系统来进行研究。核磁共振成像系统可以对大脑活动进行成像，现在一般用于医院的临床诊断。这一系统利用强磁体非常详尽地呈现大脑的活动，而功能性核磁共振成像系统则把该系统与大型计算机连接起来。这些计算机的功能相当于录像机，可以显示当一个人接到老朋友电话时，大脑的哪个部分会兴奋起来。通过类似的研究，我们就可以发现当一个人凝视着恋人时、固执己见时或者策划如何在竞争中取胜时大脑里神经系统的活动了。

社交脑指的是影响人际交流活动和人们对待周围人们以及人际关系态度的神经系统。社交脑与其他所有生理机制最大的不同就是它不仅可以影响我们，还会反过来受到我们社交对象心理活动的影响。[15]而其他的生理器官，不管是淋巴腺还是肺，都是根据身体内部的信号来调节自己的，不受外部信号的任何影响。因此，社交脑是唯一对于外部信号敏感的身体器官。不管人们是在面对面地交流、电话交流，还是肌肤相亲，他们的社交脑都在彼此影响。

通过“神经可塑性”，人际交流甚至可以在某种程度上重塑人们的大脑。也就是说，人们的经历可以影响神经细胞的形状、大小、数量以及它们之间的连接点。如果一个特定情景被不断重复，其中的人际关系就可能会逐渐重塑某些神经细胞。事实上，不管和我们长年累月生活在一起的人们是长期伤害我们，还是给我们带来愉悦的情绪，我们大脑的某些特征都会因此而改变。

这些发现告诉我们，短时间来看，人际关系对我们的影响非常微小，但是假以时日，影响就会越来越强烈持久。因此，如果人们长期处于恶劣的人际关系之中就糟了。不过也不用太担心，因为这些发现同时也指出，这种状况有可能从人生其他阶段的良好人际关系中得到弥补。

因此，人际关系的重要性超乎我们的想象。接下来我们要考虑的就是如何才能处理好人际关系。

社交商的奥秘

早在 1920 年，在人们刚开始热衷于智商测试后不久，心理学家爱德华·桑代克就首次提出了社交商的概念。他曾经给社交商下过这样的定义："理解人类行为和处理彼此关系的能力。"这正是我们生活中必不可少的技巧。

但是这个定义把自控力作为衡量人际交往能力的唯一标准。[16] 即使到现在，一些对社交商的描述也没能区分骗子的伎俩和可以大大改善人际关系的真诚行为之间的区别。

在我看来，社交商仅仅关心自控能力是不够的，因为这只是关心一个人的行为而没有关心与他人间的相互影响。相反，我们应该从更宽的角度来理解社交商：我们不仅要明智地处理好人际关系，而且还要了解在人际交往过程中神经系统的彼此影响。[17]

这样，社交商的研究就从个人角度转向了人际角度，从研究个人能力转向了研究人际交往中的相互作用。而且，研究范围的扩大使我们超越了个人的范畴，来了解人们在人际交往中的生理活动，因此也就超越了利己主义而转向关心双方利益。

这种新视角把一些有助于改善人际关系的因素，比如同理心和关心，也作为社交商的研究对象。因此，本书采用的是桑代克提出的关于社交商的另外一个含义更广的原则——“在人际交往中做到行为得体”。[18]

大脑对社交活动的响应会促使我们行为得体。在这一过程中，不仅我们的情绪会受到交际对象的影响，我们的生理系统也会受到影响。同时，我们的情绪和生理系统的状态也在影响着交际对象的情绪。事实上，我们可以用彼此的影响力来衡量人际关系的亲疏。

既然人与人之间的生理影响如此巨大，那么在人际交往中我们就应该抱有利他的心态，这样才能利人又利己。

人际关系本身的定义也在不断变化，因此我们也应该从全新的角度来理解它。这样做不仅具有深远的理论意义，还会迫使我们重新审视自己的生活方式。

在探讨这些深远影响之前，让我们再回到本书的开头：人们的大脑相互影响，轻松的情绪就这样不可思议地传播开来。

Part

- 1 -

第一部分

人际关系为什么如此重要

第一章

情绪的力量

一天，我去曼哈顿参加一个会议，因为已经迟到，所以我打算抄近道。我穿过一座摩天大楼的室内中庭，打算从另一侧出去，因为我看到那边有一个紧急出口。我本来以为这样可以少走不少路。

但没有想到的是，当我出来时，我发现自己并未像想象中那样来到另外一条街上，而是进入了一个大厅，里面有许多电梯。很快，一个身穿制服的警卫发现了我，他愤怒地挥手示意我出去，并吼道："你不能从这里过去！"

我觉得很奇怪，于是问他："为什么不能？"

他更加生气了，又吼道："私人区域，这里是私人区域！"

我这才明白自己无意间闯入了未设置标志的警戒区域。于是我不安地说道："如果门上挂了'闲人免进'的牌子，我就不会闯进来了。"

结果这个警卫更加愤怒了。

他怒吼着："出去，出去！"

我只得匆匆地退了出来。走过几个街区之后，这个警卫的怒吼声仍然在我耳边回荡。

当其他人向我们宣泄不良情绪，比如说朝我们发火、威胁我们或表现出厌恶和轻蔑时，也会诱导我们产生同样的不良情绪。他们的行为会强烈影响我们的神经系统，也就是说，情绪是具有传染性的。就像感染鼻病毒一样，我们也会感染激动的情绪。而且，就像感染鼻病毒会导致感冒一样，感染激动的情绪会影响我们的后续行为。

与他人的每一次交往都会对我们的情绪产生影响。根据实际情况，它可能会使我们感觉开心、非常开心，或者感觉糟糕，甚至非常糟糕。比如，上面提到的事情就让我非常郁闷。在交往过程结束之后，它所产生的影响可以持续相当长一段时间，这就是所谓的情绪余晖。

这些情绪波动的总和就构成了情绪损益，也就是我们在与某个人交往时，在某个对话中或者在某一天里产生的情绪收益和损失的差额。晚上，当我们回顾一天的活动时，我们的情绪损益平衡情况就决定了这一天到底是“棒极了”还是“糟透了”。

当人际交往带来情绪交流时，情绪损益也就随之产生了。这种人际关系的“柔道”有着多种形式，我们可以把它们归结为影响彼此情绪的能力。比如，如果我使你皱眉头，那就表明我在你心中唤起了不快的情绪；如果你使我微笑，那就表明我感到开心。在这种潜在的交流中，情绪从一个人传递到了另一个人，从身体外部传递到了内部。

如果我们在不恰当的时候碰到不恰当的人，这种情绪交流就可能会给我们带来负面的影响。比如，我就是前面提到的那个警卫愤怒情绪的无辜受害者。就像二手烟一样，不良情绪的宣泄也会伤害到周围无辜的人。

就像我遇到那个警卫时的情况一样，当我们面对他人的愤怒时，我们的大脑会自动判断这是否意味着存在进一步的危险。这种高度警惕是由位于中脑的杏仁核产生的，杏仁核决定我们在遇到危险时到底是战斗、逃跑还是发愣。[1] 在所有情绪中，恐惧最能唤醒杏仁核。

在收到警报后，杏仁核会向大脑各部位发出紧急信息，调动我们的思想、注意力和感官应对引起我们恐惧的事物。因此，我们会本能地更加注意周围人的面部表情，观察他们是否微笑或者皱眉，从而更好地理解他们的意图和我们所面临的危险。[2]

警惕性增强后，我们会对他人的情绪暗示更加敏感。这反过来又会使我们更加容易被他人的情绪感染。因此，恐惧可以增强我们感知他人情绪的能力。[3]

简而言之，杏仁核就像大脑的雷达一样，可以帮助大脑注意到周围新的、令人迷惑的或者重要的信息，以便进一步了解它们。作为大脑的警报器，杏仁核迅速扫描周围环境，对引发强烈情绪的事物，特别是具有潜在危险的事物，保持高度警惕。神经学科学家们早就发现杏仁核可以察觉和触发悲伤情绪，但是不久前才意识到它的社交功能，即作为情绪感染的大脑机制的一部分。[4]

情绪感染是怎么回事

病人 X 中风过两次，眼睛和大脑视觉皮层之间的通路受到了破坏。因此，虽然他的眼睛可以接收信号，但是大脑无法破译它们，甚至根本感受不到这些信号的存在。X 好像是完全失明了，或者可以说他已经完全失明了。

当医生让X看各种各样的图形，比如圆形、正方形时，他没有任何反应。让他看人们的面部照片时，他也没有反应。但是如果照片上的人带有幸福或者悲伤的面部表情的话，他就突然能够辨认出这些表情，而且准确率颇高。他是如何做到的呢？

人类的视觉信号一般是从眼睛通过丘脑进入大脑的视觉皮层。但当X辨认这些表情时，医生对他的大脑进行扫描发现，信号（比如视觉信号）也可以从丘脑直接到达杏仁核，然后杏仁核会从诸如怒容、姿势和语调的改变等非语言信息中飞速提取其中的情绪含义。这个过程非常迅速，甚至在我们还没有意识到自己在看什么的时候就已经完成了。

虽然杏仁核对非语言信息非常敏感，但是它和语言中心并不直接连接，也就是说它是“无言”的。当我们感受到某种情绪时，我们接收到的是大脑回路发出的信号，而不是语言中枢通过言语形式对我们情绪的模仿。[5]因此，与其说X看到了某些情绪，还不如说他感受到了这些情绪，我们称这种现象为“情感盲视”。[6]

在正常的大脑中，杏仁核也是通过丘脑来接收情绪信息的，比如兴高采烈的语调、眼神里的愤怒或者失败后颓丧的姿势等，然后下意识地处理这些信息。这种下意识又引发自身类似的情绪，这正是“感染”他人情绪的主要生理机制。

我们可以彼此影响，引发任何一种情绪，这证明情绪传染机制具有强大的力量。[7]这种传染是情绪损益（在所有人际交往中情绪的接受和给予）的主要形式，这种情绪损益和我们实际进行的活动无关。

比如，某位超市收银员乐观的情绪会影响他接待的每一位顾客。他可以使人开怀大笑，即使心情最郁闷的人离开的时候也会面带笑容。这位收银员扮演的就是情绪给予者的角色。

很多场合都会出现这种情绪传染，比如观众在观看悲剧电影时会黯然落泪。这种传染是比较明显的。还有些传染是比较微妙的，比如，我们在和某人会面后变得有点暴躁。尽管我们可以察觉到明显的情绪传染，但是我们对这种传染是如何进行的知之甚少。

情绪传染的例子证明了大脑小路神经系统的运行。所谓小路神经系统指的是下意识运行的神经系统，它的运行是自动进行的，不费我们任何力气，而且速度非常快。我们所做的大部分事情，特别是跟情感有关的，都是由它来处理的。当我们被一张漂亮的面孔迷住，或者察觉到别人话语里的讽刺意味时，都是小路神经系统运行的结果。

与之对应的大路神经系统的系统性和条理性非常强，需要人们有意识地对它加以控制。我们能感觉到它的存在，并且它还可以帮助我们控制内在心理活动，而小路神经系统是做不到这一点的。比如，大路神经系统可以帮助我们想出办法来接近那张漂亮的面孔，或者对别人的讽刺进行反击。

从某种意义上说，小路神经系统是“湿”的，情感从中滴落；而大路神经系统是“干”的，是极度理性的。[8] 小路神经系统传送原始感觉，大路神经系统则对当前状况加以分析。小路神经系统使我们迅速感受到他人的情绪，而大路神经系统可以仔细分析我们的感受。通常来说，它们的配合天衣无缝，我们的社交生活正是它们共同作用的结果。[9]

情绪可以由一个人悄悄地传递给另外一个人，双方都不会察觉，因为这种传递是由小路神经系统来进行的。简单地说，小路神经系统依靠的神经回路是杏仁核和其他类似的自动节点，而大路神经系统则把接收到的信号传送到前额叶皮层，也就是大脑的管理中心，它可以进行理性的思考，这样我们就可以对发生在我们身上的事情加以分析了。[10]

这两条途径接收信息的速度差别很大。小路神经系统速度很快，但是不怎么精确；大路神经系统虽然速度较慢，但是可以帮助我们更加精确地分析。[11] 也就是说小路神经系统速度快但是草率，大路神经系统速度慢但是精确。就像20世纪的哲学家约翰·杜威说的那样，一个是“鲁莽，不假思索的”，另一个是“机警而又深思熟虑的”。[12]

由于这两个系统运行速度的差别——感性的那个比理性的那个速度要快好几倍，我们可能会后悔刚刚做出的草率决定，或者尽力说服自己接受它。小路神经系统做出决定之后，大路神经系统可以做的就是尽量自圆其说。就像科幻小说家罗伯特·海因莱恩曾经讽刺的那样：“人类不是理性动物，而是正在理性化的动物。”

情绪感染是如何发生的

一次，我在外地出差，打电话时拨错了号码，听到电话录音里有个友善的声音说：“您拨打的电话是空号。”我现在还记得自己当时有多么惊喜。

不管你信不信，这个温柔的电话录音的确给我带来了些许温暖。这很大程度上是因为我们当地的电话公司是用电脑合成语音播放同一条信息的，我对此极度厌恶。而且，不知道为什么，这种合成语音的音调非常刺耳，就好像在惩罚你打错了电话一样。

我对这种合成语音刺耳的语调深恶痛绝，它总是让我感觉好像有个爱管闲事的人在对我指手画脚。我一听到这种录音就会心烦意乱，当然这种恶劣心情持续的时间可能并不长。

即使是这种小事，对情绪的影响也可能是惊人的。让我们来看看德国乌兹堡大学精心设计的一个实验吧。[13] 在这个实验中，学生志愿者们听的录音材料内容非常枯燥，是英国哲学家大卫·休谟所著的《人类理解研究》（*Philosophical Essay Concerning Human Understanding*）的德文译本。这个录音有两个版本，一个语调轻快，一个语调忧愁。这种差别非常细微，除非用心去听，否则根本察觉不了。

尽管这两种语调的差别并不明显，但听完录音之后，一些学生的情绪稍微欢快了点，另外一些则比听之前更加阴郁了。但是他们并没有意识到自己心情的变化，更不知道为何会发生这种变化。

即使学生们边听边把金属针插入木板的缝隙中（以分散自己的注意力），录音还是能够引起他们情绪的变化。这一分散注意力的活动好像只影响了大路神经系统，妨碍了学生对哲学内容的理性思考。但是它丝毫没有影响情绪的传染，这就说明小路神经系统仍然畅通无阻。

哲学家认为，情绪和其他明显情感的区别之一就是其起因的不可表达性。也就是说，一般情况下我们都知道是什么引起了自己的某种情感，却不知道自己为何陷入某种情绪之中。乌兹堡大学的实验表明，尽管我们可能并未察觉，但我们周围到处都存在着情绪诱因，比如电梯里甜美的背景音乐、某个人酸溜溜的语气等。

他人的面部表情也是情绪诱因之一。瑞典的科学家发现，看到一张快乐的面孔会诱使我们的面部肌肉做出非常短暂的微笑表情。[14] 事实上，当我们注视带有强烈表情的照片时，不管表情是悲伤、厌恶还是喜悦，我们的面部肌肉都会自动模仿它。

由于这种不自觉的模仿，周围人们细微的情绪变化也会影响到我们，这为人际间大脑的连接又打开了一条通道。性格特别敏感的人非常容易受到这种情绪的传染，而一个自我封闭的人所受的影响就要小得多。无论是上述哪种情况，情绪传染都是悄悄进行的，交际双方都不会察觉。

当看到一张笑脸时，即使我们没有意识到这张笑脸的存在，我们的面部肌肉也会做出微笑的动作。人们的肉眼可能察觉不到这种微笑，但是科学家们在监测面部肌肉时可以清楚地看到它。[15] 而且我们的面部肌肉好像已经做好了准备，随时可以展开这个笑容。

这种模仿对我们的生理系统也产生了一些影响，因为我们的面部表情会在体内引发相应的情绪。也就是说，我们可以有意地通过改变面部表情来转变自己的情绪。比如，咬住一支铅笔，使自己做出微笑的表情，这样就会产生些许积极情绪。

埃德加·爱伦·坡就在无意中应用了这一原则。他曾经写道："在写作中，当我想体验一个人有多么善良或者邪恶，或者想体会他当时的想法时，我就会尽可能地在自己脸上呈现出他的表情，然后体会一下自己心中产生了什么样的情感，就好像根据面部表情来调节心情一样。”[16]

下面的这个故事发生在1895年的巴黎。一群勇敢的人壮着胆子参观了前卫摄影家卢米埃尔兄弟的一个展览。卢米埃尔兄弟展出的是“移动的画面”——历史上的第一部电影《火车到站》。电影是无声的，描述的是一列火车正在轰隆隆地进站，不断冒着烟，冲向镜头。

结果观众们都吓得尖叫起来，躲到了椅子下面。

在此之前，人们从来没有见过移动的画面，因此这些可怜的观众就把电影画面上的火车当成了真实的火车。电影史上最伟大的时刻理应就是发生在巴黎的这一刻，因为从那之后人们才意识到自己那一刻看到的只不过是虚幻的影像。当时，那些观众和他们大脑的感知系统都认为银幕上的画面是真实存在的。

就像一位电影评论家说的那样：“电影的魅力就在于它让人觉得它是真实的。”直到现在，这句话仍然适用。[17]这种真实的感觉吸引着电影爱好者，主要是因为电影画面可以像真实生活一样引起大脑神经系统的反应。因此，即使是银幕上的情绪也可以传染给我们。

以色列的一个研究小组发现了一些银幕画面与观众之间情绪传染的神经系统工作机制。他们让一些志愿者观看了20世纪70年代意大利拍摄的美国西部牛仔片《善恶丑》中的一些片段，并且利用功能性核磁共振成像系统对他们的大脑进行了监测。他们根据这一实验发表的论文是神经学领域唯一一篇得到克林特·伊斯特伍德（《善恶丑》中的男主角）帮助的文章。这个研究小组得出结论认为，电影就像操纵木偶一样影响着观众大脑的神经系统。[18]

和 1895 年巴黎的那群惊恐的观众一样，所有观众的大脑都认为电影中虚幻的故事就发生在身边。我们的大脑好像根本无法区分虚拟世界和现实世界。所以，当银幕上突然出现一个脸部的特写镜头时，观众大脑中负责识别面孔的区域就会积极活动。而当银幕上显示一座大厦或者一个街景时，观众大脑中负责识别现实生活中这些物体的区域也会被激活。

当银幕上显示一些复杂的手部活动时，观众大脑中控制触觉和运动的区域就会活动。当听到枪声、爆炸声或者看到紧张的故事情节时，观众大脑的情绪中心也会爆发。总之，我们观看的电影可以操纵我们的大脑。

观众的情绪也会相互传染。在看电影的过程中，一个观众大脑中的活动会紧接着发生在另一个观众身上。每个人在观看电影的过程中，银幕上的动作都会引发其相应的内心活动。

就像社会学的一条原理说的那样：“如果一件事情的推论是真实的，那么它本身也是真实的。”因为大脑对虚拟景象做出的反应和对现实做出的反应是一致的，所以虚拟景象也会引发生理反应。在这个过程中也是小路神经系统在起作用。

这种操纵性也有例外，其中很重要的一个就是大路神经系统所经过的前额叶皮层（也就是大脑的管理中心，控制理性思考的）并不承认这种虚拟世界与现实之间的对等（比如，这只不过是部电影）。所以，当看到银幕上的火车冲着我们呼啸而来时，我们虽然仍有些害怕，但不会像以前的人们那样惊慌失措了。

我们遇到的事件越不寻常，大脑对它的关注度就会越高。[19] 有两个因素可以增强大脑对虚拟景象，比如电影的关注程度，一个是强烈的感官刺激，还有一个是激烈的情绪（比如尖叫或者号啕大哭）。这就难怪许多电影中会出现暴力情节——它可以吸引人们大脑的注意，而巨大的银幕本身就足以产生强烈的感官刺激。[20]

情绪具有很强的感染力。不管是察觉到别人瞬间的微笑或皱眉，还是阅读枯燥的哲学论文，都可能引起我们情绪的涟漪。

她为什么会压抑自己的真实情感

两个完全陌生的女人刚刚一起看完一部悲惨的纪录片，是关于第二次世界大战中原子弹爆炸给日本广岛和长崎带来的灾难性后果的。看完之后，她们都觉得心绪不宁，感到厌恶、愤怒和悲伤。

但是当她们开始谈论她们的感受时，奇怪的事情发生了。其中一个女人非常坦率地表达了她的愤怒和厌恶，而另一个则压抑了自己的真实情感，假装冷漠。在她的同伴看来，影片没有引起她情绪上的波动，即使有那么一点点的话，也只是使她稍微有点心烦意乱而已。

其实这一切都是按计划进行的。那两个女人都是斯坦福大学一项实验的志愿者。这项实验的目的在于研究压抑真实情感对社交活动的影响，因此它要求其中一个女人隐藏自己的真实情感。[21] 我们可以想象，在交流中，那个坦率的女人肯定能感受到自己的同伴是多么不真诚，她肯定感觉到自己永远都不会跟这个虚伪的女人做朋友。

在谈话中，那个压抑自己情感的女人感到紧张、不自在，血压明显升高。压抑不良情绪会引起生理上的不良反应，血压升高就是很好的证明。

但是最令人惊奇的是，那个坦率的女人的血压同样也升高了。由此可见，紧张情绪不仅可以被感知，而且还可以传染。

大脑的默认反应是真诚地表达自己的想法。神经系统会把感染我们的每一种情绪都传递到面部，然后把它表现出来。情绪的表现是自动的、下意识的，因此压抑自己的情绪就需要有意识的努力。隐藏真实想法，比如掩饰自己的恐惧或愤怒，都需要主动的努力，而且很难成功。[22]

比如，一个朋友告诉我，在她第一次和她的房客交谈时，她就“知道”他是一个不能信任的家伙。果然，当她要搬回来时，那个家伙却拒绝搬出去，而她又没有其他地方可去。于是，她只好诉诸法律，但是法律同样也保障租房人的权益。因此，在律师为她争取回房子之前，她将无家可归。

她只见过他一次，就是在他来看房子的时候。她叹气道：“他身上不知什么地方就是让我感到不信任。”

“他身上不知什么地方”表明大路神经系统或小路神经系统可以帮助我们早早地察觉虚伪。这种专门用来怀疑的神经系统和产生同理心与和谐的神经系统不同，它的存在本身就表明察觉别人的虚伪是一种重要的能力。进化论认为，这种怀疑的能力和信任、合作的能力一样，是人类生存必不可少的。

一项研究揭示了这种控制怀疑能力的神经雷达。这项研究记录了志愿者们在观看一部悲剧时大脑的活动。随着演员们面部表情的变化，观众大脑中被激活的神经系统也会发生变化。如果演员流露出悲伤的表情，那么观众的杏仁核及与悲伤相关的神经系统就会被激活。

但是如果演员在这出悲剧中露出微笑，这种不和谐就会激活观众大脑中负责警惕威胁或冲突的神经系统。而且，观众还会非常讨厌这位与整部悲剧不和谐的演员。[23]

杏仁核会自动扫描我们遇到的每一个人，看他们是否值得信任，比如说，如果我走近这个家伙会有危险吗？我能信赖他吗？事实证明，杏仁核大面积受损的病人丧失了判断他人是否值得信任的能力。当这些病人看到普通人通常会觉得非常可疑的人的照片时，他们的感觉与看到那些大多数人眼中可以信赖的人时并没有什么区别。[24]

我们对他人的信赖预警系统有两条通道：大路神经系统和小路神经系统。[25] 当我们有意识地做出判断时，是大路神经系统在运行。由杏仁核做出的判断则是无意识的，这时是小路神经系统在运行，它能够使我们快速做出反应，保护自己。

他为什么那么吸引女人

乔瓦尼·维利奥托是一个典型的唐·璜式人物。他魅力非凡，风流韵事层出不穷。他甚至同时娶了好几个老婆。

没有人确切知道维利奥托结过几次婚。但是可以肯定的是，他至少娶过100多个女人，这完全可以称得上是一项事业。实际上，他的谋生方式就是与富婆结婚。

但最后，帕特里夏·加德纳，他的下一个结婚对象，以重婚罪把他告上了法庭，于是他的“爱情事业”崩溃了。

为什么会有那么多女人对维利奥托如此痴迷呢？从对他的审判中，人们看出了一些端倪。加德纳承认，这个爱情骗子吸引她的一点就是所谓的“诚实的特质”。比如，他即使在说谎的时候，也会微笑着直视她的眼睛。[26]

和加德纳一样，情绪专家们也非常重视一个人的目光。这些专家认为，通常情况下，人们悲伤的时候会垂下目光，感到厌恶时会移开目光，而当感到愧疚或羞耻时则可能垂下或者移开目光。大部分人都能本能地察觉这种目光变化所隐含的情绪，所以人们经常把“是否直视我们的眼睛”作为衡量一个人诚实与否的标准。

维利奥托和其他高明的骗子一样，非常清楚这一点。当他面对自己的爱情猎物时，能够完美地伪装出真诚的微笑和目光。

我们可以从维利奥托的故事中得到一些启示，当然这种启示应该是教我们如何建立和谐的人际关系，而不是让我们学会如何说谎。测谎界泰斗保罗·埃克曼认为，这种看似真诚的目光并不足以说明一个人是否坦诚。

在研究面部肌肉如何表达情绪数年之后，埃克曼的兴趣转向了测谎。他敏锐地捕捉面部表情的细微变化，发现了人们伪装出来的表情与真实情感流露之间的差异。[27]

说谎需要大路神经系统有意识的活动，以便大脑的管理中心支配我们的言行。埃克曼指出，说谎者的注意力大都集中在如何编织谎言上，较少注意自己的面部表情。

这种对真实情感的压抑既需要精力也需要时间。如果一个人在回答别人问题时说谎的话，他的反应会比说实话的人慢 0.2 秒。这一显著的时间差异说明说谎者需要精力和时间把谎说圆，并且控制可能会流露真实情绪的表情和身体动作。[28]

完美的谎言需要专心致志才能完成，这种专注是通过大路神经系统实现的。但是一个人的精力是有限的，而说谎又需要特别的注意力，因此神经系统资源配置的不足就使前额叶皮层忽视了另外一个任务，那就是压抑任何可能会揭穿谎言的情绪的流露。

当然，语言本身就可能使一个谎言露馅。但是更多时候，我们是从说谎者的话语与面部表情的矛盾中判断出他们在说谎的。比如有个人告诉我们他“感觉很好”，但同时颤抖的嗓音会泄露他焦虑的心情。

埃克曼告诉我：“世界上没有百分之百灵验的测谎仪，但是我们可以发现一些谎言的蛛丝马迹。”他所说的蛛丝马迹就是人们话语与情绪的矛盾。如果一个人的反应时间较长，就要引起注意了，这可能是因为他紧张，也可能是因为他在说谎。

面部肌肉是由小路神经系统控制的，而选择说谎则是由大路神经系统控制的。面部表情会掩饰谎言，但是大路神经系统想要掩饰的真实情绪会被小路神经系统无意间流露出来。

小路神经系统为我们大脑间的交流提供了多条途径。这些神经系统帮助我们处理人际关系，判断哪些人是可以信赖的，哪些人是应该避开的。它还使我们在人际交往中像变色龙一样，根据周围人们行为的变化而变化。

夫妻为什么会吵架

在人际情感交流中，权力的作用不可忽视。在两个人的交往中，通常权力较小的那个人会更多地调整自己的情绪。[29] 如何界定权力的大小是个很复杂的问题，但是在夫妻关系中，“权力”可以大致通过一些实际情况来衡量。比如，谁对对方情绪的影响力更大、谁掌握家庭财产大权、谁安排日常家庭生活（比如决定是否去参加一个派对）等。

当然，夫妻双方也有可能在不同的领域有着权力分工。比如，一方掌握财产大权，另一方负责社交活动。但是在情感方面，权力较小的一方会在情感融合中做出更大的调整来迎合另一方。

在两个人的交往过程中，如果其中一个能像精神治疗师一样，有意识地采取中立的态度，他就能更好地观察到这些调整。从弗洛伊德开始的精神治疗师们都注意到他们自己也会受到病人情绪的影响。比如，当病人回忆痛苦的往事而哭泣时，他们也会眼眶湿润；当病人因恐怖的回忆而受到惊吓时，他们的心里也会产生恐惧的感觉。

弗洛伊德指出，精神治疗师们可以通过观察自己身体的反应，打开一扇通向病人情感世界的窗户。大部分人都能够读懂公开表露的情感，而精神治疗师则有更高的本领，他们甚至能够解读病人自己都意识不到的内心情感。[30]

直到弗洛伊德指出这种微妙的感觉共享100多年之后，精神治疗师们才找到一种科学的方法来跟踪监测交流双方的生理变化。[31] 这种方法是运用新型统计学方法和计算技术，分析现实对话中的大量相关数据，比如心率等。

这些研究显示，当夫妻吵架时，双方都会模拟对方内心的激动。而随着冲突的加剧，他们会使对方感到越来越愤怒、悲哀和伤心。当然，这一科学发现在现实生活中并无多少新意。

更有趣的还在后面。这些精神治疗师们把那对夫妻吵架的经过录了下来，然后让不认识那对夫妻的人来观看，并且请他们猜测吵架过程中那对夫妻的情绪。[32] 结果发现，当这些志愿者们做出猜测时，他们自己的生理系统也产生了他们所观察到的情绪。

这些志愿者的身体越能模拟他所看到的情绪，他们就越能精确地感受到那种情绪，特别是不良情绪，比如愤怒。同理心，即感受到他人的情绪，不仅是生理上的，而且是心理上的。当同理心发生时，使别人产生同理心的人会影响对方的生理状态，使之与自己的生理状态一致。

面部表情越明显的人越能准确体会他人的心情。总的来说，某一时刻，两个人的生理状态越相似，他们就越容易产生同理心。

这种同理心是下意识产生的。我们产生了共鸣，因此，即使我们不想受到影响，对方的情绪也会感染我们。

总之，感染他人的情绪会给我们带来一些影响。因此，我们更要好好研究一下如何消除其中的不良影响。

第二章

如何培育良好的人际关系

一位医生正在对病人进行精神治疗。医生坐在一把木椅上，表情严肃。他的病人垂头丧气地陷在皮沙发里，因为一个打击而萎靡不振。他们的情绪截然不同。

这位医生在治疗过程中忽然出现了一个失误，他没能正确理解病人的一句话。于是他道歉说："对不起。"

"不……"病人回答道。

但是医生打断了她，继续按照自己的思路说。

那个病人想插话，可是根本没有机会。

好不容易等医生停了下来，那个病人就开始抱怨这些年来她不得不一直忍受她妈妈的专制。当然这番话也是在间接地批评医生刚才的行为。

就这样，治疗双方的步调根本就不一致。

让我们再来看另外一次精神治疗吧，这次治疗双方的关系非常和谐、融洽。

这个病人告诉医生，他前一天向与他交往了很长时间的女朋友——现在的未婚妻求婚了。以前他有婚姻恐惧症，为了帮助他鼓起结婚的勇气，医生已经花了几个月的时间帮他分析、克服这种恐惧。现在他终于迈出了这一步，他们都充满了成就感，感到欢欣鼓舞。

他们之间的关系如此和谐，以至连姿势和动作都很相像，就像预先安排好的一样。比如，当医生活动脚的时候，病人也会做同样的动作。

这两次治疗过程有一个共同点，就是它们都被录了下来。在医生和病人中间，有两个像音箱一样的方形铁盒子，它伸出两条金属线，用金属夹夹住医生和病人的手指尖。

在他们讲话的时候，一系列反映他们生理细微变化的数据就会通过金属线传到仪器里。

其实，这两次治疗都是一项研究的组成部分，该研究的目的是揭示日常人际交往中的生理活动。[1]两次治疗录像记录的数据呈波浪形曲线，一条代表病人，一条代表医生。这些曲线反映了他们各自情绪的波动。

在双方关系不那么和谐的第一次治疗中，他们的情绪曲线像两只受惊的小鸟，各自忽上忽下，没有任何的交叉。

但是在第二次双方关系融洽的治疗中，两条曲线就像结队飞翔的小鸟，舞出和谐一致的旋律。曲线还显示，当两人都很开心时，他们的生理曲线也是一致的。

在人际交往中，大脑活动是我们无法直接观测到的，因而对治疗过程进行录像并定量分析正是研究它的有效方法。尽管对生理反应的研究并不等同于大脑研究，但是我们可以据此反推在人际交往过程的不同阶段到底是哪一部分大脑区域在进行怎样的活动。

和谐人际关系的三大要素

我记得数年前我也曾有过这样融洽和谐的经历，那是我在哈佛大学读心理学研究生时，在统计学老师罗伯特·罗森塔尔教授的办公室里。鲍勃（大家对他的昵称）是全系最受欢迎的教授。不管我们什么时候去办公室找他、为什么去找他，也不管我们去的时候有多焦急，出来的时候我们都会感觉自己找到了知音，心情也会神奇地好起来。

鲍勃具有提升他人情绪的才能，他擅长传播沉稳的情绪。这并不奇怪，建立和谐人际关系的非语言因素正是他的研究课题。数年后，他和同事发表了一篇具有里程碑意义的文章，揭示了建立和谐人际关系的良方。[2]

和谐的关系存在于人们之间。在交流中，如果我们感到愉快、顺畅、全神贯注，我们就会感觉到这种和谐。但是和谐的作用不仅仅体现在这些短暂的愉快瞬间。当人际关系和谐的时候，人们会更有创造性，而且能更快地做出决策。[3]

和谐的人际关系使人感觉良好，产生和谐的力量。它使人们感受到彼此的热情、理解和真诚。这些相互间友善的情感加强了彼此间的纽带，尽管有时可能很短暂。

罗森塔尔教授发现，和谐的人际关系必须具备三个因素：彼此的关注、共同的积极情绪和一致性或同步性。这三个因素共同催生了和谐关系。[4]

彼此的关注是第一个基本要素。当两个人的注意力都集中在对方的语言和行为上时，他们就产生了共同的兴趣，从而达到知觉一致。这种双向的注意力是产生共同情感的前提。

和谐人际关系的指示器之一就是同理心，也就是交际双方能够体会彼此的感受。鲍勃和我们谈话时就是这样，他总是全神贯注地听我们诉说。这就是轻松的交往和完全和谐之间的区别。在轻松的交往中，我们会感到惬意，但是并不会认为对方能够切实体会到我们的感受。

罗森塔尔教授曾经讲述过一个实验。在实验中，志愿者被分成两人一组，每组中分别有一个人按照研究者的指示，假装自己有根手指受伤，缠上了胶布，并且做出很疼的样子。过了一会，他们又假装再次伤到手指。如果当时他们的同伴是在直视他们的眼睛，那么对方也会受到惊吓，并且不自觉地模仿他疼痛的表情。而如果他们的同伴没有看他们的眼睛，那么对方即使意识到他很疼，也不会受到惊吓。[5]在精神不集中时，我们会忽视一些重要的细节，特别是情绪方面的细节。因此，直视同伴的眼睛为产生同理心创造了条件。

仅有关注是不够的。营造和谐人际关系的第二个要素是共同的积极情绪，它主要是由语调和面部表情引起的。对于营造积极情绪，交流中传达的非语言信息比语言本身更有效。在一项实验中，管理人员直言不讳地批评了一些志愿者，但是声音和表情都非常热情。值得我们注意的是，这些人虽然受到了批评，但他们仍然觉得整个交流过程非常愉快。[6]

一致性或者同步性是罗森塔尔教授和谐人际关系理论的第三个要素。一致性大多是通过微妙的非语言途径，比如交流的节奏和身体的动作来体现的。处于和谐关系中的人们心情愉快，畅所欲言。他们的反应自然而迅速，他们的对话就像是事先编排好的一样。他们会四目相视，拉近椅子，甚至鼻子间的距离都会比通常交往时要近。即使中间出现一两秒的沉默，他们也不会感觉尴尬。

如果缺乏一致性，那么交往中的人们就会感觉不舒服，可能会出现不合时宜的回答或者尴尬的冷场。人们可能会烦躁不安或者沉默冷淡。这些不协调会破坏和谐的人际关系。

人际交往成功的秘诀：要与别人情绪一致

> 当地一家餐馆有位女服务员，大家都喜欢让她来服务。她有种神奇的能力，可以与顾客的情绪和节奏形成默契。
>
> 如果有愁眉苦脸的顾客坐在角落里喝闷酒，她会非常安静，不去打扰。但是如果有一群同事说说笑笑，开心地吃午餐，她就会变得非常热情、外向。如果碰到带着小孩的年轻妈妈，她会马上变得非常活泼，对这些好动的孩子做鬼脸或者给他们讲笑话。因此，她得到的小费总是最多。[7]

这个能够感知他人情绪的女服务员体现了这样一个原则：与他人情绪一致会取得人际交往的成功。在交流中，双方下意识的动作和习惯越是一致，交流的效果就会越好，他们彼此的印象也会越好。

这种一致性的微妙力量在一系列实验中得到了验证。纽约大学的一些大学生自愿参加了这个实验，他们以为这是对一个新型心理测试的评估。在实验中，一个学生会和另外一个学生——研究者的助手坐在一起，对一系列照片进行评价。[8] 研究者要求助手在看照片的过程中偶尔微笑、晃晃腿或者摸摸脸。

不管助手做什么动作，志愿者们往往都会模仿。如果助手摸自己的脸，志愿者也会摸自己的脸；如果助手微笑，志愿者也会微笑。但是研究者们在仔细询问后发现，这些志愿者根本不知道自己模仿了别人的微笑或者晃腿，而且他们也根本没有注意到实验助手故意做出的这些动作。

这项实验要求另外一组实验助手故意模仿他们交流对象的动作和手势，但是结果显示对方并不怎么欣赏他们。只有当模仿是自发的、下意识进行的时候，才会有好的效果。[9] 和一般畅销书上写的相反，有意和他人保持一致，比如模仿他们的手势、姿势等，并不能使关系变得和谐。这种机械的、伪装出来的一致没有什么效果。

社会心理学家们已经多次证实，交流双方自然的举动越是一致，比如语速接近，他们的关系就会越和谐。[10] 如果你从远处观察两个人的交谈，但是听不到他们的声音，你就能更好地观察他们的非语言交流，比如协调的身体动作、流畅的话轮转换，还有默契的眼神交流等。[11] 表演系老师经常会让学生在看电影的时候把声音关掉，以便更好地观察这种非语言交流。

科学分析可以帮助我们发现肉眼看不见的现象，比如当一个人说话时，他的交流对象的呼吸正好与他互补。[12] 在一项实验中，交谈双方都佩戴了可以监测他们呼吸节奏的传感器。结果显示，他们的呼吸节奏大体一致，说话者呼气的时候聆听者可能在吸气，或者他们同时呼气。

如果交流双方关系较为密切，这种呼吸节奏的一致性就会更强。当亲密的朋友开怀大笑的时候，这种一致性表现得更为明显：他们会同时发出笑声，而且在笑的时候，他们的呼吸节奏极为一致。

在面对面的人际交流中，一致性充当着社交缓冲器的角色。如果交流双方动作协调的话，那么一次本来可能非常尴尬的谈话也会变得较为顺畅。这种协调的交流中可能会出现一些小的插曲，比如话语停顿、插话或者双方同时说话等，但这并不影响整体的一致。即使交谈中出现争吵或者沉默，身体的协调会使人感觉交流并没有因此而停止。这种一致是交流双方之间达成的默契。

如果缺少这种身体的一致，那么对话中的语言必须更加顺畅，交流才能显得和谐。比如，通过电话或者对讲机交流时，交流双方无法面对面，这时他们的语言和话轮转换就要比面对面时更流畅才行。

即使只有姿势的匹配，也能对营造和谐的人际关系起到重要作用。比如，在一项研究中，研究者们记录了课堂上同学们的姿势变化。结果发现，学生和老师的姿势越相近，他们的心情就越舒畅，上课时的注意力就越集中。事实上，我们可以通过姿势是否匹配来迅速了解课堂气氛。[13]

一致性会带来生理上的愉悦，而且交流者人数越多，愉悦感就越强烈。比如，观众们一起欣赏舞蹈或者随着音乐一起晃动身体都是群体协调性在审美方面的表现。再比如，在体育馆中观看比赛时，观众们挥舞着双臂形成的人浪也同样是这种愉悦感的表现。

这样的共鸣似乎是内置于人体神经系统的。比如，胎儿还在子宫里时，他们运动的节奏虽然不受其他声音的影响，但是和外界人们说话的节奏保持一致。当婴儿长到一岁的时候，他们会根据母亲说话的节奏来调整自己的语速。无论是婴儿和母亲之间，还是第一次见面的两个陌生人之间，这样的一致性都传达着同一个信息："我在听着呢，请继续说吧。"

这样的信息使交流双方愿意继续他们的谈话。当两个人的交谈快要结束时，他们的一致性就消失了，这就暗示他们该说再见了。如果两个人的交流一开始就不协调，比如他们不断打断对方，或者话不投机，那么彼此都会产生不自在的感觉。

每一次对话都是通过两个层次——大路神经系统和小路神经系统来进行的。大路神经系统负责理性思维、选词和意思表达。小路神经系统则负责语言之外的交流，由直觉来控制。语言之外的情感因素比语言本身更能促进交流的顺利进行。

其实这种潜在的联系并不神秘。我们经常通过自然的面部表情、手势、目光等来表达我们的感觉。此时，我们是在进行无声的交流，这些表情、手势和目光正是我们内在思想的外在表现，它们使交流对象能够了解我们的感受，并相应调整自己的状态。

在任何一次交往中，我们都能发现这样的情感共鸣，比如同样上扬的眉毛、快速的手势、飞速闪过的面部表情、语速的迅速调整和目光的变化等。这样的协调性使我们能够顺利交流。如果协调性强的话，就会产生和谐的人际关系。

交流双方的情绪越协调，他们的感觉也就越和谐。协调可以达到情绪上的一致。比如，随着婴儿和母亲的情绪从低潮达到高潮，他们分享的快乐也在逐渐变得强烈。即使是婴儿也可以产生共鸣，这表明大脑中存在某个潜在通道，它自然地产生了这种协调。

日常交流如何做到协调一致

“你知道我为什么总是讲不好笑话吗？”

“不知道，为什么……”

“因为我总是掌握不好时间。”

杰出的喜剧演员似乎根本不会刻意地注意节奏，他们这种控制时间的本领使得他们的表演引人入胜。就像音乐家看乐谱一样，喜剧大师知道在抖出笑料之前需要停顿多久，也清楚什么时候应该打断别人的话，就像在上面对话中说的一样。在讲笑话时，掌握好说话的时机才能取得好的效果。

大自然也钟爱和谐的节奏。大自然中随处都有和谐的例子，比如一个自然过程会和其他的自然过程发生共振。例如，如果两组波的频率和波长都相同的话，当振动步调一致时，波的振动就会加强；而当步调相反时，波就会减弱。

在自然界中，从海浪到心跳，一切事物都是有节奏的。在人际交往中，我们的情绪也是有节奏的。当一个人充当情感给予者的角色，使我们心情愉悦时，他传递了善意的信息，而当我们使他人心情愉悦时，我们又把这种善意的信息传递给了他人。

谈到这种节奏的协调，欣赏交响乐就是个很好的例子。在演奏交响乐时，所有的演奏者似乎都沉醉在音乐中，随着音乐的节奏一起摇摆。这种协调是我们看得到的，还有一种协调是观众们看不到的，那就是演奏者们思想的一致。

在演奏过程中，如果我们可以观察到其中两个人神经系统的活动，那么它们肯定是非常一致的。比如，当两个大提琴手在演奏同一首曲目时，他们右脑神经细胞的活动就十分相似，甚至比他们自己大脑中左右半球神经细胞的活动更为相似。[14]

当人们处于上述和谐状态时，那就是神经学家们所谓的“振荡器”在起作用。“振荡器”是负责“校对时间”的神经系统，它不断调整神经细胞的活动，使之与外来信号的频率达到一致。[15]这种外来信号可以是很简单的，比如一个朋友洗完盘子后递给你的速度；也可以是很复杂的，比如精心设计的双人芭蕾舞动作等。

虽然我们对这种日常交流中的协调性习以为常，但是科学家们并非如此，他们经过研究后提出了精妙的数学模型，以对数系统来解释这种协调性的机制。[16]它适用于我们与外界交流的所有情况，不管我们是在与他人交流、拦截高速运行的足球，还是以每小时 150 公里的速度把棒球投出去的时候。

即使是最简单直白的交流，它的节奏性和协调性也像爵士乐一样复杂。

想象一下我们保持协调的方式吧。[17] 当两个人全神贯注谈话的时候，他们的身体动作与他们话语的速度和内容是一致的。对交流双方谈话的分析表明，他们的身体动作会不时点缀在谈话的节奏中，头和手的动作也与谈话中的重音和犹豫处相对应。[18]

值得注意的是，这种身体动作与语言的一致性是瞬间发生的。当我们与别人交谈时，这种一致性是存在的，但是我们的大脑根本察觉不到这种复杂的行为。身体就像大脑所控制的木偶一样，大脑里的计时器反应极快，它在几毫秒甚至几微秒中做出反应。而我们有意识地处理信息时，至少要花几秒钟。

尽管我们意识不到，但我们的身体总是随着我们交流对象的变化来调整自己，以便与他人达到一致。[19] 你可能会注意到，当你在路上遇到一个人并和他一起走时，在开始的几分钟内，你们两个人的手和腿都会做出调整，以达到协调一致。这种情况就像两个原本自由的钟摆现在以同样的节奏摇摆一样。

人际交往的原型

一个母亲抱着她的婴儿，想要深情地亲吻他。看到母亲撅起嘴，婴儿也把嘴唇向前伸，但是脸上没有什么表情。

母亲微微一笑，婴儿也跟着张开双唇，微笑起来。这时母亲和婴儿都在微笑。

随即，婴儿的笑容像花儿般盛开在脸上，他不停地摇头晃脑，开心得不得了。

这个过程用了不到三秒钟。虽然整个过程动作和表情不多，但毫无疑问他们沟通了感情。这种最简单的交流叫作“原对话”，它是所有人际交往的原型，是最基本的沟通形式。

通过对上面原对话中母子两人身上的振荡器进行分析，人们发现，他们互动的开始、结束和停顿的时间都是一致的。[20]

这些“交谈”都是非语言性的，其中出现的语言只相当于背景音乐。[21] 在原对话中，我们通过目光、触摸和语气与孩子进行交流。信息是通过微笑和咿咿呀呀的话语，特别是“母性语言”——孩子学说话时母亲们使用的语言——来传递的。

不管母亲们说的是汉语、乌尔都语还是英语，她们的母性语言都像唱歌一样，抑扬顿挫，韵律优美。母性语言听起来十分亲切、有趣。母性语言的声调非常高（准确来说，大约 300 赫兹），尖细抑扬。

在说母性语言的时候，母亲经常会有节奏地拍打或抚摩孩子，还会随着话语和拍打的节奏摇头晃脑。于是孩子也微笑着回应母亲，挥舞着小手，嘴里咿咿呀呀地说着什么。孩子对母亲做出回应的时间很短，只有几秒钟，甚至几微秒，然后他们就达到同样的状态，而且通常是愉快的状态。母亲和孩子就像在表演二重奏一样，呼吸相同或者互补，心率都在每分钟 90 下左右。

通过科学观察得出这样的结果并不容易，爱丁堡大学的发展心理学家克洛因·特里沃森和其他许多发展心理学家一样，认真观看了无数母子交流的录像带，经过枯燥的分析后才得出这样的结论。特里沃森也因此成为世界知名的原对话专家。就像他说的那样，原对话的双方“寻找心跳的和谐，合奏出悦耳的音乐”。[22]

当然，他们不只合奏出悦耳的音乐，还在对音乐的主旋律——情感进行交流。母亲的爱抚和声音使孩子感受到浓浓的爱意和安全感，也因此产生了一种特里沃森所说的“亲密的、无须语言表达的和谐关系”。

这种信息的交换在母子间形成了一个交流通道。由此通道我们可以使孩子快乐兴奋、平静安详或者心烦意乱、啼哭不止。在快乐的原对话中，母亲和孩子关系和谐，心情舒畅。但是，如果在交流中母亲或者孩子有一方没能领会对方的意思，那么结果就会大大不同了。比如，如果母亲对孩子的表情关注不够，或者情绪不热烈，孩子也会表现冷淡。如果母亲没有掌握好节奏，孩子就会感觉迷惑，然后变得沮丧。反过来，如果孩子没有对妈妈的表情做出适当的反应，母亲也会感到不安。

上面的研究对我们很有启发。原对话是孩子们学习如何与人交往的第一课。在我们还不知道什么是协调时，就学会了如何与他人达到情绪上的一致。原对话保留了最基本的交流形式，在我们与他人交流时悄悄地发挥着作用。这种小时候学到的本领将伴随我们终生，指导我们如何与人交往。

情感是我们儿时原对话的主题，也是成人沟通的基础。这种无声的交流是所有交往的基础，也是每次交流隐藏的主题。

第三章

人际关系秘诀：用情绪感染别人

有一天，我在纽约乘地铁。我刚刚找到座位坐下，就听到远处传来一声尖叫。

尖叫声是从我背后传来的，我不知道发生了什么事情，但是我可以看到对面的一位先生流露出些许忧虑的神情。

他侧身去看到底发生了什么事，而我的大脑却在快速运转，猜想到底发生了什么事情，如果真的有紧急情况发生的话，我应该怎么做。是有人在打架吗？有疯子在地铁里横冲直撞？我会有危险吗？或者只是有人因为兴奋而大叫？还是一群年轻人在打闹？

我很快就从那位先生的脸上得到了答案：他脸上忧虑的神情消失了，转而变得平静，又重新开始看他的报纸。于是我知道不管后面发生了什么，肯定不是什么麻烦事。

开始的时候，我是因为看到他脸上忧虑的表情而担心的，后来，也是看到他放松的表情从而变得平静的。在这种突发状况下，我们本能地对周围人们的面部表情变得特别敏感，我们会观察他们是否微笑或者皱眉，据此来判断周围是否有危险，或者猜测他们的想法。[1]

即使是史前人类，许多人的眼睛和耳朵加起来，也肯定比一个人更容易发现危险。在人类发展的初期，他们就知道要多派哨兵查看周围环境。毫无疑问，人类的这种本能和自动识别危险信号的大脑机制对人类的生存具有非常重要的意义。

在极度紧张的情况下，我们可能因为恐惧而呆若木鸡，无法思考，但是除此之外，在我们处于一般紧张的状态时，我们的情感交流都会加强。所以人们在受到威胁或者感到紧张的情况下，就非常容易受到周围人们情绪的影响。因此，远古部落中如果有一个人因为看到游荡的老虎而露出惊恐的表情，那么看到这种表情的人也会产生同样的惊慌，从而促使他们逃到安全的地方。

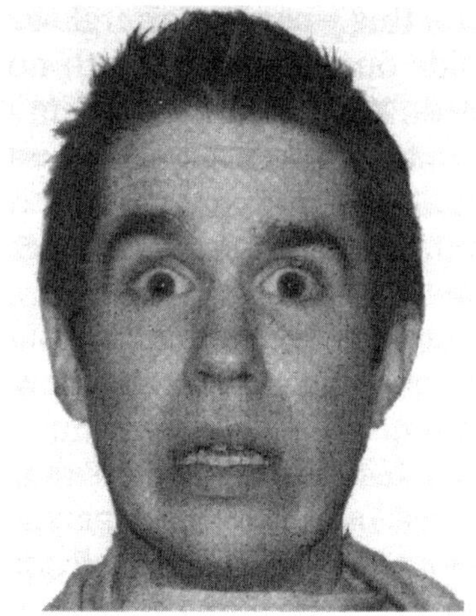

注视一会旁边图片上的面孔吧。

看到一张这样的图片，杏仁核会立刻做出反应。而且图片上的表情越强烈，杏仁核的反应也会越强烈。[2] 在人们看这些照片的时候，如果用功能性核磁共振成像系统对他们的大脑进行监测，我们就会发现他们好像自己也受到了惊吓一样，尽管受惊吓的程度没有照片上的人那么强烈。[3]

当人们面对面进行交流的时候，情绪的传染会经由双方大脑中的多条神经通道进行。我们发现，负责情绪传染的神经系统可以控制所有情绪，不管是悲伤、焦虑还是兴奋。

在这些情绪传染的瞬间，非同寻常的神经活动正在进行：在两个人的大脑间形成了功能性连接，也就是超越了身体界限的反应回路。用专业术语来说，在这一过程中，大脑进行了“结合”：其中一个人的情绪作为情绪输入，引发了另外一个人神经系统的运转，形成了暂时的大脑间回路。在两个人之间形成反应回路后，如果其中一个人的情绪发生变化，另外一个人也会随之发生相应的变化。

当两个人之间形成反应回路时，大脑就会不断地发送、接收一系列的信号，悄悄地使人们达到协调，如果交流顺畅，还会加强他们之间的共鸣。这种回路可以使双方的情感、思想和行为变得一致。我们发送、接收的内部状态信号可能是积极的，也可能是消极的，它们可能是笑声和温柔，也可能是紧张和怨恨。

在物理学中，共鸣的基本特征是共同振动，也就是当一个物体的振动频率和另外一个物体的振动频率一致时，它们的频率会增强。这种共鸣会在两个物体间产生最激烈、最持久的反应。

我们是意识不到这种大脑间回路的存在的，因为它的运行不需要大脑的任何特别关注。尽管我们有时候会为了亲近他人而有意地模仿他们，但是这种做法很难取得好的效果。只有在自发的情况下才能达到完美的一致，如果带有讨好别人或者其他任何动机都不可能取得好的效果。[4]

小路神经系统的自动性决定了它的反应速度很快。比如，一般情况下杏仁核能够在 33 毫秒内辨认出人们脸上的惊恐表情，有些人甚至在 17 毫秒（比 1 秒钟的 2% 还要短的时间）内就能做到。[5] 这么短的辨认时间证明小路神经系统的反应速度极快，甚至在我们的意识尚未察觉时（当然我们可能会感到一些由小路神经系统引起的莫名的不安），它就做出了反应。

虽然我们无法察觉这种一致是如何进行的，但是它的确毫不费力地就产生了。这种自然的社交二重奏似乎是由一类特殊的神经细胞控制的。

当你微笑时，整个世界都会和你一起微笑

虽然当时我只有两三岁，但是那件事情至今我还记得很清楚。当我和妈妈在百货商店里闲逛的时候，一位女士看到了我——一个可爱的正在蹒跚学步的小孩，于是她冲我甜甜地一笑。

我还记得，我也不由自主地给了她一个微笑，这真让我吃惊。我感觉自己的脸就像是被操纵的木偶一样，好像有根神奇的绳子把我嘴边的肌肉拉向两边，并且放松了我脸颊上的肌肉。

我明显地感觉到自己的微笑是不由自主的，它不受身体内部的控制，而是由外部信号引起的。

这种不由自主的反应表明了镜像神经元在我幼小的大脑中的活动。镜像神经元所做的就是反射我们观察到的他人的行为，使我们模仿这一行为或者产生模仿它的冲动。难怪有句老话说："当你微笑时，整个世界都会和你一起微笑。"

这种镜像神经元存在于小路神经系统的主要通道里。已知的镜像神经元有很多种，而且科学家们还在不断发现新的种类。除了这些已

经被发现的镜像神经元外，似乎还有许多不为人知的种类。

这种引发模仿的细胞是神经学家们在 1992 年无意中发现的。当时，他们把电极做得像激光一样纤细，然后把它植入猴子的单个脑细胞中，以此来观察在特定运动中猴子大脑细胞的变化。[6] 这些细胞的变化通常是明显的：有些细胞只有在猴子手中握住某种东西时才会被激活，有些细胞则只有在猴子手中的东西被夺走时才会被激活。这些研究者无意中观察到，当猴子看到一个实验助手把一个冰激凌放到嘴边时，它的一个大脑感觉细胞被激活了，这是一个重大的科学突破。只要观察到别的猴子或实验人员做出某个特定动作，猴子的某些神经细胞就会被激活。

虽然镜像神经元最初是在猴子大脑中发现的，但人脑中同样存在着镜像神经元。在一项著名的研究中，研究者将极细的电极植入人脑单个细胞进行观测。结果发现，当人们自己被针刺或看到他人被针刺时，某部分神经细胞都会被激活，这正是原始同理心的神经反应。[7]

许多镜像神经元都存在于运动前区皮层，大脑的这一区域控制着说话、运动等活动，以及想要进行的动作。因为它们紧邻运动细胞，所以当我们看到别人的动作时，我们的大脑就可以马上开始模仿。[8] 当我们在心理上预演某个动作，比如在心里默读一篇讲演稿或者想个高尔夫球动作时，运动前区皮层神经细胞就会活动，就像我们真的在演讲或者打球一样。在心中模拟一个动作和在现实中完成这个动作，在大脑中引起的神经活动是一样的，除非现实中这个动作因为某种原因没能完成。[9]

我们看到什么就会产生模仿的冲动。比如，当我们看到别人挠头或者擦眼泪的时候，我们大脑中的镜像神经元就会被激活，大脑中的一部分神经活动就会模仿别人大脑中的神经活动。这就会把我们看到的相应信息反馈给我们自己的运动细胞，让我们参与他人的活动，就像我们自己也在做那个动作一样。

人类大脑中有许多种镜像神经元，它们不仅可以模仿动作，还能够理解他人意图，猜测他人的行为中包含的社交含义，并且解读他人的情绪。[10]比如，通过功能性核磁共振成像系统对正在看录像的志愿者进行监测，科学家们发现当志愿者们看到有人微笑或者皱眉头时，其大脑中的活动区域和做这些动作的人的大脑活动区域是一致的。[11]

镜像神经元使情绪具有了传染性，将我们看到的情绪传递到我们自己身上，帮助我们与别人达到一致，并且感受到别人的感受。当我们说"感受"他人时，我们说的是最广义的"感受"：感受他们的情绪、动作、感觉和情感。

社交技巧有赖于这些镜像神经元。一方面，模仿所看到的他人动作可以帮助我们快速地做出相应反应。另一方面，这些神经细胞还可以察觉他人下一步的动作意图，并且帮助我们猜测他们的动机。[12]能够察觉他人想做什么和为什么这样做具有非常重要的社交意义，它可以帮助我们预测将要发生的事情。

孩子们的学习方式很大程度上也依赖镜像神经元。长期以来人们都认为模仿性学习是孩子学习的主要方式，而镜像神经元的存在告诉我们孩子们是如何仅仅通过观看就完成学习的。当他们观看的时候，他们的大脑正在铭刻所看到的情感、行为和周围的世界。

人类的镜像神经元灵活多样，它们可以反映我们复杂的社交能力。通过模仿他人的动作或感受，镜像神经元在人们之间建立了一种共同的情感，使我们的外部活动影响了内心活动。也就是说，为了理解他人，我们也会产生和他们一样的感受，至少会产生部分相同的感受。[13] 这种对他人感受的虚拟感觉符合意识哲学中的一个新观点——我们是通过把他人的行为翻译成神经语言来理解他们的，而这种神经语言可以帮助我们准备做相同的动作并产生相似的感受。[14]

因此，人们是通过在自己大脑中建立一个模板来理解他人的行为的。发现镜像神经元的意大利神经学家贾科莫·里佐拉蒂解释说，这些神经细胞“不是通过抽象推理而是通过直接模拟，不是通过思考而是通过感觉，来帮助我们了解他人的思想的”，它们属于小路神经系统。[15]

在两个大脑中引发同样的神经活动，使我们可以在某一时刻立即获得共同的感受，这就使我们产生一种正在分享这一时刻的感觉。神经学家们把这种相互反射的状态称为“同理心共鸣”——一种在两个人之间形成神经回路的大脑间连接。

在日内瓦大学工作的美国心理学家丹尼尔·斯特恩清晰地描述了这些内部连接的外部表现形式。数十年来他一直在系统地观察母婴之间的交流，同时他也关注成人间的交流，比如精神治疗师和病人之间以及情侣之间的交流。

斯特恩得出结论说，我们神经系统的“构造决定了它会受到他人神经系统的影响，所以我们会感受到和他们同样的感受，就像我们直接受到他人神经系统的控制一样”。[16] 在这种情况下，我们会对他人的感受产生共鸣，他们也会对我们的感受产生共鸣。

斯特恩还补充说，我们已经不能“把我们的大脑看作独立的、隔绝的”，而应该看作“可渗透的”。人们的大脑相互影响，就像它们之间有个无形的连接一样。我们不断地在与交流对象进行潜意识交流，我们的每一个感受和动作都与他们相协调。至少在交流的时候，我们的思想活动是交流双方共同创造的。

神经系统对面部肌肉的控制保证了他人可以通过我们的面部表情了解我们内心的情感，除非我们有意地压抑自己的表情。镜像神经元的存在又使人们在看到我们面部表情的时候，在自己内心感受到同样的感觉。所以当我们体验到某种情感时，周围的人们也在体验，不管这种情感是公开的还是隐蔽的。

斯特恩认为，在我们感受到他人的心理状态并且产生共鸣的时候，我们的镜像神经元正在活动。这种大脑间的连接使交流双方身体动作、思想和情感都达到和谐状态。作为大脑间的桥梁，镜像神经元在它们之间奏出无声的二重奏，从而使人们可以进行微妙而意义深远的情感交流。

微笑比其他任何表情都有优势

当我在 20 世纪 80 年代第一次见到保罗·埃克曼时，他刚刚花了一年时间练习，想要通过照镜子学会控制面部的 200 块肌肉。他这一举动是非常勇敢的，因为有时必须使用轻微电击才能定位一些难以发觉的面部肌肉。在完成这一壮举之后，他已经能够精确地描述所有主要情绪和它们的变体各自会引起哪些面部肌肉的活动。

埃克曼已经识别出 18 种微笑，它们由 15 块面部肌肉的不同组合形成。我们来看几个例子吧。比如苦笑是建立在苦闷表情之上的微笑，而逆来顺受的微笑则建立在阴郁的情绪上，残忍的微笑表示这个人易怒而且卑鄙。至于查尔斯·卓别林招牌式的傲慢微笑则需要一块特殊肌肉的运动，而大多数人是无法刻意控制这块肌肉的。埃克曼把它称为“对着微笑产生的微笑”。[17]

当然，也有一些真正自然的微笑是因为高兴或者感到好笑而产生的。这些微笑最有可能引发他人同样的情绪，这种传染就要归功于镜像神经元了，它们能够帮助我们察觉别人的微笑，然后引发我们自己的微笑。[18] 就像俗话说的那样：“当你微笑着面对生活时，一半的微笑是给自己的，另一半则是给别人的。”

微笑比其他任何表情都有优势，因为人类的大脑偏爱笑脸。在所有表情中，大脑对笑脸的识别最快，也最容易，我们把这种现象称为“笑脸优势”。[19] 一些神经学家认为，大脑中产生乐观情绪的神经系统随时都准备启动，因此人们乐观的时候要比悲观的时候多，从而产生乐观的生活态度。

因此人类的自然本性趋向于促进良好的人际关系。除了特别极端的情况之外，人类的本性决定我们不会从一开始就讨厌某个人。

即使是完全陌生的人开玩笑时，哪怕是非常无聊的玩笑，也会让人们产生瞬间的共鸣。为了证明这一点，科学家们做了一个实验，他们把两个互不相识的人分在一个小组，让他们做一些滑稽的游戏。比如，其中一个人要通过一根麦秆说话，来提示戴着眼罩的另一个人，指导他投球。当他们出现失误或者出丑的时候，两个人都会笑得直不起腰来。而当他们不戴眼罩、不用麦秆做同一个游戏的时候，他们一次也没有笑过。在第一种情况下，即使只在一起待了几分钟，这两个开怀大笑的人也会感觉彼此非常亲近。[20]

事实上，笑声可能是两个大脑间的最短距离，是无法阻挡的传播，它可以帮助人们迅速联络感情。[21] 比如两个在一起开怀大笑的少女，她们越是打闹，就越开心，情绪也越同步。也就是说，她们产生了共鸣。[22] 年轻人的嘻嘻哈哈对父母来说是没正经，而对他们自己来说却是感情最亲密的时候。

默契：潜在的交流

从 20 世纪 70 年代开始，说唱音乐一直在宣扬一种黑帮的生活方式：枪支、毒品、团伙犯罪、憎恨女人等，但是现在这种情况似乎已随着说唱音乐制作人生活的改变而发生了变化。

比如，著名说唱乐队 Run-DMC 的成员达瑞尔·麦克丹尼尔斯承认，“似乎多数 hip-hop 音乐都是关于帮派、暴力和性的”。相对于说唱音乐，麦克丹尼尔斯更喜欢古典摇滚音乐，他曾经说：“你喜欢 hip-hop 并没有错，但是它对于我来说并没有多大意义。”[23]

麦克丹尼尔斯的牢骚预示了一种新形式说唱音乐的出现，尽管它对生活的态度仍然简单粗糙，但是比以前积极健康多了。作为说唱歌手中的改革派，约翰·史蒂文斯也承认："我也不愿意制作宣扬暴力的音乐。"[24]

因此，史蒂文斯和其他改革派说唱歌手，比如坎耶·韦斯特，都在自己的音乐中加入了积极的元素，他们在继续抨击社会丑恶的同时，也开始进行忏悔式的自我批评。这种变化是由他们的生活阅历所引起的，他们和大多数黑帮说唱歌手的成长背景大相径庭。比如史蒂文斯是从宾夕法尼亚大学毕业的，而坎耶的母亲是一位大学教授。坎耶曾经说过："我母亲是一名教师，而我从某种意义上讲也是一名教师。"

他的话的确有些道理。说唱音乐也和诗歌、散文或者小说一样，都是传播 Meme①的载体，这种思想的传播也类似于情绪的传染。Meme 是基于基因的概念提出来的，它指的是某种实体可以通过从一个人传递到另一个人而对自己加以复制。

有一些 Meme，比如"民主"、"洁癖"等会对我们的行为产生重大影响，它们是具有影响力的思想。[25] 还有一些 Meme 彼此冲突，当它们发生冲突时，就是我们所说的 Meme 战争——一场思想战争。

Meme 应当是由小路神经系统控制的，因为它们和强烈的情感有关。如果一个想法对我们很重要的话，它就会促使我们采取行动，这一点和情绪是完全一样的。说唱音乐（或者其他歌曲）会引起小路神经系统的活动，通过振荡器的节拍给人们带来特别的震撼，这

---

① Meme 是英国的理查德·道金斯在其《自私的基因》一书中创造的新词，其基本意思是指人的观念、思想、理论体系等。——译者注

无疑比阅读对人们的影响要强烈得多。

的确，我们的大脑里充满了 Meme，它们又反过来影响我们的行为。它们促使我们下意识地去做这做那，特别是那些“自动”的行为，但是我们经常忽视这些 Meme 对我们行为的影响。

看看下面这个例子吧，它告诉我们在社交中 Meme 对人们行为的影响是多么的惊人。[26] 在实验中，一组志愿者听到的词语里面包含了几个描述不礼貌行为的词，比如“粗鲁”、“可恶”等。而另外一组志愿者听到的却是“体贴”、“礼貌”等词语。然后研究者们让他们向正在讲话的人传达一条信息。结果，听到贬义词语的人中，有 2/3 都打断了别人的话，而听到褒义词语的人中，10 个人里有 8 个都是等了 10 分钟，在听完别人的讲话后才告诉他们那条信息的。[27]

尽管如此，我们并不一定会意识到是大脑指挥我们这样做的。因此，思想和情感一样，都可以悄无声息地从一个人传递到另一个人，这是另一种潜在的交流。

我和妻子在一个热带岛屿上经历的事情又该如何解释呢？一天早晨，我们远远地看到一艘非常漂亮的四桅帆船驶过，美极了。因此妻子建议我把它拍下来。于是我就取出相机拍了张照片。当时我们上岛已经 10 天了，这还是我们第一次拍照。

过了几个小时之后，我打算带着相机去吃午饭，就把它塞到了背包里。当我们朝着附近海滩上的饭店走去时，我打算告诉妻子我把相机带来了。但是令我吃惊的是，正当我要说的时候，妻子突然问我：“你带相机了吗？”

她简直就像知道我要说什么一样。

我们之间的默契似乎是情感传染的外在语言表现形式。我们共同的思绪列车运行在设定的轨道上，不断学习和记忆。一旦其中某辆列车被发动起来，它就会在我们不知不觉的情况下沿着轨道开始运行。如果两个人的共同经历构成了这个轨道，那么他们的思绪也会沿着同样的轨道运行。[28] 俄国剧作家契诃夫有一句名言：在戏剧的第二幕中出现的枪，到第三幕一定要打响，因为观众早就预料到这把枪肯定会派上用场。

在心理活动中，诱因的作用很重要。仅仅想到一个动作就会使我们的大脑准备好做这个动作，因此，诱因可以引导我们做好日常事务，我们不需要费心去想下一步要做什么，它已经为我们在心里列出了清单，告诉我们下一步该做什么。比如，早晨看到浴室水槽上的牙刷，就会自动提示我们把它拿起来刷牙。

这种诱因的驱动在我们的生活中随处可见。比如当别人跟我们小声说话的时候，我们的声音也会降低。而如果你跟一个正在公路上开车的司机聊起赛车，他就会加速。一个人的大脑好像会对别人的大脑灌输相似的感觉、思想和冲动。

同样，平行的思绪列车可以使两个人在同一时间的想法、做法或者说法都一致。当我和妻子同时想到相机的时候，可能就是因为一些共同的瞬间感知启动了共同的思绪列车。

这种心理上的亲密肯定会带来情绪上的相似。两个人越能畅所欲言，他们就越能理解彼此的心思。[29] 当我们非常了解某个人或者与他产生强烈的同理心时，我们也就接近彼此内心思想、情感、感知和记忆的最佳融合状态了。[30] 这时，交流双方往往会感受同样的感受，产生同样的想法。

在陌生人逐渐熟悉并成为朋友的过程中，他们之间也在进行这种融合。下面这个例子是关于住在同一间宿舍的两个大学生的。伯克利大学的研究者们招募了两名刚刚住进同一间宿舍的志愿者，并且跟踪记录了他们对一些短片的情感反应。其中一个短片是罗宾·威廉姆斯主演的一出喜剧；另一个短片则是一个催人泪下的故事，描述了一个小男孩失去父亲后痛哭的场面。在看第一个短片的时候，两名志愿者的反应完全不同，就跟两个完全陌生的人的反应一样。但是在他们一起生活了 7 个月后，当研究者再请他们看类似的短片时，他们的反应已经变得惊人的相似了。[31]

情绪的传播：为什么足球迷如此疯狂

人们把欧洲足球场上喜欢寻衅滋事、打架斗殴的球迷称为“足球流氓”。不管在哪一个国家，足球场上的骚乱都是差不多的。这一小撮组织严密的狂热球迷总是在比赛开始几个小时前就到达球场，唱着俱乐部的队歌，喝酒狂欢。

然后，当大部分观众到达球场的时候，他们就开始挥舞队旗，锣鼓喧天地唱队歌，并且羞辱对方球队。他们通过这种方式吸引人们不断加入，使他们的队伍变得越来越庞大。当他们和对方球迷混杂在一起时，羞辱谩骂就逐渐升级为直接威胁。一旦他们中的核心人物开始动手打对方球迷，其他人也会加入。于是斗殴的范围就越来越大。

从20世纪80年代初开始，这样的群众性暴力骚乱不断发生，导致了不少悲剧。[32]在好斗的酒鬼中间传播暴力情绪再适合不过了，因为酒精放松了神经细胞对冲动的控制。所以当核心人物开始动手时，这种情绪很容易传染给其他人，使他们也跟着打起来。

在《群众与权力》（*Crowds and Power*）一书中，埃利亚斯·卡内提说过，个体的“同一种激情”使一群独立的个体组成一个有凝聚力的群体，正是这种激情使他们采取一致行动，这就是群体性传染。[33]一种情绪可以很快在群体中传播开来，显示了个体生理状态的一致。[34]

群体中行为的迅速传播似乎是镜像神经元活动的结果。一个群体做出集体决定的时间大约是几秒钟，这很可能就是镜像神经元使人们产生共鸣所用的时间（当然，这一点还没有得到证实）。

比较平和的群体性传染也有很多例子。比如在一场精彩的演出中，演员或者演奏者可以带来现场效应，他们调节着观众的情绪，就像演奏乐器一样。戏剧、音乐会和电影都可以使我们与许多陌生人产生同理心。用心理学家的话来说，乐观情绪会自我加强，也就是说处在一个欢快的环境里，会让人们感到开心。

即使只有三个人，群体性传染也会发生。比如三个人面对面地坐在一起，什么也不说。如果他们之间没有地位差异的话，那么几分钟后，脸上表现出来的情绪最强烈的那个人就决定了整体氛围。[35]

在人们需要协商解决问题的时候，传染更容易发生。让我们来看一个关于高风险决策的实验吧。志愿者们需要进行讨论，然后决定公司每一名员工年终奖的数额。每一个人都要为某一名员工争取到最大利益，同时还要达到总体分配方案的公平合理。

这种争论很容易引起紧张疲劳的状态。当会议结束的时候，每个人都感觉很郁闷。但是在另外一个小组，尽管他们的目标和第一个小组一样，但是当讨论结束的时候，每个人都表示非常满意。

这两次讨论都是耶鲁大学进行的一个经典商务模拟实验的组成部分。志愿者们被分成两组来讨论奖金分配方案。[36]他们并不知道每个小组中都有研究人员特意安排的一名经验丰富的演员。在第一个小组中，演员的任务是跟大家唱反调，而在另一个小组中他的任务则是鼓励、帮助大家。

结果，两个小组的志愿者们情绪都发生了明显变化，一组变得郁闷，一组变得开心。但是，志愿者们都不知道他们的情绪为什么会发生改变。他们的情绪在不知不觉的情况下按照研究人员引导的方向发生了改变。

一个小组成员间传递的情绪可以左右他们讨论的方式，从而左右他们的决定。[37]所以，在任何一个决策过程中，大家除了应该注意彼此的语言之外，还应该对现场气氛加以足够的重视。

关系亲密的人们，比如亲人、同事和朋友之间，就像存在一个微妙的磁场一样，它如同地球引力一般的力量吸引着人们的思想和情感朝着同一个方向发展。

第四章

为什么我们如此有同情心

一天下午，普林斯顿神学院的40名学生即将做一次布道练习，老师将会根据他们的表现进行评分。其中一半学生分配到的任务是老师从《圣经》中随意选取的；而另一半学生分配的内容则是相同的，都是关于《圣经》中那位仁慈的撒马利亚人的。那位仁慈的撒马利亚人曾经帮助过一名躺在路边的受伤的陌生人，而其他很多看起来更“虔诚”的教徒却没有一个搭理这个可怜的人。

每隔15分钟就有一位学生去另外一栋大楼开始布道，但是他们谁也不知道自己正在参与一项利他实验。

去那栋大楼的路上要经过一个大门，有一个人躺在那里，痛苦地呻吟着。在40名学生中，有24名径直走过，没有理会那个人。而且正在心里讲述撒马利亚人故事的学生也没有表现出比其他学生更加关心这个人。[1]

对这些学生来说，时间是个关键因素。在10个觉得自己时间不宽裕的学生中，只有一个停了下来；而在另外10个时间充足的学生中，有6个都停下来提供了帮助。

在这个利他行为中，有许多因素在共同作用，其中最重要的一条应该是有没有时间关注别人。当我们高度关注某个人的时候，我们才有可能与他产生情感交流，从而产生同理心。当然，不同的人关注别人的能力、意愿和兴趣都不同。比如，一个处于青春叛逆期的孩子在听母亲唠叨时可能会心不在焉，而几分钟后，在和女朋友通电话时，他就会非常专心。那些神学院学生正赶着去布道，显然，他们不愿意或者不能够分散自己的注意力。可能正是因为他们太专注于自己的思考或者是因为时间紧张，所以他们根本没有注意到那个人的痛苦，更不可能去帮助他了。[2]

大都市的人在街上通常不会关注、问候或者帮助别人，这一点全世界都一样。人们把这种现象称为“都市恍惚症”。社会学家认为，在熙熙攘攘的大街上，人们往往会陷入这种完全自我的状态，有时仅仅是因为要应对周围嘈杂环境里过多的信息。这不可避免地会带来这样的后果：在我们忽略周围无关信息的同时，也会忽视周围需要帮助的人。就像一位诗人说的那样，我们“走在嘈杂的大街上，眼睛却看不见，耳朵也听不见”。

有时候，我们的眼睛会因为人们所属社会阶层的不同而给予他们不同的关注。比如说，在美国某个城市的大街上，一个行人可能会很高兴地停下来听一位衣着光鲜的女士热情地陈述某个政治请愿，并在请愿书上签字，却根本不会注意到就坐在旁边乞讨的流浪汉。当然，根据同情心的不同，上面的情况也可能完全相反。他也可能停下来与那个流浪汉聊聊天，而不去理会那个政治请愿。总之，我们关注事物的优先程度、社交态度和其他许多心理因素都会使我们有选择地关注某些事物或者某些情感，这样我们才有可能对别人产生同理心。

首先要注意到别人，然后才有可能产生情感交流。如果没有关注，同理心根本就没有产生的机会。

善举也能感染人

有一次在纽约，我结束一天的工作之后乘地铁去时代广场，结果遇到一件事情。这件事情和前面我们提到过的普林斯顿神学院的情况截然不同。我乘地铁的时候是下班高峰期，和往常一样，汹涌的人流沿着台阶蜂拥而下，大家都急着去赶下一班地铁。

突然，我看到一个衣衫褴褛的男子躺在台阶上，闭着眼睛，一动不动。

大家好像都没有看到他一样。人们匆匆从他身上跨过，急着回家。

看到这一情景，我非常震惊，就停了下来，想看看到底是怎么回事。就在我停下来的时候，耐人寻味的事情发生了：其他人也停了下来。

很快，这个男子身边就聚集了一小圈关心他的人。人们的同情心好像一下子蔓延开来。有个男人跑去附近的商店买了食物；有位女士匆匆给他买来了水；还有一个人通知了地铁巡逻员，这个巡逻员又打电话叫来了救护车。

几分钟后，这个男子就苏醒了过来，他开心地吃着食物，等待着救护车的到来。我们渐渐了解到，他只会说西班牙语，身无分文，已经饿着肚子在曼哈顿的大街上游荡很久了。他是因为饥饿而昏倒在地铁站台阶上的。

为什么人们对这个男子的态度会有所改变呢？答案很简单：仅仅因为一个人的关注就使情况发生了变化。当时，我仅仅是停下来看了一下那个处于困境的男子而已，路人们却因此从“都市恍惚症”中清醒过来，也注意到了这个男子。在注意到他的困境后，大家才开始行动起来帮助他。

在纽约或者其他大城市里，人们每天都会看到数百个无家可归的人露宿街头，他们早已习以为常了。因此也就难怪这些正直善良的市民对躺在台阶上的那个男子视而不见。都市里的人们已经形成了条件反射，他们只要一看到处境窘迫的人，就会习惯性地把头扭到一边，以避免引起自己心中的焦虑。

最近，我为《纽约时报》写过一篇文章，是关于精神病院的封闭性如何把整个社会都变成了精神病房的。正是这篇文章改变了我的这种条件反射。为了写这篇文章，我花了几天时间和社会救助机构的工作人员一起帮助那些无家可归的人们，给他们送去食物，为他们提供庇护所，还劝说其中一些有精神疾病的人去医院接受治疗。令人震惊的是，流浪汉的精神病发病率极高。从那以后，我就开始用新的眼光来看待那些无家可归的人们了。

在其他一些类似研究中，研究者们发现，那些停下来向别人提供帮助的人都有一个共同的特点，那就是他们都说在看到那个人的痛苦时，自己也很难受。也就是说，他们产生了关怀的同理心。[3]一旦人们对别人的关注达到可以产生同理心的程度，他们就非常有可能伸出援手。

仅仅看到他人的善举也会对自身产生独特的冲击，它会诱发一种温暖的兴奋感觉。心理学家把这种由于看到别人的善举而产生的炽热感觉叫作“升华”。经常会有人讲他们在看到勇敢、宽容或者怜悯的行为时“升华”的感觉。此时，大多数人都会被感动，甚至被震撼。

最能引发人们“升华”感觉的行为是帮助病人、穷人或者其他处于困境的人。这些好事并不一定都是轰轰烈烈的大事，人们并不一定要收养贫困的一大家子人或者像特蕾莎修女在加尔各答帮助贫民时那样无私。仅仅对别人的体贴就可以引起些许“升华”的感觉。比如，在日本的一项研究中，人们非常乐意地讲述了一些使自己感动的事情，其中有人提到感动自己的一件事情是在火车上看到一个长相凶悍、酷似黑帮分子的人把自己的座位让给了一位老人。[4]

研究表明，“升华”的感觉是可以传染的。当一个人看到善举时，就有可能产生做好事的欲望。世界各地之所以会有这么多神话故事讲述英雄人物如何通过自己勇敢的行为解救别人，原因之一可能就是这些故事可以带来深远的社会效益。心理学家认为，如果这些故事描写生动的话，那么读这些故事就像亲眼看到他们的英勇行为一样，可以对人们的情绪带来冲击。[5]“升华”感觉的传染性表明，它也是通过小路神经系统实现的。

我们为什么感受不到别人的热情

有一次，我和儿子一起去巴西。在为期 5 天的旅行中，我们发现我们遇到的人们一天比一天友好。这种变化真是不可思议。

开始的时候我们能明显感觉到巴西人对我们的疏远，不知道是因为他们的清高还是保守。但是到了第三天，我们发现他们热情多了。

到第四天的时候，不管我们到哪里都会受到热情的欢迎。当我们结束旅行回家的时候，我们已经用拥抱的方式和他们告别了。

是巴西人的性格改变了吗？当然不是。发生变化的是我们自己，我们刚到一个陌生的国家，作为外国人，当然会有些紧张。最初，这种自卫性的态度妨碍了我们感受巴西人的热情和友好，而且还很可能使他们不敢接近我们。

在旅行刚开始的时候，就像一个收音机的频率出现了些许偏差一样，我们的自我封闭使我们无法接收别人友善的信号。当我们放松下来，调整好自己的心态时，就感受到了他们的热情，这就像收音机找到了正确的频率一样。当我们感觉不自在或者自我封闭时，我们根本无法注意到别人表达友好的信号，比如热情的目光、善意的微笑或者温和的语调等。

这种变化暴露了注意力本身的局限。工作记忆是认知科学中的一个术语，表示我们在某一时刻能够注意的事物的范围。它是由大脑前额叶皮层控制的，而前额叶皮层正是大路神经系统活动的大本营。这一神经系统控制着人际交流的后台活动，在注意力分配上起着重要作用。比如，它会在记忆中搜索，决定我们应该说什么、做什么，同时还可以接收外来信号并且做出相应反应。

随着挑战越来越多，对我们的注意力的要求也越来越高。大脑杏仁核发出的焦虑信号会布满前额叶皮层的主要区域，把我们的注意力吸引过去。焦虑会使注意力负担加重，我在巴西作为一个紧张的外国人时就是这样的。

大脑所具有的功能天生就可以促进同一物种成员间的交流。比如，某些雌性鱼类的大脑在交配期会分泌荷尔蒙，它可以暂时改变鱼的听觉系统，以便与雄性鱼类声音的频率更加协调。[6]

还有一个类似的例子。当一个两个月大的婴儿感觉到妈妈正在走过来的时候，他就会本能地安静下来，把身体转向她，看着她的脸，注意力放在她的眼睛或者嘴巴上，倾听来自她的声音。研究者们把这一表情称为“皱着眉头，张着嘴巴”（专心和高度集中）。婴儿的每个动作都增强了他的感知能力，从而更好地理解妈妈的语言和动作。[7]

我们越是专心，就越能敏锐迅速地感受到他人的内心世界，不管周围环境多么复杂，他人的情感暗示多么细微。相反，我们越是紧张，就越难产生同理心。简而言之，不管什么形式的自我封闭都会扼杀同理心的产生，更不要说同情了。当我们以自我为中心时，我们遇到的问题就会越来越多，自我封闭就会越来越严重，我们的世界就会越来越小。而当我们关注他人时，我们的世界就会越来越丰富多彩，我们自己的问题就会显得渺小，而且我们的交往能力可以得到加强，从而引发帮助他人的善举。

同情心是一种本能

• 实验室里，一只小白鼠被吊在半空中，不断地尖叫、挣扎。另外一只小白鼠见此情形也非常不安，并且开始设法营救它的同伴。最终它通过一根杠杆，成功地使吊在半空的小白鼠安全地回到了地面。

• 科学家们训练了 6 只恒河猴，使它们学会了通过拉动链子来获取食物。后来，只要它们中的任何一个拉动链子，新来的一只猴子就会遭到电击。看到那只猴子痛苦的表情，有 4 只猴子开始拉另一根链子，虽然得到的食物比以前少了，可是那只新来的猴子却不会遭受电击了。剩下的两只猴子，有一只连续 5 天都没有拉动任何链子，而另一只坚持了 12 天，它们两个都宁愿饿死也不愿意那只新来的猴子遭受痛苦。

• 事实上，刚出生没多久的婴儿只要看到或者听到其他婴儿的哭泣声，他们就会放声大哭，好像自己也很难过一样。但是他们听到自己哭声的录音时没有多大反应。大约出生 14 个月后，婴儿们听到其他婴儿的哭泣时不仅会放声大哭，而且还会设法减轻对方的痛苦。当他们再长大些，遇到同样的情况时，自己哭的次数越来越少，抚慰的行为则越来越多。

实验室里的小白鼠、恒河猴和婴儿都有同样的自然冲动，都非常关注同类的痛苦，并且还会引发自身痛苦的感觉，从而促使他们伸出援手。为什么不同的物种会有相同的反应呢？答案很简单：自然选择，也就是说大自然会保留那些有益的生理机制。

尽管人们可能会对需要帮助的人视而不见，但是这并不能说明他们没有同情心和帮助别人的自然冲动，而是这种原始的自然冲动被冷酷压抑住了。科学研究表明，当我们因为看到别人遭受痛苦而难过的时候，大脑里和镜像神经元有关的反应系统正在发挥作用。我们越能理解别人的痛苦，就越想帮助他们。

可以证明，这种同情的本能可以提高物种进化适合度，也就是"繁殖成效"，它表示一个物种中有多少后代可以继续繁殖。一个多世纪以前，达尔文就提出，同理心，也就是同情行为的前奏，可以有效地帮助物种生存下去。同理心会增强社交性，因此我们人类是所有物种中最杰出的社交动物。[8]最新的观点认为，社交性是灵长类动物，包括人类生存的基本策略。

直到现在，在野生灵长类动物的生活中，我们仍然能够发现友谊的实效。它们的生活类似于史前人类，只有很少一部分可以活到成年。让我们来看看一个小岛上的猴子吧。它们有 1 000 多只，都是 20 世纪 50 年代从印度迁移过来的，属于同一个种群。这些猴子组成小团体，生活在一起。在它们成年后，母猴留下，公猴则会离开去其他猴群。

这种变化是十分危险的，20% 的猴子都在试图加入新猴群的打斗中死去了。科学家们研究了其中 100 只青年猴子的脊髓液样本，他们发现最外向的猴子产生的压力荷尔蒙最少，而且它们的免疫力也最强。最重要的是，它们也最容易加入新的猴群，并与它们打成一片或者通过挑战成为领袖。因此，这些社交性较强的猴子是最有希望生存下来的。[9]

另外一项对灵长类动物的研究表明，肯尼亚境内乞力马扎罗山附近的野生狒狒也是如此。幼年狒狒的生存面临着巨大危险，它们每年的死亡率最低为 10%，高的时候会达到 35%。生物学家们观察母狒狒后发现，善于社交的母狒狒的婴儿最有可能活下来。这些善于社交的母狒狒大部分时间都用来交配或者和其他母狒狒交往。

针对为什么母狒狒的社交活动会帮助自己的孩子活下来，生物学家们总结了两个原因。首先，友好的狒狒们会互相帮助，一起找到可口的食物和安全的避难所，以免自己的孩子受到伤害。其次，母狒狒越愿意分享自己的性伴侣，那么她能够得到的性伴侣就越多，她自己的身心就会越健康。因此，喜欢交际的母狒狒才是称职的母亲。[10]

在我们的大脑尚未发育完全的时候，自然的社交倾向就出现了。我们很容易想象，在艰难岁月里成为某个群体的一员对生存来说有多么重要，独自一人去和一个群体争抢本来就稀缺的资源对自己的生存来说可能是致命的威胁。

任何被证明有助于将基因传递给下一代的特性都会在基因库中得到发扬，因此这个有着重要生存价值的特性可以逐步改变大脑的神经系统。

如果说是社交性帮助史前人类生存了下来，那么控制社交活动的大脑当然功不可没。[11] 因此我们的基本连接方式——同理心倾向的威力也不可小觑。

如何注意别人的感受

一辆车迎面撞来，她的车立刻变成了一堆废铁。她右腿骨折了，痛苦地蜷缩在车里，孤独无助，甚至不知道到底发生了什么事。

一位路人（至今她也不知道他的姓名）走过来，跪在她身边。在救援人员把她从车里解救出来的过程中，他一直握着她的手，鼓励她，安慰她。尽管她感觉很疼，很焦急，但是由于他的帮助，她一直很镇静。

后来她感叹道："他真是我的天使。"[12]

我们永远也不会知道是什么样的情感驱使那位"天使"跪在这位女士身边安慰她，但是产生同理心肯定是这种同情行为关键的第一步。

同理心的产生需要一定程度上的情感共享，这是充分理解他人内心世界的首要必备条件。[13] 毫无疑问，镜像神经元在这一过程中起着重要作用。就像一位神经学家说的那样，是它们"使你产生了丰富的同理心，使你在看到别人受伤时自己也会感到疼痛"。[14]

俄国著名的戏剧改革家康斯坦丁·斯坦尼斯拉夫斯基认为，演员在表演的时候应该回忆与剧本情景类似的经历，这样才能唤起真实的情感。但是，斯坦尼斯拉夫斯基还说过，这些回忆并不一定局限于自己的亲身经历，也可以是他人的经历。当然，前提是他人的经历在我们心中引发了同理心。这位传奇的表演训练大师建议：“我们应该仔细观察别人，并且尽可能体会他们的感受，直到对他们的同情转化成我们自己的感受。”[15]

斯坦尼斯拉夫斯基的建议是很有预见性的。对大脑活动的成像研究表明，当我们回答“你感觉如何”时和听到别人询问“她感觉如何”时，大脑神经系统的活动是一样的。也就是说，我们体会自己的感受和他人的感受时，大脑神经系统的活动几乎是一模一样的。[16]

当人们模仿别人脸上快乐、恐惧或者厌恶的表情时，他们自己内心也会产生类似的情绪。这种有意的模仿和看到别人脸上的表情以及自发情感引起的神经活动都是一样的。就像斯坦尼斯拉夫斯基理解的那样，刻意引发的同理心引起的神经系统活动会更加活跃。[17]当我们注意到别人的某种情感时，我们也会产生同样的感受。我们越是努力体会他人的情感，或者他人的情感越强烈，我们产生的同理心也会越强烈。

1909 年，德语词汇“Einfühlung”首次进入英语，形成了一个新的合成词——“empathy”（同理心），它的意思是对他人内心情感的模拟，直译就是“感受别人的感受”。[18]首次把“同理心”这个词引入英语的是德国美学大师特奥多尔·利普斯，他曾经说过：“当我看到杂技演员走钢丝时，我就感觉自己好像也在钢丝上面一样。”也就是说，我们好像可以感受别人内心的感受。的确是这样的，神经学家们认为一个人的镜像神经系统越活跃，他产生的同理心就越强烈。

在现代心理学中，“同理心”有三层意思：注意别人的感受，感受别人的感受，针对别人的痛苦采取救助行动。这三层意思描述了三个阶段：首先我看到你，接着我体会你的感受，然后我采取行动帮助你。

斯丹芬妮·普莱斯顿和弗兰斯·德瓦尔关于人际感知与行为关系的理论认为，同理心的三层意思和神经学中同理心产生时大脑的活动非常吻合。[19] 由他们两人一起来讨论这个问题再合适不过了。普莱斯顿是运用社会神经学研究方法来研究人类同理心的先驱，而德瓦尔是亚特兰大耶基斯国家灵长类动物研究中心的主任，他几十年来一直致力于对灵长类动物的系统研究，以期对人类行为研究有所启发。

普莱斯顿和德瓦尔认为，产生同理心的时候，我们的情感和思想都会沿着与他人相同的轨道运行。比如，听到别人的惊叫，我们就会自然而然地猜想到底是什么事情引起了他们的恐惧。从认知的角度来说，我们分享着相同的情感“表现”，也就是一系列共同的场景、联想和思想。

普莱斯顿发现，当一个人回想起他生活中最快乐的时光以及与最亲密的朋友在一起的幸福时刻时，会激发大脑内相同神经系统的活动。[20] 换句话说，体会别人的感受，也就是产生同理心时，和自己亲身体验时，会激发大脑内相同神经系统的活动。[21]

交流双方所谈论的话题必须是他们都感兴趣的，否则交流就无法进行下去。通过交流思想和情感，交流双方迅速达到了心灵相通的境界，不需要再浪费时间和语言去解释彼此的感受。[22]

对他人的感知会自动反射到我们的身体里，使我们感受到他们的想法。[23] 他们的思想占据了我们的心灵。我们就是依靠自己身体的这些内部信号来揣测他人的内心思想的。除了体现人们的内心思想外，微笑、眨眼、怒视或者皱眉还能有其他作用吗？

只有理解了别人的感受和意图，我们才能迅速做出回应，并且预测出他们下一步的打算。这种洞察力在任何人际交流中都必不可少，它可以帮助我们识别那些转瞬即逝的微妙信号，从而理解对方现在的想法和将来的打算。

恻隐之心，人皆有之

现在，大多数人之所以记得 17 世纪的英国哲学家托马斯·霍布斯，是因为他的一句名言：无政府状态下的自然生活状态是“肮脏、粗野和浅薄”的，人与人之间必定处于一种一切人反对一切人的战争状态。尽管霍布斯态度强硬、愤世嫉俗，但是他也有温柔的一面。

一天，当霍布斯走在伦敦的大街上时，他遇到一位患病的老人在乞求施舍。这一情景触动了霍布斯的心，于是他给了老人一笔数目相当可观的钱。

一个朋友问他，如果宗教或者哲学里没有扶危救困的道义原则，那么他是否还会给老人钱。霍布斯回答说，即使没有，他还是会帮助那位老人。他的理由是：当他看到那位不幸的老人时，他自己也感到痛苦，所以给老人钱不但会减轻老人的痛苦，“也使我感到轻松”。[24]

这个故事表明，在帮助别人时往往有利己主义的心理在起作用。

受霍布斯的影响，现代经济学的一个流派认为，富翁们之所以会向慈善机构慷慨解囊，有一部分原因是他们可以从受益人将因此而减轻痛苦的想象中得到快乐，或者说他们会因此而减轻自己因为同情别人而产生的痛苦。

这一理论的近代版本把利他行为理解为对自私心理的掩盖。[25] 他们中有部分人认为，用同情行为掩盖“自私的基因”是为了获取最大的利益。[26] 也许这一理论只适用于一些特例。

另外一种观点的解释可能更加恰当。比如，早在霍布斯之前，中国古代圣人孟子在公元前 3 世纪就提出：恻隐之心，人皆有之。[27]

现在，神经科学也验证了孟子的说法，为这场旷日持久的辩论添加了新的材料。当我们看到别人痛苦时，我们的大脑中会产生同理心共鸣，从而引发同情。当婴儿哭泣的时候，这种反射会引起父母大脑神经系统的类似活动，从而促使他们想尽办法来安慰孩子。

善意是我们大脑的自然反应。所以，我们会下意识地去帮助一个因为恐惧而尖叫的孩子，或者会去拥抱一个微笑的婴儿。这种情感冲动的好处在于，它们会引发我们下意识的瞬间反应。从同理心产生到做出反应的过程如此迅速而又自然，这表明这一过程是由小路神经系统控制的。因此，感受到痛苦就会激发起我们帮助别人的欲望。

当我们听到一声极其痛苦的尖叫时，它会激发我们大脑中经历这种痛苦的区域，以及运动前区皮质，示意我们准备回应。同样地，听某人用一种阴郁的音调讲述一个悲伤的故事会激发听者脑中指导动作的运动皮层区和杏仁核，还有相关的悲伤回路。[28] 这一共享的状态进而向我们大脑中的运动区域发送信号，使我们为相关的行为做准备。最初的认知促使我们做好行动准备。[29]

早在 1872 年，查尔斯·达尔文就在一篇关于情感的学术论文里预测到了这一点，他的这篇论文至今仍然备受推崇。[30] 达尔文把同理心看作一种生存手段，但是许多人都误认为他的进化论强调了诗人丁尼生所说的“大自然血红的牙齿和利爪”。这句话曾被社会达尔文主义者广泛引用来形容进化的无情和冷酷，他们把进化思想歪曲成了使贪婪合理化的理论。

达尔文认为所有情绪都有产生某种行为后果的倾向，比如恐惧会使人呆住或者逃跑，愤怒会驱使人们战斗，喜悦则使人们彼此拥抱。对大脑的成像研究表明他的观点是正确的。感受到任何情绪都会促使人们产生相应的行为。

小路神经系统的活动又使这种情绪和行为之间的连接扩展到人与人之间。举例来说，当我们看到别人表现出来的恐惧，哪怕仅仅是从他们的动作或者姿势中看出来的时候，我们大脑中控制恐惧的神经系统也会被激活。除了这种瞬间的情绪传染，大脑中负责处理恐惧情绪的区域也会被激活。其他各种情绪，比如愤怒、喜悦和悲伤等也是如此。因此，情绪传染不仅仅传播情绪，它还会使大脑自动做好应对的准备。[31]

大自然的拇指法则认为，一个生态系统应该尽可能少地消耗能量。在这里，大脑的感知和对行为的支配靠的都是相同的神经细胞的活动，可以说效率非常高。大脑里这种高效的活动相当常见。比如，当看到别人苦恼的时候，这种感知与行动的连接就会使人们自然而然地去帮助他。正因为我们产生了同样的感觉，所以我们才会去帮助别人。

一些数据表明，在大多数情况下，人们往往会帮助自己喜爱的人，而不是陌生人。即便如此，如果我们与一个陌生人产生了情感共鸣，我们就会像帮助自己喜爱的人一样去帮助他。比如，人们看到一个无家可归的孤儿时越是伤心，就越有可能捐钱给他，甚至还有可能为他提供一个临时住所，不管他们之间的社会地位差别有多大。

当我们与痛苦或者窘迫的人面对面地交流时，我们就不会只想帮助那些和我们有共同之处的人了。面对面地交流时，大脑间的连接会使我们体会到别人的不幸，也会使我们立即打算去帮助他们。[32] 在人类历史上相当长的时间里，人们的交流都近在咫尺，因此很容易直接体会到别人的不幸。而现在却不同了，科技的发展把人们之间的距离越拉越远了。

但是，如果大脑的神经系统真的能够使我们感受到别人的不幸并随时准备帮助别人的话，那为什么在现实生活中人们并不总是这样去做呢？社会心理学家们做了不计其数的实验，想要解答这个问题。他们认为原因是多方面的，其中最简单的一个原因就是现代生活的影响：那些需要帮助的人们都离我们很远。这也就意味着我们体验的是“感知”上的同理心，而不是直接受到感染。或者，我们只是同情，也就是说我们只是为他们感到难过，而体会不到他们的苦恼。[33] 这种疏远的关系削弱了我们帮助别人的本能冲动。

就像普莱斯顿和德瓦尔所说的那样：“现代社会，人们通过电子邮件交流，经常搬家，极少参加社区活动，这种状态下的人们是无法自动精确地感知他人的心理状态的。而缺少了这一因素，同理心是不可能产生的。”现代社会中人们之间的社会地位差距和实际物理距离越来越大，虽然我们对此已经见怪不怪了，但这是很不正常的。这种距离扼杀了同理心，从而也扼杀了利他行为。

对于人性到底是本善还是本恶这个问题的争论由来已久。本善论者认为人们天生就是富有同情心的，只不过有时候会有些丑陋的表现而已。反对这一观点的例子很多，支持它的科学理论却很少。让我们尝试一下下面的思维实验吧。想象一下今天世界上有可能做出反社会行为（比如强奸、谋杀，或者粗暴、欺骗等）的人的数量，然后把这个数字作为分母，分子则是今天实际做出这些行为的人的总和。

实际上，这种潜在罪恶和实际罪恶之间的比例每天都接近于 0。如果分子是某一天慈善行为的总和的话，这种善举与罪恶的比例则总是大于 1。

哈佛大学的杰罗姆·卡根做这个实验是为了说明人性本善：人们的善良要远远超过卑鄙。“尽管人类有愤怒、嫉妒、自私、粗暴、好斗或者暴力的天性，”卡根说，“但是他们仁慈、悲悯、合作、爱和教养的天性更为强烈，特别是对那些需要帮助的人。”他还补充说，这种内在的伦理观是“人类这个物种的生物特征之一”。[34]

神经学理论中关于同理心可以引发同情的发现无疑为哲学中利他本能的普遍性提供了科学支持。这样，哲学家们就不必再去费力解释大公无私的行为，而是要转而考虑为什么还会有自私自利行为的存在了。[35]

第五章

为什么会有一见钟情

一对夫妻到现在还清楚地记得他们第一次接吻时的情景，那是他们关系转变的里程碑。

他们是相识多年的朋友，一天下午在一起喝茶。聊天的时候，他们都感慨找个合适的伴侣太难了。说到这里，他们停了下来，凝视着对方，若有所思地想了一两秒钟。

然后，当他们走到外面打算分手的时候，他们又一次凝视着对方的眼睛。突然，他们感觉好像有种神奇的力量使他们的嘴唇贴在了一起。

他们都说自己并没有打算接吻，但是直到几年之后他们仍然清楚地记得这个不由自主的浪漫举动。

他们之间长时间的凝视可能是促成这个吻的必要前奏。诗人们经常说眼睛是心灵的窗户，也就是说通过眼睛人们可以了解他人内心深处的情感。神经学对眼睛的看法也与此类似。说得具体一点，眼睛的投射可以直接反映到大脑中负责同理心的部位——前额叶皮层中的眶额区域。

四目相视会在我们的神经系统间形成回路。让我们用神经学来分析一下这个浪漫时刻吧。当两个人目光相会时，他们的眶额区域会紧密联系，这一区域对于眼神交流等暗示特别敏感。这些负责社交的神经通道对于了解他人的内心世界起着至关重要的作用。[1]

连接大脑皮层与下皮层的眶额皮层也是大路神经系统和小路神经系统的交汇点，因此也是处理社交活动的中心。我们内心的思想与情感和对外部世界的体验在这里进行交流，因此眶额皮层相当于一个高速的社交计算器，告诉我们自己对交流对象的感觉、交流对象对我们的感觉以及如何应对他们的反应等。

机智、和谐、流畅的交流在很大程度上要依靠这一神经系统。[2] 比如，眶额皮层中的神经细胞可以帮助我们察觉别人的面部表情，或者根据别人的语气来推测他们的情感，并且可以把这些信息与我们的内心思想相结合来进行判断。比如在本章开头的故事中，两位主人公所得出的结论就是他们都感觉到对彼此有好感。[3]

这些神经系统还能够反映出哪些人或事物是我们最关注的。比如，功能性核磁共振成像系统的研究显示，当新生儿的母亲看到自己宝宝的照片时，她们的眶额皮层会被激活，而看到别的宝宝时却没有多大反应。而且她们的眶额皮层越是活跃，她们就越是慈爱、温柔。[4]

用专业术语来说，眶额皮层赋予了我们对于社交生活的“享乐主义价值观”，让我们知道我们喜欢谁、厌恶谁、崇拜谁。因此，它也是人们接吻时神经活动的关键所在。

眶额皮层还会决定我们的社交审美，比如我们是否喜欢某个人的气味等。人体的气味是能够唤起人们强烈的喜爱或者厌恶感觉的最初信号。我记得一个朋友曾经说过，他爱上一个女人的首要条件就是要喜欢她的味道。

甚至在我们的理性思维感知这种潜意识的存在之前，在我们还没有完全意识到自己内心情感的涌动时，这些潜意识的情感就已经开始指挥我们的行动了。这就是那个不由自主的吻之所以发生的原因。

一见钟情的魔力

下面是我认识的一位教授选择助手的经历，选择一名好的助手对他来说意义重大，因为助手是他在工作时间中接触最多的人。

“我走进接待室的时候她正好坐在那里，看到她后我立刻感觉自己放松了下来。从第一眼开始我就知道她是一个非常好相处的人。当然随后我也看了她的简历和其他资料，但是从看到她的第一眼我就知道自己肯定会请她来工作，而且直到现在我也没有因此而有过一丝后悔。”

凭直觉判断我们是否喜欢某个初次见面的人也就是在推测我们是否能与其建立和谐关系，或者至少顺利相处下去。但是在潜在朋友、商业伙伴或者配偶中，我们是根据什么来决定究竟是亲近还是疏远他们的呢？

这个过程中的大部分决定似乎都是在人们初次见面时的最初几分钟内做出的。一项调查显示，一个班级的大学生在开学第一天只用了3—10分钟的时间来熟悉某位同学——当时的陌生人。随即他们会对同学们进行衡量，决定哪些同学可以发展为自己的亲密朋友，哪些只能作为点头之交。9 个星期之后的进一步研究发现，这种第一印象所决定的好恶与后来大家的实际交往情况相当吻合。[5]

在做出类似瞬间反应的时候，我们在很大程度上要依赖一组非同寻常的神经细胞：形状类似于纺锤的大脑细胞。神经学家们猜测，纺锤形细胞就是这种快速社交直觉的奥秘所在，是它们决定了判断的高速度。

纺锤形细胞在眶额叶和边缘系统的最顶端——前扣带皮层——之间形成极其紧密的联系。前扣带皮层引导我们的注意力，协调我们的思想、情感，以及身体对自身感受的反应。[6]这种连接创建了一个分类排序的神经指挥中心。纺锤形细胞从这个关键的连接点延伸到大脑中的不同部分。[7]

许多神经解剖学家猜测，这种纺锤形细胞很可能是人类区别于其他物种的关键所在。与人类最为相似的灵长类动物（比如猿类）的大脑中该类神经细胞的数量只有几百个，人类大脑中该类神经细胞的数量比它们要高出 1 000 多倍，而其他哺乳动物的大脑中似乎根本不存在这类细胞。[8]一些科学家推测，纺锤形细胞还可能是某些人（或者灵长类动物）社交意识或者社交敏感性强于其他人（或者灵长类动物）的原因所在。[9]大脑成像研究发现，社交意识较强的人，也就是那些不仅可以审时度势，而且在社交场合中可以感知他人感受的人的前扣带皮层的活动都异常活跃。[10]

纺锤形细胞集中的眶额皮层中有一个区域在我们需要对别人做出

情感回应，特别是产生原始同理心的时候会被激活。[11] 对大脑进行的扫描显示，当一位母亲听到自己宝宝的哭声，或者当我们感觉到自己所爱之人的痛苦时，这一区域就会被激活。在我们看到自己所爱之人的照片，或者发现一位迷人的对象，或者判断我们是否受到了不公正待遇等情绪大幅波动的时候，这一区域也会被激活。

另外一个存在大量纺锤形细胞的区域是前扣带皮层，这一区域在社交活动中也具有重要意义。它指导我们展示及识别面部表情，并会在我们产生强烈情绪时被激活。这个区域与杏仁核有着密切关联，而杏仁核正是许多强烈情绪的触发点，同时也是我们最初的情绪判断开始之处。[12]

正是这些细胞决定了小路神经系统反应的快速。比如，甚至在我们意识到自己察觉了什么之前，我们就已经知道我们是否喜欢它。[13] 纺锤形细胞可以解释小路神经系统何以能够在我们确切知道感知对象为何物之前就判断出我们是否喜欢它。[14]

这种瞬间判断对人类来说非常重要。这些纺锤形细胞共同组成了我们的社交指导系统。

心有灵犀一点通

在亨利·詹姆斯的《金碗》（*The Golden Bowl*）一书中，新婚不久的女主角玛吉·沃尔弗去拜访居住在乡间长期鳏居的父亲，当时还有其他一些客人在场，这些人中间似乎有一些女士对她的父亲颇感兴趣。

在对父亲的短暂一瞥中，玛吉突然意识到，为了抚养自己长大而一直清心寡欲的父亲现在已经打算开始自己的新生活了。

就在那时，父亲也从她的目光中明白虽然女儿什么也没有说，但是她已经了解了自己的心思。他们一句话也没有说，但是父亲有种“读懂女儿心思”的感觉。

在这个无声的对话中，“她的眼睛无法从他身上移开，她以自己敏锐的目光捕捉到了他们共同的心思”。

对于房间内这种相互间思想无声交流的详细描写占据了这本小说的开头几页。而且作者还详尽描写了在父亲再婚之后这种心有灵犀的无声交流所产生的余波。[15]

亨利·詹姆斯所敏锐捕捉到的是我们通过感知对他人内心的洞察：瞬间的一个表情就能够使我们了解大量信息。这种社交判断的自发性是由于负责它的神经系统似乎一直处于“开启”状态，随时可以对周围的情况做出反应。即使其他的大脑区域都处于静止状态，有4类神经系统一直都在积极活动，就像是空转的神经发动机一样，随时可以迅速做出反应。值得注意的是，这4类神经系统中有三类都涉及社交判断。[16]当我们想到或者看到交流对象时，这些处于空转状态的神经系统的活性就会增强。

由镜像神经元的发现者之一马尔科·亚科博尼和社会神经学的创立者马修·利伯曼所领导的加州大学洛杉矶分校的一个研究小组，通过功能性核磁共振成像系统对这些区域进行了研究。[17]他们得出的结论认为，大脑的默认活动，也就是在普通状态下大脑的自发活动，似乎一直在为社交活动而运转。[18]

“人际敏感”神经系统的高新陈代谢率显示了社交世界对于大脑构造的特殊重要性。回忆我们的社交生活似乎是大脑空闲时最乐意进行的活动，就像是收视率最高的电视节目一样。事实上，只有当大脑处理非人际活动，比如结算支票本时，这些“人际”区域才会平静下来。

与此相反，对物体做出判断的大脑区域必须经过热身才能运转。这也是我们对于他人的判断在瞬间就能完成，而对周围物体的判断却需要一段时间的原因。在任何社交情景中，负责社交的神经区域都会被激活，它们会对周围的人进行评价，从而决定他们将来的关系，或者他们是否会有进一步的交往。

大脑中的系列活动就开始于这种初步的快速判断，它主要涉及扣带皮层以及通过纺锤形细胞与之相连的眶额皮层。这种小路神经系统会延伸到大脑的各个情感区域中。这一神经网络所产生的初步感觉，在大路神经系统的引导下可以发展成为意识性更强的反应，比如某个行为或者仅仅是心有灵犀的无声对话，就像玛吉与父亲那样。

眶额皮层–扣带回系统会在我们从多种选项中做出判断时活跃起来。这一系统会对我们感受到的一切事物进行评价、赋值，也就是喜欢或不喜欢，从而决定我们对事物意义的认识。虽然目前仍有争议，但这种情绪演算就是大脑用来组织我们行动的基本价值体系，在任何时候大脑都会据此决定我们行动的优先级。因此这种神经节点在我们做出社交决策（即我们经常做出的那些可能决定我们的人际关系成功与否的猜测）时至关重要。[19]

想象一下在社交生活中大脑实现这一过程的惊人速度吧。在与陌生人相遇的时候，这些神经区域会在 1/20 秒的时间内对他们做出初步判断。[20]

下一步的问题就是我们应该如何做出反应了。一旦眶额皮层对于这种喜欢或者不喜欢做出判断，它对该区域神经活动的影响还会持续半秒钟。同时，前额叶皮层附近的神经系统会为大脑提供社交常识，对于该场合下的得体行为做出更加成熟的判断。

眶额皮层接收这些社交常识之后，会平衡人们的最初冲动（比如，离开这里）和最佳方式（找到一个可以被大家接受的理由离开）。眶额皮层的决定并不是经过对社交规则的有意识思考后进行的，而仅仅是通过一种“正确”的感觉进行的判断。

总之，眶额皮层可以在我们对他人产生初步印象之后指导我们的下一步行动。通过抑制最初的冲动，眶额皮层会指挥我们做出得体行为，至少可以阻止我们做出或者说出可能会令自己后悔的事情或话语。

这个过程在任何社交活动中都会发生。我们最初的社交指导机制依赖于一系列模糊的情感倾向：如果我们喜欢某个人，它会指导我们的下一步社交活动；如果我们厌恶某个人，它就会指导我们做出完全不同的反应。而且随着社交的深入，如果我们的情感发生了变化，社交脑也会悄悄调整我们的言行。

千万不要小看这些在瞬间发生的过程，它们可以在一定程度上决定我们社交生活的质量。

姐姐是个“偏执狂”

我所认识的一位女士曾经向我讲述了她姐姐的事情，她的姐姐由于某种精神疾病脾气变得特别暴躁。在她们亲密无间时，在没有任何征兆的情况下，姐姐就会变得极端敌对，用她的话来说就是“偏执狂”。

就像这位女士所描述的那样，“每次我亲近她的时候，她都会伤害我”。

因此她开始尽量躲避这种“情感攻击”，看到姐姐打来的未接电话时她并不会立刻回复，和姐姐在一起的时间也没有以前那么多了。而且如果电话录音中姐姐的声音听起来很生气，她就会等一两天再回电话，让姐姐冷静下来。

尽管如此，她仍然关心姐姐，并且希望姐妹间能够亲密无间。因此当她们在一起时如果姐姐发作的话，她就会提醒自己姐姐患有精神疾病，这样她就不会把姐姐的愤怒看作对自己的攻击了，她也因此避免了不良情绪的传染。

虽然情绪传染的自发性会使我们容易因为不良情绪而心情低落，但这仅仅是一系列生理过程的开始。在需要的时候，我们可以采取一些策略来消除这种传染。在遭遇不良情绪的时候，这种心理策略可以让我们拉开与对方的心理距离，从而保护自己不受侵害。

小路神经系统的运行速度很快，就像打一个响指一样。但是我们并不一定受它的支配，如果小路神经系统的反应使我们感到痛苦的话，大路神经系统就会运转起来保护我们。

大路神经系统为我们提供的其他选择大部分也是通过眶额皮层附近的神经系统来实现的。来往于小路神经系统中心的信息流使我们产生最初的情感反应，比如情绪传染等。同时，眶额皮层会将信息发送到我们的理性大脑，使它仔细衡量这一反应，这就使得我们有可能在对周围情况进行详细考虑之后再做出一个更加成熟的决定。这两个平行的神经通道在人们的每次交往中都会活动，而眶额皮层就是它们之间的中转站。

小路神经系统就像我们的第六感一样，它使我们在完全意识到自己的感受之前就与别人产生了同感。小路神经系统在没有外力干扰情况下所产生的情感状态是非常容易受到感染的，也就是说随时可能产生原始同理心。

与之相反，大路神经系统会在小路神经系统发生情感变化的时候有意识地关注我们的交流对象，以更好地了解当前的情形。这就使我们的理性大脑，特别是前额叶皮层活跃起来。这样，虽然小路神经系统非常容易受到传染，但是大路神经系统的反应有许多其他可能性。在几毫秒之后大路神经系统的大部分神经系统开始活跃起来，人们可能做出的反应就多了许多。

因此，尽管小路神经系统使我们的情感在瞬间贴近别人，但是大路神经系统会产生更为复杂的社交意识，指挥我们做出更加得体的反应。这种灵活性的实现依赖于前额叶皮层——大脑的管理中心。

前额叶切除术是 20 世纪 40 年代和 50 年代风靡一时的精神病疗

法，它所采取的措施就是切断眶额皮层与大脑其他区域的联系。虽然当时神经学家们还不十分清楚大脑中各个区域的具体功能，更不清楚眶额皮层的作用，但是他们发现了这样一个事实：原本极度狂躁不安的病人在接受手术后会平静下来。这对当时因为收留众多精神病患者而经常一片混乱的精神病院来说的确是一个好办法。

虽然接受该手术的病人的认知能力并没有受到影响，但是当时的科学家们还是发现了两项令人百思不得其解的“副作用”：病人的情绪变得没有任何起伏，甚至完全丧失了正常的情感，而且他们面对新的社交环境时完全无所适从。当然，现在神经学家们已经了解到这是因为眶额皮层协调着我们的情感与外部社交环境，告诉我们应对的措施。如果缺少了这一区域，人们面对新的社交环境就会不知所措。

你的大脑是如何做出非理性决定的

假设你和一个陌生人要分配 10 美元，由他提出方案，你来决定是否接受。如果陌生人提出给你 2 美元，你可以选择接受或者拒绝。任何一个经济学家都会告诉你，还是接受这 2 美元比较划算。

但是如果你接受了这 2 美元，那个陌生人就会得到 8 美元。因此不管是否划算，大部分人都会对这种分配方案感到愤慨，而如果他只给你 1 美元，大部分人都会义愤填膺。

在这种被行为经济学家称为“最后通牒博弈”（Ultimatum Game）的游戏中，人们的上述反应一次次得到了验证。在两人一组的游戏中，一个人提出分配方案，另一个决定是否接受。如果所有的方案都被拒绝的话，那么最终两个人什么都得不到。

在这个游戏中，如果一个人提出的方案中分配给他人的份额太少，那么就很有可能引发对方的愤怒。[21] 最后通牒博弈游戏经常被应用在对经济决策的模拟之中，而且在普林斯顿大学大脑、思维与行为研究中心主任乔纳森·科恩的倡导下，这种游戏还被应用在社会神经学的研究中。科恩的科研小组研究了进行这个游戏时参与双方的大脑活动情况。

科恩是神经经济学的先驱，这一领域主要分析促使人们在经济生活中做出理性或者非理性决策的神经因素。在人们做出经济决策的过程中，大路神经系统和小路神经系统都起着重要作用。这一领域主要研究人们做出驱动经济市场运行的非理性决定时大脑的活动。

“如果一个人只给另外一个人一美元，”科恩说，“那么对方的反应很可能就是‘见鬼去吧’。但是根据传统的经济理论，这种反应是非理性的，因为一美元也比什么都没有要强。人们的这种反应使经济学家们不知所措，因为他们的理论认为人们总是会实现自己利益的最大化。而实际上，人们有时甚至情愿放弃自己一个月的薪水，也不愿意接受不公平的方案。”

如果在最后通牒博弈游戏中人们只有一次提出分配方案的机会，那么份额过低的分配方案经常会引发对方的愤怒。但是如果他们有多次分配的机会，那么双方很可能通过讨价还价来最终达成一个彼此都比较满意的协议。

最后通牒博弈游戏不仅仅是一个人与另外一个人的对抗，它还是双方的大路神经系统与小路神经系统，也就是认知与情感之间激烈的拔河比赛。大路神经系统主要依赖大脑的理性中心——前额叶皮层。我们知道，眶额皮层位于前额叶皮层的底部，隔离着中脑的小路神经系统情感中心，比如杏仁核等。

通过观察大路神经系统与小路神经系统拉锯战中神经系统的活动，科恩分辨出了理性的前额叶皮层与做出“见鬼去吧”等草率决定的小路神经系统的影响力。在这个过程中，活跃的小路神经系统是脑岛，它和杏仁核一样，会对一些强烈情绪有所反应。科恩进行的大脑扫描结果显示，小路神经系统的反应越强烈，从经济学角度来说，游戏双方的决定就越缺乏理性。而前额叶皮层的活动越活跃，他们的决定就会越平衡。[22]

在《大脑的硫化》（*The Vulcanization of the Brain*）一文中，科恩集中探讨了大路神经系统的抽象神经活动与小路神经系统活动之间的平衡问题。大路神经系统对接收到的信息进行详细理性的思考，而小路神经系统则迅速形成初步的情感倾向。科恩认为，究竟哪一个系统能够占上风取决于前额叶皮层——理性的调节中心的力量。

在人类大脑发育的过程中，前额叶皮层的体积是我们与其他灵长类动物的主要区别之一——其他灵长类动物的前额叶皮层比人类的要小得多。和其他负责某个特定功能的大脑区域不同，前额叶皮层这个管理中心做出反应所需要的时间要稍长一些。但是和其他一些全能的大脑推动器一样，这一区域特别灵活，它所能胜任的工作要远远多于其他区域。

科恩对我说："前额叶皮层极大地改变了人类的物质世界、经济形势和社会状况。"

尽管天才的人类在推动一系列令人眼花缭乱的经济与社会发展的同时也引发了一系列问题，比如石油消费大户和石油战争，农业生产的工业化和过剩的卡路里，电子邮件和个人资料盗窃等，但是我们创造性的前额叶皮层可以帮助我们度过这些危险，就像当初它引发这些危险一样。许多危险和诱惑都来自小路神经系统在遇到大路神经系统所制造出来的机会时对于放纵和滥用的原始渴望。要安全地度过这些危险同样也需要依赖大路神经系统。

就像科恩所说的那样："我们可以更轻易地得到自己想要的东西，比如糖和脂肪等，但是我们必须平衡自己的短期利益和长期利益。"

要达到这种平衡必须依靠前额叶皮层，它会对我们的冲动说"不"——比如阻止自己吃第二块巧克力蛋糕，或者抑制自己遭遇轻视后进行疯狂报复的心理。[23] 在这种情况下，大路神经系统就完全控制了小路神经系统。

他为什么会如此冲动

居住在英格兰利物浦的一位男士每个星期都坚持买相同号码的彩票：14、17、22、24、42 和 47。

一天，他在看电视的时候发现这个号码竟然中了 200 万英镑的大奖。

但是这个星期，而且只有这个星期，他忘了买彩票。

于是他在极度绝望中结束了自己的生命。

在一篇关于做出错误决定之后悔恨心理的学术文章中，作者引用了关于这一悲剧的报道。[24] 悔恨的情绪会引发眶额皮层的活动，使人们产生强烈的自责感，这种自责很可能会引发类似那个彩民那样的精神错乱，但是眶额皮层关键区域受损的病人就不会产生类似的悔恨感觉。不管他们的决定多么糟糕，他们都不会察觉这一点，更不会因此而后悔。

眶额皮层可以调节杏仁核——激情与冲动的发源地。[25] 像小孩子一样，眶额皮层受损的病人通常会丧失控制情感冲动的能力，比如，当他们看到别人愁眉不展时，自己也会不由自主地模仿。缺少了眶额皮层的约束，他们的杏仁核就会像脱缰的野马一样失去控制。

这些病人还会对社交规范茫然不知。比如，他们可能会去拥抱或者亲吻一个完全陌生的人；他们所讲的笑话没有任何品位，只有三岁的孩子才可能因此发笑。[26] 他们会愉快地把自己最令人尴尬的一面展示给别人，丝毫意识不到自己的可笑。尽管他们在解释社交规范时头脑清楚，说得头头是道，但是当自己违反社交规范时浑然不觉。由此可见，如果眶额皮层受损，大路神经系统似乎就丧失了指挥小路神经系统的能力。[27]

退役老兵在新闻报道中看到战争场面，会引起对自己亲身经历的战争噩梦的痛苦回忆，这时他们的眶额皮层也会出现类似的问题。这一过程的主导者就是过度活跃的杏仁核，类似于自己以前所受创伤的模糊信号也会使它产生痛苦情绪。而在通常情况下，眶额皮层会衡量这样的恐惧感觉并且能够分辨出这只是电视节目，而不是真实的敌人的进攻。

在大路神经系统正常工作的情况下，杏仁核就没有办法在大脑中捣乱了。眶额皮层中含有一类可以抑制杏仁核冲动的神经细胞，它们可以对边缘系统产生的冲动说“不”。当小路神经系统发出最初的情感冲动（比如我想大喊大叫，或者她使我感到非常紧张，所以我想离开这里）信号时，眶额皮层会更加全面地衡量当时的形势（这里是图书馆，或者这只是我们的第一次约会），并且相应地调节这些最初的情感信号，及时地制止这些情感冲动。

当眶额皮层这一情感刹车装置失灵时，我们就很有可能做出不得体的行为。在下面的实验中，研究者安排互不相识的大学生们进入网上聊天室聊天。[28]结果令人震惊，每五组对话中就有一组很快转向关于性的话题，他们语言露骨，讨论性姿势，而且还赤裸裸地挑逗对方。

实验者事后看到这些聊天记录时不禁大吃一惊，因为在接待这些学生进出实验室的时候，他所看到的大学生都非常严肃、谦逊和礼貌，总之和他们在网上聊天时的放肆行为完全不同。

在现实生活中与刚刚认识不久的陌生人聊天时，大概没有人敢讨论如此露骨的性话题。原因很简单：在面对面的交流中，我们会与对方形成情感回路，在交流的过程中我们会不断得到主要来自对方面部表情和语气等的反馈信息，这些反馈信息可以使我们在第一时间了解到自己的行为与话语是否得体。

自从互联网迅速发展起来之后，成人们就经常在网上像小孩子一样攻击他人，这种行为也类似于以上实验中提到的关于性话题的讨论。[29] 通常情况下，大路神经系统会告诫我们遵守一定的社交规范。但是网上进行的交流缺少面对面的反馈信息，而这种反馈信息正是眶额皮层帮助我们遵守社交规范所不可或缺的。

什么在决定我们的思想和情感

多么悲惨的场景啊。那个可怜的女人独自站在教堂前面，不停地哭泣。教堂里肯定在举行葬礼，她肯定在为失去了一位至亲至爱的人而伤心欲绝。

但是转念一想，这不是一个葬礼。在教堂前面停着一辆装饰着漂亮鲜花的豪华轿车——原来这是一场婚礼！多么甜蜜的时刻啊……

这是一位女士看到一张在教堂前面哭泣的女人的照片时的心理活动。第一眼看上去像是葬礼，因此她的心里充满了悲伤，眼睛中闪烁着同情的泪光。

但是她的转念一想彻底改变了自己的心情。认为那个女人是在参加婚礼，并且想象婚礼上的温馨场景之后，她的悲伤变成了高兴。也就是说，我们的情绪会随着认知而改变。

凯文·奥克斯纳的一项大脑成像研究就分析了这种日常交流中的琐碎细节发生时的大脑机制。[30] 在 30 多岁的时候，奥克斯纳就已经成为这一新兴领域的领军人物。当我去哥伦比亚大学心理学系所在的谢莫洪大楼拜访他时，发现整个大楼就像一个杂乱、充满异味的养兔厂，而他的办公室却非常整洁干净。他在那里向我阐述了他的方法。

在奥克斯纳的一项研究中，一位志愿者一动不动地躺在哥伦比亚大学功能性核磁共振成像中心的一个黑暗、狭长的成像仪器中。他的头部上方有一个鸟笼状的仪器，这个仪器可以探测到大脑中原子所发射的脑电波。在这个鸟笼状仪器上有一个成 45 度角的镜子，可以帮助他看到机器另一端自己露在外面的脚。[31]

虽然这个场景在自然情况下很少出现，但是它可以为我们提供大脑在接受某一特定刺激（比如看到惊恐的人们的照片，或者通过耳机听到婴儿的笑声等）后的活动情况。通过这种大脑成像研究，可以帮助神经学家们精确地描绘出在各种人际交流过程中大脑的活动情况。

在奥克斯纳的研究中，女性志愿者会首先观看照片，产生对照片的最初感觉。然后实验者再指导她们重新思考照片上的情景，以比较轻松的方式来重新思考事情的来龙去脉。

前面那个从葬礼到婚礼的思路转变就发生在此类实验中。重新思考使得她们引发悲伤的情绪中心得到了控制。具体的过程大致如下：杏仁核的右半部，也就是痛苦情绪的发源地，会对照片上的情景迅速进行自动评估，得出这是一个葬礼的结论，然后引发她们的悲伤情绪。

做出这种最初情感反应所用的时间非常短，而且这一过程是下意识进行的，因此在杏仁核产生这种反应并且引发大脑其他区域活动的时候，理性思维中心还没有完成对于该情景的分析。而且连接情感与认知中心的神经系统还会对这种一触即发的反应进行核实与完善，这样，我们的第一印象就形成了（多悲惨啊——她在为葬礼而哭泣）。

对照片进行有意识的重新分析（这是一场婚礼，而不是葬礼）会使人们产生较为愉快的心情，从而使杏仁核和其他相关神经系统平静下来。奥克斯纳的研究发现，前扣带皮层越活跃，这种反思改善心情的威力就越明显。而且，前额叶皮层中某些区域的活动越活跃，杏仁核在反思过程中就越平静。[32] 因此，在大路神经系统取得发言权后，小路神经系统就默不作声了。

当我们有意识地接触某个痛苦场景时，大路神经系统可以通过前额叶皮层中任何一个神经系统的活动来控制杏仁核。我们在反思时采取的心理策略决定了哪个神经系统会被激活。如果我们用客观的、像医生一样置身事外的态度看待别人的不幸，比如一位重病病人的痛苦，好像我们与他没有任何情感交流一样（这就是医务工作者通常采取的态度），那么前额叶皮层的某一个神经系统就会被激活。

如果我们以积极乐观的态度来考虑病人的状况，比如病情不至于致命，或者很有可能康复等，那么这种态度就会激活前额叶皮层中另外一类神经系统的活动，[33] 通过改变我们感知事物的角度，我们也改变了它对我们的情感所产生的影响。就像斯多葛派哲学家马库斯·奥里利厄斯在几千年前所说的那样，痛苦“不是由事件本身，而是由你对待它的态度所导致的，因此你也可以在任何时候消除它”。

这个反思实验的结果纠正了人们普遍存在的一个误解：我们对于自己的心理状态毫无办法，因为我们的许多思想、情感和行为都是在

“一眨眼的工夫”自动产生的。[34]

“一切思想、情感与行为都是自动产生的说法令人沮丧，”奥克斯纳评论说，“反思改变了我们的情感反应。当我们有意识进行反思的时候，我们就取得了对自己情感的控制权。”

即使我们仅仅是在心里梳理自己的情感也可以帮助杏仁核平静下来。[35]一方面，它会使我们重新考虑可能做出的消极反应，更加全面地考虑当前的情景，从而促使我们做出更加明智的决定。

大路神经系统的这种控制与调节还意味着我们即使面对不良情绪传染也可以自由选择自己的反应。[36]比如，我们可以抵制一个恐惧的人歇斯底里情绪的传染，事实上，我们可以保持冷静并且竭力帮助他平静下来。如果我们不喜欢别人的激动状态，我们也可以抵制他的传染，坚决地保持自己希望拥有的心境。

丰富多彩的生活为我们提供了无数种可能。在应对变幻莫测的大千世界时，小路神经系统为我们提供了最初的反应，但是决定我们的最终思想、情感与行为的还是大路神经系统。

终结“社交恐惧症”

戴维·盖伊第一次怯场是在16岁的时候。那是在一堂英语课上，戴维的老师要他在课堂上朗读他的周记，而他头脑中浮现的都是同学们的影子。尽管戴维立志做一名作家，而且也在不断尝试新的写作技巧，但是他的同学们都对写作不屑一顾。和其他处于青春期的孩子一样，他们讨厌装腔作势，而且一个个尖酸刻薄。

戴维极力避免他们的讽刺与嘲笑。这时他发现自己一个字也说不出来了。他的怯场表现还不仅如此：他的脸变得通红，手心在出汗，而且心跳快得都要喘不过气来了。他越是想努力摆脱这种状态，怯场的症状就越严重。

从此戴维就落下了怯场的毛病。尽管他在第二年被提名为班长，但是一想到做班长要演讲他就放弃了。即使在他到了 30 多岁，发表了第一部小说之后，他仍然避免公开演讲，也拒绝朗诵自己的小说。[37]

戴维·盖伊这种害怕公开演讲的症状十分普遍。调查显示，这是最常见的一种恐惧症，每 5 个美国人中就有一个有此症状。但是在观众面前怯场只是"社交恐惧症"的众多症状之一，精神病诊断手册把这些焦虑统称为"社交恐惧"。其他的形式还包括从结交新朋友或与陌生人交谈，到在公共场所进餐或者共同使用洗手间等场合下的不安表现。

就像戴维的情况一样，社交恐惧症通常出现在青春期，但是这种恐惧可能会持续一生。患有此症的人会尽量避免可能引发自己恐惧的场合，而且一想到这些场合就会引发他们的焦虑。

戴维这样的人的怯场还会对他们的生理系统产生深远的影响。只要他们想到任何一个观众的嘲弄，他们的杏仁核就会被激活，使身体产生大量压力荷尔蒙。因此戴维仅仅想象同学们的嘲笑就会引发生理系统的强烈反应。

这种习得性恐惧部分是由杏仁核回路中心的一类神经系统导致的，约瑟夫·勒杜克斯把它称为“恐惧中心”。[38]勒杜克斯几十年来一直在纽约大学神经科学中心从事神经细胞的研究，因此非常熟悉杏仁核中的神经分布情况。勒杜克斯发现，接受感官信息的杏仁核中的神经细胞，以及接受恐惧信息的相邻区域，在感知到恐惧时的活动会与平时不同。[39]

我们的记忆总是处于不断重构的过程中。只要我们回忆某次经历，大脑就会根据我们现在的兴趣和理解来更新它。勒杜克斯解释说，回忆某次经历在细胞层面上意味着它会被重新巩固，随后新合成的蛋白质会稍微改变它的化学构成。[40]

每当我们进行回忆的时候，我们都会调整它的化学构成，调整的具体情况取决于我们回忆时出现的新信息。如果我们只是重新经历同样的恐惧，那么这种恐惧就会进一步加深。

但是大路神经系统是可以对小路神经系统进行调节的。如果我们在恐惧的时候找到减轻恐惧的方式，那么在大脑对同样的经历进行再次编码时就会减弱它对我们的影响力。这样，曾经使我们感到恐惧的经历对我们的影响就会逐渐减小。勒杜克斯认为，在这种情况下，杏仁核内的细胞会发生改变，使我们对以前的恐惧经历产生免疫力。[41]因此，治疗恐惧的目标之一就是改变恐惧的神经细胞。[42]

事实上，有些治疗有时会刻意使人们重新体验引发他们恐惧的经历，这样他们可以在经历恐惧的时候练习克服恐惧的方法。这种治疗首先通过缓慢的腹部呼吸使人们平静下来，然后使他们体验威胁性情景，而且通常威胁的程度会不断上升。

通过这种方式控制愤怒情绪也可以达到同样的效果。纽约市的一位交警因为被一个骑摩托车的人骂作“下流母狗”而怒火中烧，因此她在接受这种治疗时，这个词语被反复提到了多次，首先是用平静的语调，然后用比较恶劣的语气，最后还加上了下流手势。而这位交警在治疗中的任务就是坐在那里，尽可能地使自己平静。最后治疗取得了疗效：不管这个词语的表达方式多么令人厌恶，她都能够平静对待了。这样她重新投入工作之后即使再次碰到辱骂，大概也能心平气和地开罚单了。[43]

有时治疗师们会在安全范围之内尽可能地为病人重现引发他们社交焦虑的场景。一位认知治疗师的方法远近闻名，他让治疗小组作为临时观众来帮助病人克服自己对于公开演讲的恐惧。[44]在治疗过程中，病人不仅练习放松的方式，还会锻炼抵抗焦虑的能力。同时，治疗师还要求临时观众为病人增加困难，比如讥笑他们，或者做出百无聊赖或毫无兴趣的表情等。

当然这种对于恐慌或者愤怒的体验必须在病人可以承受的范围之内。曾经有一位即将接受这种治疗的女士找了个借口跑进卫生间把自己反锁了起来，拒绝出来面对挑战。最后在医生的耐心劝说之下她才出来继续接受治疗。

勒杜克斯认为，只要能够找到一个可以帮助你从不同视角看待自己痛苦经历的人一起重新体验过去的痛苦经历，就可以重新对这种经历进行编码，从而减轻你的痛苦。这可能就是病人和治疗师在遇到困难时安慰自己的良方之一：接受治疗的过程本身就有可能改变大脑对不良信息的储存。

勒杜克斯说："这就像是内心产生忧虑之后我们又从新的视角来看待它。我们是在利用大路神经系统来重新塑造小路神经系统。"[45]

第六章

如何做一个超凡魅力的人

三个 12 岁的男孩正在去足球场的路上，他们要去上体育课。其中两个男孩一看就是运动健将，他们走在后面，嘲笑前面那个身材略微有点胖的男孩。

其中一个男孩语气中透着轻蔑：“你要尝试踢足球了？”

受到这样的侮辱，这个年纪的男孩是很容易被激怒的。

那个有点胖的男孩闭上眼睛，深呼吸，好像要准备战斗一样。

但出人意料的是，他只是转过身去，平静而又实事求是地说：“是的，尽管我足球踢得并不好，我还是要试试。”

停顿了一下，他补充道：“但是我的美术棒极了，不管看到什么，我都能把它画得惟妙惟肖。”

然后，他指着那个挑衅的男孩，对他说：“至于你，你的球技很棒，真的很高超！我也希望有一天能像你一样，但我就是做不到。我想通过不断练习总能有所提高的。”

听到这话，那个挑衅的男孩的轻蔑态度彻底消失了，他友好地说道：“其实你的球技也没有那么差劲，如果你愿意的话我可以教你几招。”

上面这个小故事向我们展示了社交商的无穷魅力，正是高超的社交商使本来可能发生的战争开出了友谊之花。[1]那个胖乎乎的“小画家”不仅成功地化解了一场矛盾，而且在更高层面上，他还引导了对方的情绪走向。

通过保持冷静，那个积极乐观的“小画家”在听到别人的嘲讽后压制住了可能爆发的怒火，而且，他还引导另一个孩子进入了自己友好的情绪状态中。这种神经系统的“柔道”把孩子们的敌对状态转化成了友善，充分体现了卓越的社交智慧。

1920 年，在《哈泼斯》的一篇文章中，哥伦比亚大学心理学家爱德华·桑代克首次提出了“社交商”的概念。[2]他说：“幼儿园、操场、营房、工厂和商场里到处都能发现社交商的踪迹，但是它在实验室等人为场合不存在。”桑代克发现，社交商对于许多领域的成功都是必不可少的，特别是一个成功的领导者更需要具备高明的社交商。“工厂里技术最高超的工人，”他曾经写道，“如果缺乏社交商的话，也做不好工头。”[3]

但是桑代克的这一理论在很长一段时间里都被忽视了。20 世纪 50 年代，著名心理学家戴维·韦克斯勒（他设计的智商量表至今仍被广泛使用）还仅仅把社交商看作“用于社交场合的普通智力”。[4]

半个世纪后的今天，神经学为我们描绘出了大脑中负责各种交际功能的不同区域，我们重新思考社交商这一概念的时机也已经成熟了。社交商所依赖的神经系统和控制认知能力（比如普通智力）的神经系统是不同的。

小路神经系统所包含的大部分神经系统都与语言和思维中心没有直接联系。要充分理解社交商，我们必须首先重新思考这个概念，使其涵盖那些“非认知”能力，比如一个机敏的护士不需要任何思考，就能够通过适当的抚摩和安慰使一个号啕大哭的小孩安静下来。

在早期关于情商的文章中，我所依赖的理论大多来自情感神经学，特别是当时的新发现—前额叶皮层是如何调节产生情感冲动的杏仁核及相关神经系统的。这一神经系统控制着情商理论中提到的自我意识和自我管理能力。鉴于当时神经学的发展水平，它还无法描述神经系统如何控制我的情商理论中所提到的第三方面和第四方面—同理心和社交技巧，而这两个因素正是社交商的基础。

因此，人们很容易混淆情商和社交商的概念。这也难怪，这两个领域本来就是相互交叉的，大脑的社交中心和情感中心也是部分重叠的。[5] 威斯康星大学情感神经学实验室主任理查德·戴维森曾经说过：“所有的情感都具有社交性。我们不能把情感的起因与周围的人际关系隔离开来，正是人际交往激发了人们的情感。”

我自己的情商理论也包含了社交商因素，这一领域的其他科学家们也大都如此。[6] 但是我逐渐发现，仅仅把社交商作为情商的一部分，阻碍了我们以新的视角来研究人类的社交能力。我们只关心个体神经系统的变化，而忽视了交流双方神经系统的相互影响。[7] 这种“近视”实际上忽略了社交性，因此根本称不上社交商。

随着社会神经学的发展，重新思考社交商的时机似乎已经成熟了。在史前社会人们赖以生存的基本能力中，社交商就占有举足轻重的地位。与其仅仅思考现代社会中社交商所包含的内容，不如先推理出大自然赋予了我们哪些赖以生存的社交能力。

人类赖以生存的社交能力可以分成两大类：社交意识——我们对他人的感知，社交技能——我们的后续行为。

社交能力：意识和技能

社交意识涵盖的范围很广，从对他人心理状态的瞬间感知，到了解他人的感情和思想，再到对纷繁复杂人际关系的洞察，都属于社交意识的范畴。具体来说，社交意识包括这些方面：

原始同理心：体会他人的感受，理解非语言情感信息。

适应：专心致志地倾听，适应他人。

设身处地：理解他人的思想、感觉和意图。

社交认知：清楚社交活动的规则。

了解他人的感受或思想和意图仅仅是一个开始，并不一定能保证交流成功。接下来的社交技能是在社交意识基础上进行的。良好的社交技能才能保证交流的顺畅和高效，它包括下面几个方面：

一致性：非语言层面上的交流顺畅。

自我表达：清晰地表达自己。

影响力：影响社交活动效果的能力。

关怀：关心他人的需求并采取相应行动。

社交意识和社交技能涵盖的范围既有基本的由小路神经系统控制的能力，也有大路神经系统所控制的复杂能力。比如，一致性和原始同理心是完全由小路神经系统控制的，而设身处地和影响力则是由大路神经系统和小路神经系统共同控制的。

上面所列出的社交意识和社交技能增加了4个当今社交商理论中从未提到的内容：原始同理心、适应、一致性和关怀。智力测评方面的理论专家可能会对此有不同看法。我的观点是，社交商应该能够反映社交脑的人际交往能力，这一点我们在前几章中已经讨论过了，而且神经逻辑并不一定遵循传统意义上的智慧。

尽管这些技能似乎是软性的，现在已经有许多测试和量表来衡量这些技能。但是，它们涵盖的内容都不全面。完美的测试方法应该包括社交商的各个方面，并且能够指出人们社交中的优势和缺点。

无法掩饰的情感

一个人来到大使馆申请签证。在交谈中，签证官觉得有点奇怪：当被问到为什么要申请签证的时候，这个人的脸上掠过了一丝厌恶的表情。

签证官警觉起来，他请这个人稍等片刻，自己到另一个房间查询了国际刑警组织的数据库。结果发现这个人的名字赫然在列，好几个国家都在通缉他。

签证官对这个瞬间表情的捕捉表明他具备原始同理心（体会他人情感）的天赋。原始同理心是由小路神经系统控制的，因此这种同理心的产生是自动而且迅速的。神经学家认为这种本能的同理心主要是由镜像神经元引起的。[8]

尽管我们的交谈可能会停下来，但是反映自身感受的信号（比如语气和转瞬即逝的表情等）不会停止。即使人们在竭力压抑自己情感的时候，真实的情感也会流露出来。从这种意义上说，对于情感，我们没有办法不进行交流。

对原始同理心的有效测试应该评定小路神经系统对这些非语言信息迅速、自发的理解。因此，任何一种测量方法都应该测量我们对交际情境做出的实际反应，而不只是进行书面问答。

我是在读博士的时候第一次接触到此类测试的。当时我正在准备博士论文，忙得焦头烂额，而隔壁实验室的两位博士生的研究好像就有趣多了。其中一位是朱迪思·霍尔，现在是美国东北大学的教授；另一位是戴恩·阿彻，现在任教于加州大学圣克鲁兹分校。他们当时是罗伯特·罗森塔尔教授的学生，攻读社会心理学。他们两个整天忙着制作一系列短片，由霍尔来表演。现在，这些短片已经成为应用最广泛的人际敏感性测量工具了。

这些短片是由阿彻导演的，由具有一些表演功底的霍尔主演。她在短片中的表演包括把买回来的次品退给商店，谈论朋友的死亡等等。这个测试被称为非言语敏感性测验（Profile of Nonverbal

Sensitivity），它要求人们在观看某个场景两秒钟后猜测主人公的心理状态。[9] 比如，他们可能只看到霍尔的脸部，或者身体，或者只能听到她的声音。

在这个测试中取得优异成绩的人在工作上也会表现出色，同事或者上司往往会认为他们对人际关系有敏锐的洞察力。如果他是医生的话，病人对治疗过程会很满意；如果他是老师的话，他的课堂教学会非常富有成效。总之，不管他们的职业是什么，他们肯定都很受欢迎。

在同理心的这个层次中，女性往往比男性做得要好，平均分数要高出 3%。同理心是随着生活阅历的增长而得到改善的。比如，有孩子的女性就要比同龄女性中没有孩子的人更善于解读非语言信息。几乎所有人从青春期到二十五六岁这段时间内同理心能力都会得到提高。

另外一种测量方法是由剑桥大学自闭症研究专家西蒙·巴伦·科恩和他领导的研究小组设计出来的，那就是“通过眼神了解内在情绪”的方法。[10]

下面三双眼睛的图片是从巴伦·科恩通过眼神了解内在情绪测试中选出来的，猜测一下每组 4 个形容词中哪一个最能准确描述眼神中所表达的情绪。

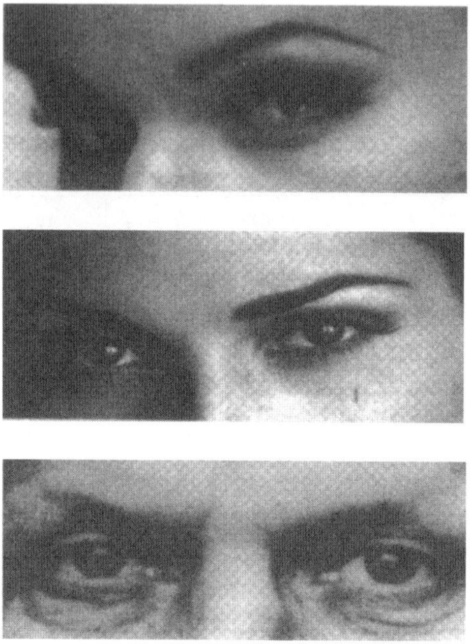

（选自西蒙·巴伦·科恩著作《本质差异》，答案分别是：轻浮的、自信的和严肃的。）

对一组不同类型的人进行测试后发现，他们的成绩分布呈钟形曲线：大部分人的分数都位于中间，越往两边人越少。那些分数极高的人适合做任何需要同理心能力的工作，比如外交官、警察、保姆或者心理治疗师等。而那些分数特别低的人则很有可能患有阿斯伯格综合征或者自闭症。

认真倾听

适应与瞬间的同理心不同，它持续时间较长。这时，我们全神贯注，仔细倾听。这时，我们想了解别人的思想而不是仅仅阐述自己的观点。

这种认真倾听的能力似乎是天生的，其实不然。而且，和社交商的所有内容一样，人们也可以改善适应能力中最基本的因素——倾听能力。[11] 只要我们有意识地多加关注，就可以改善适应能力。

通过一个人说话的风格，我们可以判断出他是否具有认真倾听的能力。

在现实生活的交流中，我们所说的话必须和交流对象的感受、话语及行为有关系，否则，我们的话语就会像出膛的子弹一样，不顾对方状态的变化自顾自地往前冲。但是，如果你能够倾听的话，情况就大不一样了。如果你只是把别人作为倾诉对象，而不听他说话，那么对话就变成独白了。

当我垄断某个对话时，我是在实现自己说话的欲望，而没有考虑你的需求。真正的倾听需要我适应你的感受，给你发言权，而且由我们两个人共同决定谈话的进程。交流双方只有做到彼此认真倾听，才能根据对方的反应和感受来调节自己的话语，从而实现互惠。

令人惊奇的是，许多杰出的销售员和客户经理在谈话中计划性都不是很强。对这些领域的佼佼者进行研究后发现，他们接待顾客或者客户的时候并不是打定主意要把东西卖出去，而是把自己定位为咨询师。所以他们的任务首先是倾听，了解客户的需要，然后再根据客户的需要向客户推荐合适的产品。如果他们没有特别合适的产品，他们也会据实相告。在客户对自己的公司进行正当投诉时，他们会站在客户一方。他们宁愿先建立良好的关系，使客户信任他们，也不愿为了卖掉产品而毁掉客户对自己的信任。[12]

研究发现，杰出的管理人员、教师和领导者都具备认真倾听的能力。[13] 对于医生或者社会工作者这种服务性行业来说，他们中的佼佼者所具备的能力中，认真倾听更是处于前三位。[14] 他们不仅要花时间仔细倾听以适应他人的情感，还会提出问题来了解别人的背景情况。他们会寻根探源，而不只是解决表面问题。

现代生活中，人们通常会同时面对多重任务，因此很难做到专心致志，全神贯注。自我陶醉占据了我们的注意力，因此我们很少能注意到他人的感受和需要，更不要说产生同理心了。我们对他人情感适应能力的减弱，扼杀了和谐的人际关系。

其实做到专心并不难。《哈佛商业评论》中的一篇文章就曾经说道："一次 5 分钟的对话也可能成为完美的交流过程。但是，前提是你必须停止手头的工作，放下你正在看的备忘录，离开你的手提电脑，停止你的白日梦，心无旁骛地关注你的交流对象。"[15]

这种由认真倾听带来的情感适应有利于产生和谐的人际关系。关注他人会使我们双方达到最大程度的心理一致，这样情感才会协调。[16] 这种协调的反映之一就是心理一致，就像我们在第三章中提到的那个例子一样，在心理治疗的过程中，病人感觉医生能够完全了解自己的感受。在交流中，如果一个人全神贯注，他的交流对象肯定能感觉到他的专注。

有意识地对别人多加关注可能是推动和谐人际关系的最佳方式。仔细倾听并且专心致志，会使我们的神经系统彼此连接，形成回路。这样就非常有可能激发和谐的要素——一致性和积极情感的产生。

美满婚姻

一些专家认为，设身处地是社交商中最核心的能力。这一研究领域的先驱、得克萨斯大学心理学专家威廉·伊克斯认为，正是这种能力成就了“最机智的顾问、最老练的官员、最成功的谈判专家、最有希望胜出的政治家、最杰出的教师、最敏锐的心理治疗师和业绩最突出的销售员”。[17]

设身处地意味着我们不仅理解别人的感觉，也了解他的思想。这种能力是建立在原始同理心基础之上的，但是这种对别人感觉和思想的有意识了解是原始同理心所没有的。这一认知过程需要大脑新皮层的活动，特别是前额叶皮层区域的活动，这意味着大路神经系统对小路神经系统引起的原始同理心进行了深加工。[18]

那么，如何对设身处地能力进行测评呢？我们可以采用心理学上的方法，使用隐藏式摄像机。在一个实验中，两个志愿者进入接待室后被安排坐在一个沙发上。一位助手请他们稍等一会，说自己要去拿件东西。

为了打发时间，两个志愿者聊了起来。大约过了 6 分钟之后，助手回来了，他们以为实验要开始了。其实实验早就开始了，当他们以为自己在等待时实验就已经开始了。隐藏在柜子里的一个摄像机已经拍摄下了他们聊天的全过程。

然后他们两个人进入了不同的房间，观看了刚才聊天时的录像，然后写下自己当时的思想和感觉，并且猜测对方的思想和感觉。美国乃至全世界大学的心理系都使用了通过这种方法得到的资料，来检测人们推断别人感觉和思想的能力。[19]

有时，做到设身处地可能是很容易的。比如，当其中一个人因为忘记了一位老师的名字而觉得自己很傻的时候，另外一个人的猜测就非常准确："她可能感觉自己有点傻。"而下面却是一个典型的猜测失误的例子。在一位女士百无聊赖地回想一出舞台剧的时候，她的男朋友却猜测："她在想我是不是会约她出去。"

设身处地似乎是美满婚姻的一个要素，特别是在婚姻早期。在结婚一两年内，夫妻越能够彼此了解，他们对婚姻的满意度就越高，他们婚姻持久的可能性也就越高。[20]如果情况相反的话，他们的婚姻就不妙了：如果一个人发觉配偶心情糟糕，而自己却不知道他内心的想法，那么他们婚姻破裂的可能性就很大了。[21]

我在前面曾经提到过，镜像神经元使我们可以下意识地察觉别人的意图，以便我们做出相应调整。但是如果这种对别人意图的察觉是有意识进行的话，设身处地就发生了，它可以使我们更准确地预测别人接下来的行为。当我们面对抢劫犯，或者像本书开头提到的那个故事一样面对一群愤怒的人时，是否能够了解他们的潜在动机对我们来说可能意味着生与死的区别。

谁是首席执行官

社交认知指的是对社交活动规则的了解。[22] 社交认知强的人知道在什么样的社交场合应该有什么样的表现，比如在五星级饭店用餐时的礼仪等。而且他们善于解读社交标志，比如，辨认谁是一群人中地位最高的那一个。

不管是能够预测政坛局势的人，还是一个朋友遍及整个幼儿园的 5 岁小朋友，都具备这种社交认知。我们在学校学到的操场政治（比如说如何交朋友、结成同盟）以及办公室政治都遵循着同样的潜在规则。

这种能力可以体现在解决社交难题上，比如如何在晚宴上安排一对仇人的座位，再比如搬到一个新城市后如何交朋友等。那些能够搜集相关信息并且冷静权衡的人们可以很快地找到解决方法。如果长期缺乏解决这些问题的能力，不仅会影响人际关系，还有可能导致心理疾病，如抑郁、精神分裂等等。[23]

我们运用社交认知来处理社交中纷繁复杂的关系，这种社交认知决定了我们看待社交活动的态度。我们对社交背景的了解可能有所不同，因此有人认为幽默的话语在其他人看来可能就是讽刺。我们有时候可能不明白为什么一个人看起来好像很尴尬，或者某个人无心的话语为什么会被第三方认为是轻慢。

我们对社交生活的理解依赖于我们的思维方式、信仰和已接受的社交准则及潜在规则。与来自不同文化的人交流时，对这种潜在规则的理解尤为重要，因为双方各自所处群体中的社交准则可能会有天壤之别。

几十年来，对社交常识的了解都被认为是社交商的基础。一些理论学家甚至认为，社交认知就是适用于社交生活的普通智力，是衡量社交商的唯一标准。这种观点仅仅关注我们对社交生活的了解，而没有关注交流过程中我们的活动。这样，对社交商的测试就仅仅是检测我们对于社交情景的知识，而忽略了我们的互动，这不得不说是一个重大缺陷。[24]

社交商的各项内容是一个整体，在交流中缺一不可。如果一个人非常了解社交生活的潜在规则，但是不会把这种知识应用到现实交流中的话，也是没有用的。如果缺乏社交商的应用能力，仅仅有知识是不够的，因为循规蹈矩的交流是十分机械、呆板的。

有些人虽然社交认知非常强，但是缺乏社交技能，他们在与人交流的时候也会显得非常笨拙。反过来也是一样的，社交认知可以帮助我们了解别人的内心世界，理解他们行为的动机，并且指导我们做出适当回应。如果缺少这个社交雷达，我们就失去了方向。

设身处地是建立在原始同理心和认真倾听的基础之上的，社交认知的这三个方面相互融合，它们共同为社交技能——社交商的第二部分——打下了基础。[25]

一致性

一致性可以使我们实现与他人顺畅的非语言交流。它是社交技能的基石，是其他几项社交技能的基础。一致性的缺失必定损坏社交能力，从而影响交流的顺畅进行。

控制一致性的神经系统都存在于小路，比如振荡器和镜像神经细胞等。想要达到一致性，我们必须能够迅速理解对方的非语言暗示，并且不假思索地做出回应。非语言暗示的一致性范围很广，涵盖了和谐交流的各个方面，比如适当的微笑或点头，或者把身体转向对方等等。[26] 如果交流双方无法达到一致，他们就可能坐立不安，动作呆滞或者根本意识不到彼此的不协调。

如果交流一方无法达到一致，另外一方会感到不舒服，更谈不上达到和谐状态了。缺乏这方面能力的人一般都患有狄赛米亚症（非语讯息障碍），他们无法正确理解顺畅交流所需的非语言信息并做出回应。[27] 这种社交障碍的外部症状非常明显，患有此症的人是“闭塞”的，比如说，他们感觉不到交流对象关于交谈应该结束的暗示。因此，在交往中他们总会使人感到厌烦。

人们对狄赛米亚症的研究主要集中在儿童领域，这主要是由于患有此症并因此而在学校受到孤立的孩子不在少数。[28] 患有此症的儿童在交流中或许无法注视对方的眼睛，或许无法和对方保持一定的距离，或许呈现出与自己情感状态不相称的脸部表情，又或许会对对方的感受茫然不知或漠然处之。这些问题似乎都是“作为孩子”不可避免的，但大部分同龄孩子并不会有这种社交障碍。[29]

在成人世界中，狄赛米亚症也表现出类似的症状。[30] 它所引发的人际交往困难也同样存在于成人社会中，比如无法理解非语言暗示、无法交到新朋友等。除此之外，它还会影响成人在工作中正确社交期待的形成。因此，狄赛米亚症的成人患者在社交方面基本上都是非常孤立的。

和阿斯伯格综合征或者自闭症（我将在第九章详细论述）不同，狄赛米亚症通常不是由神经系统疾病引发的。大约 85% 的狄赛米亚症患者得病是由于他们没有学会理解非语言信息并做出适当回应，这可能是由于与同伴交流太少，他们的家人感情极少外露，或者家人遵循的社交规范不同于常人所引起的。另外大约 10% 是因为情感创伤损害了学习系统而造成的。只有大概 5% 的患者被诊断出神经系统紊乱。[31]

狄赛米亚症是由于未能正确学习而引起的，因此现在的一些针对儿童和成人的治疗方案就是要教授他们这方面的技巧。[32] 这些治疗方案首先教会他们识别交流的非语言信息，比如手势、姿势、触摸、眼神交流、语调和节奏等。在他们掌握之后，下一步就是要对这些促进一致性的因素进行练习，直到他们无须特别注意就可以与别人进行眼神交流等。

当我们能够自然而然达到一致时，情感共鸣便可轻易实现。[33] 因为产生一致性的小路神经系统的活动是自发的、下意识进行的，有意的控制反而会阻碍交流的顺畅。因此接受治疗的患者需要不断练习，直到能够自发做出和谐的回应。

如何做一个超凡魅力的人

职业演员肯定非常善于自我表达——以适当的方式表达自己从而达到预期的效果。下面这个例子是关于 1980 年美国总统大选时共和党候选人电视辩论中的一个关键时刻的。当时还是总统候选人的罗纳德·里根因为超时，在他还没有讲完的时候，话筒就被切断了。结果里根跳起来，抓起另外一个话筒，愤怒地大喊：“我已经付过钱了，在这里讲话我是付了钱的！”

因为里根一贯是以温和亲切闻名的，因此他此时表现出来的自信和敢作敢为使他赢得了大家的一片喝彩，这一时刻也成了竞选的转折点。后来，他的一个竞选顾问承认，这一看似自然的情绪爆发其实是事先安排好的，顾问们建议里根，如果有机会的话一定要表现出自己果断的一面。[34]

超凡魅力是自我表达的一种形式。杰出的公众人物、教师或者领袖所具备的魅力可以引导我们迸发出与他们相同的激情。比如，当看到一个魅力四射的明星走进人群时，我们能明显地感觉到这种情绪传染。[35]他们非常善于表达自己，能够引导他人与自己的节奏达到一致并且感染自己的情绪。[36]

比如，当一个演讲者能够“控制”听众时，他的魅力就达到了极致。娱乐节目演员们非常善于利用节奏的抑扬顿挫，比如何时提高或者降低音调，来逗观众发笑。这时，他们是情绪的给予者，而观众则是接受者。

一个女大学生精力充沛，情感丰富，同学们都很喜欢她。她从不掩饰自己的真实情感，这种表达力使她很容易和别人打成一片，但是老师对她有不同的看法。在来听课的众多学生中，她非常惹人注意，因为她的情绪经常会爆发。老师讲课的时候，她的情绪会随着老师讲课的内容起伏不定，时而兴奋不已，时而发出厌恶的声音。有几次她甚至因为情绪太激动而不得不离开了教室。

老师对她的评价是：这个学生具有非凡的表达力，但是自控能力太差。她丰富的情感可能适用于大多数社交场合，但是在一些需要含蓄的场合就行不通了。

与里根的表现相反，米歇尔在这方面跌了个跟头。她供职于一家与自己专业相关的制药公司。开始的时候，她对找到这个工作感到非常激动，而且对自己的薪水也非常满意，直到她得知其他两个研究员的薪水都比自己要高。她因此心烦意乱，并且迷惑不解。在她看来，她的资历至少不比那两个研究员差。

所以，尽管刚进公司不久，她决定要去跟老板谈谈，要求立即加薪。但是交涉进行得非常不顺利。老板对她的态度非常不满，认为她的要求不合理。他拒绝让步，特别是向一个刚进公司不久的新人。

后来，米歇尔郁闷地回忆说，尽管她当时尽力想表现得冷静理智，但是她的语调背叛了她。就像她说的那样，“我的情绪根本就没有按照我预期的那样发展”。

哈佛大学谈判项目研究中心的专家引用米歇尔的这个案例，是想说明尽管我们在谈判的时候希望做到完全“理性”，但是我们一定不能忽略自己的情绪。而且问题讨论得越深入，我们流露的情绪就会越明显。

米歇尔的例子也告诉我们“控制和隐藏”自己的情绪表现是多么的重要，事实上，很多时候这种能力正是自我表达的关键。社交自控力，也就是善于角色扮演和表现自我的能力，可以使人们表现得老练从容。这种自控力强的人在任何社交场合都会非常自信，能够随机应变。他们适合从事销售、服务、外交、政治等需要敏感性的职业。

性别也是一个关键因素。一般来说，女性比男性情绪表现力更强，但是就像米歇尔那样，女人有时也需要注意控制这种表现力。在某种程度上，社交规范不赞成过度的表现力，在办公室里，女人尤其要克制自己的情绪表现力。而且，研究发现，我们生活中存在一些微妙的规范，要求什么样的人应该表现出什么样的情感，这种潜在规范既约束女人，也约束男人。美国人一般认为在私生活中，女人可以表现恐惧和悲伤的情绪，而男人则应该表现愤怒，这一规范鼓励女人当众哭泣，但是不赞成男人因焦虑而掉眼泪。[37]

但是在工作中，对哭泣的禁止范围扩大到了所有人。而且对于身居高位的女性，禁止女人表现出愤怒的禁令也消失了。它被另外一个潜在规则取代了：如果一个团体的目标受挫的话，那么它的领导者就应该大发雷霆。不管愤怒是不是解决问题的最佳方式，老板发火似乎是可以理解的，而且发火似乎是女强人必备的素质。

一个人的自我表达能力再强，如果没有物质或者专业知识的支持，也是没有用的。比如，一个人的社交商再高，也不能代替某个职位所需要的专业知识。就像我在曼哈顿一家寿司店吃饭时无意间听到邻座一位商人对同伴说的那样：“他有种天赋，能使大家都喜欢他。但是他的专业技术太糟糕了，根本不能胜任这个职位。”

影响力

在曼哈顿的一个高档社区，一辆凯迪拉克停靠在一条狭窄的林荫道上，妨碍了其他车辆从停车位上开走。一位警察正在给车主开罚单。

突然传来气愤的叫声："嗨，你知道自己到底在做什么吗？"凯迪拉克的主人——一个衣冠楚楚、身穿商务套装的中年男子拿着洗好的衣服从干洗店出来，边走边喊。

"我只是在做自己的工作。你违章停车了。"开罚单的警察冷静地回答。

"你不能这样对我！我认识市长！我会让他炒你鱿鱼！"凯迪拉克的主人愤怒地威胁着。

"为什么不在我叫拖车之前拿着罚单把车开走呢？"警察依旧非常平静，不愠不火地回答。

看到威胁无效，凯迪拉克的主人一把抓起罚单，钻进车里，嘟嘟囔囔地把车开走了。

干练的警察都擅长发挥影响力，也就是控制社交活动效果的能力。机智和自控力是发挥影响力的必要条件。对于出色的执法者来说，因为他们拥有强大的法律后盾，因此最有效的策略是尽可能少使用权力，比如，用冷静、专注的职业素质来应对人们不理智的行为。

掌握了最少权力原则的执法者更容易使人们服从他们的权威。比如，深谙此道的纽约交警极少与不理智的违章司机发生暴力冲突。这样的警察在遭遇司机的无礼时能够控制自己的情绪，以平静而坚决的职业素质显示自己的威严。如果他们在处理违章时也非常情绪化，那他们就会彻底失去威严，后果就会不堪设想了。[38]

另一方面，如果运用恰当的话，权力可以成为解决或者避免冲突的有效工具。但是运用威胁暗示的关键并不在于权力本身，而在于能够根据场合做出适当反应的神经系统。这时，我们要运用自控力来调节好斗的冲动，用同理心了解对方，从而确定最少权力的范围，并且用社交认知来了解特定场合的社交规范。

不管是民间还是军方，在训练人们使用武力的时候，都没有意识到对潜在神经系统进行训练的必要性。随着一个人使用武力越来越熟练，对他的神经系统进行抑制好斗性的训练也变得日益重要起来。在日常社交生活中，也是同样的神经系统在起作用，只是效果更加微妙而已。

积极的影响力包括以特定的方式表达自己，从而取得预期的社交效果，比如使人平静下来。在日常交往中，善于表达自我的人总是显得更加自信，而且更受欢迎，总体来说，他们容易给别人留下好印象。[39]

善于运用影响力的人会利用社交认知来指导自己的行为，比如意识到在某些场合“睁一只眼闭一只眼”可能对彼此的关系更有好处。[40]有时，把自己的真实感受表达出来，比如抱怨“你不在乎我”，或者更直白地说“你不爱我”，效果可能会适得其反。在这种时候，装傻可能会更好些。

在社交商的各项能力中，影响力的效果也依赖于社交认知，也就是了解主流文化的社交规范，知道在特定的社交场合什么样的行为才是得体的。这也是社交商各项能力相互协调、共同作用的又一个例子。比如，北京人惯用的含蓄口吻对于瓜达拉哈拉（墨西哥西部的一个城市）人来说简直是不可理解的。[41] 这种社交判断力可以帮助我们入乡随俗。

同情心是心理健康的标志

对他人的关怀建立在同理心的基础之上，并且会引导我们产生相应的救助行为。同理心是关怀的基础，一旦我们对别人产生同理心，我们的关怀程度就上了一个台阶，然后我们才会去帮助他们。[42] 在前面的撒马利亚人实验中，向那个躺在门口呻吟的男子提供帮助的神学院学生就是这种把同情转化为行动的例子。

就像我们在第四章中讨论过的那样，大脑的神经系统在感受到别人的需要后会指示我们采取行动。比如，当一群女人观看婴儿哭泣的录像时，那些最能感受到婴儿悲伤的女人眉头皱得最厉害，而皱眉头正是产生同理心的表现。她们不只感受到了婴儿的生理状态，而且还有强烈的欲望，想把他抱起来。[43]

这种反应一点都不奇怪。心理学中一条被普遍认可的利他理论认为，如果我们能够感觉到别人的痛苦，同理心会自然而然地引导我们承担起帮助他们的责任。[44]

当然这条规则也有一些例外，比如一群人在围观一个陷入痛苦的人，却没有一个人去帮助他（如果没有人围观的话，我们可能会毫不犹豫地去帮助他）；或者我们感觉自己没有能力去帮助别人；或者由于时间限制，我们无法为别人提供帮助，就像那些准备去布道的神学院学生一样。

在工作中，关怀他人并且承担起帮助他们的责任有助于建立良好的人际关系。比如，在工作中，总会有一些人非常乐意花费自己的时间和精力去帮助其他同事。他们不仅仅关心自己手头的工作，因为他们明白合作能够实现更高的集体目标。

同理心和帮助他人的愿望似乎是由神经系统引起的，我们的神经系统会推动那些非常容易受到别人不幸影响的人（也就是特别容易接受情绪传染的人）去帮助别人。相反，那些不为同理心所动的人就很容易漠视别人的不幸。一项纵向研究发现，在5—7岁的孩子中，那些看到自己母亲苦恼的表情却一点都不担心的孩子，长大之后极有可能具有“反社会”的倾向。[45] 研究者认为，“培养孩子对他人需要的注意和关怀”可能是预防他们日后品行不端的有效方法。培养对他人的关怀可能是矫正自我中心思想的良方。

仅仅关怀别人是不够的，我们的行为还必须是切实有效的。有许多愿意做善事的人因为缺乏经验而未能如愿，做善事也需要技巧。在这方面，比尔·盖茨夫妇就为我们做出了很好的示范，他们在商界取得的巨大成功延伸到了慈善事业方面——他们一直致力于帮助世界各地的穷人改善健康状况。他们会抽出时间与他们的帮助对象，比如孩子因为疟疾而奄奄一息的母亲、艾滋病患者等见面。这些活动都会激发他们的同理心。

关怀是一些服务性行业，比如医务工作者或者社会工作者所必须具备的基本素质。从某种意义上说，这些职业的存在本身就体现了公众对需要帮助的人们，比如病人和穷人的关怀。我们会发现，关怀能力强的人从事这些职业肯定会取得巨大成功，反之则会失败。

关怀反映了一个人产生同情的能力。善于操纵他人的人可能在社交商的其他方面游刃有余，但是关怀能力不够。关怀能力极低的人不会关心别人的感受、需要或者痛苦，更不会去帮助别人。

表情的秘密

在讨论过社交商的各个方面后，我们现在需要考虑的问题是，我们能够改善人类的这些基本能力吗？因为涉及小路神经系统能力，这个目标看起来似乎遥不可及。虽然原始同理心是自发、无意识的行为，但是善于根据面部表情分析内在情感的权威保罗·埃克曼已经设计出一套方案来教人们如何改进它。

埃克曼的训练集中在微表情上，这种情感信号在脸上停留的时间不到 1/3 秒，也就是打一个响指的时间。因为这些情感信号是自发、无意识产生的，因此不管人们想如何掩饰自己的情感，它们都能够揭示一个人在某个时刻的真实感觉。

尽管一个微表情无法证明一个人在说谎，但是一个彻头彻尾的谎言必定包含这种欺骗性表情。人们越能敏锐地观察到微表情，就越有可能察觉别人是不是在压抑自己的真实情感。事实上，前面例子中那个发现罪犯脸上厌恶表情的签证官就曾接受过埃克曼方案的训练。

这种原始同理心能力对于外交官、法官或者警察之类的人来说具有特殊价值，因为微表情能够揭示一个人在某一时刻的真实感觉。对于恋人、商人、教师或者其他任何人来说，能够理解这些情感信号也都是大有裨益的。

这些自动的、转瞬即逝的情感信号是通过小路神经系统传递的，它们最大的特点就是自动和迅速。它们可以由一个人的小路神经系统传递到另一个人的小路神经系统，前提是我们必须调整好自己的原始同理心能力。

埃克曼制作了一张 CD，名字叫作“微表情训练工具”。他宣称这个工具可以帮助每个人最大限度地改善分辨微表情的能力。迄今为止，已经有数万人接受了这个不到一个小时的培训。[46]

有天早晨我也尝试了一下。

它首先为我们呈现了许多人的面孔，他们都没有任何表情。然后，他们脸上飞速闪过下面 7 种表情中的一种：悲伤、愤怒、恐惧、惊奇、厌恶、轻蔑和快乐。

然后，它要求我分辨刚刚看到的表情。其实我能感觉到的只是有某种表情一闪而过，根本分辨不出到底是哪种表情。这种微笑或者皱眉的速度极快，大概只有 1/15 秒。只有小路神经系统才有这么快的反应速度，大路神经系统根本反应不过来。

接下来进行的是 60 次这样的练习，每次表情闪过的时间大约是 1/30 秒。在我做出猜测之后，系统会允许我在静止状态下观察每个表情，以便更好地区分悲伤和惊讶，厌恶和愤怒等表情的细微区别。更妙的是，它还对每次猜测进行“正确”或者“错误”的评分，这在现实生活中是不可能的。有了这种反馈，我们的神经系统会更乐意进行这种猜测，从而使判断能力得到改善。

在我做出猜测后，我偶尔也会问自己到底看到了什么表情以及人们为什么会做出这种表情，比如，我是不是看到了暗示微笑的牙齿，暗示轻蔑的假笑，或者暗示恐惧的瞪眼呢？但是很多时候，理性思考并不能给我答案，而靠直觉却能猜对，真是匪夷所思。

当我进行理性思考时，比如上扬的眉毛肯定是表示惊讶，答案经常是错的。而我靠直觉做出的判断却经常是正确的。认知科学告诉我们，并不是所有的意识都可以表达出来。换句话说，当大路神经系统关闭的时候，小路神经系统的发挥会达到最佳状态。

在练习了二三十分钟后，我又进行了一次测试。这次成绩相当不错，答对了 86%，而在训练前的测试中我只答对了 50%。埃克曼发现，大多数人在测试前的准确率只有 40%—50%。但是在接受 20 多分钟的训练后，每个人都能达到 80%—90%。这和我的情况差不多。

“小路神经系统能力是可以通过训练得到提高的。为什么我们以前没有意识到呢？因为以前我们没有掌握正确的反馈方法。”埃克曼对我说。人们的训练量越大，他们的能力提高得越多。埃克曼还建议说：“你可以通过大量练习使这方面的能力达到完美。”

埃克曼还发现，经过这种培训的人在现实生活中也更善于察觉微表情，比如能够捕捉到英国间谍金·菲尔比最后一次公开露面时可怜的悲哀表情，或者卡托·凯林（辛普森前妻的情人）在辛普森谋杀案中做证时不易察觉的厌恶表情等。

难怪许多审讯嫌疑犯的警察、需要谈判的商人和其他需要察觉别人伪装的人们都蜂拥而至，接受埃克曼的培训。这种对小路神经系统能力训练的如饥似渴也说明这些神经系统是非常需要训练的。对它们进行的训练必须是以它们可以接受的“语言”进行的，当然，这种“语言”并非文字。

埃克曼的培训项目对于社交商更重要的意义在于，它为训练人们的小路神经系统能力，比如原始同理心和解读非语言信息等，提供了一个示范。以前，心理学家们总是认为这种快速、自动和自然的行为是天生的、无法改善的，而埃克曼为我们提供了一种方法，绕开了大路神经系统，实现了对小路神经系统能力的改进。

什么样的社交商最好

在20世纪初，一位神经学家和一位患有健忘症的女士做了一个实验。这位女士的健忘症非常严重，尽管她和医生几乎每天都见面，但每次医生都要重新介绍自己。

一天，医生在手里藏了一个大头针。他像往常一样，向那位女士介绍了自己，然后在和她握手的时候用手里的大头针刺了她一下。接着他转身走出房间，回来之后他问那位女士他们是否见过面。

那位女士摇了摇头。但是当医生重新做完自我介绍并伸出手时，她把手缩了回去。

纽约大学神经学家约瑟夫·勒杜克斯讲这个故事是为了说明大路神经系统和小路神经系统的差异。[47]那位女士的健忘症是由大脑颞叶受伤引起的，颞叶属于大路神经系统。而她的小路神经系统的中心——杏仁核完好无损。尽管她的颞叶忘记了她所经历的事情，但是杏仁核记住了大头针的威胁。因此，虽然她忘记了医生，但是潜意识中知道不能信任他。

大脑中大路神经系统和小路神经系统是紧密相连、不可分割的。在正常的大脑中，它们共同工作，缺一不可。结合神经科学的理论对社交商进行反思可以帮助我们更好地理解大脑本身是如何控制社交商所包含的各种能力的。

传统的社交商理论过于关注大路神经系统能力，比如社交知识，或者判断某个特定社交场合的社交规则的能力。[48]社会认知学派把社交能力理解为在社交方面的普通智力，这种思路太狭隘了。[49]尽管这种认知科学的方法适用于语言学和人工智能，但是应用到人际关系方面就太局限了。

仅仅关注人际关系中的认知因素使我们忽略了非认知能力，比如原始同理心和一致，也忽略了关怀等能力。纯粹认知的视角还会使我们轻视大脑间连接的作用，而它是所有人际交流的基础。[50]社交商能力应该包括所有大路神经系统和小路神经系统的能力。目前在社交商概念及其评估方法中，人们都忽略了许多小路神经系统能力，而这些小路神经系统能力对人类的生存是至关重要的。

在 20 世纪 20 年代桑代克首次提出对社交商的评估时，人们对于智商的神经学基础还不甚明了，更不要说对于社交能力的了解了。现在，社会神经学向智力专家们提出了挑战，那就是为社交能力下一个定义，它必须包含所有的小路神经系统能力，比如一致、倾听、同理心关怀等。它还要包含我们社交生活中的各项实用能力。如果缺少了它们，社交商的定义就会枯燥、冷冰冰，而且没有任何意义。

在这一点上，我同意现代心理学家劳伦斯·科尔伯格的观点。他认为社交商概念中如果缺少了人文价值将是不完整的，这样的社交商能力就只剩下影响力和控制力了。[51] 目前，经常忽略社交商中人文价值的人不在少数，我们一定要对此保持高度警惕。

Part

- 2 -

第二部分

如何做到心与心的交流

第七章

如何进行恰当的交流

一位刚刚失去姐姐的女士告诉我，她接到了一个朋友的慰问电话，这位朋友的姐姐在几年前也去世了。他在电话中表达了他的哀悼，受到他情真意切的话语的感染，这位女士开始向他详细讲述姐姐长期遭受的病痛和她失去姐姐的悲伤。

但是在讲述的过程中，她忽然听到话筒那边敲击键盘的声音。原来她的朋友边跟她通话还边在写电子邮件。在这位女士如此痛苦的时候，朋友还在做其他事情，这让她感到非常气愤。她觉得，朋友的话越来越空洞、敷衍。

挂断电话之后，她的心情糟透了，她觉得朋友还不如不打这个慰问电话。德国哲学家马丁·布伯把这种交流称为“我和它”。

布伯在书中写道，在“我和它”模式中，一方并没有对他人的主观现实产生真正的适应，也没有对他人产生真正的同理心，而且这种敷衍非常容易被对方发觉。那位朋友大概只是觉得自己有责任打个电话表示哀悼，但是因为情感上的注意力不集中，他没能达到自己预期的目的。

布伯创造的“我和它”这个术语所包含的范围很广，从完全陌生到纯粹利用的关系。在这种情况下，我们把他人看作一件东西，而不是一个人。他们成了我们眼中的物体。

心理学家把这种对待别人的冷漠方式叫作“动因性”（agentic），即把他人看作达到自己目的的工具。[1] 当我毫不关心你的感受，只想从你那里得到我想要的东西时，我的心态就是动因性的。

这种自我中心状态和“共融”（高度相互同理的状态）是相对的。当我们达到共融状态时，你的感受不仅对我很重要，还会改变我。在共融状态下，我们达到完全一致，形成相互反馈的回路。但是在动因性状态下，我们的情绪是彼此独立的。

当其他任务或者事情分散我们的注意力时，我们对交流对象的关注仅仅能够维持对话的进行。如果出现意外情况需要我们特别注意的话，对方就能察觉到我们的心不在焉。

三心二意在任何交流中都会造成伤害，特别是在对方情绪不佳的时候。那位边打电话吊唁边写电子邮件的朋友也是出于好心，本身并无恶意。三心二意是现代生活的通病，但是边说话别做其他事情就很容易把交流对象看作“它”了。

约会的技巧

一次在饭店吃饭的时候，我无意间听到邻座的人讲了下面这个故事。

“我弟弟特别没有女人缘。他的第一次婚姻简直就是一场灾难。他今年 39 岁了，还是个书呆子。他专业水平很高，但是一点都不会跟人打交道。

“最近他一直在尝试速配，也就是单身女人们坐在桌旁，男人们依次走过来，和每个女人聊 5 分钟。5 分钟后铃声会响起，如果他们彼此有意的话，就会交换电子邮件地址，准备以后联系。

“但是我弟弟把所有的机会都浪费了。他是这样做的：坐下之后，他就开始滔滔不绝地介绍自己。我敢打赌他一个问题都没有问过对方。别人甚至根本没有机会向他表示同意下次约会。”

阿利森·查尼曾经做过一些“约会测试”。在约会时，她会用计时器记录下对方从见面到第一次问带有“你”的问题所用的时间。在第一次和亚当·爱泼斯坦约会时，她甚至没有来得及计时。在这个测试中，他的表现简直称得上完美，一年后，阿利森便嫁给了他。[2]

这个测试考察的其实是人们适应别人的能力，以及想要了解别人内心世界的欲望。心理分析学家用“主体间性”来表示两个人内心世界的这种契合。[3]“我和你”这个短语也有类似的意思，但是它指的是更加热情的情感互通。

“我和你”这个术语是布伯 1937 年在一本关于人际哲学的著作中提出来的，它所指的是一种特别的、彼此相通的亲密关系，通常存在于夫妻、家庭成员和好朋友之间。[4]从“你”这个词上就可见一斑：布伯用的是德语中关系最亲密的人，比如恋人和朋友彼此称呼的词：Du。

布伯本身既是一位哲学家，也是一位神学家。对他来说，“你”的含义超出了人类本身，比如他认为人类的终极理想便是在人类和上帝之间建立一种完美的“我和你”的关系。在日常人际交往中，从普通的尊敬和礼貌，到热爱和钦佩，再到任何我们表达爱的方式，都属于“我和你”的关系。

情感上冷漠和疏远的“我和它”的关系正好与情感亲密的“我和你”的关系相反。在“我和它”的关系中，我们仅仅把他人作为达到某种目的的工具。而在“我和你”模式中，维持我们之间的良好关系就是我们的目的。“它”可能是由控制理性和认知的大路神经系统引发的，而“你”则与小路神经系统有关。

“它”和“你”之间的界限有时候是不稳定的。每一个“你”都有可能在某个时候变成“它”，每个“它”也都有可能变成“你”。如果我们期望自己成为“你”，而实际上却是“它”的话，那么感觉肯定糟透了，就像那位接到慰问电话的女士一样。在这种情况下，我们眼中的对方也会由“你”变成“它”。

同理心为建立“我和你”的关系打开了一个通道。我们不仅进行语言上的交流，还有更深层次的心灵交流。就像布伯说的那样，“我和你”的关系“是整体上的关系”，这种关系的一个基本特征就是“感受到别人对自己的感受”，也就是能够清楚地感受到别人已经成为我们同理心的对象。在这种情况下，我们可以感觉到别人能够了解我们的感受，因此我们感觉找到了知己。[5]

就像一位早期心理分析学家说的那样，病人和医生之间随着情感交流的深入“产生同样节奏的共振”。我们从第二章已经了解到，从生理学上来讲的确如此。人文主义学者卡尔·罗杰斯曾经说过，不仅医生能够感受到病人的感受，病人也能感受到医生对自己的理解，也就是说当病人感觉到自己成为医生眼中的“你”的时候，他们之间才能产生同理心。

“我和你”模式

> 日本精神病学家土居健郎第一次去美国的时候，曾经有过一次非常尴尬的经历。当他去一位刚刚认识不久的朋友家里拜访时，男主人问他是否饿了，而且还说：“如果你喜欢的话可以吃些冰激凌。”
>
> 土居当时的确很饿。但是他感到很吃惊，因为刚刚认识不久的人就这么直接地问他是否饿了，在日本人们是不会这么问的。
>
> 按照日本的习俗，土居是不会承认自己饿了的，所以他就没有接受冰激凌。
>
> 土居回忆说，尽管他谢绝了冰激凌，但是他认为主人一定会坚持给他的。但是没想到，主人说了句“哦，我明白了”，就再也不提冰激凌的事情了。
>
> 后来土居说，如果是在日本，主人肯定早就感觉到了他的饥饿，问都不问就会给他食物。

日本文化（或者说整个东亚文化）中的价值观高度重视这种“我

和你”模式，即对别人需要和感受的感知以及主动提供帮助的行为。日语中“amae”一词就是指这种对别人的敏感性，在他们的文化中，同理心被视为理所当然的。

在“amae”状态下，我们能够感受到别人对自己的感受。母亲总是能够本能地感觉到婴儿的需要，土居健郎把母亲和婴儿之间的这种亲密关系看作人际关系高度和谐的原型。在日本人的日常生活中到处充斥着这种关系，呈现出一种亲密无间的氛围。[6]

英语中没有和“amae”相对应的词，但是可以用另外一个词来表示这种高度和谐的关系。人们从生活经验中得出的一个关于“amae”的事实就是，我们最容易适应自己认识或者热爱的人，比如我们的直系亲属、恋人或配偶、老朋友等。

在“amae”状态下，达到和谐的人们似乎会理所当然地产生相同的感觉和思想。这种无声的状态是这样的：如果我产生了某种感觉，你也应该有同样的感觉，所以我不需要告诉你我想要什么、感觉到了什么或者需要什么。你应该非常适应我，不用我说一句话，你就应该能感觉到我的需要并采取相应行动。我们之间越亲密，就越“amae”。

这种状态不仅涉及情感，还涉及认知方面。我们之间关系越亲密，我们可能就会越坦白，越专注。我们共同的经历越多，我们就越容易了解对方的感觉，对事情的看法和反应也会越相似。

就像弗洛伊德说的那样，人们之间的任何重要共同之处都会引起“同伴感觉”，比如成功地和自己心仪的对象搭上话，打电话给陌生人向他推销商品，或者在漫长的飞行途中和旁边旅客聊天打发时间的时候，都是如此。在这种表面联系之外，弗洛伊德发现这种紧密联系还可以带来强烈的同感，一种觉得别人和自己极为相似的感觉。

布伯的思想已经逐渐成为哲学界的明日黄花，法国哲学家伊曼纽尔·列维纳斯渐渐取代了他的位置。[7] 列维纳斯认为，“我和它”的关系是人际关系中最肤浅的，这时人们只是考虑到了对方，而不是适应对方。这种关系停留在表面，而“我和你”的关系则非常深入。列维纳斯指出，“它”是第三人称的“你”，这样的看法本身就大大拉开了人们之间的距离。

哲学家们认为，指导我们思想和行为的潜意识在潜移默化地影响着我们的现实生活。相同文化背景的人、家庭成员或者任何进行思想交流的人们之间都可能会共享这种潜在的知识。就像列维纳斯指出的那样，这种共同的知识是“从两个人的交流中产生的”，这种对世界的主观看法深深影响着我们的人际关系。

在神经学层面上，“开始认识你”意味着我与你的情绪和精神状态达到共鸣。我们的精神状态越相似，我们就越会感觉自己找到了知己，在现实生活中的共同点也会越来越多。随着我们对他人的认同，我们的思想似乎也在融合，以至不知不觉中我们会像看待自己一样看待对方。比如，夫妻往往会发现，相对于分歧，他们更容易找出双方的共同点。当然前提是他们婚姻美满，否则，他们的分歧就会比较多。

相当具有讽刺意味的是，这种精神状态相似性的另外一个表现却是相当自私的，那就是我们往往会把自己的错误思想同样应用到我们亲近的人身上。比如，我们经常会因此极度乐观的思想——“不会受到伤害的幻想”，也就是说，我们往往会认为倒霉的事情不大可能发生在自己或者自己亲近的人身上。[8] 因此，人们总是认为自己或者自己亲近的人患上癌症或者发生车祸的概率要比其他人低许多。

当我们从别人的角度考虑问题时，和谐的感觉（也就是融合或者共享的感受）会加强。[9] 当双方都产生同理心时，他们会达到高度的共鸣。这时，两个人的思想相互融合，他们甚至能够知道对方下面会说什么，研究婚姻关系的专家把这种关系称为“高强度确认”。[10]

“我和你”预示着一种和谐的关系，假以时日，产生这种关系的人们肯定会彼此亲近起来。我们记忆深处保存最多的就是这种深入交流。布伯曾经说过，“一切真实的生活乃是相遇”，他指的就是这种深入的交流。[11]

我们毕竟不是圣人，要求我们把遇到的每一个人都作为“你”来对待未免对自己太苛刻了。布伯认为我们的日常生活不可避免地在两种模式之间切换。他认为，人们具有两种不同的自我，两个“划分清楚的区域”，一个是“它”的世界，另一个是“你”的世界。在亲密交流时，我们处于“你”的世界；而在日常生活琐事中，我们则处于“它”的世界，我们进行这种功利性交流只是为了达到自己的目的。

保持“职业距离”

《纽约时报》专栏作家尼古拉斯·克里斯托弗是一位享有盛

誉的新闻记者，他的调查报告曾经获得过普利策奖。在过去的几十年里，他一直致力于真实客观地报道战争、饥荒和其他重大灾难。

但是一次在柬埔寨采访时，他打破了记者应该置身事外的原则。那时，他正在调查世界各地数千名儿童被贩卖为性奴隶的丑闻。[12]

当一个柬埔寨皮条客把施瑞·奈斯——一个吓得浑身发抖的瘦弱小女孩带到他面前时，用克里斯托弗自己的话说，他做了“一件严重违背记者职业素养的事情”：他买下了她，花了150美元。

克里斯托弗把奈斯和另外一个女孩送回了她们的家乡，给了她们自由，并且帮助她们开始了新生活。一年之后奈斯在金边的一所美容学校毕业，打算自己开家小店。但令人悲哀的是，另外一个女孩还是回去重操旧业了。克里斯托弗关于这些女孩的专栏文章深深打动了读者，许多人因此向一项慈善基金捐款，用来帮助奈斯以及与她类似的孩子重新开始新生活。

在这个事件中，克里斯托弗超越了记者的责任范围，没有遵循记者应该超然事外的原则，自己也进入了故事中。保持客观性是新闻工作者最基本的职业道德之一。理想状态下，记者应该从一个中立的角度来观察、跟踪事件的发生，并如实地把它报道出来，而不应该以任何方式来干涉它。

从医生到执法者等许多职业的从业者都应该与工作对象保持这种“我和它”的关系，记者只是其中一种职业。一个外科医生不应该为与自己关系亲密的人做手术，就是因为担心他的情感会影响他的理性思考。原则上，警察也不应该让个人关系影响到执法的公正性。

这种刻意保持“职业距离”的原则是为了在执行专业任务时保护双方不受情感的影响，因为这种影响是不稳定的、难以预料的。这种距离意味着我们是以他们的角色（比如病人或者罪犯）来看待他们，不会进行情感上的适应。虽然小路神经系统使我们可以立即感觉到别人的痛苦，但是前额叶皮层可以使我们平静下来，保持清晰的思维。[13]因此，大路神经系统和小路神经系统要互相平衡，共同保证同理心的效力。

仅仅从处理日常事务的角度来说，“它”的世界也具有许多优点。比如，隐性社会规则会告诉我们哪些人是不需要深交的，我们可以把他们看作“它”。日常生活中这种现象非常普遍，比如很多时候我们与别人交往时只看重他们的社会角色，比如女服务员、商店收银员等。这时，我们只把他们看作“它”，忽略了他们的其他层面，也就是他们的个人身份。

20世纪法国哲学家让·保罗·萨特认为，这种单一的“它”的世界表明了现代生活中人们的日益疏远。他把公共角色描述成某种“仪式”，一种照本宣科的行为方式，这种行为方式使人们把他人看作“它”，同时他人也把我们看作“它”，“杂货商、裁缝和拍卖者通过自己的行为举止努力使客户意识到他们仅仅是杂货商、裁缝和拍卖者”。[14]

尽管如此，萨特并不认为这种把人们从无休止的“我和你”亲密关系中解脱出来的“我和它”关系毫无益处。比如，一个侍者威严、超然物外的态度确保了自己的私人生活不受干扰，同时也为自己的服务对象创造了一种假想的私人空间。停留在自己的“角色”中，可以使侍者高效地完成工作，还可以为他留出思想空间来关心自己的兴趣和追求——哪怕只是幻想和白日梦。它使人们产生一种即使在公共场合也保留了自己的私人空间的假象。

只要侍者和顾客的谈话很简短，就不会打断这种假象。扮演某种角色的人也可以暂时超越自己的角色，把交流对象作为“你”来看待。但是总体来说，角色本身就是一个屏障，把人们分隔开来。最起码在刚开始的时候，我们看到的是“它”，而不是一个人。

在熟人见面的时候，协调的状态会使双方的注意力、微笑、姿势和动作等非语言信息都达到和谐一致。但是在与某个特定职业的人见面时，我们往往只会关心自己的需求、痛苦，或者想要达到的目的。在对人们与医生、护士、法律顾问和精神治疗师等服务性从业人员的交流进行研究后发现，双方所表现出来的和谐因素明显要比非正式会面时弱。[15]

这种以目的为导向的方式对交流双方都提出了挑战。毕竟，和谐也对这种职业性会面的效果起着至关重要的作用。比如，在精神治疗过程中，这种人际关系就会决定双方是否会合作愉快。在就医过程中，和谐也会使我们对医生产生足够的信任，并且接受他的治疗方案。

在工作中，从事服务性行业的人必须努力营造和谐的气氛。因此，职业距离和同理心应该达到一个恰当的平衡，温情的“我和你”的关系也是不可缺少的，哪怕只有一点点。

被弃之痛

当玛丽·达菲（Mary Duffy）在做完乳腺癌手术的第二天早晨醒来时，她发现一个痛苦的现实：自己已经不被当作一个人来看待，而仅仅是 B-2 房间的一个癌症患者。

在事先没有任何预警的情况下，当达菲还在半梦半醒的时候，一群身穿白衣的陌生人——一名医生和一群医学院学生——就围到了她的床前。医生二话不说就掀开毯子，解开她的睡衣，让她的身体完全暴露，就好像她是一个人体模特一样。

达菲连抗议的力气都没有，她只能以讽刺的语气对医生说，“早上好。”结果，医生根本没有理会她。

相反，医生开始发表长篇大论，向那些唧唧喳喳的医学院学生讲解癌症。他们理所当然地看着她赤裸的身体，冷漠地置身事外。

最后，医生终于屈尊降贵地转向达菲，心不在焉地问她，“你放屁了没有？”

达菲极力想维护自己的尊严，于是迅速回答说：“没有，我到第三次约会的时候才会如此放松。”听到达菲的话，医生表情很不愉快，好像达菲让他失望了一样。[16]

在那一刻达菲急切想要得到的仅仅是对她人格的肯定，哪怕只是通过一个简单的手势，让她找回一点尊严。她需要一个“我和你”的关系，得到的却是冷冰冰的“我和它”。

和达菲一样，我们也不可避免地会遇到这样的问题：我们期望与对方形成情感回路，但是对方的神经系统由于某种原因没能与我们达到一致。这样的结果就是，我们感觉被抛弃了，就好像一个被妈妈置之不理的孩子。

这种受伤的感觉是有神经学基础的。心理伤害会引起大脑中前扣带皮层（ACC）的活动，而前扣带皮层也是接受生理伤害的区域，它可以引发由于身体疼痛而产生的痛苦感觉。[17]

加州大学洛杉矶分校的马修·利伯曼（Matthew Lieberman）和内奥米·艾森伯格（Naomi Eisenberger）认为，前扣带皮层是大脑中的神经预警系统，它可以发觉被抛弃的危险并警告大脑的其他部分做出相应反应。[18] 同样，前扣带皮层也是他们所谓的“社交依恋系统”的一部分，该系统是在现有的警告大脑当心伤害的神经系统基础上形成的。

大脑对诸如被抛弃等的危险信号会特别敏感，因为被抛弃意味着危险的来临。利伯曼和艾森伯格提醒说，在史前社会，成为群体的一部分对生存来说是至关重要的；如果被驱逐出来就等于被宣判了死刑。即使现在，对幼小的野生哺乳动物来说也还是如此。他们提出，疼痛中心可能使这种对被抛弃的危险的敏感性得到进化，使人们加倍警惕被他人抛弃的危险，而且可能还会促使我们采取行动去挽救这种濒临危险的关系。

这一发现可以解释一些在形容遭到拒绝时的感受的比喻："心碎"或者"受伤的感觉"，它们暗示了这种情感伤痛是有物理基础的。这种生理伤痛与社交伤痛的对等似乎可以从人们的语言中得到验证，因为在世界上的许多语言中，表示社交伤痛的词汇都是从生理伤害的词汇中借用过来的。

值得注意的是，如果幼猴大脑中的前扣带皮层受到损伤，那么即使与妈妈分离，它们也不会痛哭。在自然界中，这种能力的丧失会非常严重地威胁到它们的生存。同样，如果猴子妈妈的前扣带皮层受到损伤，在听到孩子的哭声时，它们也不会再抱紧、保护它们。在人类世界中，如果一个妈妈听到孩子的哭泣，她大脑中前扣带皮层就会发出警报，直到她采取行动来安抚孩子。

维持人际关系的古老需求也许可以解释为什么控制眼泪和笑声的神经系统在大脑中最古老的部分——脑干——中的位置如此接近。[19]在社交关系的最重要时刻都伴随着大笑和痛哭，比如生与死，婚礼与久别重逢等。分离的痛苦和相聚的喜悦都说明了人际关系的重要性。

如果我们亲近他人的需求得不到满足，就可能会引起情感失调。心理学家发明了一个词"社交沮丧"（social depression），来表示由于不良或者危险的人际关系而引起的苦恼。社交遗弃或者担心社交遗弃是引发焦虑的最普遍原因之一。人们是否感到孤独与进行的社交活动的次数无关，起决定性作用的是他人对自己的认可程度，即使仅仅只是几个关键人际关系中的认可程度。[20]

难怪我们的神经系统会对诸如遗弃、隔离或者拒绝之类的威胁如此警惕：这些都曾经是对生命本身的威胁。当然现在这些威胁只是象征性的了。即使如此，被作为无关紧要的“它”来对待也会给我们带来尖锐的痛苦。

同理心还是映射？

一位心理分析学家在叙述他和一位病人的初次见面时回忆说，当时他隐约感到有些不安，“我模糊地意识到他身上有某种东西就是使我感到紧张”。

到底是什么呢？在倾听的同时，他打量了一下病人，发现最令人不舒服的细节就是这位病人的裤缝笔直，裤子上一点褶皱都没有。

就像他自嘲的那样，他的病人看起来就像“艾迪堡（Eddie Bauer）的主目录页，而我就像后面的附录一样，告诉大家特殊尺寸商品及处理品可以电话咨询”。这位心理分析学家感到非常不自在，于是他身体前倾，一直保持与病人的眼神交流，同时还悄悄拉下自己皱巴巴的袖子。

后来，病人提到母亲的严厉以及无声而批判的目光对自己的持久影响。这提醒了这位心理分析学家，他想起自己的母亲总是劝自己要穿休闲裤。

这位心理分析学家引用这件事是想说明同理心在治疗中的重要作用。像他说的那样，在这种场合下，医生感觉自己能够准确体会到病人的内心感受。[21] 当然，这位分析学家的感受部分是由于自身引起的，是把自己的心理状态映射到了病人身上。这种映射其实是忽略了对方真实的心理感受，因为我们很容易假设对方的感受和想法与我们想象的一样。

早在 19 世纪，英国哲学家大卫·休谟就注意到了人性中的这种倾向，他称之为“显著倾向”：人们总是“认为别人会产生和我们同样的情感，并且四处寻找与我们自身相近的想法”。[22] 但事实是，在完全映射的情况下，我们只是把自己的心理状态映射到别人身上，而丝毫没有考虑别人自身的感受。沉浸在自己内心世界的人会把自己的思想映射到任何他们遇到的人身上。

一些人认为每次同理心都会包含轻度的映射，适应他人有时也可能会使我们误解别人的感受和思想。分析学家面临的挑战就是把自己的映射，用术语来说就是把反同理心，与真正的同理心区分开来。如果一个精神治疗师能够分清自己内心情感中哪些是对病人产生的同理心，哪些是由自己过去的经历引发的，他就可以辨别出病人的真实情感了。

如果说映射是把交流对象看作“它”的话，那么同理心则是把交流对象看作“你”。同理心会形成反应回路，在这个过程中，我们努力把自己对他人的感知与他人的真实思想相匹配。医生在监控自己反应的时候，首先注意到的可能是自己的感受，但是他的感受其实也是由对病人的感知所引起的。这种医生与病人之间反应回路重复进行，就会产生一定的影响：随着同理心的深入，通过内心思想的共享，医生就可以帮助病人更加清楚地了解自己的病因了。

我们的幸福感在某种程度上取决于别人是否把我们看作“你”。

这种对人际关系的渴求是人类最基本的需要，是生存所不可缺少的。现在，这种人际交往的神经回路又提高了我们对于“你”和“它”区别的敏感性，会使我们在受到社交遗弃时感受到和身体受到伤害时一样的疼痛。

如果说被别人看作“它”会使我们感觉郁闷的话，那么那些习惯性把别人看作“它”的人的心理状态则会更加阴郁。

第八章

自恋型领导者

我的妹夫伦纳德·沃尔夫是个温文尔雅、极富同情心的人。他主要研究乔叟文学，对电影和文学作品中的恐怖流派研究也颇有造诣。许多年前，他就打算写一本关于一个连环杀手的书。

那个连环杀手在被捕前一共杀害了 10 个人，其中 3 个是他的家人。谋杀的手段令人发指：所有的被害人都是被他活活掐死的。

伦纳德去监狱见过那个连环杀手几次。最后，他终于鼓起勇气问了一个他最想知道的问题："你怎么会做出这么残忍的事情呢，你对被害人难道就没有一点同情吗？"

那个杀手非常直接地回答说："一点都没有，杀人的时候我必须把同情心收起来。如果我感受到他们的一丝痛苦的话，我就下不了手了。"

同理心是最能抑制人性中的残忍的，因为如果压抑了自己对他人的感受，我们就会把他人看作"它"。

那个杀手冷酷的话语"我必须把同情心收起来"表明，人类可以刻意地压抑同理心，从而冷漠地面对别人的不幸。压抑自己同情别人的天性会使人们变得冷酷残忍。

在一个人习惯于对别人不闻不问之后，他就会沦为心理学家所谓的“黑三类”：自恋者、权谋政治家和精神疾病患者。这三类人共同的特点就是他们的性格中在某种程度上都存在着恶毒和奸诈，自私和好斗，还有冷酷无情。当然，有时候伪装可以掩饰他们的这些特点。[1]

为了更好地辨认这三类人，我们应该对他们的特点有所了解。在崇尚以自我为中心的现代社会中，人们的贪欲得到了释放，虚荣得到了美化，这几类人也不可避免地越来越多。

“黑三类”中的大部分人还没有达到必须接受精神治疗的程度，但是在极端情况下，他们可能会患精神疾病或者犯罪。他们中的大多数人症状并不明显，他们就生活在我们周围，充斥在办公室、学校、酒吧和日常生活的其他各个领域中。

自恋者：对荣誉的渴望

有一位足球运动员，人们都说他虚荣，这一点都没有冤枉他，我们姑且称他为安德烈。他总是能够在关键比赛的关键时刻力挽狂澜，因此是许多人心目中的偶像。在球迷情绪最热烈、闪光灯闪个不停而且奖金最高的比赛中，安德烈的表现也最出色。

他的一位队友曾经告诉记者：“在比赛的时候，我们很高兴安德烈能够上场。”

但是他又补充说：“其他时候安德烈真是人见人烦。练习的时候他总是迟到，来了之后就大摇大摆地在场地中走来走去，就好像他是上帝对足球界的恩赐一样。而且他目中无人，从来不尊重其他球员。”

此外，安德烈还有个毛病，在练习赛或者非关键比赛中，他总是状态一般。后来发生的一件事情更使他声名狼藉。有一次，因为队友把球传给了另外一名球员，没有传给他，虽然球进了，他还是差点对那位传球的队友大打出手。

安德烈是典型的自恋者。心理学家认为，自恋者行为的驱动力就是对荣誉的渴望。[2]研究者发现这些自恋者厌恶常规，但在面对困难的挑战时会十分兴奋。这种人非常适合压力大的工作，比如律师和领导阶层等。

正常的自恋可以追溯到婴儿时期，一个受宠的婴儿往往会认为自己就是世界的核心，所有人都要停下手头的事情来满足他的需要。长大之后，这种态度逐渐演变为一种积极的自爱意识，它会带给人们适度的自信，这是成功必不可少的要素。如果缺乏这种自信的话，人们就无法充分发挥出自己的才能或力量。

我们还可以用另外一个标准来衡量一个人的自恋状态是否正常，那就是他们产生同理心的能力。一个人如果无法正确地看待自己和他人，那么他们的自恋状态往往是不健康的。

心理学家提出，许多自恋者都会去从事高压力、高回报的工作。尽管这种工作可能存在巨大风险，但是可以使他们的才能得到充分发挥，而且有可能给他们带来无上荣誉。就像安德烈一样，当胜利向他招手时，他的状态就会达到兴奋的巅峰，表现也就最出色。

这种自恋者在商界可能会成为传奇领袖。心理分析学家迈克尔·麦科比在研究并且治疗了许多自恋型领导者后发现，在商界，随着职位的升高以及竞争压力的日益增大（当然收入和名气的回报也越来越高），这种自恋型领导者也就越普遍。[3]

在冷酷的现代商业社会中，这种雄心勃勃并且充满自信的领导者能够得心应手。他们中最杰出的人会成为富有创造力的天才战略家，他们可以掌控大局，从容应对危机四伏的挑战。他们不仅自信，而且能够接受批评，至少他们会听从知心好友的意见。

健康的自恋型领导者善于反省，并且乐于接受现实的检验。他们具有远见，即使在实现目标的艰苦过程中也能做到举重若轻。他们乐于接受新信息，因此能够做出合理的决策，思想不会僵化。

不健康的自恋者则希望得到别人的推崇，而不是喜爱。他们的特点是专制，而且擅长培养自己的亲信。在商界中，他们经常是改革派，他们奋斗的动力不是追求完美，而是渴望成功所带来的光环。而且由于他们不在乎自己的行为会对别人产生什么样的影响，他们在追求目标的时候总是咄咄逼人，不惜代价。麦科比认为，在动荡时期，这种人可能会因为推动激进改革的胆识而魅力四射。

但是这种自恋者的同理心是选择性的，在需要的时候，他们可以完全漠视他人的感受。比如他们会关闭或者卖掉公司，或者大规模裁员，而不会对因此遭难的员工抱有任何同情心。因为没有同理心，他们也就不会感到歉疚，对自己员工的感受和需要也就无动于衷。

自我价值感是评判自恋状态是否健康的另一个重要标准。不健康的自恋者内心通常不坚定，缺乏自我价值感。如果他是领导者的话，那么即使他提出的计划十分出色，他也无法容忍任何批评。即使是建设性意见，他们也会认为是对自己的攻击。对批评的过度敏感还意味着自恋型领导者不会广泛征求意见，而是仅仅选择支持自己观点的数据，忽略那些反驳自己观点的事实。他们不喜欢倾听，只愿意鼓吹自己的观点和教训别人。

尽管一些自恋型领导者的确取得了非凡成绩，但是也有一些会给周围的人们带来灾难。如果他们抱有不切实际的幻想，忽视忠告又缺乏约束的话，他们就很可能会把公司引入歧途。麦科比警告说，如果公司的高层中有许多自恋型领导者，公司必须设法迫使他们广开言路。否则，这种领导者周围只会剩下毫无能力的阿谀奉承之辈。

曾经有一位自恋型首席执行官来麦科比这里进行心理治疗，他不明白为什么自己这么容易对员工大发雷霆。即使是有益的建议他也会嗤之以鼻，并且还会轻视提出建议的人。在接受心理分析后，这位首席执行官把他的愤怒归结于童年时受到父亲的冷落。那时，不管他取得了什么样的成绩，他的父亲都无动于衷。他意识到，他现在正在从员工的赞美中寻求补偿，而且还必须是滔滔不绝的溢美之词。难怪他听到不同意见就会勃然大怒。

清楚自己的问题之后，这位首席执行官开始调整自己，甚至开始对自己这种渴望赞美的心态进行自嘲。一次，他向公司高层宣布了自己在接受心理治疗的事情，并问大家对此有什么想法。在沉默了很久之后，终于有一位主管鼓足勇气说，他好像没有原来那么爱发脾气了，因此无论他在做什么，都应该继续下去。

忠诚的黑暗面

“我的学生，”一位商学院教授感慨道，“把社会看作一个‘名利场’，他们认为只要迎合上司的虚荣心就能升职。”

他的学生认为阿谀奉承是迎合上司的最佳方式。他们相信只要奉承到位就能升职。有时候，他们可能要昧着良心奉承上司，不过这又有什么关系呢？只要你够狡猾，再加上一点点运气，你的良苦用心肯定会被上司看在眼里的。[4]

这种玩世不恭的态度很可能会导致整个公司的不健康自恋状态。如果大部分员工都有自恋倾向的话，那么整个企业的文化也会产生这种倾向。

企业自恋的危害是显而易见的。比如，好大喜功会成为公司的风气，健康的讨论氛围将会消失。长此以往，任何一个充斥着谎言的公司都不可能在残酷的现实中保持旺盛的生命力。

当然，每个公司都希望自己的员工为公司而骄傲，希望他们能够体会到自己的使命感。在这种情况下，如果他们只是有一点健康的集体自恋情结，并不会带来任何问题。但是如果骄傲使他们不顾一切地去追求荣誉而不是实际成就的话，那就麻烦了。

如果自恋型领导者只喜欢听好消息的话，整个公司就有产生上述危险的倾向。而且如果那些领导者反感报告坏消息的员工的话，下属们自然而然地就会剔除那些坏消息。当然，并非所有的员工都是违心地过滤真实信息的。那些本身就自恋的员工会非常乐意地去歪曲事实，以满足自己的集体虚荣感。

这种恶性集体自恋不仅会给公司的生存带来致命威胁，而且还会给公司员工带来恶劣影响。每个员工都必须默默地维持他们共同的幻想，公司的氛围充斥着压抑和偏执，工作也退化成了看手势猜字谜游戏。

> 电影《丝克伍事件》（*Silkwood*）就描述了这样一个故事。故事中的卡伦·丝克伍是一名核电厂女工，她一直在搜集工厂威胁公共安全的证据。一次她发现，有位主管为了掩盖工作上的失误，竟然涂改了用在核反应堆上的燃料棒的焊接图片。
>
> 这位主管似乎完全没有考虑这样做可能带来的致命后果。他只是担心工厂如果不能按时交付燃料棒的话会影响工厂的生意，也会影响员工的生活。他认为自己这样做是为了维护工厂的利益。

在这部电影上映之后，许多类似的悲剧真的在现实生活中上演了。而且不仅仅是核反应堆的问题，整个切尔诺贝利都上演了惨剧。切尔诺贝利核电站泄漏成为核电史上迄今为止最严重的事故。在赤裸裸的谎言和精心的掩饰背后，这些公司都有一个共同的问题，那就是集体自恋。

自恋群体实际上会鼓励这种表里不一的做法，尽管表面上它们可能会要求员工坦白诚实。这种共同幻想的程度决定了公司员工掩盖事实的程度。自恋一旦在公司中蔓延开，那些挑战这种自我膨胀心理的人们就会为大家所不容。这时，大家的本能反应就是勃然大怒。因此在一个自恋型公司里，那些被认为损害公司形象的员工一般都会被降职、谴责，甚至解雇。

这样，自恋型群体就会变成一个独立的小社会，他们有自己的道德标准，从不质疑自己的目标和手段。他们似乎可以做任何想做的事情，追求任何想要的东西。这种自吹自擂使人们意识不到自己已经越来越脱离实际了。社会规则只适用于别人，对他们自己没有任何约束力。

自恋者的座右铭：爱我故存在

她答应给他读小说中的一个色情段落，但是现在他怒不可遏。

本来开始的时候一切还好。她用低沉、诱人的语调开始读两个恋人之间的温情场面。他感觉到自己已经开始蠢蠢欲动了。

但是随着情节越来越深入，她不安起来，一会儿支支吾吾、吞吞吐吐，一会儿又语速飞快。显然她很慌张。

最后，她根本无法继续下去了。她恳求说，这段文字太露骨了，她根本没法读下去。

更糟糕的是，她还说他的“某个地方”让她感觉很不舒服，所以没办法继续读下去了。最让他生气的是，她还承认自己曾经为别人完整地读过这些文字。

这个场景重复了 120 次，每一次的男主角都不同。其实这是某个大学的一项实验内容。[5] 那个读暧昧小说的女人是实验助手，他们的目的是研究引发某些特定男性强奸行为的因素。在实验中，那个女人会故意挑起男人的欲望，然后再给他们泼冷水。

然后，每个男人都会得到补偿的机会。研究者会让每个人给那个女人的表现打分，以此来决定应该给她多少报酬，并让他们决定是否要解雇她。

大多数男人都原谅了她，特别是在他们知道她需要钱来付学费之后。但是，那些有自恋倾向的男人都对这种侮辱非常愤怒，他们的报复也最强烈。这些自恋者认为他们没有得到自己应得的东西，因此不放过任何一个报复的机会。而且一项关于强迫性性行为的调查发现，一个男人越是自恋，他对强迫性性行为的认可度就越高。研究者总结说，如果在约会中女方想中途终止性行为的话，自恋的男人很可能会不顾女方的反抗而强行与她发生关系。

但是，有时不健康的自恋者也可能很迷人。比如古希腊神话中的美少年纳瑟斯就爱上了自己在水中的倒影，整日顾影自怜。山林水泽女神尼芙也爱上了他，但是敌不过他的自恋，最后伤心地化作了山谷中的回声。

就像神话中描述的那样，许多自恋者的魅力就在于他们的自信。这些不健康的自恋者虽然瞧不起别人，但是对自己充满了绝对的自信。因此可以理解的是，在婚姻中他们也希望配偶能够整日赞美自己。[6]自恋者的座右铭可能是：“爱我故存在”。

在“黑三类”中，只有自恋者毫不掩饰自己某种程度上自欺欺人的傲慢自大。[7]自私是他们坚定的信念：他们乐意接受成功的荣誉，却从不承担失败的责任。他们认为自己对任何荣誉都受之无愧，甚至会把别人的成果据为己有，而且不以为耻。[8]事实上，他们认为自己永远是正确的。

一项关于自恋的标准测试认为，自恋者一般妄自尊大，对荣誉存在狂热的幻想，遭到批评时恼羞成怒，希望受到优待，而且缺乏同理心。[8]同理心的缺乏意味着自恋者根本无法体会到自己的自私自利给别人带来的感受。

尽管自恋者有时也会表现出迷人的一面，但是大多数时候他们都会使人厌烦。他们不会与别人产生情感上的共鸣。相反，他们总是对别人冷嘲热讽，疑神疑鬼。而且他们还喜欢利用别人，甚至会不惜通过藐视自己亲近的人来抬高自己。尽管如此，大部分自恋者还都以为自己很受欢迎。[9]

这种现象可能在某些文化中表现得更为突出。东亚和北欧国家所推崇的集体文化强调成员间的共同合作，共享成果，人们不喜欢被特殊对待。而美国和澳大利亚等国家推崇的个体文化往往鼓励通过个人奋斗来赢得成绩和荣誉。不切实际的个人膨胀最容易在个体文化中滋生。比如，美国大学生往往会认为自己在大部分方面都是处于前列的，而日本大学生则认为自己仅仅处于中间水平。[10]

权谋政治家：为达目的不择手段

欧洲一家大型工业公司有位大区经理，他手下的员工对他又恨又怕，但是老板非常欣赏他。他挖空心思取悦老板和客户，但是一旦回到自己的办公室就变成了一个暴君，对业绩不好的员工大发雷霆，对表现优异的员工也从来不表扬。

公司请来评估经理们的一位顾问发现了问题，他发现这位经理手下的员工士气非常低落。他与几个员工交谈后很快就发现，这位经理自私自利，只关心自己的利益，根本不管公司和帮助自己取得成绩的员工。

顾问于是建议公司将这位经理解雇，公司的首席执行官非常勉强地同意了。但是这位经理很快就在另外一家公司又找到了一个高层管理的职位，因为他同样给新老板留下了非常好的第一印象。

我们经常见到这位经理所代表的人物原型，许多电影、戏剧和电视剧中都有这种人。流行文化中有许多这种冷酷、圆滑、无情利用别人的卑鄙小人。

这类人是通俗作品中经常出现的人物，比如印度古代叙事诗《罗摩衍那》中残忍的魔王罗婆那，再比如《星球大战》中邪恶的皇帝。不计其数的电影中也有类似的人物：想颠覆世界的疯狂科学家、冷酷的黑帮老大等。我们本能地讨厌这类人，因为他们为了达到罪恶目的不惜实施阴谋诡计迫害别人。我们称他们为权谋政治家——我们憎恨的卑鄙小人。

马基雅维利写于 16 世纪的《君王论》（*The Prince*）一书是一本关于君王统治和权术的小册子。马基雅维利认为有远大抱负的统治者应该只关心自己的利益，不要理会被统治者的感受。[11] 对于权谋政治家来说，为达目的可以不择手段。几个世纪以来，马基雅维利的追捧者们一直在实践着他的这种思想。当然，在当代政界和商界中也有许多人是马基雅维利思想的忠实拥护者。

马基雅维利认为，人类本性中的唯一驱动力是自私，而不是利他。事实上，权谋政治家根本不考虑自己的目的是否自私或者邪恶，他们可能会为此提出令人心悦诚服的理论，有时甚至连他们自己都会相信。比如，所有的极权主义统治者只要能够保护自己的国家不被邪恶的敌人（哪怕是假想的敌人）所侵略，他的暴政就被认为是正当的。

心理学中“权谋政治家”这个术语指的是为达目的不择手段的人。对于权谋政治家的测试主要是根据马基雅维利书中的描述，比如“罪犯和其他人最大的区别就在于他们暴露了自己的罪行”，或者“大部分人更容易忘记他们父母的死亡而不是财产的损失”等。

心理学并不涉及道德评判，客观地讲，权谋政治家的才能，比如圆滑、狡诈和自信，正是销售、外交和政治等领域所需要的素质。另一方面，权谋政治家往往又会斤斤计较，态度傲慢，使人们丧失对他们的信任，破坏他们之间的合作。

尽管他们在社交中工于心计，但是对人与人之间的情感沟通不感兴趣。权谋政治家和自恋者一样，都以功利的眼光来看待别人，也就是把别人看作实现自己目的的工具——“它”。比如，一个人可能会用公事公办的语气告诉律师他已经“甩掉”了自己的女朋友。在他看来，生活中没有任何一个人的地位是不可取代的，所有人都一样，都只是他利用的工具。

权谋政治家和“黑三类”中的其他两类人有许多共同之处，比如自私和惹人厌烦等。但是与自恋者和精神疾病患者不同的是，他们以现实的态度来对待自己和他人，不自吹自擂，也不阿谀奉承。[12] 权谋政治家总是保持头脑清醒、目光锐利，以便更好地利用他人。

一些进化论学者认为，史前社会最早的人类智慧就是通过欺骗别人来获取利益。进化论的观点认为，在人类社会发展早期，在分配中施展手腕取得最大份额而又不受到责难就是成功的表现。而现在的一些权谋政治家，比如那位媚上欺下的经理，也就理所当然会取得一些个人成就。

但是从长期来看，权谋政治家的策略也是有风险的，因为不良的人际关系和由此带来的不良口碑可能会给他们带来灾难。一个权谋政治家肯定会伤害许多朋友、恋人和生意伙伴，他们必定对他深恶痛绝。尽管如此，在流动性很强的现代社会，权谋政治家随时可以去一个新的环境重新开始，这样就没有人知道他不怎么光彩的历史了。

权谋政治家产生同理心的情况通常都比较少，只有当别人有利用价值时，他们才会关心别人的情感。在其他情况下，权谋政治家的同理心适应能力都比较差。[13] 他们的冷酷似乎正是由于情感中缺乏同理心而造成的，他们不仅对别人缺乏同理心，而且对自己也缺乏同理心。他们以完全理性的态度来对待生活，不仅无情无义，还缺乏源于人文关怀的道德意识。因此，他们中的很多人道德沦丧、恶贯满盈。

因为缺乏感知他人的能力，权谋政治家根本无法为他人考虑。就像那个连环杀手一样，他们的一部分同理心能力已经消失。权谋政治家甚至对自己的情感也不甚明了，就像一位专家说的那样，他们有时也搞不清楚自己究竟是感觉“悲哀、疲倦、饥饿还是恶心”。[14] 权谋政治家在面对人类最基本的需要（比如性、金钱和权力）时就会遇到情感问题。由于缺少关键的情感雷达——同理心，他们不知该如何处理满足上述需要过程中要应对的人际关系。

尽管如此，在必要的时候他们会非常善于揣摩别人的心思，这也是他们能够取得成功的主要原因。表面上看来，权谋政治家能够在社交中游刃有余，他们非常精明，能够注意到人际交往中的细节问题，并且以此来判断别人下一步的打算。因此，他们可以在社交活动中左右逢源，如鱼得水。

我们在前面已经提到，当前一些对社交商的定义主要就是建立在这种权术上的，它们高度赞扬权谋政治家的处世方式。但是尽管权谋政治家的理智知道如何去做，他们在情感上无法做到。一些人认为，权谋政治家正是通过自私的狡诈来克服这种情感与理智的不协调的。[15] 这样看来，他们的权术只是为了弥补情感上的不足，而这种可悲的调整根本无法帮助人们建立良好的人际关系。

精神疾病患者：他人仅仅是物体

在医院的一个精神治疗小组中，大家正在讨论餐厅的饭菜。有人提到甜品味道不错，有人说饭菜太油腻了，还有人建议餐厅应该推出一些新菜。

但是彼得的思路跟大家完全不一样。他想的是收银台里会有多少现金，他和大门之间隔着多少个人，还有他什么时候才能找个女人快活一下。[16]

彼得在假释期间惹是生非，因此法院判决他入院治疗。他十几岁时就开始吸毒酗酒，经常寻衅滋事。他现在的罪名是打骚扰电话。在此之前，他还因为损害他人财物和故意伤害而被起诉。他还承认偷过家人和朋友的东西。

医生对他的诊断是精神疾病患者，用精神疾病诊断手册上的术语来说就是“反社会性人格障碍”。“反社会者”是描述此病症的一个比较时髦的词。不管名称是什么，他们的特征都是欺骗并且漠视他人，而且毫无羞愧悔改之心，对他人缺乏同情心。

比如，彼得就完全意识不到别人会因为他的行为而受到精神上的伤害。在家庭会议上，当他的妈妈说起他给家人带来的痛苦时，彼得感到很惊讶，觉得自己很委屈，称自己为“受害者”。他根本感觉不到自己如何利用家人和朋友来达到自己的目的，也意识不到自己给他们带来的痛苦。

对精神疾病患者来说，他人仅仅是“它”，是自己愚弄的对象，是实现自己目的的工具，没有利用价值后就会一脚踢开。大家可能会觉得这些话似曾相识，没错，一些科学家的确认为“黑三类”——不管是健康的自恋者还是精神病患者——都有一些相似之处。事实上，权谋政治家和精神疾病患者尤其相似，有些人甚至认为权谋政治家就是没有入院或者入狱的精神疾病患者。[17] 对精神疾病患者的测试还包括“权谋政治家的自我主义”，比如是否赞同下面的说法：我总是在考虑别人之前先考虑自己的利益。[18]

但是与权谋政治家和自恋者不同的是，精神疾病患者没有焦虑的感觉。除此之外，他们也没有恐惧心理，比如“跳伞的时候我一点都不害怕”。而且他们也不会感觉紧张，比如“大多数人都惊慌失措的时候我也能保持冷静”。科学家们进行的很多电击实验都证明精神疾病患者没有焦虑感。[19] 通常情况下，人们在等待电击的时候会出汗、心跳加快，这表明他们对即将进行电击相当担心，但是精神疾病患者没有上述任何症状。[20]

这种冷静的头脑意味着精神疾病患者比权谋政治家和自恋者更加危险。他们没有恐惧心理，即使在高度压力下也能保持完全冷静的头脑，因为他们根本意识不到自己将会因此受到惩罚。这种对自己行为后果的无知无畏使他们成为“黑三类”中最容易犯罪的一类人。[21]

精神疾病患者严重缺乏同理心，他们很难从别人脸上或者声音中辨别出恐惧或者悲伤的情绪。研究者对一组患有精神疾病的罪犯进行大脑成像发现，他们杏仁核中心的神经系统存在缺陷，而同理心正是由这一区域产生的。除此之外，他们抑制冲动的前额叶皮层也存在缺陷。[22]

普通人能够与他人形成情感回路，从而可以感受到他人的痛苦。而精神疾病患者却无法做到这一点，他们的神经系统无法感知痛苦的情绪。[23] 因为他们缺乏焦虑感，无法感知别人的痛苦，所以他们的残忍也就可以理解了。[24]

和权谋政治家一样，精神疾病患者在社交认知方面游刃有余，善于揣摩别人的心思。这也是他们的一个特点，因此对他们的测试中会有这样的问题：“即使别人开始对我有所警惕，我也能用魅力赢得他们的好感。”我们知道，不少患有精神疾病的罪犯都认为自己应该补充相关知识，以便更好地了解如何操纵自己的目标对象。

现在，一些研究者用“成功的精神疾病患者”一词来表示那些欣然承认自己曾经偷窃、贩毒或者进行过其他暴力犯罪行为，但是从未因此而获刑的精神疾病患者。他们的罪行、巧舌如簧的能力、病态的谎言和冲动的本性都是精神疾病患者的特征。这一理论认为，他们之所以“成功”是因为尽管他们和其他精神疾病患者一样鲁莽，但他们会对惩罚有所担心。他们的这种担心会使他们稍微谨慎一点，因此他们在监狱中终老的可能性就小一些。[25]

许多精神疾病患者在童年时就表现出了冷酷的倾向。在幼年时期，他们似乎就缺失了温柔和关怀等情感。大多数孩子在看到其他孩子生气、害怕或者悲伤时，自己也会感到不安，因此会竭力帮助他们减轻痛苦，绝不会火上浇油。但是有精神疾病的孩子就不会这样做。他们感受不到别人内心的痛苦，因此不会停止自己卑鄙或者残忍的行为。很多谋杀犯和强奸犯在童年时期往往有虐待动物的经历，他们在童年时就存在心理变态。其他的一些征兆还有欺凌弱小、打架斗殴、强迫性性行为、纵火等针对人身和财产的恶行。

如果我们仅仅把他人看作一个物体，那么我们就很容易粗暴地对待他们、虐待他们，甚至做出更暴虐的行为。那些患有精神疾病的罪犯，比如连环杀手，或者恋童癖者，更是冷酷到了极点。他们的冷漠注定了他们根本无法理解被害人的痛苦。比如，一个已经入狱的强奸犯这样描述被害人的恐惧："我真的不理解。我都被她吓着了，她的反应真是令人倒胃口。"[26]

道德约束

在一场决定哪支队伍可以进入决赛的比赛的最后关键时刻，大学教练约翰·钱尼决定孤注一掷。他派一名身高 192 厘米、体重 113 公斤的球员上场，让他去犯规，故意冲撞对方球员。结果，其中的一次犯规使对方的一名球员胳膊骨折，直接被送进了医院，也告别了剩下的赛季。

赛后，钱尼决定暂时辞去主教练的职务。他打电话向那位受伤球员和他的父母道歉，表示自己愿意承担医疗费用。[27] 他事后告诉记者，"我真是追悔莫及"，"我非常、非常懊悔"。

钱尼的行为体现了犯错的普通人与"黑三类"的主要区别。懊悔和羞愧，以及与它们类似的尴尬、内疚等都是"社会"或者"道德"的情感。即使"黑三类"能够体会到这些情感，程度也是相当轻的。

社会情感的产生离不开同理心，也就是说，我们需要同理心才能意识到别人会怎样衡量我们的行为。社会情感监督着我们内心的协调，使我们的话语和行为符合某个特定场合的行为规范。比如，骄傲可以鼓励我们去尝试能够得到别人赞美的事情，而羞愧和内疚则提醒我们不要去做有悖社交常理的事。

当然，如果我们打破了社交惯例，比如口无遮拦，或者说错了话、做错了事等，尴尬就不可避免了。比如，一位绅士同刚刚在舞会上认识的一位先生聊天时，尖刻地嘲讽了某位女演员的演技，后来他才知道自己的谈话对象正是那位女演员的丈夫。他当时的感觉肯定非常尴尬。

另一方面，社会情感也可以帮助人们弥补自己的这种过失。比如，当一个人感到尴尬因而脸红时，人们就会推断出他正在为自己的不恰当行为感到后悔，这也是一种无声的道歉。举例来说，一项研究发现，如果一个人在超市里撞翻了陈列的货品后面带愧色，那么他就比较容易得到人们的谅解。[28]

科学家们曾经研究过一些行为异常的神经病患者的生理基础，他们有的行为不检，有的无法正确评价自己或者存在其他违反社交准则的行为。结果发现他们的眶额区都有损伤，这些病人在社交中非常鲁莽，而且经常出丑。[29]一些神经学家认为，这些病人已经丧失了心智，因此根本无法了解别人对他们的看法。另外一些人认为，他们已经不能辨别出别人反对或者失望的表情，因此无法正确了解别人的反应。还有些人认为，他们的异常社交行为是由缺少内部情感信号引起的。

愤怒、恐惧或者喜悦等基本情感都是与生俱来或者出生后不久就具有了的，而社会情感是需要有意识发展的。这些情感一般是随着眶额区的成熟在一岁之后开始发展的。这个过程中非常关键的一个时间点是在出生后 14 个月的时候，这时婴儿开始能够从镜子里认出自己了。意识到自己是一个独一无二的个体使他们开始明白别人也是独立的，而且他们也开始因为别人对自己的看法而苦恼了。

在两岁之前，孩子们处于一种幸福的无知状态，他们根本不知道别人可能会评价他们，因此弄脏了尿布也不会感到害羞。但是当他们意识到自己是独立的个体，而且别人可能会留意到自己的时候，他们再做了错事就会感到不好意思了。尴尬通常是孩子经历的第一种社会情感。尴尬的产生不仅需要孩子意识到别人对自己的感受，而且还要清楚自己应该做出什么样的情感回应。这种社交意识的提高表明了孩子同理心的出现，以及比较、分类能力的发展。

另外一种社会情感会使我们谴责做错事的人，即使这种谴责可能会给我们自己带来损失。处于“利他愤怒”的人们会谴责违反了社交准则的人，比如滥用别人信任的人，即使受害者并不是自己。这种正义的愤怒似乎可以引起大脑酬偿中枢的活动，因此谴责他人会带给我们满足感。[30]

社会情感是道德的指南针。比如，当别人发现我们做错事时，我们就会感到羞耻。另一方面，当我们意识到自己做了错事时，我们内心就会涌现出内疚的感觉。有时内疚可以督促人们纠正自己的行为，而羞耻则更多地带来自卫行为。羞耻会使人们产生受到社会排斥的威胁，而内疚可能会引导人们赎罪。羞耻和内疚共同约束着不道德的行为。

但是这些情感的道德约束力对“黑三类”并不起作用。自恋者的驱动力是骄傲和不愿丢脸的心理，但是他们基本上不会为自己的自私行为感到内疚。权谋政治家也缺少内疚感，因为内疚是以同理心为前提的，而这正是权谋政治家无法做到的。至于羞愧，权谋政治家可能会有一点。

精神疾病患者的道德败坏与上述两类人不同。他们既缺少内疚，也没有恐惧心理，因此潜在的惩罚也就失去了效力，再加上他们根本不会对别人的痛苦产生同理心，因此他们是极端危险的一类人。而且更糟糕的是，即使他们给别人带来了痛苦，他们既不会觉得懊悔，也不会羞愧。对他们来说，社会情感已经失去了道德约束力。

因此，我们必须重新考虑对社交商的测试。仅有出色的社交意识（对别人心思的理解和对社交礼仪的掌握等纯粹智力因素）是远远不够的，因为一个精神疾病患者也可以依靠它来骗取受害人的信任。对社交商的合理测试方法应该能够识别“黑三类”，这就需要建立一个权谋政治家也无法取得高分的社交商量表。方法之一就是：在量表中加入关怀这一要素。

第九章

男女有什么不同

对于理查德·博切尔兹来说，有朋友来拜访是一件痛苦的事情。当朋友们开始喋喋不休地聊天时，他总是感到无所适从。大家总是不断交换眼神和微笑，妙语连珠，还不时含沙射影，一语双关，而他却很茫然，无法跟上大家的节奏。

事实上，他根本无法理解人际交往中的狡诈和虚伪。如果事后有朋友向他慢慢解释某个笑话中的包袱，或者为什么某个人会气冲冲地摔门而去，再或者为什么某个人会因为尴尬而脸红，他也是能够理解的。但是当时他总是感到莫名其妙，一头雾水。所以有朋友来拜访的时候，他经常会去看书，或者干脆躲到书房里。

但同时，博切尔兹是位数学天才，是数学界的诺贝尔奖——菲尔兹奖的得主。剑桥大学的同事们都很敬畏他，他的研究课题非常深奥，没有几个人能够真正理解他的理论。尽管他在社交方面存在缺陷，但他在数学界的成就是有目共睹的。

后来在接受一家报纸采访时，博切尔兹表示怀疑自己患有阿斯伯格综合征，也就是自闭症的亚临床表现。看到报道后，剑桥大学自闭症研究中心主任西蒙·巴伦·科恩主动联系了他。在巴伦·科恩向他仔细描述了阿斯伯格综合征的症状后，博切尔兹实事求是地说道："我就是这样的。"于是，这位数学天才主动成了阿斯伯格综合征的研究对象。[1]

对于博切尔兹来说，人际交往纯粹是功能性的，交往就是为了达到彼此的目的，无关痛痒的话毫无意义，情感交流更是浪费时间。博切尔兹讨厌电话，尽管他能够详细描述它的工作原理，但是不喜欢电话交流。他的电子邮件也仅仅用来与别人交流工作信息。他去某个地方时总是一路小跑，哪怕和别人在一起时也是这样。尽管他也知道有些人认为他没礼貌，可是他并不觉得自己的行为有什么不得体的地方。

在巴伦·科恩看来，博切尔兹的这些行为都是阿斯伯格综合征的典型症状。对博切尔兹进行的标准测试也表明他的确患有阿斯伯格综合征。这位菲尔兹奖得主在理解他人情感、同理心和建立亲密关系等方面都存在缺陷，尽管他在理解物理现象和归纳复杂信息方面极富天分。

在经过多年研究后，巴伦·科恩和其他许多科学家都认为，这种低同理心和高系统性能力恰恰反映了阿斯伯格综合征患者神经系统的模式。比如，尽管博切尔兹是位数学天才，但是缺乏设身处地的能力，他根本无法察觉别人的内心思想。

进入他人的心灵

在一部卡通片中，一个小男孩和他的父亲正待在起居室里。小男孩看到一个长相极其恐怖的外星生物沿着楼梯爬了上来，父亲却没有注意到。字幕上打出一句话，父亲说："罗伯特，我认输了。到底是什么爬行动物有两只角和一只眼睛啊？”

想要理解这个笑话，我们必须首先推理出它的潜台词。比如，我们必须熟悉英语中谜语的一般格式，这样我们才能推理出那个小男孩曾经问过父亲：“有两只角和一只眼睛而且还在爬行的动物是什么啊？”

更重要的是，我们还需要读懂他们两个人的心思，了解那个小男孩已经看到了外星人，而他的父亲却没有看到，这样我们就会预料到那位父亲发现外星人后的震惊。弗洛伊德认为所有的笑话都包含了对现实的两种矛盾看法，在这个例子中就是外星人存在的事实和父亲以为儿子只是在给他猜谜语之间的矛盾。

这种理解他人思想的能力是人类最宝贵的社交技巧之一，神经学家们称之为“心智直观”。

心智直观也称心灵原理，它指的是进入他人心灵去了解他们的感受并从中推断他们的思想的能力。它是设身处地的基础，决定了我们对他人的了解程度。虽然我们并不能完全进入他人的心灵，但是我们可以从他们的面部表情、声音和眼神中对他们的情感和思想做出推断。

如果缺少这种能力，我们即使在最简单的人际交往中也会不知所措，不知如何去爱护、关心别人，更不要说去和别人竞争或者谈判了。如果没有心智直观，我们就无法建立良好的人际关系，我们就会把别人当作“它”来对待，我们甚至无法了解自己的情感和思想，这正是阿斯伯格综合征或者自闭症患者的症状。换句话说，我们将会成为心盲。

心智直观是在孩子出生后的几年中慢慢发展起来的。同理心能力的逐步发展会帮助孩子渐渐了解别人的感觉、思想或者意图。心智直观随着孩子的成长而发展，比如从最简单的自我意识到复杂的社交意识（比如，我知道你知道她喜欢他）。科学家们经常在实验中使用下面的测试来区分孩子的心智直观的发展阶段。[2]

> 在孩子 18 个月的时候，在他的前额贴上一个标记，然后让他照镜子。一般情况下，不到 18 个月的孩子都会去触摸镜子中的标记，而超过这个年龄阶段的孩子则会去触摸自己的额头。社交意识首先要求我们具备自我意识，把自己与别人区分开来。
>
> 给一个大约一岁半的孩子两份零食，比如饼干或者苹果片，观察他喜欢哪一份。然后让孩子看着你品尝这两份零食，你对他喜欢的那份零食表现出明显的厌恶表情，对另一份则表示出喜爱。然后把孩子的手放在两份零食中间，问他："你可以给我一些吗？"不到 18 个月的孩子一般会给你他喜欢的那份，而超过 18 个月的孩子一般都会给你你喜欢的。这说明超过 18 个月的孩子已经能够分辨出自己与别人喜好和想法的不同了。
>
> 对于 3 岁和 4 岁的孩子，分别当着他们和另外一个大孩子的面把一个奖品藏在房间的某个地方。然后请那个大孩子出去。在确保他们能够看到的情况下，你把奖品藏到一个新的地方。然后

问他们，大孩子回来之后会去哪里找奖品。4岁的孩子一般都会说去原来的地方找，而3岁的孩子一般都猜测那个大孩子会去新的地方找。这表明，4岁的孩子已经意识到别人对事物的理解可能与自己不同，显然，3岁的孩子还没有掌握这一点。

最后一个实验涉及3岁孩子、4岁孩子和一个叫作“卑鄙猴子”的木偶。分别让他们看几组邮票，卑鄙猴子每次都会问孩子想要哪一张。而且每次卑鄙猴子都会留下孩子想要的那张，而把另一张给他，所以我们叫它“卑鄙猴子”。4岁孩子很快就会发现卑鄙猴子的把戏，然后他会告诉卑鄙猴子自己并不想要的那张，这样他就会得到自己心仪的邮票了。但是3岁孩子一般都看不明白卑鄙猴子的把戏，因此总是说实话，也就总是得不到自己想要的邮票。[3]

要产生心智直观必须具备上述基本意识：自己与他人是不同的个体，别人可能与自己想法相异，别人可能会从其他角度来看待问题，我们可以迂回实现自己的目标。

在大约4岁的时候，孩子就基本具备了这些社交意识，这时他们的同理心能力也基本达到了成人水平。与此同时，他们的天真也在渐渐消失，孩子们已经明白了现实与自己理想的差距。4岁孩子已经掌握了将使他们受益终生的同理心能力的基本技巧，当然他们的心理和认知水平还会随着年龄的增长而得到改善。[4]

这种智力的成熟使他们能够游刃有余地处理生活中出现的问题，

比如处理好与同学以及家人的关系。家庭和学校也是微型社会，锻炼着孩子们的社交意识。随着孩子们认知水平的提高、交际圈的扩大，这些社交意识也会得到进一步的改善。

心智直观是孩子们理解笑话的首要条件。嘲弄、恶作剧、说谎和卑鄙也都需要这种对别人内心世界的理解。患有自闭症的孩子就缺乏这种对别人思想的感知能力。

在产生心智直观的过程中起关键作用的可能是镜像神经元。对于普通孩子，感知他人和同理心能力是与镜像神经元的活动相关的。对十几岁孩子进行功能性核磁共振成像显示，患有自闭症的孩子在理解或者模仿他人的面部表情时，前额叶皮层的镜像神经元无法正常工作，而正常孩子就没有这种问题。[5]

即使正常成年人也有可能出现心智直观的偏差，阿默斯特学院的许多女大学生就是这样的。当她们鱼贯进入瓦伦丁餐厅就餐时，她们的眼睛会一直盯着其他的女学生。她们并不是在寻找就餐伙伴，也不是在打量她们的衣着，而是在研究她们餐盘中的食物。这样，她们才有可能抑制住自己的食欲。

注意到这一现象的心理学家凯瑟琳·桑德森最终发现了它背后所隐藏的心智直观偏差：每个女生都觉得别人比自己更苗条、锻炼得更多、更关注自己的身材。其实客观来讲，她们可能并没有多大差别。

这种假想使得她们纷纷节食，而且她们中 1/3 的人都在服用催吐剂或者泻药，这很可能引发严重的厌食症，威胁她们的健康甚至生命。[6]她们的假想越脱离实际，节食程度就会越严重。

其实这种假想部分是由于错误信息引起的，女大学生往往会注意周围那些最漂亮、身材最苗条的同学，因此她们的比较并不是与平均水平的客观比较，而是把极端情况作为基准来加以比较。

男大学生在喝酒时也会犯同样的错误。他们总是拿自己与那些酒量最好的人做比较，这往往会使他们认为自己也必须放纵无度才行。

与之相反，那些具有心智直观的人就不会把极端情况作为自己行为的基准，他们会首先寻找别人与自己的相似点。如果发现了别人与自己的相似点，他们就会假定别人的思想和情感也与自己相似。成功的社交生活离不开这种快速判断，也就是心智直观。在人际交往中，我们每个人都在解读他人的心智。

男性大脑的特点

坦普尔·葛兰汀在童年时期就被诊断出了自闭症。她说当时同学们都叫她“录音机”，因为她在每次谈话中总是会重复相同的话，而且她感兴趣的话题本身就非常少。[7]

她最喜欢和同学说的一句话就是：“我去了南特斯克特公园，还坐了飞椅，我真喜欢那种被重压的感觉。”然后她还会问：“你们喜欢飞椅吗？”

同学们讲完自己的感受后，葛兰汀还会一字不漏地重复刚才的话，一遍又一遍，就像在放录音一样。

葛兰汀的青春期经历着“永不停止的焦虑的潮汐”，这是自闭症患者的另一症状。这时，她对动物的独特洞察力帮了她大忙，她认为动物和自闭症患者对世界的感知有某些相似之处。

在亚利桑那州姑姑家的农场度假时，葛兰汀看到隔壁农场中的牛被赶到一个开口的V形金属牢靠架中。牛进去之后，开口慢慢缩小，直到最后被空气压缩机封死。牛就被牢牢夹住，不能动弹，兽医就可以开始工作了。

令人惊奇的是，牛并没有因此受到惊吓，反而平静了下来。葛兰汀意识到，高压可以使它们平静，就像摇篮对于婴儿的作用一样。她马上意识到这种牢靠架对自己可能也会有帮助。

在一位中学老师的帮助下，葛兰汀用木材和空气压缩机制成了一个人类牢靠架，大小正好适合一个人躺下。这一方法果然奏效，直到现在，葛兰汀感到紧张的时候还会使用它。

葛兰汀与众不同，她对自己自闭症的治疗方法就是一个很好的例子。男孩中自闭症的发病率是女孩的4倍，阿斯伯格综合征的发病率是女孩的10倍。巴伦·科恩的理论认为，这些疾病患者的大脑神经系统代表了极端的“男性”大脑。

巴伦·科恩认为，极端的男性大脑对于心智直观比较迟钝，它们负责同理心的神经系统不太发达。尽管存在这种缺陷，但是另一方面这种人往往拥有超群的智力，比如有些专家在计算方面甚至可以与计算机媲美，这真是匪夷所思。尽管这种极端的男性大脑洞察力较弱，但是具备理解复杂系统的天赋，比如洞悉股票市场、软件原理和量子物理学等。

相比之下，极端的“女性”大脑擅长同理心和理解他人的情感与思想。具有这种大脑的人适合从事教师和心理咨询师等职业。如果是作为精神治疗师，他们能够很好地了解并且适应病人的内心世界。但是他们在系统性方面具有严重缺陷，比如他们很可能缺少方向感，很难学好理论物理学等。用巴伦·科恩的术语来说，他们是“系统盲”。

巴伦·科恩设计了一个名为 EQ 的测试来检测人们对他人情感的感知。这里的 EQ 代表 empathy quotient（同理心指数），并不是情商的缩写。在这个测试中，女性的平均分数要高于男性，在社交意识和设身处地能力方面，她们都要强于男性。比如她们能够更好地理解特定场合的社交规范，并且察觉别人的情感和思想。[8] 而且在第六章提到的通过眼神来理解他人感受的测试中，女性的平均得分也要高于男性。

但是在系统性思维方面，男性大脑的优势就很明显了。巴伦·科恩指出，在机械原理、复杂系统、查找数字和视觉搜寻方面，男性的平均水平都要优于女性。而且在这些测试中，患有自闭症的男性的得分最高，与之相对的是他们在同理心测试中得分总是最低。

讨论“男性”或者“女性”大脑很容易引发敏感话题。就在我写作本书的时候，哈佛大学校长因为发表了暗示女性天生不适合从事艰深的科学研究的言论而引起了舆论的一片哗然。巴伦·科恩也讨厌别人利用自己的理论试图去说服女人不要去做工程师，或者男人不要去做精神治疗师。[9] 他发现对于绝大多数人来说，男性和女性的大脑都具备同理心和系统思维的能力，而且许多女性非常善于系统思维，许多男性的同理心能力也很出色。

毫无疑问，坦普尔·葛兰汀的大脑就是巴伦·科恩所谓的男性大脑。她已经在《动物科学杂志》上发表了300多篇学术论文。葛兰汀是动物行为研究领域的权威，美国一半的牛处理设备都在使用她的设计。她也表现出了不同寻常的心智直观，当然，这是针对动物，而不是针对人的。这些处理系统正是建立在她对动物生存状况的了解之上的。现在，她已经成为呼吁改善世界农业动物生活质量的先锋。

巴伦·科恩曾经说过，大脑的最佳状态就是能够达到同理心和系统思维的平衡。比如，一位能够达到平衡的医生可以准确诊断出病人的病因，然后对症下药，而且在这个过程中病人还能感受到来自医生的关怀和理解。

但是，极端的大脑也有自己的优势。那些拥有极端男性大脑的人虽然很有可能得自闭症或者阿斯伯格综合征，但是他们在其他领域可能表现出色，博切尔兹教授就是一个很好的例子，他们总会有用武之地。但是对他们来说，最普通的社交圈就像是外星球一样，即使他们能够学会一些基本的社交技巧，靠的也是死记硬背。

一定要融入社会

“天，你已经这么老了！”这是莱恩·哈比卜十几岁的女儿看到一位中年售货员后脱口而出的第一句话。

“她可能不喜欢听到这句话。”哈比卜小声对女儿说。

“为什么？”她女儿问道，“在日本老年人是很受尊敬的。”

这种交流在她们母女之间经常发生。哈比卜花了很多时间来训练女儿对潜在社交规范的意识。[10]她女儿和理查德·博切尔兹教授一样，患有阿斯伯格综合征，无法准确把握别人的感受。

她女儿的坦率透着一股纯真。比如，她告诉女儿在与别人告别前应该等别人把话说完，而不要打断别人直接说“我想走了”，然后就径直离开，女儿对此感到非常惊讶。

“我明白了，”女儿回答说，“你是在骗人。人们不可能对别人的话题都那么感兴趣，但是你必须等待别人的停顿，这样你才能离开。”

这种诚实不断给哈比卜的女儿带来麻烦。“我必须教她与人的相处之道，”哈比卜告诉我，“比如说，她需要学会说一些善意的谎言，以免伤害别人的感情。”

哈比卜一直在教那些与女儿类似的孩子学习必需的社交技巧。她说这些技巧可以帮助孩子们“融入社会，而不是被孤立”。“黑三类”了解社交规则的目的是利用别人，而这些阿斯伯格综合征患者则是为了与人相处。

哈比卜指导这些患有阿斯伯格综合征或自闭症的孩子辨认正确和错误的社交方式，比如如何顺利地加入别人的谈话中。哈比卜告诉他们不应该径直上去打断别人的谈话，滔滔不绝地谈论自己感兴趣的话题，而是应该首先聆听别人谈话的内容，然后和他们一起继续讨论原来的话题。

这种人际交流困难是阿斯伯格综合征患者的一个根本问题。看一下下面这个小故事吧。

玛丽非常讨厌去拜访丈夫的亲戚，因为他们实在很无趣。见面后的大部分时间他们都尴尬地沉默着，这次也不例外。

在回家的路上，丈夫问她感觉如何。

她回答说："哦，好极了。我根本就没有插嘴的机会。"[11]

玛丽为什么会这样说呢？

答案很简单：她用的是讽刺的口吻，说的是反语。但是阿斯伯格综合征和自闭症患者就连这种简单的推理也无法做到。对讽刺的理解需要我们进行微妙的社交推理，它的前提是能够意识到别人的话语并不是他想表达的真正意思。

解读别人的感受并理解他们的思想对建立良好的人际关系至关重要。如果缺乏这种能力，他们就无法理解最简单的社交推理，比如自闭症患者就无法理解为什么怠慢会伤害别人。[12]

对自闭症患者的大脑进行监测后发现，在注视他人面部的时候，他们的梭状回区域无法做出反应。梭状回区域在看到面部时会被激活，并且可以对任何我们熟悉或者感兴趣的事物做出反应。比如当鸟类爱好者在看到有鸟飞过，或者汽车爱好者看到宝马车驶过的时候，他们的梭状回区域都会被激活。

但是，自闭症患者的这一区域在看到面部，即使是亲人的面部时也不会兴奋。但在看到其他感兴趣的事物时，他们的梭状回区域会被激活，比如看到黄页中的电话号码时就会有反应。大拇指法则在这里也适用，人们在看到面部时梭状回区域反应越迟钝，他们处理人际关系时就越吃力。

这种社交缺陷在婴儿时期就会显露出来。大多数婴儿在看到别人面部的时候梭状回区域都会活动，而患有自闭症的孩子却不会。但是，他们在看到自己喜爱的物品或者喜爱的行为模式时梭状回区域都会活动，比如看到自己整整齐齐摆在书架上的心爱录像带就会引起这一区域的反应。

在脸上的200多块肌肉中，眼部肌肉特别善于表达情感。在交流中，正常人都会注视别人的眼睛，但是自闭症患者会避开这一区域，因此会错过重要的情感信息。如果孩子在小时候经常避免直视别人的眼睛，他们长大后很可能会患自闭症。

这些孩子不关心人际交往，很少与别人进行眼神交流，因此无法建立人际关系的纽带。眼神交流可以告诉我们许多关于人际关系的基本信息。这种社交信息的缺失会使他们无法感知别人的感受和思想，也就是无法产生心智直观，从而形成自闭。

患有自闭症的孩子的听觉皮层占用了无用的视觉皮层区域，因此他们对声音高度敏感，这可以弥补他们在眼神交流方面的缺点。[13] 这种对声音的敏感性使得一部分自闭症患者，比如雷·查尔斯成为杰出的音乐家。

患有自闭症的婴儿之所以会避免眼神交流，原因之一是眼神交流会使他们感到焦虑。当他们注视别人眼睛的时候，杏仁核会积极活动，引发强烈的恐惧感觉。[14] 因此他们不会直视别人的眼睛，而是去看别人的嘴巴（但是嘴巴并不能传达多少内心思想），尽管这样可以减轻他们的焦虑，但是也使他们错过了与别人达成一致的机会，他们也就更不可能产生心智直观了。

巴伦·科恩认为，这种对别人情感解读方面的缺陷的研究也许可以帮助我们揭示人类大脑神经系统的运行模式。因此他的研究小组对比研究了自闭症患者和正常人，请他们分别躺下，用一个小型显示器播放我们在第六章提到的那一系列照片，同时用功能性核磁共振成像系统对他们的大脑进行成像。然后这些志愿者可以按动按钮来选择自己认为眼神表达的是何种情感，比如是“同情的”还是“冷漠的”。

不出所料，自闭症患者的正确率很低。而且，这个简单的实验还揭示了大脑中哪部分神经系统与心智直观有关。许多实验都证实，在这一过程中，除了前额叶皮层外，颞上回、杏仁核和其他几个区域也都在活动。

有意思的是，对那些不擅长耍手腕的人的大脑进行的研究也给了我们一些关于大脑社交神经系统结构的启示。巴伦·科恩认为，比较正常大脑和自闭症患者大脑神经活动的区别，有助于人们了解控制社交商的神经系统。[15]

我们发现，这种神经系统的活动不仅对营造良好的人际关系非常有帮助，而且对我们子女的健康状况、我们关爱他人的能力和我们的健康都是至关重要的。

Part

- 3 -

第三部分

培养良好的社交商

第十章

基因≠命运

把一个4个月左右的婴儿放在婴儿椅上，给他看一件他从来没有见过的玩具。然后在接下来的时间中每隔20秒就给他看一件新的玩具。

有些孩子喜欢这种新鲜的刺激，有些却非常讨厌，他们号啕大哭，浑身发抖，以此来表示抗议。

哈佛大学的心理学家杰罗姆·卡根在经过近30年对儿童的密切观察后发现，那些不喜欢新鲜刺激的孩子都有一个共同的特点：这些孩子在小时候对陌生人或者陌生的地方都非常警觉，用卡根的话说就是“内向”。进入学校后，他们的内向就表现为害羞。卡根推测，这些孩子的害羞是由于他们继承了父母的神经递质，从而使得他们的杏仁核异常活跃，因此对于新鲜事物非常敏感。

自让·皮亚杰敏锐地注意到自己孩子们成长过程中认知能力的发展并创立发展心理学以来，卡根就是最有影响力的发展心理学家之一。他无愧于一流方法论学家和思想家的称号，而且还是位天才作家。从他的著作，比如《嘎伦的预言》中我们可以看出，卡根在哲学和自然科学领域都颇有造诣。

因此，在20世纪70年代末，卡根首次断定害羞之类的气质特征是由生理原因引起的，而且可能和遗传有关，许多父母都为此松了一口气。当时大家普遍认为孩子的所有问题都是由于父母培养方式不当引起的。比如孩子之所以害羞是因为父母的专横；孩子之所以欺凌弱小的孩子而没有羞愧之心是因为父母举止粗鲁，意志软弱；甚至精神分裂症患者的人格分裂也是由于无法获得父母的欢心而引起的。

在我读研究生的时候，卡根是哈佛大学心理学系的教授。卡根提出气质是由生理而不是心理因素塑造的，这在当时的学术界引起了很大争议。哈佛大学心理学系所在地威廉·詹姆斯大楼内的人们议论纷纷，我甚至在电梯中听到有人议论说卡根已经倒向生物学家一边，因为当时生物学家正在向精神治疗师所主导的抑郁等病症的治疗领域渗透，这些生物学家竟然提出这些疾病的发生也可能有生理原因。[1]

现在，几十年过去了，这种争论在今天看来是十分无知而且可笑的。基因科学日新月异的发展已经为我们揭示了控制某种气质和行为习惯的特定 DNA（脱氧核糖核酸）类型。同样，神经科学的新发现也在不断揭示各种精神疾病是由哪些神经系统的紊乱引起的，拥有极端气质的孩子，从单纯过度敏感的孩子到潜在的精神疾病患者，他们体内哪种神经递质失去了效用等。

但是同时卡根也经常提醒大家，这些疾病并不是由单一因素引起的。

贪杯老鼠的案例

约翰·克拉布是我小学三年级时最好的朋友，他高高瘦瘦，戴一副哈利·波特式的眼镜。我经常骑车去他家，两个人开心地玩大富翁游戏。但是第二年夏天他们家就搬走了，我已经半个多世纪没有见到他了。

这么多年之后，当我再次看到他的名字并且回想起来的时候，他已经是俄勒冈州健康科学大学波特兰退伍军人管理局医学中心的行为遗传学家了。他成绩斐然，最著名的就是对贪杯老鼠的研究。几年来他一直研究编号为“C57BL/6J”的老鼠种类，它们的独特之处就是贪杯好酒。对它们的研究可能会对人类酗酒的原因有所启示，而且科学家们也希望能够借此找到治疗人类酗酒的良方。

大约有100多种老鼠可以用于医学研究，这种贪杯的老鼠就是其中之一，其他还有些种类的老鼠易患糖尿病或者心脏病等。事实上，某一个特定种类的所有老鼠都可以被看作其他同类老鼠的克隆，因为它们的基因完全一致。这些可用于科学研究的老鼠种类的一个显著优点就是它们的稳定性，也就是说某个特定种类的老鼠在任何一个实验中的反应都会和其他同类老鼠一致。但是克拉布在一个简单的实验中对这种稳定性假设提出了质疑，这个实验现在已经受到了广泛关注。[2]

克拉布在电话里跟我说：“我们想知道什么样的稳定才算是‘稳定’。我们在三个不同的实验室里重复了同一个实验，并且尽量使老鼠饲料、老鼠年龄以及它们的旅行时间等外部条件完全一致。而且我们是在同一天的同一个时间用同样的仪器对它们进行检测的。”

在实验室的当地时间1998年4月20日上午8点30分到9点，克拉布的几个研究小组同时对包括C57BL/6J在内的8个老鼠种群进行了测试。其中的一个测试是让它们在一杯水和一杯酒之间做出选择。那些贪杯的 C57BL/6J 老鼠选择酒的次数果然要高于其他种类的老鼠。

第二项测试是关于老鼠压力的标准测试。把一只老鼠放在两条离地 0.9 米的跑道的交叉路口，其中一条跑道两边有围栏，另外一条跑道没有。焦虑的老鼠会选择有围栏的跑道，而富有冒险精神的老鼠则会探索那条开放式跑道。

但是，令那些认为行为完全由基因决定的人大吃一惊的是，不同实验室的同类老鼠的行为出现了显著差异。它们对于酒精的态度基本一致，但是在焦虑测试中的表现大相径庭。比如，编号为 BALB/cByJ 的老鼠在波特兰的实验室中表现得非常焦虑，而在另一个实验室中却勇于探险。

就像克拉布所说的那样："如果基因可以决定一切，那么它们的行为应该没有任何差别。"那么这些差异究竟是由什么引起的呢？在几个实验室中，有几个因素是无法控制的，比如空气湿度和老鼠的饮用水，而最重要的一项可能就是实验人员。比如，其中有一个助理实验员对老鼠过敏，在实验中只好戴上呼吸器。

"有些实验人员在和老鼠打交道时从容熟练，而另外一些可能会紧张或者粗暴，"克拉布告诉我，"我猜测老鼠可以'读懂'实验人员的情绪状态，而且他们的情绪状态会影响老鼠的行为。"

他的研究成果发表在《自然》杂志上后引起了神经学界的激烈辩论。神经学家们不得不面对这样一个结论：实验室中的细微差异，比如实验人员与老鼠打交道的方式等都会引起老鼠行为的差异，这就表明即使某个种群的基因完全相同，他们的行为仍然可能存在一定差异。[3]

克拉布的实验结果和其他科学家的类似发现都表明，基因并非大多数人一个多世纪以来一直认为的那样，它要比人们想象中更富动态性。我们的基因本身并不是那么重要，基因的表达才是最关键的。

要理解基因的活动，我们必须首先区分某个特定基因和它的表达。基因表达意味着 DNA 合成 RNA（核糖核酸），然后再合成可以影响我们生理状态的蛋白质。在人体的大约三万条基因中，有一些只在胚胎时期存在，然后就永远消失了；有些时有时无；还有些只存在于肝脏或者大脑中。

克拉布的发现是表观遗传学上的里程碑，该学科主要研究我们的经历在不改变 DNA 顺序的情况下如何影响基因活动。只有当某个特定基因引起了 RNA 的合成时，它才会真正影响我们的生理状态。表观遗传学就是研究我们周围环境在转化为对特定细胞的化学刺激后，是如何影响基因活性的。

表观遗传学的研究已经发现了许多控制基因表达的生理机制。比如甲基分子不仅可以开启或者关闭某种基因，还可以影响它们的活性。[4] 甲基活动同样可以帮助决定 1 000 亿个神经细胞在大脑中的最终位置以及它们与其他神经细胞的连接。简言之，甲基分子塑造着包括大脑在内的身体器官。

这一观点终于为争论了一个世纪的问题——关于天性和后天培养

之争，即我们的性格和行为究竟是由基因决定还是由后天经历决定，画上了一个句号。这种争论现在已经毫无意义了，因为它的前提是基因和环境是完全独立的。争论这个问题就像争论到底长方形的长与宽哪个更重要一样，而事实上它们是密不可分的。[5]

“基因决定论”（现在仍然在一些教科书中存在）认为我们要么具备某种特定基因，要么没有，这决定了我们的性格，比如是否会害羞等。但事实上，基因自身并不能完全决定其生物学效价。比如，我们吃的食物中含有几百种可以调节基因的物质，可以像开关圣诞树上的彩灯一样开启或者关闭基因。如果我们长时间饮食不当，就有可能开启可以引起动脉硬化或者心脏病的基因组合。而另一方面，花椰菜含有丰富的维生素 B6，可以促使色氨酸羟化酶基因产生氨基酸 L– 色氨酸，从而合成多巴胺，一种可以稳定情绪的神经递质。

从生理学上讲，基因是不可能独立于周围环境的，因为基因的结构决定了它们会受到周围环境信号的调节。这些信号包括内分泌系统的荷尔蒙和大脑的神经递质等，而这些信号中的一部分还会受到我们社交活动的影响。[6] 因此，不仅我们的饮食可以调节某些基因，社交经历也有类似作用。

仅仅基因本身并不能确保最佳神经系统的生成。[7] 因此，要培养一个具备同理心能力的孩子不仅需要必需的基因，还要有正确的培养方式和其他有益的社交经历。我们发现，只有基因和培养的结合才能确保基因发挥最佳潜力。从这种意义上讲，我们可以把培养称为“社会表观遗传学”。

克拉布曾经说过："社会表观遗传学具有非常重大的意义，它将会成为基因学的下一个前沿研究领域。该领域在技术上给我们带来的新挑战不仅涉及我们与生俱来的基因，还有环境对基因表达的重要影响。它的出现再次挑战了单纯的基因决定论——基因决定一切，生活经历并不重要。"

基因需要表达

和弗朗西斯·克里克共同发现DNA双螺旋结构并因此获得诺贝尔生理学–医学奖的著名生物学家詹姆斯·沃森曾经承认自己脾气暴躁，一触即发。但是他补充说，自己的怒气来得快，去得也快。他认为，自己心情的快速复原显示了基因在处理好斗性时的积极方向。

基因帮助人们抑制怒火的方式有两种。第一种是基因可以合成少量的控制好斗性的酶，但是这种方式的效力比较弱，人们会容易发怒，越来越暴躁，而且很可能引发暴力行为。拥有这种极端性格的人最后很可能会进监狱。

在另外一种形式下基因可以合成大量的酶，因此，就像沃森一样，人们可能会发脾气，但是很快就能恢复平静。这种基因表达会使人们的生活更加愉快，因为他们发怒的时间不会太长。我们已经看到，一部分拥有这种模式的人获得了诺贝尔奖。

如果某个基因从来没有合成过可以影响我们生理状态的蛋白质，它还不如不存在。如果它合成少许蛋白质，那么它还是有点用处的。而如果基因合成大量这种蛋白质，它本身也就非常重要。

很长一段时间以来人们都认为只有生化因素，比如合理的营养或者工业毒素的摄入等可以影响对基因的控制。现在，表观遗传学正在研究父母对孩子的培养方式，以期发现培养方式对孩子大脑的影响。

大脑在孩子出生后还会继续发育，直到 20 多岁，它是人体中最后一个成熟的器官。在这一过程中，孩子生活中重要的人，比如父母、兄弟姐妹、祖父母、老师和朋友等营造出来的社交和情感环境会影响他们大脑神经系统的发展。孩子的大脑就像一株植物一样，而周围的环境，特别是生命中最重要的人们所形成的情感环境，就像土壤一样，可能肥沃，也可能贫瘠。

大脑的一些神经系统可能比其他神经系统更容易受到周围社会环境的影响，而且大脑的各个神经系统接受社会环境影响的高峰期也并不完全相同。总体来说，这种影响在出生后的两年内最为强烈，在这一期间，大脑的成长最迅速，可以从出生时的 400 克长到两岁时的 1 000 克，而成人大脑的平均重量也只有 1 400 克。

从这个时期开始，生活中的重大经历还会影响调节我们大脑功能和其他生理机制的基因活动的水平。社会表观遗传学在研究对基因的影响时就考虑了人际关系的因素。

收养可以视为一种独特的自然实验，我们可以从中衡量养父母对孩子基因的影响。比如，一项对被收养儿童好斗性的研究在比较了他们亲生父母和养父母的家庭氛围后发现，如果他们的养父母性格温和的话，即使亲生父母有过暴力史，他们的暴力倾向也会被削弱，他们当中只有 13% 的孩子在长大后会出现反社会倾向。而如果这些孩子不幸被那些崇尚暴力的“坏家庭”收养的话，他们中的 45% 长大后都会出现暴力行为。[8]

家庭环境不仅可以改变好斗基因的活动，还会影响人们的其他个性。而家庭环境中最重要的一个因素就是孩子受到的来自家庭的关爱或者冷漠。供职于蒙特利尔麦吉尔大学的神经学家迈克尔·米尼一直热衷于研究表观遗传学对人际关系的影响。米尼个子不高，但演讲起来极富感染力，他希望自己对实验室老鼠的精心研究能够对人类有所启示。

米尼发现了培养方式改变幼鼠基因化学成分的一个重要途径，他推测同样的情形应该也适用于人类。[9] 他的研究表明幼鼠出生后 12 个小时是发育的最关键时期，在这一时期会形成关键的甲基。老鼠妈妈在这一时期对幼鼠的舔舐和清洁会决定幼鼠应对压力的化学物质的合成。

老鼠妈妈对幼鼠越是关爱，幼鼠长大后就会越聪明、自信和勇敢。而如果缺乏关爱，幼鼠的学习能力就会比较迟钝，而且遇到危险时会比较胆怯。除此之外，老鼠妈妈对雌性幼鼠的爱抚还会决定它长大后对自己子女的关爱程度。

那些得到关爱最多的幼鼠长大后脑细胞的连接就会比较紧密，特别是负责记忆和学习的海马体。这类老鼠特别擅长一项啮齿类动物必需的技巧：在复杂的环境中找到逃跑路线。而且，它们应对压力的能力较强，在遇到压力后也能很快恢复平静。

另一方面，那些没有得到妈妈精心照顾的幼鼠长大后脑细胞的连接会比较松散，而且它们在智商测试——迷宫测试中的表现也会比较差。

对于幼鼠来说，神经系统发育的最大障碍来自幼年时期与妈妈完全隔离。这种隔离所带来的恶劣影响会打破保护基因，使它们容易受到生化连锁反应的侵害，在它们的大脑中产生大量可以引发压力的有害分子。因此它们长大后会非常胆怯，极易受惊吓。

在人类社会中，舔舐和清洁就相当于同理心、适应和抚摩。如果像米尼推测的那样，老鼠实验的结论同样适用于人类，那么父母对我们的培养方式比遗传给我们的 DNA 更加重要，而且父母培养孩子的方式也会影响他们基因的活性。这就表明培养过程中微不足道的关爱行为会对孩子的一生产生重大影响，而且人际关系会持续影响大脑的组织结构。

天性和培养的误区

在严格控制的实验室条件下通过老鼠进行表观遗传学的研究非常容易，但是一旦回到纷繁复杂的人类社会，情况就没有那么简单了。

乔治·华盛顿大学的戴维·赖斯教授和他领导的研究小组就接受了这项巨大的挑战。赖斯是一位家庭动力学专家，他的科研小组里还有重组家庭研究专家梅维斯·希瑟林顿和享誉全球的行为遗传学家罗伯特·普洛明。

科学家们一直认为解决天性和培养之争的最好方法就是比较那些被收养的孩子和由亲生父母养大的孩子之间行为的差异。这种方法可以帮助科学家们评估好斗等特征多大程度上是由家庭影响造成的，多大程度上是由基因决定的。

20 世纪 80 年代，普洛明通过对被收养的双胞胎进行研究得出的数据曾经震惊了整个学术界。比如，他宣称一个十几岁孩子的学习能力大约 60% 是由基因决定的，而基因在决定自尊和道德水平上所占的比例大约分别是 30% 和 25%。[10] 但是普洛明和其他使用这种方法进行研究的科学家所得出的结论受到了普遍质疑，因为他们研究的家庭样本十分有限，仅仅比较了那些分别由亲生父母和养父母抚养的双胞胎孩子。

因此赖斯的研究小组决定在研究中涵盖重组家庭的更多变体，从而使结论更加详尽、更具说服力。他们的设计非常严格，需要研究 720 对代表所有相近基因的青少年，包括从同卵双胞胎到同父异母或者同母异父的兄弟姐妹的各种不同类型。[11]

研究小组在全美范围内招募了六大类有两个十几岁孩子的家庭。同卵双胞胎和异卵双胞胎本来就是他们这一领域的标准样本，寻找这样的家庭并不困难。困难的是寻找那些夫妻离异后各自带着一个孩子重新组建的家庭，而且，新的家庭成员还必须已经在一起生活了 5 年以上。

在艰难的寻找和招募之后，科学家们又花了数年时间整理分析了庞大的相关数据，结果他们遇到了更大的挫折。部分是因为一个意外的发现：在同一个家庭中长大的孩子的经历却不尽相同。[12] 科学家们在研究被分开抚养的双胞胎时一直认为在某个特定家庭长大的孩子经历一定相似。但是赖斯研究小组的结论推翻了这一假设，就像克拉布的老鼠实验一样。

让我们比较一下同一个家庭中的大孩子和小孩子吧。哥哥或姐姐出生之后就一直独自享受着父母的关爱和注意力，直到弟弟或妹妹出生。而弟弟或妹妹从出生的第一天起，就要想方设法同哥哥或姐姐争夺父母的爱。每个孩子都是独一无二的，因此父母对待他们的态度也是不同的。所以，同一个家庭就意味着同样的成长环境的想法是不成立的。

更糟糕的是，这种独一无二的成长环境对孩子气质的影响比任何基因因素都要强烈。每个孩子成长的家庭小环境都是不一样的，因此科学家们也就无从比较了。而且，尽管父母对孩子的气质有一定的影响，但他们并不是唯一的影响因素。孩子生活中的其他人，特别是他们的兄弟姐妹和朋友也会影响他们。

更为复杂的是，另一个出乎科学家意料的因素也左右着孩子的命运，那就是孩子的自尊意识。诚然，青少年的自尊意识总体上取决于他们的生活经历，而不是基因。但是，他们的自尊意识一旦形成，就会独立于父母的教养、同伴的压力和自己的基因，塑造着他们的行为。[13]

另一方面，社会环境对基因的影响也会受到扭曲。也就是说，孩子天生的基因反过来也会影响别人对他的态度。父母都喜欢拥抱那些调皮并且会拥抱他们的孩子，而那些暴躁冷漠的孩子得到的拥抱就比较少。最糟糕的情况是，如果一个孩子天生易怒、好斗并且很难相处，父母往往会对他们严加管教，甚至恶语相加。父母的反应会使孩子脾气更坏，反过来更加引起父母的反感，形成恶性循环。[14]

科学家们的研究结论认为，父母的关爱或者家庭的其他影响可以帮助孩子确定许多种基因的表达。但是另一方面，不管父母对孩子多么关心，如果孩子身边有一个专横的哥哥或姐姐，或者疯疯癫癫的小伙伴，他们造成的负面影响可能会抵消父母的关爱。

科学家们一直认为孩子的后天行为要么是由先天基因决定的，要么是由后天成长环境决定的，但现在人们发现情况并非如此。在花费了大量资金与精力之后，赖斯的研究小组仅仅发现了家庭生活与基因之间错综复杂的相互作用关系的冰山一角，远远没有达到他们的研究目标，还有许多疑问没有解决。

或许揭开家庭生活与基因相互作用关系的迷雾的时机还未成熟，但是科学家们的确已经发现了一些确定的事实，比如生活经历对基因的影响等。

习惯如何形成

已故催眠大师米尔顿·埃里克森生前常常提到自己的童年（20世纪初）是在内华达的一个小城中度过的。那里的冬天非常寒冷，他最开心的事情莫过于一觉醒来发现外面已经下了厚厚的一层雪。

一旦发现外面下雪，小米尔顿就会急匆匆地起床，准备去学校，他想成为第一个去学校的人。在去学校的路上他会故意走出

Z 字形，让靴子在雪地上留下弯弯曲曲的脚印。

不管他走过的道路多么弯曲，下一个孩子都会毫不犹豫地沿着它走下去，再下一个也是如此。这样，到傍晚的时候，他的脚印就会成为一条固定的小路，每个人都会沿着它走过去。

埃里克森讲述这个故事是想告诉人们习惯是如何形成的，而雪地上的第一行脚印这个比喻也可以用来形容大脑中神经通道的形成过程。神经通道的第一次连接会因为不断重复而得到加强，直到它们成为自动的过程，这时新的神经通道就形成了。

因为大脑有限的空间里要容纳众多的神经系统，所以会迫使大脑中无用的连接消失，以便为其他神经系统腾出空间。“使用或者消亡”指的就是这种残酷的神经达尔文主义，大脑中的神经系统也是适者生存。消失的神经细胞都是被“剪除”的，如同被修剪掉的树枝。

就像雕塑家开始雕塑前的土坯一样，大脑也会产生多于所需数量的神经细胞。在童年和少年时期，孩子的大脑会有选择地剪除一半多余的神经细胞，经常使用的神经细胞会被留下，而其余的则会消失。包括人际关系在内的生活经历就这样塑造了孩子们的大脑。

除了可以决定哪些神经细胞会被保留之外，我们的人际关系还会促使我们产生新的神经细胞。这一观点又一次打破了神经科学的传统理论。即使到现在，有些学校的教科书上仍然写着孩子出生后大脑就不会再产生新的神经细胞，而这一观点早已被有力地驳斥了。[15] 其实，我们知道大脑和脊柱中都有干细胞，它们每天可以生成几千个新的神经细胞。神经细胞的生成速度在儿童时期最高，但是成年后这个过程并没有停止。

一旦某个新的神经细胞生成，它就会移动到大脑适当的位置，经过大约一个月的时间，它会和分布在大脑中的其他神经细胞形成大约1万个连接。在接下来的大约4个月内，它会改善这些连接。一旦这些连接成熟，神经通道就固定下来了。就像神经学家经常说的那样，同步发射的神经元会串联在一起。

在接下来的两个月内，我们的经历会决定这个新生细胞将会跟其他哪些神经细胞连接起来。[16]在这个过程中，重复经历非常关键。某个经历重复次数越多，形成的习惯就越强烈，神经细胞间的连接也会越紧密。米尼发现，对于老鼠，它们的这种重复经历会加速新生神经细胞与其他细胞连接的速度。因此，随着新生神经细胞及其连接的形成，大脑会不断地被重塑。

从实验室老鼠身上得出的结论同样适用于人类吗？答案是肯定的，人类大脑神经系统也会经历同样的过程，因此重塑社交脑的意义就更加非比寻常了。

大脑的各类神经系统都有一个可以被经历所重塑的最佳时期。比如感知系统在童年早期受到的影响最大，紧接着是语言系统。[17]一些神经系统，比如负责学习和记忆的海马体在生命中的各个阶段都会受到生活经历的巨大影响，这一点人类和老鼠是一样的。对猴子的研究发现，如果幼猴在关键时期遇到过巨大压力的话，海马体的特定细胞就无法在成年后移动到指定区域。[18]反之，父母的关爱则会促进它们的移动。

人类大脑中受经历影响时间最长的是前额叶皮层，对它的影响会一直持续到成年初期。因此，人们有十几年的时间可以影响孩子们的大路神经系统。

童年时期某种经历重复的次数越多，它对孩子大脑神经系统的影响就越强烈，对孩子成年后生活的影响也会越强烈。这种童年时的重复经历会在大脑中形成自动神经通道，就像米尔顿·埃里克森在雪地上留下的脚印一样，大家走的次数多了，就会成为人们的自动选择。[19]

社交脑的快速连接者——纺锤形细胞就是个很好的例子。研究者们发现，婴儿 4 个月大的时候大脑中的纺锤形细胞会移动到适当的位置——大部分位于眶额皮层和前扣带皮层，此时它们会逐渐与数千个其他细胞形成连接。这些神经科学家们提出，纺锤形细胞与其他细胞的连接取决于生活经历的影响，比如家庭压力或者温馨和睦的家庭氛围等。[20]

纺锤形细胞连接着大路神经系统和小路神经系统，帮助我们协调情感与反应。这种大路神经系统和小路神经系统的连接巩固了一系列重要的社交商技巧。就像理查德·戴维森所说的那样，“大脑在接收到情感信息之后，前额叶皮层会帮助我们做出适当回应。由基因与生活经历共同塑造的神经系统决定了我们的情感风格——我们对情感信号做出反应所需的时间和强度，以及我们恢复平静所需的时间等。”

当提到社交中不可或缺的自我调节能力时，戴维森评论说：“毫无疑问，它的形成有几个关键时期。有证据显示它在童年时期的可塑性较强，尽管成年后仍然有可能出现一些变化。动物实验表明童年的一些经历所产生的影响可能是不可逆转的，因此一旦神经系统在童年经历的影响下形成，就会十分稳定。”[21]

童年时期的人际关系会影响我们的神经细胞的连接，但是这个过程是如何进行的呢？

一个妈妈正在和她的宝宝玩藏猫猫的游戏，妈妈不断把脸藏起来又露出来，宝宝越来越兴奋。到气氛最紧张的时候，宝宝突然把脸转向另一边，吮吸着大拇指，眼睛茫然地望着天空，不再理睬妈妈。

这表明宝宝需要一段暂停时间使自己平静下来。妈妈于是等了一会儿，直到他转过身来继续游戏。“哦，现在你回来了。”妈妈用高音唱着，微笑着慢慢靠近他。

他也笑了，开心地咿咿呀呀地说着。在他们结束愉快的交流后，他又一次移开眼睛，把大拇指放进了嘴里。妈妈等了几秒钟后，他又转回来，两个人又继续开心地微笑。

把上面的藏猫猫游戏与下面这个对比一下吧。当他们之间的游戏达到高潮时，宝宝需要把头扭开，吮吸大拇指，好让情绪平静下来。但是他的妈妈没有等他自己转回来，而是走到他身边，嘴巴吧嗒作响，想把他的注意力吸引过来。

但是宝宝还是继续看着天空，根本不理妈妈。于是她靠近宝宝，结果宝宝还是不理会她的鬼脸，用力把她推开。最后，宝宝又把身体转到另一边，继续吮吸着大拇指。

第一个妈妈接受了宝宝需要休息的信号，而另一个却不顾这一信号，坚持要宝宝注意自己，这两种截然不同的态度会对宝宝产生什么影响呢？

虽然一个藏猫猫游戏说明不了什么，但是它至少可以在一定程度上代表妈妈养育孩子的方式。许多研究都表明，如果一个监护人总是无法适应宝宝的情绪，就会对宝宝产生不良的影响。在第一种情景下成长起来的孩子会热爱生活，与人相处融洽。而在第二种情景下长大的孩子会抑郁、胆怯或者易怒并且好斗。这些差别可能会影响孩子们的"气质"，也就是基因的表现。现在越来越多的科研中心开始研究日常交流对孩子基因的影响。科学家已经开始观察这些以原对话开始的日常交流，以便更精确地理解人际关系如何重塑我们的神经系统以及它们的功能。

气质会影响命运，但不会决定命运

我还记得杰罗姆·卡根在 20 世纪 80 年代曾经讲过他在波士顿以及中国进行的研究，那时他通过观察婴儿对于新鲜事物的反应来推断他们长大后是否会拥有害羞、胆怯的性格。卡根教授现在虽然已退休，但是仍在继续他的研究，他仍在跟踪调查当年的"卡根婴儿"。[22] 每隔几年我都会去他在威廉·詹姆斯大楼顶层的办公室拜访他，他的办公室也是整个哈佛大学的制高点。

在我最近一次去拜访的时候，他告诉了我通过对当年的"卡根婴儿"进行大脑成像得出的最新发现。卡根一直喜欢采用最新的科研方法，这次也不例外，他已经开始使用功能性核磁共振成像系统了。他告诉我，当年的“卡根婴儿”现在都已经20多岁了，对他们进行研究后发现，那些当年被认为内向的孩子的杏仁核现在遇到新鲜刺激时仍然会过度兴奋。[23]

胆小羞怯在神经学上的表现之一就是在杏仁核检测到异常，特别是危险信号时，丘脑的活动会异常活跃。当我们察觉到任何异常情况，比如看到一张鹿身人面照片时，丘脑都会被激活。并非只有明确的危险信号才能引发丘脑的活动，任何陌生或者不同寻常的信号都可以做到这一点。

丘脑反应不那么剧烈的孩子往往性格开朗，喜欢交际。而丘脑反应剧烈的孩子一般都拒绝新鲜事物。孩子的这种性格会日益加强，因为父母往往会保护这些胆小的孩子，不让他们与陌生人接触，但是这反而更加妨碍了他们学会与别人打交道。

在早期的研究中卡根发现，如果父母鼓励或者强制羞怯的孩子与同伴玩耍的话，他们的胆小基因是可以被克服的，这种情况很普遍。在进行了几十年的跟踪观察之后，卡根发现出生后被认定为内向的孩子成年后只有1/3会有胆小羞怯的表现。

现在他意识到，这些孩子杏仁核和丘脑的反应仍然剧烈，因此发生变化的并不是神经系统的兴奋性，而是大脑对冲动的抑制。孩子如果能够长期压制羞怯、退缩的冲动，慢慢地他就可以正常地与人交往了，不会再出现羞怯的行为。

神经学家用“神经支架”这个术语来描述大脑的某个神经通道一

旦形成后，它的连接就会随着不断的使用而得到加强，就像在建筑工地搭建脚手架一样。它也可以解释为什么某种行为模式一旦形成就需要很大力气才能改变。当然，如果有机会的话，通过有意识的努力，我们也可以形成并且加强新的神经通道。

卡根告诉我，内向的孩子“70% 长大后都很健康。一个人的气质可能会影响命运，但是并不能决定他的命运。那些孩子现在已经不再胆怯或者过度兴奋了”。

比如一个在婴儿时期被认定为性格内向的男孩，在十几岁的时候就学会感受并且克服了自己的恐惧，他说现在已经没有人认为他害羞了。但是这需要别人的帮助和自己的努力，比如一些小的成功可以帮助人们克服恐惧心理，这似乎是一个利用大路神经系统来驯服小路神经系统的过程。

他自己记得的一次成功是克服了对打针的恐惧。在童年时期他非常惧怕打针，以至拒绝去看牙医，直到有一次他遇到了一位赢得自己信任的牙医，这种恐惧就消失了。看到姐姐跳进游泳池也给了他接触水的勇气，于是他学会了游泳。最初他不得不求助于父母来排解自己的噩梦，但后来他慢慢地学会了依靠自己平静下来。

“我能够克服自己的恐惧，”这位曾经羞怯的孩子在学校布置的作文中写道，“是因为我现在了解了自己容易焦虑的气质，我已经能够克服一般的恐惧了。”[24]

因此，许多内向孩子的性格是可以在别人的帮助下自然地发生积极变化的。来自家庭的正确引导，或者孩子本人对自己沉默寡言个性的有意克服，都可以帮助他们。利用自然发生的“威胁”来不断挑战他们的内向性格，也会产生同样的效果。

卡根说自己的孙女6岁的时候非常害羞，一次孙女跟他说：“你要假装我不认识你，我必须通过练习来克服害羞的习惯。”

卡根补充说：“父母们还没有意识到，尽管基因可以影响孩子的某些特征，但是它并不能决定孩子的性格。”

虽然培养方式并不能改变所有的基因，也不能修正所有的神经缺陷，但是孩子们的日常经历的确可以重塑神经通道，而且神经科学现在已经可以详细地描述这些神经通道被重塑的过程了。

第十一章

安全的港湾

他23岁的时候从一所著名大学毕业，在当时的英国，这就意味着他已经拿到了一张通向成功的入场券。但是他非常沮丧，甚至打算自杀。

他向精神治疗师坦白说，他的童年充满了痛苦的回忆。他是家中的老大，在三岁的时候就有了两个弟弟。他的父母经常吵架，而且最后总会打起来。他的父亲因为工作太忙，照顾家庭的时间比较少，而母亲被他们三兄弟的争吵搞得不胜其烦，经常会把自己反锁在卧室里，一待就是几个小时，有一次竟然把自己反锁了几天。

因此，在很小的时候他就经常一个人长时间哭泣，父母从来不管他，因为他们认为孩子哭泣只是在撒娇而已。他觉得自己最基本的情感和物质需要都被忽视了。

他童年记忆中印象最深刻的事情是一天晚上他得了阑尾炎，一直痛苦地呻吟到天亮，父母却不管不问。他还记得弟弟妹妹哭到声嘶力竭父母也无动于衷，他也记得自己当时有多么恨他们。

上学的第一天是他一生中最痛苦的日子。他认为母亲彻底抛弃了他，把他寄存在学校里。他因此绝望地哭了一整天。

随着他慢慢长大，他开始掩饰自己对父母关爱的渴望，拒绝开口向父母提出任何要求。在接受精神治疗时，他甚至担心如果自己宣泄出真实情感，精神治疗师会把他看作一个想引人注意的神经病，他甚至还幻想，医师会像自己的妈妈一样躲到另一个房间里，直到他离开为止。[1]

这个临床案例是由英国心理分析学家约翰·鲍尔比提供的，他因为对孩子与父母之间情感纽带的研究而成为自弗洛伊德以来最具影响力的儿童发展学家。鲍尔比主要研究人类生活中的重大主题，比如遗弃与痛失亲人等，以及它们所引发的情感影响。

尽管鲍尔比接受的教育是传统的医师与病人面对面的精神分析方法，但是在 20 世纪 40—60 年代他在这一领域做出了革命性突破。弗洛伊德的女儿安娜是他的导师，她曾经在第二次世界大战时期观察过从伦敦撤回乡下的英国儿童。鲍尔比按照她的思路，对母亲和婴儿进行了直接观察，而不仅仅是根据无法证实的病人回忆来进行精神分析。而且他还跟踪研究了一些儿童，观察他们早期与母亲的交流对日后人际交往习惯的影响。

鲍尔比发现，对父母的适度依赖是孩子健康成长的重要条件。如果父母能够与孩子产生同理心，及时对孩子的需要做出回应，他们就为孩子的从容自信奠定了基础。这种同理心与敏感正是前面那个想自杀的患者所没有体验过的。而且由于他仍然用童年时期的心态来看待现在的人际关系，他直到现在还是如此痛苦。

鲍尔比认为，每个孩子在童年时期都需要绝对的“我和你”的关系，这样他们才会受益终生。能够适应孩子的父母为他们提供了一个“安全的港湾”，在孩子紧张不安，需要关注、疼爱或者安慰的时候，他们可以依赖这个安全基地中的亲人。

鲍尔比的美国弟子、享有同样声誉的发展理论学家玛丽·安斯沃思进一步阐述了依赖和安全基地的概念。[2] 许多科学家已经按照她的思路搜集了大量相关数据，来研究婴儿早期交流对今后自信心的影响。

事实上，从一出生开始，婴儿就不是被动的接受者，他们一直在积极地与人交流来达到自己的目的。婴儿与监护人之间的双向情感信息通道可以帮助婴儿满足自己的基本需要。他们必须学会通过眼神、微笑和哭泣与自己的监护人进行交流。否则，他们即使痛苦也没有人知道，严重的话他们甚至可能死于疏忽。

观察一下母亲与婴儿之间的原对话，我们就会发现他们之间和谐的情感交流，母亲和婴儿会轮流主导这种交流。当婴儿微笑或者哭泣的时候，母亲会做出相应的反应，换句话说，婴儿的情感会指挥母亲的行为，同样，母亲的情感也在指挥着婴儿的反应。他们对对方敏锐的回应表明他们之间形成了双向回路，也就是最初的情感通道。

父母和孩子之间的情感回路为父母提供了一条帮助孩子学习社交规则的途径，比如如何留意别人、如何控制交流的节奏、如何加入别人的交谈、如何适应别人的情感以及如何在适应别人的同时控制自己的情感等。这些基本技巧的训练都为孩子今后成功地融入社会打下了良好的基础。

令人惊讶的是，这些基本技巧似乎还可以影响孩子智力的发展，因为孩子在一岁之前从这种无声的原对话中获得的情感知识已经为两岁之后的真实对话构建了情感支架。而且，孩子掌握的这些谈话技巧还会引发被人们称为“思想”的内心对话。[3]

科学家发现安全基地不仅可以为孩子提供情感上的保护，还会促使孩子的大脑分泌神经递质，使他们产生被关爱的幸福感，同样，父母的大脑也会分泌这种物质。在安斯沃思和鲍尔比提出他们的理论几十年后，神经学家们终于发现了两种引发幸福感的神经递质：催产激素（脑下垂体后叶分泌的一种荷尔蒙）和内啡肽，它们都是在人际交流过程中产生的。[4]

催产激素可以引发令人满足的放松感觉，而内啡肽则可以引发大脑中类似海洛因效应的愉悦感觉，尽管没有那么强烈。对于蹒跚学步的孩子来说，父母和家庭可以为他们提供这种从容自信的感觉。长大之后，玩伴、朋友、爱人也会激发他们同样的神经活动。能够分泌这些化学物质的生理系统就包括我们熟悉的社交脑。

分泌催产激素的神经系统如果受到损伤，会严重影响父母对孩子的关爱。[5]婴儿和母亲的这类神经系统似乎是大致相同的，都可以分泌加强彼此联系的激素。受到良好关爱的孩子会产生从容自信的感觉，这有一部分是因为大脑分泌的这些化学物质会唤起他们“一切都好”的内心感觉。这可能也是埃里克·埃里克森所说的婴儿对社会的最初信任产生的生理基础。

那些长大后从容自信的孩子肯定都有一个温柔体贴的母亲，她们喜欢与孩子进行拥抱之类的亲密接触，而且能够及时关注孩子的哭声并安抚他们。这些能够适应婴儿的母亲总是不断地与孩子形成情感交流回路。[6]而如果母亲不能与孩子达到一致，那么孩子在长大之后就会缺乏从容自信。他们的表现可能有两种：其一，如果母亲总是把自己的想法强加给孩子，孩子就会封闭自己，尽量避免与别人交流；其二，如果母亲对孩子毫不关心的话，孩子长大后就会被动丧失与别人交流的能力，比如鲍尔比说的那位想自杀的病人。

有些母亲虽然并没有完全忽视孩子，却在情感上跟孩子非常疏远，与孩子的交谈和身体接触也比较少。在这种环境中成长的孩子总是一副严肃的清高表情，但其实他们内心极度焦虑。这些孩子认为其他人也都孤僻冷漠，因此会封闭自己。长大之后他们会尽量避免与他人进行亲密的情感交流，刻意与他人保持距离。

另一方面，忧虑型的母亲往往无法感知孩子的需要。如果一位母亲无法专心，无法依赖，婴儿就会感到害怕，并且会十分黏人。这些孩子也会被自己的焦虑所困扰，适应别人的能力相对较弱。长大后，他们仍然可能会过度忧虑并且依赖别人。

愉快、彼此适应的交流就像吃饭和睡觉一样，都是婴儿的基本需求。如果缺少了它，孩子们长大后的依恋风格就很有可能会出现问题。简单来说，那些能够得到父母同理心的孩子长大后会从容自信；忧虑的父母会培养出忧虑的孩子；冷漠的父母会培养出孤僻的孩子，他们会尽量回避情感以及与他人的交流。长大后，这些孩子在人际交往中也会分别表现出从容自信、忧虑或者孤僻。

这种父母对孩子情感模式的影响主要是通过后天的交流造成的。比如，对双胞胎进行的研究发现，如果一个原本从容自信的孩子被忧虑的家长收养，孩子长大后性格很有可能也变为忧虑型。[7] 这种根据父母的依恋风格来推断孩子今后依恋风格的准确率大约为 70%。[8]

当然这种情况并不是绝对正确的。比如，如果一个忧虑的孩子能够找到一个从容自信的“代理父母”，比如哥哥姐姐、老师或者其他亲戚来负责照顾他，那么他的情绪模式也会变为安全型。

木头人

一位妈妈正在和她的宝宝开心地玩耍，突然她脸上一下子没有了任何表情，对宝宝也没有了反应。

看到妈妈的表情，宝宝有些惊恐，脸上掠过一丝痛苦的表情。

但是妈妈还是无动于衷，对宝宝的痛苦毫无反应。她好像已经变成了木头一样。

于是宝宝开始呜咽起来。

心理学家把这一场景称为“木头人”，而且有意利用它来研究恢复力，也就是从痛苦情绪中恢复平静的能力。即使木头人妈妈重新开始关注宝宝，宝宝的悲伤仍然会持续一会儿。他们情绪复原所需的时间显示了他们对情绪的自我管理能力。宝宝通过不断地从不安到平静，从被忽视到被关注的练习，在两岁之前就会掌握这种基本技巧了。

如果宝宝发现妈妈目光茫然，毫无反应，他们就会竭力唤回妈妈的注意力，他们会采用自己能力范围内的一切办法，比如做鬼脸、哭闹等。有些宝宝在尝试一段时间后就会自动放弃，移开自己的目光，吮吸大拇指来安慰自己。

木头人实验的设计者，心理学家爱德华·特罗尼克认为，宝宝如果能成功地“修复”人际关系，他们的这种能力就会越来越熟练。而且，这些宝宝还会意识到人际交流是可以“修复”的，所以即使在与别人的交流中出现不和谐因素，他们也能够成功地改善。

在这个阶段，他们对自己和人际关系的认识已经开始逐渐形成。这些孩子长大后会非常自信，相信自己能够处理好人际关系，即使交流出现问题自己也能够及时改善。他们往往会认为别人是值得信任、可以依赖的。

6 个月大的宝宝已经开始形成自己独特的交流方式和对自己及他人的习惯性思维方式，前提是他的监护人能够给他带来安全、信任的感觉，也就是说他们之间必须存在和谐的关系。换句话说，这种“我和你”的关系会决定孩子社交意识的发展。

从宝宝出生的第一天起，他们与妈妈的一致性就产生了。一致性越强，他们之间的交流就会越温馨幸福。[9]但是，如果他们之间无法达到一致的话，宝宝就会感到生气、沮丧或者厌烦。如果宝宝长期缺少一致，因而承受孤独的痛苦，他就会寻求一切可能的方式来安慰自己。有些宝宝会放弃寻求外部帮助，尝试自我安慰。而另外一些宝宝则会与别人保持距离，比如避免与人交往或者眼神交流，这样就可以给自己创造出一个私密的空间来进行自我调节。

但是这些方式都会阻碍宝宝学习与他人的正常交流。一旦宝宝习惯了这种逃避的方式，他很可能会怀疑自己的人际交往能力和别人可信任的程度。这种态度在成人中表现为一旦遇到挫折，就会暴饮暴食、酗酒或者沉溺于电视节目中。

在孩子长大之后，他可能不管在什么情况下都会自动采取这种逃避的方式，比如不管自己是否在杞人忧天都会采取防御措施。因此这样的孩子不会以乐观坦诚的态度对待别人，而是用一个冷漠疏远的外壳把自己保护起来。

抑郁妈妈

一位意大利妈妈正在对她的宝宝费比安纳哼着欢快的小曲。

"拍拍你的小手，

爸爸很快就会回来。

给你带来甜美的糖果，

费比安纳，你可以把它们通通吃光。"[10]

她的语调轻松欢快，宝宝也合着节拍发出咕咕的声音。

但是当另一位妈妈哼唱同一首曲子的时候，她的宝宝一点都不高兴，反而露出悲伤的表情。这位妈妈与第一位妈妈的区别就在于她的音调低沉缓慢，而且单调乏味。

为什么她们会存在这样的差别呢？很简单，第二位妈妈患有抑郁症，而第一位则没有。

她们哼歌时语调的细小差别表明了她们孩子成长的情感环境的巨大差异，也预示着她们的孩子对待生活中重要人际关系的态度将会大相径庭。可以理解，抑郁的母亲很难与宝宝进行快乐的原对话，她们缺少活力，无法表现母性语言中快乐活泼的音调。[11]

在与宝宝的交流中，抑郁的母亲往往掌握不好节奏，忽视或者干扰宝宝，还可能经常发火或者悲伤。无法达到一致就无法形成情感回路，而且消极的情感可能会使宝宝感觉自己做错了事情，需要改正。这样的信号会使宝宝感到不安，但是他们这时无法得到母亲的帮助，而且自己也没有能力平静下来。这样，母亲和宝宝就会陷入越来越不和谐的恶性循环中。[12]

行为遗传学家告诉我们，抑郁是可以遗传的。许多研究都试图计算出抑郁的"遗传概率"，也就是抑郁父母的孩子今后患上抑郁症的可能性。但是就像迈克尔·米尼指出的那样，孩子不仅会继承父母的基因，同时父母的行为还会加强这种基因的表达。[13]

比如，对抑郁母亲和她们宝宝的研究显示，与普通母亲相比，她们更容易忽视宝宝，更容易发火，更容易在宝宝需要调整的时候进行干预，而且缺少温情。这种宝宝一般只会用只有自己明白的方式（比如哭泣等）来抗议，或者干脆放弃对情感关爱的渴望，封闭自己。

宝宝的反应是与母亲的态度密切相关的，如果母亲想发火，他也会生气；如果母亲冷漠，他也会冷漠。宝宝似乎是从与抑郁的母亲之间不和谐的交流中学会这些交流方式的。除此之外，他们还有可能形成不正确的自我意识，认为自己无力改善郁闷的心情和不和谐的交流，或者认为自己无法指望别人给自己带来情感安慰。

抑郁可能会使母亲把自己的性格以及社交上的缺陷传递给孩子。比如，母亲对孩子的消极影响在婴儿早期就会表现出来：抑郁母亲的宝宝大脑内的压力荷尔蒙指数偏高，而多巴胺和复合胺的含量较低。[14]因此，尽管蹒跚学步的孩子还没有意识到外力对他的家庭的影响，但是这些因素会大大影响他的神经系统的发育。

社会表观遗传学认为这种情况并不是没有希望改变的。抑郁的父母如果能够在困难面前表现出勇气，就可以把抑郁对孩子的影响降到最低程度。[15]而且如果能找到一个不抑郁的大人负责照顾孩子的话，就能为他提供一个安全基地。

但是另一方面，一部分抑郁母亲的孩子适应能力非常强。他们能够准确地理解母亲喜怒无常的情感变化，而且能够巧妙地取悦她们。在他们进入社会之后，这些技巧无疑会成为珍贵的社交商。[16]

帮助孩子成长

约翰尼允许自己最好的朋友使用他新买的球，但是他最好的朋友不小心把球给弄丢了，而且还拒绝还给约翰尼一个新的。

约翰尼非常喜欢的一位小朋友搬家了。约翰尼再也不能和他一起玩了。

上面的两个小场景描述了每个儿童生活中都会遭遇的情感经历，

但是它们描述的究竟是什么样的情感呢？

大多数学前儿童已经基本能够区分自己的感受，并且能够了解引起某种感受的原因，但是那些被父母严重忽视的孩子不能做到这一点。当我们把上面的场景讲给那些被父母忽视的学前儿童听，并让他们回答约翰尼的感受时，他们答案的正确率只有50%，比那些得到父母关爱的同龄孩子要低得多。[17]

孩子可以从与父母的交流中学习人际关系的主要常识，如果他们被父母忽视因而缺少人际交流的话，他们理解别人情感的能力将无法得到锻炼。因为这些孩子被剥夺了最重要的人际交流，所以他们无法辨别情感的重要差异，对于他人情感的理解能力也比较差。[18]

在上面那个测试中，受到虐待（也就是说经常遭受身体伤害）的学前儿童的表现非常奇怪，他们总会认为别人很愤怒。即使别人脸上毫无表情，或者表情不明确甚至悲哀的时候，他们都会以为别人是在生气。这表明了他们杏仁核的超高敏感性，但是这种超高敏感性仅仅是针对愤怒的，因为当经常被虐待的孩子看到愤怒表情时，他们的大脑反应比其他正常孩子要强烈，而他们对于快乐和恐惧的反应跟其他孩子并没有什么区别。[19]

这种同理心的扭曲意味着别人轻微愤怒的表情都会引起受虐孩子的注意。他们对于愤怒要比其他孩子敏感，而且经常误解别人的表情，注意愤怒迹象的时间也更长一些。[20]这些孩子对愤怒的察觉能力有时可能是非常宝贵的，毕竟他们面临着家庭暴力的危险，他们对于愤怒的超高敏感性也就成了保护自己的雷达。

但是在家庭之外的环境中，这种超高敏感性可能会给他们制造麻烦。学校中欺凌弱小的学生（通常都遭受过身体虐待）会夸大别人的表情，把中立理解为挑衅。他们对同学的攻击经常就是由于这种别人根本不存在的敌对态度而引起的。

控制孩子愤怒情绪的爆发对于每一个父母来说都是一项巨大的挑战，同时也是一个机会。理想情况下，父母不应该让自己被激怒，也不应该对孩子放任自流。相反，他们应该控制自己的愤怒情绪，既不逃避，也不沉溺于其中，并保持与孩子的情感回路，这样他们就为孩子树立了一个处理愤怒的好榜样。当然，这并不是说孩子周围的情感环境一定要非常平静，而是说一个家庭应该具备从不良情绪中恢复的能力。

家庭本身就可以为孩子创造一个情感环境。有了家庭的保护，孩子即使遇到再大的难题也不会被击垮。孩子们在危机来临时最关心的问题通常是它会如何影响我的家庭。例如，战乱地区的父母如果能够长期在家中营造一种安全稳定的氛围，他们的孩子长大后也不会出现脑部损伤或者情绪高度紧张的状况。

但是这并不意味着父母应该压抑自己的痛苦来“保护孩子不受伤害”。斯坦福大学的精神病学家戴维·施皮格尔研究了“9·11”恐怖袭击事件对家庭情感的影响后发现，孩子们其实非常清楚他们家庭成员的情绪状态。他解释说：“父母装作若无其事的样子并不能保护孩子，相反，如果他们能够让孩子们了解整个家庭正在通过共同努力来战胜困难的话，会对孩子的成长更有利。”

为情感疗伤

他的父亲性格十分暴躁，特别是喝醉之后，而且他几乎每天晚上都是醉醺醺的，发起火来，就会抓起 4 个儿子中的一个暴打一顿。

许多年后他向妻子坦白，自己的恐惧直到现在也没有消失。他十分清楚地记得："当我们发现父亲皱起眉头的时候，我们就知道自己最好赶紧躲出去。"

他的妻子告诉了我这件事情，而且还补充说："从我丈夫的故事中，我意识到他小时候缺少关爱。因此即使已经听过许多遍了，在丈夫讲述的时候，我仍然会强迫自己听下去。"

她还说："如果他发现我注意力不集中就会感到很受伤。我刚一走神就会被他发现。即使我表面上做出倾听的表情，他也能够立刻察觉我其实已经走神了。"

那些童年时期被监护人作为"它"而不是"你"来对待的孩子，长大之后很有可能会像上面故事中的那个人一样敏感并且留下情感创伤。能够使他们敞开心扉的一般都是最亲近的人，比如爱人、孩子或者好朋友等。如果幸运的话，成年后的人际关系可以抚慰他们的情感创伤。如果亲人或者朋友重视、理解他们的话，他们的状况会得到极大改善，就像那位极度敏感的丈夫和他善解人意的妻子那样。

和父母或者爱人一样，一位好的精神治疗师也可以提供一个安全基地。加州大学洛杉矶分校的精神病学家艾伦·肖勒做了大量回顾性研究，探索以关注病人与精神治疗师之间的关系为主的治疗方法的有效性，他也因此在神经学界声名大噪。

肖勒的理论认为，情感障碍主要是由眶额皮层，也就是处理人际关系的大脑通道引起的。[21] 肖勒认为，眶额皮层的发育依赖于孩子的成长经历。如果父母能够适应他们并为他们提供一个安全的港湾，他们的眶额皮层就会比较发达。而如果父母对孩子不理不睬或者经常辱骂的话，孩子眶额皮层的发育就会比较迟缓，从而使孩子缺乏对愤怒、恐惧或者羞愧等不良情绪的爆发时间、强度以及频率的控制能力。

他的理论强调了人际关系对于大脑神经系统的影响，通过神经可塑性，不断重复的经历会改变神经细胞的形状、大小、数量以及它们之间的连接方式。神经科学家们意识到，神经可塑性并不仅仅存在于童年，而是贯穿于人的一生。我们与最亲近的人进行的交流对我们的影响最为强烈，通过使大脑重复进入某个语境，这些交流会逐渐重新塑造某些神经系统。事实上，长期受到伤害或者处于愤怒的状态，或者得到亲情和友情的滋养，都可以在某种程度上重新塑造我们大脑的神经系统。

肖勒认为成年后得到的情感抚慰可以在一定程度上改善童年时期形成的神经系统的缺陷。精神治疗中可以使病人得到抚慰的因素包括和谐与信任等，它们都是医师与病人形成情感回路后产生的。同样的抚慰因素还可以来自能够使人得到情感滋养的爱人或者好朋友。

肖勒还提出医师应该为病人提供与童年时期相反的情感经历。这时病人的情感经历会比童年时期更加充分、公开，没有任何评判、谴责、背叛或者冷漠。如果病人童年时父亲非常冷漠，那么医师可以表现为乐于助人；如果病人的母亲常常吹毛求疵，医师就可以表现得宽容。这样就可以为病人提供他们所渴望的情感，抚慰他们童年时的情感创伤。

成功的精神治疗的标志之一就是病人能够对医师畅所欲言，能够毫无顾忌、毫无保留地讲述自己的痛苦经历。[22]成功的精神治疗医师可以创造出一种使病人感到安心的情感氛围，使他们能够体会并且表达出自己从狂怒到闷闷不乐的任何情感。与医师产生情感回路，并且表达自己情感的行为，可以帮助病人学习应对这些不良情感。

就像孩子可以在安全基地中学会如何应对自己的情感一样，精神治疗师们为成人提供了第二次机会来完成这一学习过程。如果精神治疗或者生活中的其他抚慰行为有效的话，它们就可以改善人们的人际交往能力，而人际交往本身也具有良好的疗伤效果。

第十二章

快乐的起点

一个三岁的孩子发脾气的时候正好碰到来家里做客的叔叔，于是她找到了一个发泄对象。

“我讨厌你。”她大声说道。

“嗯，我爱你。”他有些不解，不过仍然笑着回答她。

“我讨厌你。”她仍旧固执地大声说。

“我仍然爱你。”他的笑容更加灿烂了。

“我讨厌你！”她歇斯底里地喊着。

“嗯，我仍然爱你。”他再一次向她保证，并伸出双手拥抱她。

“我爱你。”她终于温柔地屈服了，融化在了他的怀抱中。

发展心理学家研究的正是这种简短交流中潜在的情绪交流。在上面的小故事中，这种“我讨厌你”与“我爱你”的态度差异表明他们之间存在一个“交流错误”，在他们的情绪达到一致后，这种错误也就被“修正”了。

一次成功的修正能给双方带来好的心情，就像上面提到的那个小姑娘和她的叔叔一样。而如果这种关系长期得不到修正的话，则会带来相反的效果。一个孩子在一致性中断后加以修复的能力，也就是能够经受住别人的情绪风暴并且重新修复与他们的交流的能力，对他一生的幸福至关重要。人们要做的不是避免生活中无法避免的挫折和痛苦，而是要学会在经历挫折和痛苦之后尽快恢复平静。恢复得越快，享受快乐的能力也就越强。

这种能力和社交方面的其他许多能力一样，都是在婴幼儿时期就开始发展起来的。当一个宝宝和他的监护人达到情绪上的一致时，他们会彼此协调地交换信息。但是在一岁之前，宝宝的神经系统还不完全具备这种一致的能力，他们与别人达到完全一致的时间大约只有30%，每隔一段时间就会有不一致的情况出现。[1]

如果出现不一致的情况，宝宝就会闷闷不乐，他们通常会以哭泣来抗议，实际上，他们是在寻求情绪上的一致，这代表了他们第一次尝试修复交流。他们会在重新达到一致后平静下来，这表明他们已经掌握了这种基本的人际交流技巧。

每个人在童年时都有自己应对痛苦情绪的方法，当然有的高明一些，有的笨拙一些。这种能力的学习是潜意识的（可能是通过镜像神经元进行的），孩子是通过观察哥哥姐姐、玩伴或者父母控制情绪的方法学来的。通过这种被动学习，可以使杏仁核恢复平静的眶额皮层的调节神经系统会“练习”孩子们所看到的恢复平静的方法。有时这种学习是有意识进行的，比如在大人提醒或者帮助孩子控制他们的不稳定情绪时。假以时日，通过不断练习，调节情感冲动的眶额皮层神经系统就会逐渐得到加强。

通过这种方式，孩子们不仅可以学会如何恢复平静或者控制情感冲动，而且还可以增强他们对他人的影响力，为成年后的得体行为打下基础。比如上面那个故事中的叔叔就是用爱意化解了小姑娘的暴戾，而不是斥责威胁她："你竟然敢用这种语气跟我说话！"

在孩子四五岁的时候，他们不仅会试图控制自己的不安情绪，而且还能够清楚地了解自己苦恼的起因和克服的办法，这标志着他们大路神经系统的成熟。一些心理学家认为，父母在孩子 4 岁前对他们的教育可能会决定孩子今后调节情绪和处理不稳定人际关系的能力。

当然，父母树立的并不一定总是最好的榜样。一项研究曾经调查了学前儿童的父母处理分歧的方式。有些夫妻在解决矛盾时彼此对立，谁也不听对方的解释，情绪愤怒而且轻蔑，并且经常会随着敌意的增长在情感上越来越彼此隔离。研究发现，他们的孩子在与朋友玩耍时也会模仿父母，对朋友苛刻、容易发火、充满敌意而且经常会欺凌弱小。[2]

另外一些夫妻在解决分歧时表现出更多温情、同理心和理解，他们与孩子的关系也较为和谐，有时还会与孩子嬉戏。他们的孩子一般会与朋友相处融洽，并且能够有效地解决分歧。由此可见，父母解决分歧的方式会对孩子今后的行为产生持续的影响。[3]

如果没有其他因素的影响，这种孩子长大之后可以坚强地面对压力，以较快的速度从痛苦中复原并且能够适应别人。只有具有高明社交商的家庭才能够培养出发展心理学家所说的"乐观的情感核心"，通俗地讲就是一个快乐的孩子。[4]

三种说“不”的方式

一个 14 个月大的小男孩正在竭力爬上一张桌子，桌子上的一只台灯摇摇欲坠。

以下是父母可能做出的反应：

以坚定的语气说“不要”，以制止他并且告诉他不能在屋子里爬，然后把他带到室外，找个地方让他爬。

不去管他。在听到台灯掉下来的声音之后过去把它捡起来，并且平静地告诉孩子不要再爬上去了。然后又对他不管不顾。

大声斥责他“不要”之后又觉得自己太粗暴了，于是愧疚地去拥抱他一下，然后仍然让他自己玩，因为他实在是很烦人。

尽管在一些人看来，上述例子并不像是父母的自然反应，但是科学家们在对孩子与父母的交流进行观察后发现，上述三种情况的确是父母经常做出的反应。提出这一模型的加利福尼亚大学洛杉矶分校的儿童精神病学家丹尼尔·西格尔，是当代最具影响力的精神治疗和儿童心理学家之一。西格尔认为父母的上述每一种反应都会以独特的方式影响孩子的大脑社交神经系统。[5]

当孩子遇到苦恼或者迷惑时，他们会转向父母，除了语言之外，他们还会观察父母的整体反应，比如肢体语言等，从而学习如何处理自己的苦恼或迷惑。这时，孩子大脑中负责社交的神经系统就会受到父母行为的影响。父母传达的信息会逐渐帮助孩子建立自我意识，形成对周围人们的期望并且学会如何与他们进行交流。

让我们先来看一下那个对小男孩说“不要”，然后把他带到院子里让他释放能量的例子。西格尔的同事艾伦·肖勒认为，这种方式会对孩子的眶额皮层产生最佳影响，会加强眶额皮层对情绪的控制。具体来说，眶额皮层会使孩子从兴奋状态中冷静下来，帮助他们了解如何更好地控制自己的冲动。[6] 在他们学会控制情绪之后，父母再向他们演示还有一种更好的方式来发泄自己的兴奋，那就是他可以到院子里自由自在地爬来爬去，但是不能爬上桌子。

孩子从中得到的教训就是：“我做的一些事情父母可能不喜欢，但是如果我停下来，做点其他更棒的事情，那么就可以皆大欢喜了。”父母这种为孩子设立规矩，同时又为他找到一个更好的宣泄途径的处理方式，能够帮助孩子对父母产生安全的依恋感觉。这些孩子即使在调皮的时候也能够得到父母的理解。

在两岁左右的执拗期，孩子开始公然挑战父母的权威，在父母命令他们的时候毫不客气地说“不”，这是大脑发育的一个重要里程碑，表明大脑已经开始能够抵制外界刺激——对别人的要求说“不”，这种能力在童年和少年时期会逐步得到完善。[7] 猿猴和婴儿一样，都缺乏这种社交能力，因为它们大脑中能够抑制刺激的眶额皮层还未发育完全。

孩子的眶额皮层在童年时期会逐渐成熟。大约在 5 岁的时候，这一区域的神经系统开始迅速发育，为孩子进入学校学习打下了基础。这一过程一直持续到 7 岁左右，孩子的自制力得到了极大提高，因此进入小学后的孩子会比在幼儿园时安静得多。孩子的智商、情商和社交商的发展都各自体现了大脑不同区域神经系统的成熟，神经系统的这一成熟过程会一直持续到 25 岁左右。

一直无法与孩子达到一致的父母对孩子大脑的影响取决于他们漠视的方式。丹尼尔·西格尔为我们描述了这些方式以及它们对孩子的影响。[8]

比如那个对孩子爬桌子不管不顾的例子。这种反应所代表的是父母很少能与孩子达到一致，因为他们几乎不怎么关注孩子的情感。在这种环境下成长的孩子想得到父母的同理心关注，但是他们不断的努力只会换来自己不断的失望。

父母和孩子无法形成情感回路，他们之间也就不会有共享的快乐和喜悦时刻，这样会使孩子缺少对乐观情绪的体验，因此长大后很可能会自我封闭。这些孩子通常会非常羞怯。成年后，他们会压抑自己情感的流露，特别是关注、友善等情感的流露。遵照父母的榜样，他们不仅压抑情感的流露，而且会尽量避免与别人进行亲密的情感交流。

西格尔把第三种首先感到愤怒，然后内疚，最后又失望的父母称为“矛盾型”。这一类父母可能偶尔会对孩子很亲切体贴，但是他们更多表现出来的是不赞成或者不关心的态度，比如厌恶或者轻视的面部表情，移开自己的目光，愤怒或者冷漠的肢体语言等。他们的这种态度会不断伤害孩子，使他们觉得受到了羞辱。

因为父母没有教会他们如何控制冲动，所以这类孩子通常缺乏对情绪的自制力，许多经常惹麻烦的“坏小子”就是这样。西格尔指出，这类孩子的大脑没有掌握对冲动说“不”的方法，而这正是眶额皮层的任务。

但是有些情况下，这种被忽视或者“父母认为我做的任何事情都是错的”的感觉会使孩子感到绝望，尽管他们仍然渴望父母的关心与认同。这种孩子通常会认为自己浑身都是缺点。成年之后，他们面对亲密的人际关系时仍然会非常矛盾：一方面渴望关爱，另一方面又担心自己无法得到关爱，内心深处甚至会有被他人彻底遗弃的恐惧。[9]

玩耍的益处

虽然现在已经人到中年，埃米莉·福克斯·戈登仍然清楚地记得，自己小时候和爸爸妈妈一起在新英格兰的一个小村庄生活时是多么“舒畅、快乐”。当她和弟弟骑着自行车飞驰而过的时候，整个村庄似乎都在欢迎他们：“路边的大榆树像警卫一样立在那里，狗儿也汪汪叫着向我们致意，甚至连电话接线员都能叫出我们的名字。”

当自由自在地在后院里玩儿，或者在当地大学校园里追逐时，她感觉自己就像漫步在伊甸园中一样。[10]

如果一个孩子感受到宠爱和关心，并得到周围亲人和朋友的认可，那么他们就会比较乐观、积极。而且这种乐观的精神还会驱使他们急切地去探索未知世界。

孩子需要的不仅是一个安全基地，也就是说他们需要的不仅仅是大人的关注与抚慰。玛丽·安斯沃思指出，孩子还需要一个“安全避风港”，一个能够使他们的情感得到休憩的地方，比如他们的房间或者家里。这样，在他们从外面结束探险回来之后，心灵能够得到放松。[11] 这种探险可以是体力上的，比如骑自行车在周围转来转去；也可以是人际关系方面的，比如结交新朋友；甚至可以是智力方面的，比如去探索未知世界，满足自己的好奇心等。

判断孩子是否感觉自己的家是安全避风港的一个非常简单的标准就是他们是否喜欢出去玩耍。玩耍有许多好处，孩子如果能够在童年尽情地玩耍，他们会从中学到许多社交技能，比如如何平衡权力斗争，如何与别人结盟，如何有风度地让步等。

如果孩子们可以放松地玩耍，这些社交技能都是可以学到的。即使有人在玩耍的时候犯了个小错误，也只会引来大家的哈哈大笑，而如果是在教室这种正式场合的话，他就很可能会被同学嘲笑奚落了。玩耍可以使孩子放下心理负担，放松地去探索新事物。

科学家们发现，大脑中负责玩耍的神经系统还会引发快乐的感觉，这一发现更清楚地揭示了为什么玩耍会给人们带来那么多乐趣。所有哺乳动物（包括实验室里的小白鼠）的大脑中，都存在类似的神经系统。这一区域隐藏在大脑最原始的神经系统中，在脑干的下方，靠近控制反射和其他原始反应的脊柱。[12]

俄亥俄博林格林州立大学精神生物学教授雅克·潘克塞普曾经详细研究过玩耍时神经系统的活动。在他的巨著《情感神经学》中，他探究了人类的主要驱动力产生的神经机制，其中就包括嬉闹，他认为嬉闹是大脑愉悦感觉的源泉。[13] 潘克塞普曾经说过，促使所有哺乳动物幼崽嬉戏玩耍的皮下神经系统，似乎对于其神经系统的发育起着决定性作用。促进神经系统发育的情绪因素正是愉悦的心情。

潘克塞普的研究小组通过小白鼠实验发现，玩耍还可以促进杏仁核和额叶皮层的发育。该项研究发现，在玩耍时小白鼠体内会产生一种特殊的化合物，它可以促进小白鼠幼崽迅速发育的社交脑中信使核糖核酸的形成。[14] 哺乳动物都有着相似的神经结构，因此这一发现很可能也适用于包括人类在内的其他哺乳动物，它从理论上证实了孩子普遍的渴望——“玩耍”的重要性。

如果孩子感觉自己有安全避风港的支持，而且因为自己信赖的监护人在场所以彻底放松下来，他就可以无忧无虑地玩耍了。比如，孩子因为妈妈或者自己喜欢的保姆在家而产生的安全感，可以使他放心地沉浸在自己的世界中，随心所欲地进行创造。

孩子可以通过玩耍创造出自己的安全空间，在这里他可以应对挑战、恐惧和危险，而且总能够全身而退，毫发无损。从这种意义上说，玩耍也是对孩子自我控制力的一种很好的训练和纠正。玩耍中出现的所有情况都是对现实的一种模拟，而其中许多情况又是在现实中无法实现的。比如，玩耍可以帮助孩子学会控制他们对于与父母分离或者被父母抛弃的恐惧，为他们提供自主和自我发现的机会。同样，在现实生活中因为危险而无法实现的愿望和冲动，在游戏过程中也可以毫无阻力地实现。

玩耍时我们总是需要一个玩伴，两个人一起玩耍会更加有趣，这可能与我们的神经系统容易被有趣的事情感染有关。所有的哺乳动物都有“痒痒肉”，还有专门用来接收来自大脑的有趣信号的感受器。逗乐会引起捧腹大笑，引发这种大笑的神经系统和引发微笑的神经系统是不同的。

事实上，潘克塞普发现，和蹒跚学步的孩子一样，幼鼠也会喜欢那些逗自己玩的成年老鼠。被逗乐的小老鼠会发出开心的尖叫声，就像三岁孩子被逗乐后发出的咯咯的笑声。不过，小老鼠尖叫的频率大约为 50 赫兹，人耳的听力是无法察觉的。

人类的痒痒肉分布在从脖子到胸腔的区域，这块皮肤最容易使孩子笑个不停。但是我们自己挠这一区域是不会有什么反应的，原因可能是控制这一反应的神经细胞只有在毫无防备的情况下才会开启。因此，只要我们朝他们威胁地摇晃一下手指，并且发出“咕咕咕咕”的声音，小孩子就会狂笑不止。这也是孩子所能理解的第一个笑话。[15]

产生玩耍乐趣和大笑的神经系统是紧密联系在一起的。[16] 因此我们的大脑会产生强烈的玩耍欲望，而它又可以极大地提高我们的社交性。

潘克塞普的研究还提出了一个有趣的问题：该如何定义一个表现出极度活跃、冲动并且注意力不集中的孩子呢？有些人可能会认为这些都是注意力缺陷多动障碍（attention-deficit / hyperactivity disorder，ADHD）的症状，它已经成为小学生中的流行病症，至少在美国是这样的。

但是潘克塞普根据他的小白鼠实验推断，上述症状都是神经系统渴望玩耍的表现。他注意到，动物服用治疗孩子注意力缺陷多动障碍的药物后大脑玩耍神经系统的活动会减弱，而这些药物对孩子们的作用也正是抑制他们的贪玩。他提出一条大胆且尚未经科学实验检验的建议：在早晨给孩子安排一个自由活动的时间，任由他们打闹。在他们玩耍的欲望得到满足之后再让他们进教室学习，这时他们可能就能够集中注意力了。[17] 其实我在读中学时学校就是这样安排的，那时还没有人听说过注意力缺陷多动障碍这个术语呢。

对于大脑的发育来说，玩耍所花费的时间绝对是物有所值，因为玩耍可以促进神经细胞和突触的发育，促进神经通道的形成。除此之外，玩耍还可以增加魅力：成人、孩子甚至实验室的小白鼠都喜欢和会玩的同伴待在一起。[18] 上述小路神经系统的发育无疑是人类社交商发展的最初萌芽。

在大脑众多神经系统的相互影响中，玩耍系统对于不良情绪——忧虑、愤怒和悲伤等非常敏感，所有这些情绪都会抑制孩子们玩耍的欲望。事实上，只有孩子感受到安全感，比如对新朋友或者新场地熟悉后，他们才会产生玩耍的欲望。这种不良情绪对于玩耍欲望的抑制存在于所有的哺乳动物中，神经机制的这一特性对于物种的生存无疑具有重要意义。

随着孩子的成熟，情绪控制系统会逐渐抑制他们肆无忌惮的大笑和打闹。新皮层，特别是前额叶皮层的调节系统，在 10 岁左右会逐渐成熟，孩子们也就能够达到“严肃”的社交要求了。随着时间的推移，这些玩耍会逐步被其他“成人”的游戏所代替，童年时期的玩耍也就永远停留在了记忆中。

快乐能力

提到产生快乐的能力，理查德·戴维森已经接近完美了。他绝对是我所见过的最乐观的人。

我和戴维森是许多年前读研究生时的同学，现在他已经成为一名杰出的神经学家了，研究成果斐然。在成为一名科技新闻工作者后，我养成了一个习惯，只要遇到神经学领域新成果中不明白的问题我就会去向他咨询。在我写《情商》一书时，他的研究就曾使我获益匪浅，现在探索社会神经学领域时，我也同样借鉴了他的研究成果。他的研究小组的发现，比如母亲注视自己刚出生不久的宝宝的照片时越是充满爱意和温情，她的眶额皮层就会越活跃，以及其他一些发现都使我受益颇多。

作为情感神经学（研究情感与大脑神经系统的科学）的创始人之一，戴维森发现了决定我们每个人独一无二的情绪设定点的神经中心。这种神经支点决定了我们的情绪在某一天中的变化范围。[19]

无论这一情绪设定点是欢快还是阴郁，它都会十分稳定。一项研究发现，人们中彩票大奖后的兴奋心情大概需要一年的时间才能够平复下来。由于意外而瘫痪的人们也是如此，在经历了最初的痛苦之后，大多数人需要一年左右的时间才能恢复事故发生前的心境。

戴维森发现，当人们被痛苦情绪所控制时，大脑中最活跃的两个区域是杏仁核和前额叶皮层的右半部。当人们心情愉快时，这些区域非常平静，只有前额叶皮层的左半部变得活跃起来。因此前额叶皮层的活动本身就可以反映我们的情绪：心情烦躁时右半部活动，心情好时左半部活动。

即使在我们心情平和的时候，前额叶皮层左右两边活动的强弱也可以精确地预测我们接下来一段时间的心情。右半部活动比较积极的人们非常容易陷入低迷或者不安的情绪中，而左半部比较活跃的人们心情一般都会不错。

值得庆幸的是，这种情绪调节器并不是一成不变的。尽管人们的内在气质是与生俱来的，但是研究发现，人们成年后产生快乐的能力与童年时得到的关爱是有关系的。快乐的产生离不开恢复力——克服不安情绪回到平静、愉快状态的能力。恢复力似乎会直接影响到人们的幸福感。

戴维森评论说："大量动物实验信息表明，父母的关爱，比如老鼠妈妈对孩子的舔舐，会提高小老鼠的幸福感和恢复力。人类和其他动物一样，得到关爱的表现之一就是孩子的探索能力和社交能力，特别是应对诸如陌生环境等压力的能力较强。新鲜事物可能意味着威胁，也可能是机遇。幼年时得到父母良好照顾的动物会把新环境看作机遇，它们会在其中自由探索，性格会变得更加开朗。"

同样的结论在戴维森对人类进行的实验中得到了证实，他从实验对象高中毕业开始每隔几年对他们进行一次评估，直到他们接近60岁。戴维森研究小组在衡量他们的原始幸福状态时发现，那些恢复力强、幸福感强烈的人们的大脑都有同样的特征。值得注意的是，那些宣称自己童年时得到良好教养的人的前额叶皮层的左半部往往会比较活跃。[20]

他们对于童年的温馨回忆是由于乐观态度而产生的吗？也有可能。但是就像戴维森告诉我的那样："孩子童年时的快乐经历似乎可以决定他们大脑的快乐神经系统。"

恢复力

我在纽约的一对熟人中年得女，视为掌上明珠。而且他们家境富裕，为孩子请了好几个保姆来照顾她，为她买的玩具都可以开一个玩具商店了。

尽管这个 4 岁的孩子拥有宫殿般的游乐室、宽敞的花园和各种各样的玩具，但她依然显得很可怜，因为她没有一个可以一起玩耍的朋友。原因很简单，父母担心其他孩子会惹她不开心。

他们错误地以为只要孩子能够避开所有的挫折，长大后就可以幸福快乐地生活。

这种观点是对恢复力和幸福的误解，因为过度的保护实际上是一种剥夺。不惜一切保护孩子不受任何伤害的做法，阻碍了孩子对现实生活的了解，而且也剥夺了他们自己寻找快乐的机会。

专家们经过研究证实，对于孩子们来说，学会调节自己的情绪比寻求不现实的永恒幸福要重要得多。因此父母的目标不应该是培养孩子不堪一击的"乐观"个性，而是教会他们如何在任何情况下都能依靠自己恢复平静乐观的心情。

比如，能够"重组"某一次挫折的父母（比如告诉孩子"不要因为打翻的牛奶而哭泣"）会教会孩子排解紧张、痛苦情绪的方法。这种干预会在孩子的大脑中逐渐灌输勇敢面对挫折、用积极的眼光看待挫折的思想。在神经层面上，孩子们得到的这些教训会植根于他们控制痛苦情绪的眶额皮层中。[21]

如果我们在童年时期没有学会应对挫折，在情感上就会缺乏足够的准备去应对成年生活。想要学会这种乐观积极的态度，我们必须经历与小伙伴在操场上的摸爬滚打，这样我们长大后才能应对日常交流中不可避免的问题。大脑对社交商的控制机制决定了孩子需要体验社交活动的快乐与悲伤，而不仅仅是一成不变的幸福。

这种做法的好处在于，当孩子不安的时候，他可以自己调节这种不良情绪。孩子是否具备这种能力可以通过他体内压力荷尔蒙的水平得到反映。比如在刚刚进入小学的几个星期里，那些性格最开朗、社交能力最强、最讨人喜欢的孩子，其大脑中引发荷尔蒙的神经系统活动是最活跃的。这说明他们的大脑正在积极应对进入新环境、结识新朋友的挑战。

那些社交能力强的孩子在经过一段时间后就会融入新的环境，这时他们体内的压力荷尔蒙水平就会开始下降。而那些孤立的孩子体内的压力荷尔蒙仍然维持着高水平，甚至还会逐渐上升。[22]

“第一周神经过敏”时期压力荷尔蒙的升高是一种非常有益的生理反应，它可以帮助身体应对新的未知环境。体内压力荷尔蒙的升高以及成功应对挑战后的恢复会呈现出正弦曲线。而那些恢复力较差的孩子的情况则大相径庭，他们体内压力荷尔蒙会一直顽固地停留在较高水平。[23]

学会控制压力

> 我的一个孙女在两岁的时候迷恋上了卡通电影《小鸡快跑》。这是一部黑色幽默剧，讲述的是某个农场的家禽为了逃避被屠杀的命运而集体大逃亡的故事。这部电影中的部分场景气氛压抑，不像一般儿童卡通片那么轻松。其中的部分场景甚至引起了这个两岁女孩的恐惧和惊慌。
>
> 但是在很长一段时间内，她都不厌其烦地坚持要看这部电影，每个星期都要看。她坦白承认这部电影“真的很吓人”，但是她又会马上补充说这是她最喜爱的电影。

为什么如此恐怖的电影会对她有这么大的吸引力呢？这很可能是因为在反复观看这些恐怖场景时她可以体会到一种混杂着害怕与因为已经知道结局而释然的惬意感觉。

可以证明惊慌的益处的最有力证据来自对松鼠猴的研究。[24] 从它们出生 17 个星期（相当于人类的四五岁）开始，在接下来的 10 个星期中，科学家们每个星期都会把小猴子从它们温馨的窝里移出来，然后分别放进另外一个笼子中，和它们从未见过的成年猴子一起待上一个小时。许多迹象都表明这会使它们受到一定程度的惊吓。

在它们断奶之后（它们在情感上仍然依恋自己的母亲），研究者们把小猴子和它的母亲一起放进一个陌生的笼子里。这个笼子里没有其他猴子，但是有丰盛的食物，还有足够的空间可以让它去探险。

结果发现，那些事先曾经被放进陌生笼子里的小猴子比从来没有离开过母亲的小猴子要勇敢得多，好奇心也要强得多。它们在新笼子里自由探索，并且毫不客气地大快朵颐，享受美食。而那些从来没有离开过母亲的小猴子则胆怯地依偎在母亲身边，毫无进取精神。

更引人注意的是，那些独立的小猴子尽管在小时候进入陌生笼子时非常恐惧，但是此时它们没有任何恐惧的迹象，这表明经常经历恐慌会使他们对压力产生免疫力。

如果利用得当，适当的压力似乎可以帮助正在发育的大脑学会控制自己的惊慌并且恢复平静。神经学家总结说，不管是人类还是猴子，如果在小时候能够经历一些压力并且学会控制自己的惊慌，这种能力会深深植根于他们的神经系统中，他们成年后应对压力的恢复力就会较强。显然，重复经历这种由恐惧转为平静的过程可以塑造恢复力这一基本情感能力。

就像理查德·戴维森所说的那样："经历自己可以控制的压力或者威胁，能够增强我们的恢复力。"如果从来没有遇到过什么压力，孩子们就什么也学不到；而过大的压力则会使他们产生对于恐惧的错误认识。判断一部电影中的恐怖情节是否适宜孩子观看的标准，就是他在观看之后恢复平静所用的时间。如果孩子长时间停留在对恐怖的回忆之中，那么不仅他的恢复力没有得到锻炼，而且还会让他体验到无法克服恐惧的挫败感。

但是如果孩子遭遇的"威胁"是处于安全范围之内的，大脑可以体验到短暂的恐惧，但是很快又可以恢复正常，大脑神经系统的反应就会大不一样。这也是我那两岁的孙女喜欢《小鸡快跑》的原因。难怪许多人，特别是青春期和前青春期的孩子都喜欢看恐怖电影。

根据年龄和孩子个性的不同，他们能够接受恐惧的程度也是不一样的。例如迪士尼的经典电影《小鹿斑比》中小鹿妈妈的去世，对于当年蜂拥而至观看电影的许多孩子来说，都是一个十分痛苦的场景。诸如《猛鬼街》之类的恐怖电影肯定是不适合较小的孩子的，但是它可以帮助青春期的孩子提高恢复力。较小的孩子会被里面的场景吓倒，而十几岁的孩子就可以在恐慌的同时体会到其中的乐趣。

如果孩子在观看一部特别恐怖的电影之后几个月内晚上都会做噩梦，白天也在恐惧中度过的话，这表明他的大脑已经丧失了对恐惧的控制。这种恐惧情绪只会不断增强。研究者们推测，不断经历过大压力的孩子，不管这种压力来自虚拟世界还是现实生活，他们在成年后都很可能会出现抑郁或者焦虑症。

社交脑是通过模仿来学习各种技能（比如父母沉着冷静的态度）的。当我两岁大的孙女看到非常紧张、吓人的情景时，如果能够听到妈妈的安慰或者感受到爸爸的安抚的话，她就会产生安全感并且能够控制自己的感受，这种感受也可以帮助她克服人生其他阶段的困难。

这种童年时学习到的基本技巧会对孩子的一生产生不可磨灭的影响，它不仅会培养孩子对待社交的积极态度，还会锻炼他们处理纷繁复杂的成人之爱的能力，而爱又会反过来影响人们的生理状态。

Part

- 4 -

第四部分

恋爱中的
社交商

第十三章

爱情之谜

科学家告诉我们，在人类的情感中，至少有三类彼此独立但又彼此依存的神经系统在共同作用。为了解开爱之谜，神经学家们区分了负责依恋、照料和性的神经系统。它们分别由不同种类的化学成分和荷尔蒙所引发，而且有着完全独立的神经通道。它们产生的化学物质使我们的爱更具多样性，更加复杂。

依恋会决定我们在遇到困难时向谁求助，他们是我们孤独时最思念的人。照料使我们产生照顾我们最关心的人的欲望。当依恋时，我们索取；当照料时，我们给予。而性，就是性。

它们三个有机地结合在一起，共同促进人类的繁衍和生存。毕竟，性只是一个开始。依恋可以使夫妻乃至整个家庭进一步心灵交融，而照料可以使人们产生照顾后代的欲望，这样我们的孩子才能健康地成长。爱的这三种形式各自以不同的方式影响着人们之间的关系。[1] 如果依恋与照料、性吸引同时出现，我们就可以品尝到爱情的甜蜜。但是如果它们三个当中缺失了任何一个，爱情就会失去它的芬芳。

这些潜在的神经系统的不同排列组合会衍生出爱的许多变体，比如爱情、亲情和母性，还有友情、同情或者对宠物的溺爱等。范围再扩大一些，人们精神上对于自由天空和空旷海滩的向往或者喜爱，也都与这些神经系统的活动有关。

爱的各种变体都是由小路神经系统控制的，因此仅仅以认知能力为基础的狭义社交商定义在这里是行不通的。使我们结合在一起的爱的力量是先于理性思考而存在的。爱的起因常常是不可言表的，当然爱的行为的具体实施是需要理性思维的。因此，表达自己的爱需要完整的社交商，也就是小路神经系统与大路神经系统的结合。缺少任何一个都不可能建立牢固持久的良好关系。

如果我们能够弄清楚产生爱意的复杂神经系统的话，那么一些困惑或者难题就可以迎刃而解了。爱的三个主要方面——依恋、照料和性，都遵循着它们自己的复杂规则。在某一特定时刻，它们中的任何一个都有可能比其他两个强烈，比如夫妻双方感到温馨的时刻，或者在他们拥抱孩子或做爱的时候都是这样。当这三个方面共同作用时，爱情最为甜蜜，双方的和谐会达到顶点，他们会感到轻松，充满爱意，同时感官也得到了满足。

要达到这种和谐，依恋是前提条件。在前面的章节中我们已经讨论过，依恋性在孩子很小的时候就存在，促使他们寻求别人，特别是妈妈或者其他亲人的照顾或保护。[2] 而成人与自己心仪对象的最初接触与婴儿对依恋的寻求有着惊人的相似之处。

调情的艺术

星期五晚上，一群衣着光鲜的男男女女挤满了纽约中央公园东街区的一个酒吧。这是一个单身派对，调情是这个夜晚的主题。

一位风情万种的女士正摇曳生姿地穿过酒吧去盥洗室。当发现一位自己感兴趣的男士后，她先是直视着他的眼睛，当她注意到这位男士也在回望她时，就移开了自己的目光。

她的潜台词是：注意我。

哺乳动物的幼体要想生存下来就必须得到父亲的帮助，因此雌性动物需要首先确定雄性动物是否愿意追求自己并承担今后的相关责任。所以大部分雌性动物常常先去挑逗，然后再退缩，以此来试探雄性动物。上面那位女士挑逗的目光和随后的害羞也与之类似。挑逗在各个物种中普遍存在，动物行为学家们发现小白鼠也是如此，比如雌性小白鼠会反复地跑向雄性小白鼠，然后再跑开，或者在它周围走来走去，摇头晃脑，而且还会发出类似小白鼠幼崽玩耍时发出的尖叫。[3]

保罗·埃克曼在他的 18 种微笑的变体中就提到了挑逗的微笑：先是微笑着注视其他方向，然后直视自己的目标直到引起他的注意，接着再迅速移开目光。这种卖弄风情的策略迎合了男性大脑在这一时刻特有的神经系统的反应。伦敦的一个神经学研究小组发现，当一位男士注意到自己喜欢的女士正在直视自己时，他的大脑会分泌一种可以带来愉悦情绪的多巴胺。[4] 而如果仅仅是看着一位漂亮的女士或者与一位并不吸引自己的人四目相对，都不会产生这种多巴胺。

不管男士是否被某个女人吸引，挑逗都会起作用。证据之一就是男士通常会去接近那些卖弄风情的女人，而不是一本正经的漂亮女人。

世界各地的人们都会调情，一位学者拍摄的从南太平洋萨摩亚群岛到巴黎各地人们的照片证明了这一点。[5]调情是恋爱过程中一系列潜在策略的第一步，它大胆地向周围的人传达了一个信号，表明自己随时准备接受别人的追求。

出生没多久的婴儿也是如此，他们会用杂乱无章的信号向每一个经过的人表达自己想要交流的意愿，并且向对自己做出回应的人手舞足蹈地表示欢迎。[6]成人的调情不仅包括挑逗的微笑，还有眼神交流、夸张的手势和欢快的语调，就像寻求友好交流的婴儿一样。

接下来要进行的就是对话了。这一步在恋爱过程中极为关键，至少在美国文化中是这样，它会帮助人们判断自己面前的对象是否值得依恋。恋爱过程中的大部分工作都是由小路神经系统进行的，但是对话这一步是由大路神经系统控制的，它就像警惕的父母在审查中学生们的约会一样。

小路神经系统促使人们彼此拥抱，而大路神经系统则会悄悄衡量自己面前的约会对象，因此在激情过后的第二天喝着咖啡聊聊天的重要性就不言而喻了。漫长的恋爱可以给双方更多机会去检验彼此，进一步观察这个看起来温柔体贴、善解人意而且精明能干的恋人是否真的值得自己托付终身。

恋爱有条不紊地进行着，使彼此有机会了解对方是不是一个好的伙伴，是否值得自己完全依恋，并且据此判断对方将来是否能够成为合格的家长。[7]因此在刚刚开始交谈的时候，他们会衡量对方的热情、敏感程度和互惠性，然后做出初步决定。这和三个月左右的婴儿有些相似，这时他们已经有了自己的交往倾向，更喜欢与那些使他们产生安全感的人们交流。

一旦对方通过了这一关，吸引就演变成了爱意，标志之一就是他们之间的一致性。不管是婴儿还是成人，他们越来越强的一致性，比如含情脉脉的注视和拥抱等都表明他们之间越来越亲密。这时，情侣们会完全回归到婴儿的状态，他们会模仿小孩子的语气轻声细语地讲话、用昵称称呼彼此，而且还伴随着温柔的爱抚。这种身体上的彻底放松表明他们已经为彼此创造了一个安全基地，这同样是对婴儿时期安全氛围的模仿。

当然，恋爱中也会出现狂风暴雨，就像小孩子会发脾气一样。婴儿总是以自我为中心的，恋人们有时候也是如此。由于刺激或者其他不安全因素而在一起的情侣，比如战争时期的恋人、违背道德的风流韵事，或者爱上“危险男人”的女士都是如此。

神经学家雅克·潘克塞普认为，当人们陷入情网时，他们实际上就像吸毒一样沉溺于对方的情感中。[8] 潘克塞普发现吸毒和我们对最亲近的人产生的依恋有着同样的神经基础。他提出，所有的良性互动在一定程度上都是由脑啡呔系统产生的愉悦情绪推动的，而脑啡呔系统也正是接收海洛因和其他吗啡类药物刺激的器官。

科学家已经证实，脑啡呔系统包括社交脑的两个主要组成部分：眶额皮层和前扣带皮层。当人们渴望、极度兴奋和狂欢时，这些神经系统就会被激活。当人们不再沉溺于这些情绪中时，这些区域就会停止活动。这一规律说明人们过高估计了自己对药物的依赖性。[9] 当人们恋爱或者失恋的时候，情况可能也是一样的。

潘克塞普认为，吸毒者从毒品中获得满足和我们从与亲近的人的相处中得到愉悦情绪的生理过程是一样的，它们所涉及的神经系统大部分都是一致的。他还发现，即使是动物也喜欢与那些能促使自己分泌催产激素和天然阿片类药物的同伴相处，这些化学物质会使他们心态平静，身心放松。这表明大脑分泌的这些化学物质可以帮助我们加强亲情、友情和爱情的纽带。

依恋的三种风格

布伦达和鲍勃夫妇9个月大的女儿在睡梦中猝死的悲剧已经过去快一年了。

鲍勃坐着看报纸的时候，布伦达进来了，拿着一些照片，眼睛红红的。显然，她刚刚哭过。

她告诉丈夫自己刚刚发现了一些和女儿一起在海边拍的照片。

鲍勃头也不抬，只“嗯”了一声。

“她还戴着奶奶给她买的帽子。”布伦达接着说。

“嗯。”鲍勃含糊地回答，仍然没有抬起头，显然他不想说话。

布伦达又问他是否想看照片，他哗地翻过一页报纸说“不”，又接着漫无目的地看起报纸来。

布伦达默默地看着他，眼泪流了下来。她终于忍不住爆发了：“我真搞不懂你，她难道不是你的孩子吗？你难道不想她吗？你难道一点都不在乎她吗？”

“我当然想她！可我就是不想谈论她！”鲍勃咆哮着，摔门而去。

这场激烈的冲突表明依恋风格的不同可能会使夫妻丧失一致性，不仅在应对共同创伤时，在处理任何事情的时候都是如此。[10] 布伦达想谈论一下自己的感受，而鲍勃却在尽量避免。布伦达认为鲍勃冷血，对孩子毫不在乎，而鲍勃却认为布伦达过于残忍，硬要揭开自己内心的伤疤。她越是想让他谈论自己的感受，他就越想退缩。

婚姻治疗师们很久以前就开始研究这种“强求－退缩”模式了，因为一些夫妻有时不得不寻求他们的帮助来打破僵局。但是现在新的发现指出，夫妻之间普遍存在的这种差异是由于神经系统的不同而导致的。这两种方式并没有优劣之分，它们只是反映了人们不同的神经机制而已。

童年的经历会深刻影响我们成年后的热情，尤其是“依恋系统”，也就是负责处理我们与最亲近的人之间关系的神经系统。我们在前面的章节中曾经提到，那些得到很好关爱或者感觉自己得到父母同理心的孩子既不会特别依赖，也不会拒人于千里之外。那些被父母忽视或者感觉自己被忽视的孩子则会尽量避免与人交流，好像已经放弃了对关爱的渴望。而那些自相矛盾、反复无常的父母养育的孩子则通常会忧虑不安，缺乏安全感。

鲍勃就是回避型的人，他讨厌热烈的感情，因此竭力使它们最小化。而布伦达则属于忧虑型，她无法压抑自己的情感，因此需要别人帮她排解。

除此之外还有安全型的人，这类人乐于进行情感交流，而且不会为情感所困。如果鲍勃是安全型的，他就可能在布伦达需要的时候认真倾听并且安慰她。如果布伦达是安全型的，她就不会那么渴望得到鲍勃的同理心关注。

依恋风格一旦在童年时期形成就会十分稳定。这些不同的依恋风格存在于所有亲密关系中，在爱情中的表现尤为明显。以研究依恋和人际关系著称的加利福尼亚大学神经学家菲利普·谢弗的一系列研究表明，不同风格的依恋会决定人们不同的社交生活。[11]

玛丽·安斯沃思曾经通过观察 9 个月大的婴儿与母亲短暂分离后的反应，来确认他们是否具有安全的依恋感。而谢弗则把这种方法应用到了成人世界，来确认他们对于友情、爱情和亲情的依恋风格。[12]

谢弗的研究小组发现 55% 的美国人（包括婴儿、孩子和成人）都属于安全型，他们能够很快与别人打成一片。安全型的人通常都会期望爱人能够与自己心灵相通，期望他们能够支持、鼓励自己，陪伴自己渡过难关，就像自己为对方做的那样。他们乐意与别人进行亲密接触。他们认为自己应该得到关心、照顾和爱慕，而且信赖别人，认为他们都是友善的。因此，他们往往能够与周围的人建立亲密、相互信任的关系。

20% 的成人属于忧虑型，他们总是担心自己的爱人并不是真的爱自己，或者担心他们会离开自己。糟糕的是，他们对爱人的过度依赖和捕风捉影可能真的会促使爱人离开。他们往往认为自己不配得到爱和关心，但是同时他们往往会要求自己的爱人事事都要做到完美。

在与别人建立某种社交关系之后，忧虑型的人会整日苦恼，担心自己会被抛弃或者担心自己在某些方面存在缺陷。他们常常会表现出“爱情上瘾症”的症状：占有欲、自我忧虑和情感依赖。由于过度担心，他们会整日胡思乱想，害怕自己被抛弃或者保持高度警惕，与自己的假想情敌争风吃醋。而且在友谊中他们也会表现出同样的过度关注。

另外大约 25% 的成人属于回避型，他们不习惯与别人发展亲密关系，对别人总是持怀疑态度，不愿与别人分享自己的感受。如果对方想要与自己进行亲密的交流，他们会感到非常不自在。他们往往会压抑自己的情感，比如对亲密友谊的需求，而且绝不让别人了解自己的痛苦。由于这种回避型的人往往缺乏对他人情感上的信任，因此他们很难有亲密的朋友或爱人。

忧虑型和回避型的人共同的问题就是思想僵化。这两类人的策略都只适用于特定情况，然而他们却一直保持这种状态。比如，如果真的存在危险的话，忧虑可以使人提前做好应对准备，而逃避则只能损害自己的人际关系。

这两类人在遭遇痛苦之后使自己冷静下来的方式各不相同。像布伦达这种忧虑型的人会寻求别人的帮助来安慰自己，而像鲍勃这类回避型的人则会固执地依靠自己来平复内心的痛苦。

安全型的伴侣似乎可以抚慰忧虑型人的不安，因此他们的结合是比较稳定的。如果夫妻中有一个人属于安全型，他们之间的冲突和矛盾就会少很多。但是如果夫妻双方都属于忧虑型，那么我们不难预料他们肯定会整天争吵不断，维系婚姻的成本也会比较高。[13] 毕竟忧虑、憎恨和痛苦等情绪都是可以传染的。

爱情长跑的开始

加利福尼亚大学戴维斯分校心理学系主任谢弗和他的同事们认为，依恋的三种风格反映了人们大脑中依恋神经系统的差异。[14] 这些差异在人们烦恼的时候（比如在吵架、回想吵架情形，或者更糟糕一点，决定要和对方分手的时候）表现最为明显。

功能性核磁共振成像显示，在人们陷入苦恼情绪的时候，三类不同依恋风格的女性大脑中激活的神经系统是不一样的。（这个实验仅仅以女性作为实验对象，今后的研究大概可以证实，这一结论同样适用于男性。）[15]

忧虑型的人在过度担心，比如担心自己会被情人抛弃的时候，被激活的小路神经系统包括前侧颞极、前扣带皮层和海马体。通常情况下，前侧颞极在人们悲伤的时候会被激活，前扣带皮层会引发激情，而海马体则是记忆的大本营。[16] 这些神经系统的活动是由于人们对人际关系的忧虑而引起的，跟一般的恐惧无关。值得注意的是，忧虑型女性即使主观上想停止自己的担心，这些神经系统也无法停止活动。她们的强迫性忧虑已经压倒了大脑对神经系统的控制。但是她们的神经系统在控制其他类型的忧虑方面完全没有问题。

与之对比，安全型女性可以毫不费力地摆脱对于关系破裂的担心。只要她们转移思绪，产生悲伤情绪的前侧颞极就会平静下来。她们与忧虑型女性的主要区别就在于她们随时都可以激活眶额区的神经系统来平复前侧颞极引起的不安。

同样，忧虑型女性可能会比其他女性更容易回想起与恋人吵架时的情景。[17] 谢弗认为，这种状态很容易干扰她们，使她们无法做出最佳决定。

回避型人的神经机制与忧虑型有很大差异，他们大脑的主要活动区域集中在压抑不安情绪的扣带皮层。[18] 而且这种对情感的压抑似乎一发不可收拾，就像忧虑型女性无法停止自己的忧虑一样，回避型女性无法停止自己对忧虑的压抑，即使别人提醒她们也无济于事。而安全型的女性就不会出现这种问题，她们的前扣带皮层对忧虑的控制可以做到收放自如。

这种对神经系统无法停止的压抑决定了那些回避型的人总是会与别人保持距离，而且对生活漠然，比如，即使与恋人分手或者有人去世，他们也不会太伤心，而且他们对社交活动也不太热心。[19] 为了达到情感上的亲密，一定程度上的忧虑是不可或缺的，因为在人际交往中难免会遇到一些问题，而忧虑正是这些问题的体现。[20] 谢弗所说的回避型的人避免与他人进行亲密的情感交流，似乎是为了保护自己免受苦恼情绪的困扰。值得注意的是，谢弗发现回避型的女志愿者是最难招募到的，因为对志愿者的要求之一就是要有较长的恋爱史，而许多回避型的人都不具备这一条件。

我们在前面提到过，这三种不同风格都是在童年时期形成的，而不是由基因决定的。在某种程度上它们会受到成年后经历的影响，比如接受精神科医师的治疗或者从与他人的交往中得到弥补。另一方面，一位善解人意的伴侣应该在某种程度上容忍对方的一些缺陷。

负责依恋、性和照料的神经系统就像艺术大师亚历山大·考尔德创作的由机器牵动的雕塑一样，牵一发而动全身。比如，依恋系统也会影响人们的性生活。回避型的人更换男女朋友的频率比忧虑型或者安全型的人要高，发生“一夜情”的情况也较多。因为他们喜欢与别人保持情感上的距离，所以他们会满足于无爱的性行为。即使步入婚姻的殿堂或者建立恋爱关系之后，他们往往也会与对方保持距离或采取高压政策，因此不难理解，他们离婚或者分手的概率也比较高。但令人费解的是，他们在离婚或者分手之后往往还会希望与原来的伴侣复合。[21]

依恋风格对恋爱的影响只是爱情长跑的开始，下一步我们要讨论的就是性了。

第十四章

欲望是如何产生的

大学一年级时，我最好的朋友是一个聪明绝顶、举止粗鲁的橄榄球运动员，我们都叫他“大船”。直到现在我还记得他的德裔老爸在他离家上大学前给他的忠告。

这条格言颇有些布莱希特式的愤世嫉俗的味道。从德语中翻译过来大概就是：“当下体开始变硬时，脑子就软了。”

用专业术语来解释就是，性神经系统位于小路神经系统中的皮层下区域，是理性大脑所无法控制的。当这些性神经系统急切地向我们发出信号时，我们对大路神经系统理性思维系统所提供的建议的关注就越来越少。

从广义上来说，这一系统也可以解释为什么人们在面对爱情时会出现不理智举动，因为我们的逻辑思维系统根本无法发挥作用。爱和关心都是由小路神经系统产生的，而性神经系统是小路神经系统中自发性最强的。

欲望分为两种：男性的和女性的。当热恋中的人们注视恋人照片的时候，科学家对他们的大脑进行了监测，结果发现男性和女性的反应有着显著差别。当男人看照片时，他们的视觉系统和性神经系统都会活动，表明恋人的照片激发了他们的性欲。其中一位研究者评论说，难怪全世界的男人都喜欢色情图片，也难怪女人会如此重视自己的容貌，她们花大力气来美容也是为了更好地“展示她们视觉上的资本”。[1]

恋爱中的女人在看自己爱人照片时激活的大脑神经系统则是负责记忆和关注的认知系统。[2]男人和女人的这一差别表明女人更看重情感，她们会仔细地考察对方是否能够成为一个称职的伴侣。恋爱中的女人一般都比男人要实际，因此她们陷入情网的过程要比男人慢一些。就像一位专家曾经指出的那样，即使放荡不羁的女人对待性的态度也远没有男人那么随便。[3]

毕竟，大脑依恋系统的雷达一般都需要经过一系列考虑后才能决定采取什么样的行动。恋爱中的男人完全由小路神经系统来控制，而女人在小路神经系统运行的同时，大路神经系统也在帮助她们进行理性思维。

一种更为偏激的观点认为：“男人寻找性伴侣，而女人则寻找成功的男人。”尽管女人往往会被男人的权力和财富所吸引，而男人会为女人的美貌与身材所倾倒，但这并不意味着它们是人们选择恋爱对象的首要标准，这只是男女之间最大的区别而已。[4]男人和女人一样，都把善良作为他们的首要择偶标准。

更复杂的是，由于某些原因，比如清教徒式的道德观念等，大路神经系统会努力压抑性欲。这种情况在历史上屡见不鲜，用弗洛伊德的话来解释就是，文明总是在与欲望对抗。比如，好几个世纪以来，欧洲上流社会婚姻的目的就是为了保证自己家族的财产不会落入他人手中，说白了就是一个家族与其他家族的联姻。性欲和爱情都遭到了鄙弃，难怪当时会有那么多通奸的情况出现。

社会历史学家告诉我们，至少欧洲的人们是经历了剧烈的思想动荡之后才形成了今天的这种理念：夫妻之间应该互相爱慕、忠诚，并且应该拥有美满的性生活。而中世纪的欧洲推崇的是纯洁，婚姻被视为不得不为的罪恶。直到工业革命开始后，中产阶级崛起，爱情才在西方文化中流行起来，人们开始接受爱情作为一个得体的结婚理由。

现代生活中理想的婚姻关系一方面注重性生活的质量，另一方面也希望能够“执子之手，与子偕老”，但是我们的生理系统并不一直配合这种理念。因为长时间的耳鬓厮磨会减弱人们的欲望，有时候甚至会把与配偶的关系看作“理所当然的事情”。

不仅如此，造物主还赋予了男人和女人不同的生理系统。一般来说，男人体内引发性欲的化学物质含量较高，而依恋程度则比女人要低。许多恋爱中的矛盾正是由男人和女人的这些生理差异所导致的。

剔除文化和性别差异的因素，浪漫的爱情所遇到的最大难题可能就是大脑中负责依恋、关心和性的神经系统之间的矛盾了。每一类神经系统都有自己的驱动力，都竭力满足自己的需求。而这些驱动力和需求有时是矛盾的，有时是协调的。如果它们相互矛盾，爱情之花就会枯萎；而如果它们相互协调，爱情就可能结出甜蜜的果实。

两性为什么会相互吸引

一位独立且极富事业心的女作家在出差的时候总是带着丈夫用过的枕套。不管去哪里，她都会把枕套套在饭店的枕头外面。她解释说，丈夫的气味可以帮助她在陌生的环境里尽快入睡。

造物主为了促进物种繁衍经常会略施小计，上面的故事就是一个很好的例子。性吸引或者性兴趣是由小路神经系统引发的，也就是说它们是由感官刺激而不是对方的思想引起的，甚至与情感无关。对于女人来说，嗅觉可以引发她们的欲望，而对于男人来说则是视觉。

科学家们已经发现男人汗液的气味会对女人的情绪产生巨大的影响，可以使她们心情愉快，身心放松，并且还可以提高体内促进排卵的促黄体素的水平。

但是这一研究是在实验室内，而不是自然条件下完成的，因此可能具有一定的局限性。研究者们招募了一些年轻女士，她们事先并不知道实验的目的，而是以为要测试像地板蜡之类产品的气味。研究者们让她们分别闻了从 4 个星期没有清洗腋窝的男士腋下采集的气体样本和其他气体。[5] 研究显示，当闻到男士的汗味时，她们感到比较放松并且心情舒畅。

研究者们指出，在自然的恋爱状态下，这些气味应该也可以激发性欲。因此我们可以推测，当一对恋人跳舞的时候，拥抱可以悄悄地引发性荷尔蒙，从而有利于人类繁衍。事实上，该研究是一项不孕症疗法研究的一部分，发表在《繁殖生物学》期刊上，目的是研究能否从汗液中提取激发人们性欲的物质。

我们可以推断，女性身体对男人的视觉刺激会引发他们大脑中负责愉悦情绪产生的区域的活动。男性大脑中似乎存在信号探测仪，对女性身体，特别是年轻女性沙漏形的“胸、腰和臀部”区域十分敏感，这种曼妙的身材本身就可以激起他们的性欲。[6] 世界各地的男人心目中理想的女性身材各不相同，但是大部分人都认为腰围与臀围70% 的比例比较完美。[7]

男性大脑为何会被打上如此烙印一直是学术界近几十年来争论的热门话题。有人认为，这可能是因为沙漏形身材的女人生育能力比较强，可以更加有效地利用男人的精子。

不管原因是什么，这就是人类大脑精妙的生理机制：男人被女人的容貌与身材所吸引，女人则会爱上男人的气味。在史前人类社会，这一规律无疑起着决定性作用。但是在现代生活中，爱情远没有这么简单。

性冲动的秘密

伦敦大学学院的一项研究招募的志愿者全都是处于热恋中的情侣。研究者们请 17 位志愿者首先观看了自己恋人的照片，然后再看普通朋友的照片，同时对他们的大脑进行了监测。结果显示，他们似乎会沉溺于爱情之中。

恋人的照片会引发人们大脑神经系统的一个特殊区域的活动，而普通朋友则不会，这一区域似乎是专门负责爱情的。[8] 这一点男人和女人都一样。神经学家雅克·潘克塞普发现，这一区域在吸食可卡因或者鸦片时也会被激活，这表明热恋中欲罢不能、欣喜若狂的感觉是有神经基础的。值得注意的是，男人处于性兴奋状态时，虽然这一爱恋神经区域没有多大反应，但是附近的神经系统会被激活，这表明爱恋和性欲是紧密相关的。[9]

通过类似的实验，神经学家们已经破解了性冲动的秘密，他们发现了引发性冲动的荷尔蒙和其他化学物质的成分。实际上，引发男人和女人性欲的化学物质是不同的。但是，这些成分和它们在性行为中持续的时间都有利于人类的繁殖。

由力比多激活的性神经系统位于大脑边缘系统。[10]男性和女性大脑中的这一区域较为相似，但是也存在一些显著的区别。这使得他们在做爱的时候产生不同的体验，也使他们在约会时关注不同方面。

对于男人来说，性荷尔蒙睾丸激素会作用于他们大脑中的相关神经系统，引发他们的性欲和侵略性。[11]当男人的性欲被激起时，他们的睾丸激素分泌会急剧增加。男性荷尔蒙同样也会引发女人的性欲，但是没有男人的那么强烈。

我们知道，人们在高兴的时候，甚至在赌博、吸毒时大脑都会大量分泌多巴胺。在性兴奋时，男人和女人体内的多巴胺都会迅速增加，而且人们体内多巴胺的含量还与性交的次数以及性欲的强烈程度有关。[12]

催产激素是关怀产生的神经基础，它在女性大脑中的分泌水平要高于男性，而且它对女性性关系的影响也要强于男性。后叶加压素是一种类似于催产激素的物质，对人际关系也有一定影响。[13]值得注意的是，纺锤形细胞中存在大量后叶加压素受体。我们在前面提到过，纺锤形细胞反应速度极快，是社交脑的重要组成部分。比如，它们可以帮助我们对第一次见面的人迅速地做出本能判断。尽管现在还没有研究可以证实，但它们很有可能就是促使人们“一见钟情”或者“一见生欲”的神经基础。

在做爱的前戏阶段，男性大脑中催产激素的分泌会增加，由合称为 AVP 的精氨酸和后叶加压素共同推动的性饥渴也会越来越强烈。男性大脑中 AVP 的受体要多于女性，它们大部分都集中在性神经中。人体的 AVP 在青春期时含量较高，它们会增强男性的性饥渴，它们在人体内的含量会随着性高潮的来临不断上升，在射精之后急剧下降。

不论男人还是女人，催产激素都会增强他们性接触时的愉悦感觉。催产激素在性高潮时会大量分泌，而且它们似乎还可以给人们带来性高潮之后的温暖爱意，使男人和女人在这一时刻拥有相同的激素水平。[14] 在性高潮过后，催产激素仍然会大量分泌，特别是在“后戏”，也就是性交后拥抱的时候。[15]

在性高潮过后的“疲软期”，催产激素也会大量分泌，这时男人一般都很难再勃起。有趣的是，啮齿类雄性动物在性高潮过后分泌的催产激素会增加三倍，这已经很接近雌性动物体内催产激素的水平。人类有可能也是这样的。无论如何，做爱都会使人放松，更容易产生依恋感觉，这正是催产激素的又一功能。

性神经还会促成情侣们的下一次约会。大脑的记忆储存中心海马体中的神经细胞富含 AVP 和催产激素的受体。AVP（特别是男人体内的 AVP）似乎可以在记忆中留下自己伴侣在激情时迷人的样子，使他难以忘记。性高潮时产生的催产激素同样会加深人们的记忆，在心中烙下恋人诱人的印记。

但是我们最原始的冲动和大路神经系统所控制的理性思考有时可能是矛盾的。经历过无数生存考验的人类大脑现在似乎很容易受到矛盾与冲突的侵害，它们很可能会使我们的爱情毁于一旦。

自私的欲望

> 有一位年轻漂亮而又独立的女律师，她的未婚夫是位作家，在家里工作。每天从她踏进家门的那一刻起，他就会放下自己手头的工作，一心一意围着她转。一天晚上睡觉的时候，她还没有来得及盖上被子，就被他揽了过去。[16]
>
> “给我留一点爱你的空间。”她这样的话使他感到很伤心，他甚至威胁说要去沙发上睡觉。

她的话说明了过于亲密的弊端：会使人透不过气来。依恋的目的并不是要分享彼此所有的思想和感觉，而是要给对方留出自己的空间，这样才能平衡个人的需求和双方共同的需求。一位婚姻专家曾经说过：“夫妻越善于保持距离，他们的关系就会越亲密。”

爱的表现——依恋、性和照料都有自己独特的生理基础，它们都会以自己的方式促进恋人们的融合。当它们协调时，爱意会越来越浓烈；而当它们相互矛盾时，爱情之花可能就会枯萎。

它们之间的不协调经常会发生在依恋和性之间。比如当其中一个人缺乏安全感，甚至处于嫉妒或者担心被抛弃的恐惧状态时，依恋和性就无法协调。从神经学角度上说，依恋系统在焦虑的情况下会抑制性与照料的本性。这种痛苦的忧虑至少在当时可以一下浇灭欲火，也会浇灭自己对对方的关心。

那位律师的未婚夫对她单方面的欲望就像婴儿自私的要求一样，婴儿们根本不了解母亲的感受和需要，只关心自己。人们在做爱的时候也是这样，当两个激情澎湃的人进入彼此身体时就充满婴儿般的热情。

我们在前面曾经提到过，恋人们之间会重现童年时期的亲密无间，比如他们会使用孩子般又尖又细的声音和彼此的昵称等。行为学家认为，这些孩子般的举动可以引发恋人大脑中照料和温柔的母性。成人和婴儿欲望的不同就在于同理心的能力，成人的激情中融合了同情，或者说至少融合了关心。

因此那位律师的心理医生马克·爱泼斯坦为她的未婚夫提出了这样的建议：把节奏放慢，尽量去适应她情感上的节奏，这样可以为她留出精神上的空间来产生自己的欲望。这种双向的欲望和情感回路可以帮助她唤起逐渐消退的激情。

这也回答了弗洛伊德的那个著名问题："女人究竟想要什么？"爱泼斯坦的答案是："一个关心自己需求的伴侣。"

两厢情愿的"它"

畅销书"吸血鬼"系列小说的作者安妮·赖斯（Anne Rice）也曾经以笔名发表过一些色情小说，她记得自己在童年的时候就曾经有过生动的施虐和受虐幻想。

她早期经常出现的性幻想都是以古希腊被贩卖为性奴隶的年轻男子为核心，男人之间的同性性行为也让她着迷。长大后她发现自己喜欢与同性恋男子交朋友，而且被同性恋文化所吸引。[17]

这就是她创作的源泉。在她的“吸血鬼”系列小说中就不乏同性恋，从而为歌特世界的爱情定下了调子。她以笔名发表的色情小说更是极其详尽地描述了男性和女性的同性性行为。尽管并非所有人都有同性恋的性幻想，但是研究者们发现它们其实并不罕见。

赖斯所渲染的激情性行为细节都并非“异常”行为，研究发现这些都是男人和女人在性幻想中经常出现的主题。比如，一项调查发现出现频率最高的性幻想包括：重新体验某个激情时刻、想象与自己的配偶或者其他人做爱、在浪漫的场景中做爱、情不自禁或者被迫做爱等。[18]

大多数性幻想都反映了人们健康的性能力，它们可以为性生活提供乐趣和刺激。[19] 如果双方都同意的话，人们甚至可以模仿赖斯小说中描写的离奇、甚至残忍的情节。

弗洛伊德曾经宣称“快乐的人们从来不进行性幻想，只有对自己性生活不满意的人才会有”。如今时间已经过去快一个世纪了，这一观点也该被抛弃了。[20] 但是性幻想也只是生动的想象而已。赖斯曾经明确地说过，她从来没有把自己的性幻想付诸实施过，尽管并不是没有机会。虽然性幻想并不一定能够付诸行动，但还是有益处的。艾尔弗雷德·金西（Alfred Kinsey）的原创性研究（尽管现在看来样本不够丰富）显示，89%的男人和64%的女人都承认曾经在自慰的时候进行过性幻想，这一发现在保守的20世纪50年代相当令人震惊，当然现在人们对此已经不会大惊小怪了。像金西教授惊世骇俗的发现首次揭示的那样，人们性行为的花样其实要远远多于公开承认的。

尽管有各种各样的诸如杰瑞·斯普林格秀之类的电视节目和色情网站，但是由于道德禁忌的存在，人们至今仍然不愿意公开承认自己的许多性偏好。事实上，性学家们通常都会假设，人们在填写调查表时所写的关于性行为的数据都比实际数据要保守。例如，一项研究要求大学生们在日记中及时记录每天的性幻想或者性幻想的次数，结果显示男大学生每天大概出现7次，女生出现4—5次。而在另一项研究中，研究者要求大学生们回答一个关于同样信息的调查问卷，结果大多数男生都填写了每天一次，而女生的回答则是每周一次。

再比如说承认在性交过程中有过性幻想的人的数量。男人各项性行为的数据一般都要高于女人，但是这一回恰恰相反，承认自己在性交时有过性幻想的男性与女性比例分别为92%和94%。但是在其他一些调查中，这个数据仅仅为47%和34%。

一项研究发现，虽然人们经常在日常生活中幻想与配偶做爱，但是在真正与配偶做爱时，人们性幻想的对象往往不是配偶。[21] 人们可以打趣说，当恋人们做爱时，实际上有四个人都在参加：除了一对恋人之外，还有两个在他们的脑海中。

在大部分人的性幻想中，对方都只是一个“物体”，用来迎合自己的激情，而并不考虑对方的需求。但是在幻想的世界里，这也并无不可。

如果对方愿意扮演自己性幻想中的角色，双方就可以玩角色扮演的游戏，否则强迫别人实现自己的性幻想就是把别人看作“它”了。[22]在两厢情愿的时候，即使一个看起来好像是“我和它”的场景也会创造出亲密的氛围。在适当情况下把对方看作“它”本身就可以是做爱游戏的一部分。

一位精神治疗医师评论说，“理想的性关系就像是完美的性幻想一样”，刺激，但是安全。他还补充说，当双方有互补的情感需求时，相应的化学反应，比如相互融合的性幻想可以唤起老夫老妻们逐渐减退的性欲。[23]

双方是否能够相互理解并且产生同理心决定了他们实践性幻想时能否达到和谐，还是会给对方带来伤害。如果双方自愿进行这个做爱游戏，他们会轻松地接受对方的性幻想，这样就能够使彼此安心地产生同理心。他们在实践性幻想时的融合不仅会给彼此带来无穷乐趣，还说明了他们对对方的容忍和接纳，这也是对对方关心的一种体现。

发泄性欲的工具

下面的例子是关于一个病态自恋狂的感情生活的，是由他的心理治疗医师提供的。

他 25 岁，单身，很容易被遇到的女性迷住，并且会对她们产生强烈的幻想。但是和每个女人幽会几次后，他都会对她们大失所望，通常会突然发现她们要么呆头呆脑，要么依赖性太强，或者性生活不和谐。

比如，当他感觉自己圣诞节太孤独的时候，他就会竭力劝说自己刚认识不到几个星期的女友不要回家，来跟自己做伴。在遭到拒绝之后，他就会抨击她自私自利。然后一怒之下决定再也不理她了。

这位自恋狂对于权利的理解让他感觉一般的规则和禁忌对自己并没有什么约束力。我们在前面章节中也提到过，这意味着他认为只要一个女人引发了他的性欲，自己就有权利跟她发生关系，即使对方已经明确表示自己不愿意。无论如何他都会继续实施自己的想法，哪怕使用暴力。

大家应该还记得，缺乏同理心正是自恋者的典型特征之一。其他特征还包括对别人的利用和虚荣的自我主义。因此我们就不难理解自恋型男性为什么会赞同强迫性性行为，比如他们会说受害者“需要他”，或者认为一个女人拒绝性行为只是故作清高而已。[24] 例如，美国的自恋型大学男生一般都认为，“如果一个女孩在约会中允许对方亲吻或者爱抚她，那么她被对方强奸也是活该，是她自己没能阻止事态的发展”。对于有些男人来说，这种想法明确合理化了“约会强奸”，也就是强行与那些和自己亲吻，但是并不想发生进一步关系的女孩发生性关系。

这种观点在一些人中间的流行也可以部分解释为什么在美国 20% 的女性都宣称自己曾经被迫发生过性行为，对方通常都是自己的配偶或者恋人，或者是自己当时的约会对象。[25] 同样在全国范围内进行的调查发现被迫与自己的爱人发生性关系的女性的数量要比被陌生人强奸的女性的数量高出 10 倍。一项对约会强奸者的研究发现，这种强迫性性行为都是发生在两厢情愿的亲昵之后，这些强奸者只是忽视了对方对于拒绝发生进一步性关系的抗议。强迫性性行为甚至能够激发这些人的性欲，而大多数男性都会因为对方的抗议而失去兴趣。[26]

和大多数男人不同，自恋者非常喜欢观看那些描述夫妻在爱抚的时候，妻子想停下来，而丈夫不顾她的痛苦和厌恶继续自己行为的电影，而且这些情节还会大大激发他们的性欲。[27] 在观看这种影片的时候，自恋者往往会忽略女性的痛苦，只关注于性侵犯者得到的自我满足。值得注意的是，这项研究还表明，自恋型男人并不喜欢那些只有强奸情节，而没有前戏和女性反抗的电影情节。

同理心的缺乏使得自恋者漠视他们给自己的约会对象带来的痛苦，他们根本无法了解自己的暴行使对方多么厌恶，更不要说同情对方的不幸了。事实上，一个男人的同理心越强，他实施强暴的可能性就越小，甚至关于强暴的性幻想都极少。[28]

在强迫性性行为中，还有一类是荷尔蒙在起作用。研究发现，过高的睾丸激素水平会使男人更容易把别人仅仅作为发泄自己性欲的工具。

在对 4 462 名美国男子的睾丸激素进行研究后，科学家们发现睾丸激素水平很高的人往往存在危险性。[29] 他们总体来说比较好斗，许多人都有过犯罪或者打架斗殴的经历。他们在婚姻中也同样危险，他们会经常摔东西、打妻子、发生婚外恋，因此婚姻出现危机或者离婚的几率也都比较高。男人体内的睾丸激素水平越高，可能带来的麻烦就越多。

另一方面，研究也指出，许多睾丸激素水平高的男人婚姻也非常美满。研究者们认为，这些人婚姻是否能够幸福的关键就在于他们是否能够控制睾丸激素所引发的冲动。前额叶皮层控制着各类冲动，当然也包括性冲动和好斗冲动。这时就需要大路神经系统和它的理性能力来控制小路神经系统，比如说抑制自己原始的冲动力比多。

数年前，当我还是《纽约时报》的一名科学记者时，我曾经采访过一位专业从事连环杀手心理分析的 FBI（美国联邦调查局）人员。他告诉我，连环杀手几乎都会实施极其残忍的性幻想，受害者的哀求甚至只会更加激发他们的欲望。事实上，有极少一部分人（谢天谢地，只有极少一部分人）会对强奸场景比对双方自愿场景的色情描写更感兴趣。[30] 这种对别人痛苦的变态爱好是他们区别于绝大部分人的特征，因为即使是可能会实施约会强奸的自恋者也不会因为赤裸裸的强奸而引发自己的欲望。

这种同理心的完全丧失似乎可以解释连环强奸者为什么会对受害者的眼泪或者尖叫无动于衷。许多被判有罪的强奸犯事后都说他们当时不了解也丝毫不关心受害者的感受。其中有一半强奸犯还认为受害者当时“很愉快”，事实上他们的受害者都极度恐惧和厌恶，所以才把他们送进了监狱。[31]

一项对入狱的强奸犯进行的研究显示，大部分情况下他们是能够理解别人的感受的，但是有一个例外：他们对女人的消极情绪十分迟钝，尽管对她们的积极情绪还是能够理解的。[32] 因此，尽管总体来说他们具有同理心，但是这些强奸犯似乎无法或者不愿接受能够阻碍自己的消极信号。他们同理心的丧失可能是有选择性的，他们会错误地理解自己不愿意看到的信号，比如说女人的拒绝或者痛苦等。

最危险的还是那些极度变态、喜欢进行“我和它”性幻想的人，这种人一般都会进监狱，比如连环强奸犯、有恋童癖或者裸露癖的人。一般来说，受虐或者被虐的性幻想比普通的色情场景更能引发他们的性欲。[33] 当然仅仅进行性幻想并不表示他一定会实施暴行。但是有些人，比如强奸犯，就会打破神经系统的阻力把思想付诸行动。

小路神经系统一旦突破了大路神经系统对冲动的约束，这些性幻想就会激发他们的残忍，肆无忌惮的力比多就会促使他们不断进行性侵犯。在这种情况下，性幻想成了一个危险的信号，特别是如果他们还缺乏同理心，认为受害人“很愉快”，敌视受害人，并且情感上孤单寂寞的话，情况就更糟了。[34] 可以肯定地说，他们迟早是要惹麻烦的。

让我们来对比一下冷冰冰的“我和它”性行为和温馨的“我和你”的约会吧。爱情是建立在和谐的基础之上的，如果没有和谐就只剩下情欲了。通过双向、和谐的同理心，对方成了“你”，这样会大大激发性欲。当一对恋人同时达到精神上的亲密和身体上的亲昵时，他们就会感到自己不再是孤立的一个人，他们所达到的也不再是“自我高潮”，而是身体和心灵的双重结合。[35]

但是，再甜蜜的缠绵也不一定能保证等到第二天醒来之后他们肯定会真正地关心对方。因为，毕竟关心和性产生的神经原理是不同的。

第十五章

为什么会有夫妻相

在滚石乐队的一首经典歌曲中，米克·贾格尔向恋人承诺，“我会来拯救你的情感”，这句歌词也表达了恋人之间的普遍情感。两个人在一起不仅需要相互的吸引，还需要相互的关怀。而且这种情感上的关怀在各种人际关系中都是必需的。

一位抚养宝宝的母亲为我们提供了这样一个原型。约翰·鲍尔比认为，在我们产生帮助别人的冲动时，不管对方是我们的恋人、孩子、朋友，还是一个处于困境的陌生人，促使我们伸出援手的都是内心同样的关怀系统。

和对孩子的关爱一样，恋人之间的关怀也有两种形式：提供一个使对方产生安全感的安全基地和一个对方可以休憩的安全避风港。理想情况下，双方应该能够进行流畅的角色转换，在对方需要的时候为他们提供安慰或者安全感，或者在自己需要的时候接受对方的关怀。这种互利互惠是健康人际关系的一种体现。

当我们为伴侣提供情感安慰时，我们的作用就相当于一个安全基地，我们可以帮助对方解决棘手的问题，安慰他，或者倾听他的诉说。在我们感觉有人可以为我们提供一个安全基地后，我们会更加勇于接受新的挑战。就像鲍尔比说的那样：“对于所有人来说，不管是摇篮中的婴儿还是耄耋老人，能够脱离安乐窝去自由飞翔都是一件非常快乐的事情，哪怕只有短短的时间。”[1]

这种自由飞翔可以是离开家门去做一种普普通通的工作，也可以是取得举世瞩目的成就。回想一下那些获得大奖的人们的获奖感言，他们一般都会感谢那些为自己提供了安全基地的人。这说明安全感和自信心都是成功不可或缺的因素。

我们的安全感和挑战新生活的动力是息息相关的。鲍尔比的理论提出，我们的伴侣越能为我们提供安全感和避难所，我们就越能朝着远大的目标进发，我们的活力、兴趣、自信和勇气也会越来越依赖对方对我们的支持。这一结论已经被 116 对共同生活超过 4 年的情侣所证实。[2] 就像鲍尔比的理论预言的那样，其中一方越是感觉对方是一个可靠的“家庭港湾”，他们就越愿意以自信的姿态去追求生活中的机遇。

对这些情侣们讨论彼此目标时的录像进行分析后发现，他们谈话时的态度也非常重要。如果其中一方在讨论中对对方的目标表现出关心、热情和乐观的态度，那么对方在讨论结束的时候就会充满自信，开始准备冲击目标了。

但是如果一方的控制欲很强，在讨论中不断打断对方，那么对方对于达到目标就会缺乏信心，他的热情和自信心都会受到打击，很可能就会半途而废。控制欲强的人经常会被对方认为粗鲁而且挑剔，因此他们的建议一般也不会被采纳。[3] 控制欲违反了成为安全基地的最基本原则——只有在绝对必要或者对方请求的情况下才能对对方进行干涉。让对方大胆地去闯荡本身就是对他们能力的一种肯定，而如果我们竭力想要控制对方的话，无疑是在怀疑他们的能力。毫无疑问，干涉会阻碍大胆的探索。

恋人们彼此之间的支持和依恋风格是各不相同的。忧虑型的人很难耐心地给对方留出时间和空间让他们去自由发挥，他们更希望对方处于自己的视野范围之内，就像忧虑型母亲通常会做的那样。依赖性特别强的人或许可以为对方提供一个安全基地，但是无法成为安全避风港。与之对比，回避型的人通常能够给对方留出足够的空间，但是他们无法为对方提供舒适的安全基地，因此无法为对方提供情感安慰。

同情心是怎么回事

这简直就像电视真人秀节目《谁敢来挑战》里的一个场景。大学生莱特不得不忍受一系列痛苦的考验，每一个考验都比前一个更加严峻。第一项任务就把她吓了个半死：给她看的照片上的人已经被烧得惨不忍睹，而另外一张照片上的人面部严重受伤，十分怪异。

接下来，在抓住并抚摩一只小白鼠的时候，莱特吓得差点把它扔到地上。然后，她又按照要求把肘部以下的胳膊浸到冰水里，要求是在水里停留30秒，但是剧烈的疼痛使她只坚持了不到20秒就把胳膊拿出来了。

最后一项任务是进入一个大玻璃缸与一只大蜘蛛亲密接触。这对她来说实在难以忍受，她歇斯底里地喊道：“我坚持不下去了！”

接下来的问题是：你愿意代替她完成任务吗？只有这样她才能避免继续忍受痛苦。

在一项针对忧虑对同情的影响的研究中，志愿者们——莱特的同学被要求回答这个问题。结果显示，就像依恋风格会影响人们对待性的态度一样，它同样会影响人们的同理心。

菲利普·谢弗依恋风格研究小组中的以色列科学家马里奥·马尔尼科认为，在人们感到忧虑时，他们对需要帮助的人产生同理心而引发的利他冲动可能会被压抑，甚至完全消失。马尔尼科通过严谨的实验证明了三种不同的依恋风格各自都对同理心能力有着不同的影响。[4]

研究者们在确定了志愿者们的依恋风格之后，请他们观看了可怜的莱特的遭遇。当然，莱特本人也是一位志愿者。结果显示，安全型的人最富同情心，他们能体会到莱特的痛苦，而且也愿意代替她完成任务。忧虑型的人过于关注自己的痛苦反应，因此不会去帮助莱特。而回避型的人既不会感到不安，也不会去帮助她。

安全型的人似乎最具有利他精神，这种人很容易感受到别人的痛苦，因此也会乐意去帮助他们。安全型的人比其他两类人更有可能体贴关心别人，比如他们可能会更加细心地照顾孩子，安慰情绪沮丧的恋人，照顾年长的亲人或者帮助困境中的陌生人等。

忧虑型的人过于敏感，因此看到别人的不幸可能会使他们比当事人还要痛苦。他们感受到别人的痛苦后引发的消极情绪会越来越强烈，形成“同理忧伤”，他们会陷入忧虑中不能自拔。忧虑型的人似乎是同情心最弱的一类人，因为自己的痛苦已经使他们自顾不暇了。

回避型的人也很难产生同情。一方面，他们会压抑自己的痛苦情绪以免受到伤害，因此他们会拒绝别人不良情绪的传染。因为他们缺乏同理心，所以很少帮助别人，除非自己能够从中得到好处。他们对别人的同情往往具有功利目的。

当我们有安全感的时候才能更好地关心他人，安全感可以保证我们在对别人产生同理心的同时不会被他们的情绪所左右。感受到别人的关心才能使我们更好地关心别人，如果我们的生活中缺少关爱的话，我们也不可能对别人充满关爱。这种观点促使马尔尼科去研究增强人们的安全感是否能够提高他们关心他人的能力。

设想一下你正在阅读本地报纸上一篇关于一位独自抚养三个年幼孩子的失业母亲的报道。她每天都会带着嗷嗷待哺的孩子去为穷人和流浪汉提供免费食物的施舍粥棚去吃东西。虽然那里的食物并不丰盛，但是如果没有这些食物的话，他们就要饿肚子了。时间长了，孩子们很可能会营养不良，甚至还有可能被饿死。

你愿意每个月为他们捐助一些食品吗？或者帮助她找到一份工作？你愿意不辞辛苦陪她去参加面试吗？

在马尔尼科的另外一项关于同情的研究中，志愿者们被要求回答上述问题。在实验中，研究者们首先想办法激起了志愿者们的安全感：在很短的时间内（一秒钟的 1/50）不经意地让他们看到那些可以使他们产生安全感的人（比如那些他们愿意倾诉苦恼的人）的名字。研究者们还通过照片使志愿者们回忆起这些使自己产生安全感的人。

大部分人都能够对这位女士的困境产生同理心，并且愿意向她提供帮助。尤其令人惊奇的是那些忧虑型人们的转变，他们克服了同理忧伤和不愿意帮助别人的习惯。尽管这一刺激时间非常短暂，但是它的确促使忧虑型的人向安全型转变，使他们表现出了更多的同情。因此，安全感的提升似乎可以解放注意力，使人们有更多的精力去关心别人的需求。

但是回避型的人们似乎仍然不为所动，他们仍然无法产生同理心，因此仍然压抑了自己的利他冲动，除非他们能从中获利，否则他们是不会伸出援手的。他们玩世不恭的态度迎合了这样一种理论：世界上并不存在真正的利他行为，对别人的同情和帮助即便不是彻头彻尾的利己行为，也都包含着一些自私的因素。[5] 马尔尼科认为这一观点还是有一些道理的，但是仅仅适用于那些回避型的人，他们从一开始就无法对别人产生同理心。[6]

在依恋的三种风格中，安全型的志愿者是最愿意帮助别人的。他们的同情与他们对别人需求的感受是成正比的，也就是说他们越能体会到别人的痛苦，就越愿意去帮助他们。

忠诚夫妻关系的基础

雅克·潘克塞普认为，这种同理心是由小路神经系统中的母性神经系统引起的，除人类之外许多其他物种也都具备这种神经系统。同理心似乎正是由这种神经系统引发的。每一位母亲都对自己宝宝的哭声特别敏感。科学家们在实验室条件下进行的实验表明，母亲听到自己宝宝的哭声时引起的心理震撼明显要强于听到其他宝宝哭声时的情况。[7]

宝宝这种引发母亲同理心的能力可以帮助母亲更好地了解他们的需要。这种能力在大自然中非常普遍，它不仅存在于哺乳动物中，甚至也存在于鸟类中。显然这种能力对物种的生存来说是非常有益的。

照料是对别人需求的回应，而不是关心自己的情感需求，在这一过程中同理心起着关键作用。同情的含义非常广泛，它在日常生活中的表现就是对别人需求的敏感并且及时做出回应，这些都是称职的父母或者知心的朋友应该具备的素质。我们在前面的章节中曾经提到过，在选择自己未来伴侣的时候，男人和女人都把善良作为首要条件。

弗洛伊德曾经提出，恋人间的亲密接触和母亲与宝宝间的亲密接触是极其相似的。恋人们就像母亲与宝宝一样会长时间地彼此注视、拥抱、亲吻或者爱抚，他们之间的身体接触是非常频繁的。而且这些行为都会使他们产生幸福的感觉。

撇开性不谈，引发这种幸福感的化学物质主要是母爱的源泉——催产激素。女性在分娩、照料孩子或者性高潮的时候都会分泌这种激素，正是它引发了母亲对宝宝的强烈爱意，并促使她们对宝宝加以保护和照料。

母亲在照顾宝宝的时候会大量分泌催产激素，它又反过来对母亲的身体产生巨大影响。一方面，它可以促进奶水的生成，还可以扩张乳腺附近的血管，从而使宝宝感到温暖。除此之外，母亲的血压会随着心情的放松而降低。平和的心境会使她性格开朗，乐意与别人交流，因此，体内催产激素的水平越高，社交能力就会越强。

瑞典神经内分泌学家谢斯廷·乌纳斯·莫伯格在对催产激素进行全面研究之后提出，人们在与自己所关心的人进行亲密交流时都会分泌这种催产激素。分泌催产激素的神经系统与社交脑的许多小路神经系统神经节点都相互交叉。[8]

催产激素的作用在许多愉快的社交活动中都能够体现出来，特别是在照顾、关爱别人的时候，此时人们不仅进行情感上的交流，而且还会在彼此间传播催产激素所带来的积极情绪。谢斯廷认为不断重复看到或者想到与自己关系亲密的人会使催产激素的分泌成为条件反射，这样只要看到或者想到他们，我们体内就会大量分泌催产激素了。很多公司允许员工在办公室里摆放自己亲人或者爱人的照片也是出于这个原因。

催产激素还有可能是忠诚夫妻关系的基础。我们知道正是它使生活在草原上的田鼠终生过着一夫一妻的生活。而另外一种缺少这种催产激素的田鼠则生活随便，从来不会忠于某个伴侣。在实验中，如果抑制草原田鼠催产激素的分泌，它们也会对自己的伴侣突然失去兴趣。而生活随便的田鼠一旦开始分泌催产激素，它们也会找一个固定的伴侣，开始一夫一妻的生活。[9]

在人类社会中，催产激素可能会使人陷入两难的境地，因为这种使夫妻保持忠诚的激素有时会抑制激情的产生。这一过程非常复杂，后叶加压素（催产激素的近亲）有时会降低睾丸激素的浓度，而睾丸激素有时又会抑制催产激素的分泌。但是，尽管人们对具体过程还不甚明了，睾丸激素有时也会促进催产激素的分泌，这至少表明，激情未必会因为忠诚而减弱。[10]

社交过敏症

“突然你满脑子里都是扔了一地的湿毛巾，而他弯着腰，用餐叉挠背。最后你终于明白了一个亘古不变的真理：与一个把新的厕纸卷放在厕纸盒上面而不把它装进去的邋遢的人进行法式接吻是绝对不可能的。”

这种絮絮叨叨的抱怨正是“社交过敏症”的表现，它指的是对恋人一些不良习惯的强烈反感。它就像普通过敏一样，在刚开始接触时并没有多大反应，但是随着接触的深入会变得越来越强烈，而且这种过敏并不是针对大多数人。[11] 社交过敏症通常出现在恋人们交往一段时间，开始了解对方的庐山真面目之后。当浪漫的光环逐渐褪去，对方的缺点渐渐暴露时，社交过敏症就越来越严重了。

科学家们在对美国大学生进行调查后发现，女性的社交过敏症大多都针对男朋友粗俗或者欠考虑的行为，比如上面提到的那个放厕纸的习惯。而男性则认为女朋友爱钻牛角尖或者过于专制，因此烦恼不已。社交过敏症会随着时间的推移而越发严重。如果在交往两个月之后一位女性对男朋友的粗鄙习惯还不以为然的话，一年之后她很可能会无法继续容忍他的这种行为。这种高度敏感只会引发愤怒与忧伤，它给对方带来的苦恼越多，他们分手的可能性就越大。

心理分析学家提醒我们，能够满足我们所有期望，并且洞察、满足我们所有需求的完美恋人是不可能存在的。如果我们能够意识到恋人或者配偶不可能补偿我们童年时期的所有缺憾，我们就能够以更加客观、现实的态度来对待自己的恋人，而不是按照我们自己的愿望来要求他们。

神经学家们还补充说，依恋、照料和性神经系统只是驱动我们意愿和行为的七大类神经系统中的三类，另外还有负责探索（包括对世界的探索）和社会交往等的神经系统。[12] 它们的重要性因人而异，比如有些人生性散漫，而有些人天生就喜欢交际。但是在爱情上，依恋、照料和性通常都是最重要的三个方面，当然它们的重要性对每个人来说也是不一样的。

以研究两性情感而著称的约翰·高特曼博士提出，配偶是否能够满足对方神经系统的主要需求决定了他们的婚姻是否能够长久。[13] 高特曼是华盛顿大学的一位心理学家，近年来已经成为婚姻关系研究领域的领军人物，他提出的预测夫妻在三年之内是否会离婚的方法准确率高达 90%。[14]

最近高特曼提出，如果某项基本需求，比如性或者照料的需求得不到满足的话，人们就会处于一种持续的不满状态。这种不满可能会表现为不可名状的挫败感，也可能明显地表现为对对方的怨恨。这些小路神经系统需求一旦无法得到满足，情况就会越来越糟糕，它们很可能就是双方关系破裂的早期信号。

另一方面，在一起生活几十年并且婚姻美满的夫妻会出现一种有趣的现象。他们之间长期的和谐关系似乎会在他们脸上留下印记：他们的容貌会越来越相似，显然这是长年累月共同的情感体验对面部肌肉影响的结果。[15] 每一种情感都会放松或者收紧某些特定的面部肌肉，因此当夫妻一起微笑或者皱眉的时候，他们的面部肌肉也在做着同样的运动。这样他们就会逐渐形成相似的面部曲线、皱纹等，因此会越来越相像。

在一项研究中，科学家请志愿者观察夫妻双方的两组照片，一组是在结婚典礼上拍的，另外一组是结婚 25 年后拍的，然后请志愿者找出那些长相最相似的夫妻。研究结果显示，夫妻不仅会越长越像，而且他们面部的相似程度与婚姻的美满程度成正比。

从某种意义上说，随着时间的推移，夫妻或者恋人会不知不觉地“雕刻”对方，通过无数次的交流改变对方的特征。一些科学家认为，配偶的这种改变往往是朝着自己所希望的理想方向发展。我们把这种夫妻双方彼此影响、彼此改变的现象称为“米开朗基罗现象”。[16]

某一天或者几年内夫妻之间的积极互动应该是衡量他们婚姻健康程度的最佳标准。下面的例子是关于即将步入婚姻殿堂的恋人们的，他们同意科学家记录下他们处理分歧的过程，并且对他们的交流方式进行分析。[17] 在之后的 5 年内，他们又配合科学家做过几次跟踪调查。研究发现，他们婚前的那次交流可以相当准确地预测他们的婚后生活。

不难理解，消极的交流肯定不会预示着幸福的婚姻。他们对彼此越是不满，在争吵过程中双方的情绪就会越激动。在处理分歧的过程中，他们之间出现的消极情绪越强烈，今后的婚姻状况就越不稳定。

伤害性最大的表情是厌恶或者轻蔑。[18] 轻蔑不仅是对别人意见的不赞同，而且是彻头彻尾的侮辱。它传达的信息是别人根本不配做自己的同理心对象，更不配得到自己的爱。

如果夫妻双方在争吵过程中能够产生同理心的话，情况就更加糟糕了。他们可以清楚地感觉到对方的痛苦，但是不想提供帮助。就像一位经验丰富的专门处理离婚事务的律师所说的那样：“冷漠，也就是对配偶的不管不问，甚至连正眼都不瞧一下，是最残忍的家庭暴力。”

如果在争吵过程中双方翻陈年旧账，愤怒就会演变成伤害和悲哀，再加上盛气凌人（比如，“你怎么可以这样说”）的态度，不听对方解释，这种争吵对双方造成的伤害同样会很严重。这样的恋人一般都会在交往 5 年内分手，即便结了婚也会离婚。事实上，在研究的第一阶段结束时（也就是一年半后），这种类型的恋人大部分就已经分手了。

约翰·高特曼曾经对我说：“预测恋人们关系是否能够长久的最重要指标就是他们之间分享的积极情绪的多寡。这在婚姻中会表现为夫妻之间解决矛盾的成效。而对结婚多年的夫妻来说，它又重新表现为夫妻所共同分享的积极情绪。”

当 60 多岁的夫妻谈论开心的事情时，对他们的身体进行的监测发现，他们的情绪都随着谈话的进行而高涨。但是在相同的情况下，40 多岁的夫妻达到和谐顶点的次数就要少一些。这也可以解释为什么关系和睦的老年夫妻比中年夫妻表达爱意的方式更加公开。[19]

在对各种类型的夫妻进行详细研究后，高特曼得出了一个似乎非常简单的衡量婚姻质量的指标：夫妻相处时间中快乐时光与不和谐时刻的比例。如果它们之间的比例为 5∶1 的话，那就说明这对夫妻有着足够的健康情感储备，基本上可以保证他们会白头偕老，幸福美满。[20]

这种比例不仅可以预测婚姻的寿命，还可以表明夫妻双方的健康状况。周围人际关系形成的小环境可以开启或者关闭人们的某些基因。我们与爱人之间的亲密关系就像一盏突然点亮的灯一样，这种无形的人际关系网络会给我们的身体带来意想不到的影响。

Part

- 5 -

第五部分

社交商与人际关系

第十六章

当我们的身心疲惫时

在举行婚礼的一个星期前，34 岁的俄国小说家列夫·托尔斯泰把自己的日记拿给了未婚妻——当时只有 17 岁的索尼娅。索尼娅从日记中痛苦地了解了托尔斯泰放荡不羁的罗曼史，当地的一个女人甚至还给他生下了一个私生子。[1]

索尼娅在自己的日记中写道："他喜欢折磨我，看我流泪……他到底在对我做些什么啊？我要渐渐疏远他，破坏他的生活。"正在做结婚准备的索尼娅却暗暗下了这样的决心。

这种不和谐的开端奠定了他们 48 年婚姻生活的情感基调。在他们争吵不休的长期婚姻斗争中也时常会出现休战的情况，索尼娅为托尔斯泰生了 13 个孩子，还为他重新整理、抄写了 21 000 多页书写潦草的小说草稿，其中包括《战争与和平》和《安娜·卡列尼娜》等巨著。

尽管妻子任劳任怨地付出，托尔斯泰在日记中却这样描述她："她的不公正和妄自尊大着实让我感到害怕和痛苦。"而索尼娅在自己的日记中则说："一个人怎么可能去爱一只不断伤害自己的刺猬呢？"

据他们日记的描述，进入中年后他们似乎都对地狱般的婚姻生活忍无可忍，就像是住在同一个家庭中的两个敌人一样。在托尔斯泰深夜离家出走病死在外之前不久，索尼娅还在日记中写道："每一天都有新的打击灼伤我的心灵。"而且她还补充说，这些打击"缩短了我的寿命"。

索尼娅的话有道理吗？这样的婚姻生活真的能缩短人们的寿命吗？至少托尔斯泰和索尼娅的婚姻无法证实这一点，因为托尔斯泰去世的时候已经 82 岁高龄，而索尼娅在 9 年后去世时也已经 74 岁了。

这些诸如人际关系之类的软性表观遗传因素是如何影响我们的健康的？科学界一直很难给出令人满意的答案。它们是否会影响我们的健康？如果会的话，影响程度又有多大？这些问题最好通过实例来回答。许多权威研究似乎都认为，根据人们在生活中结识的朋友的数量，可以预测他们的身体状况。但是他们忽略了最关键的一点：重要的不是数量而是质量。也就是说，相比朋友的数量，我们在人际交往时的情感状况对我们的身体影响更为强烈。

托尔斯泰夫妇的故事提醒我们，人际交往可能会给我们带来无限快乐，也可能会产生无穷痛苦。从好的方面来说，在生活中感受到别人情感上的支持会对我们的身体产生积极影响。这种影响对处于弱势的人们来说尤为强烈。比如，一项对因充血性心力衰竭而入院的老人进行的研究表明，那些缺少情感依赖的老人比家庭幸福的老人重新入院的概率要高出三倍。[2]

爱似乎可以产生类似于药物治疗的效力。在因为冠状动脉性心脏病而接受血管造影术的男性病人中，那些无法从亲人那里得到情感支持的人比享有温暖亲情的人发生阻塞的概率大约要高40%。[3] 与之相反，一项大规模流行病学研究数据显示，恶性人际关系和抽烟、高血压或者高胆固醇、肥胖症以及缺乏体育锻炼一样，极有可能引发疾病，甚至导致死亡。[4] 因此，人际关系是把双刃剑，它可能会减轻人们的疾病，也可能会加速人们的衰老或者加剧病情的恶化。

当然，人际关系本身并不能决定人们的健康状况，从基因易感性到抽烟史等许多其他因素都会影响人们的健康状况。但是研究表明，人际关系的确是影响人们健康的重要因素之一。现在，医学界已经开始研究人际关系通过社交脑影响我们身体的详细生理机制了。[5]

人际关系对健康的影响

“霍布斯”是科学家给一只非常有男子气概的雄性狒狒取的名字，他们观测到了霍布斯入侵肯尼亚丛林中的一个狒狒群的整个过程。科学家是用17世纪英国哲学家托马斯·霍布斯的名字来为它命名的，这位哲学家曾经写道，文明表面下的生活是“肮脏、粗野和浅薄的”。这只狒狒一点都没有愧对自己的名字，它用自己的利爪和牙齿战斗，成了狒狒群中的首领。

科学家们通过其他雄性狒狒血液中的氢化可的松样本研究了霍布斯对它们的影响。结果发现，霍布斯赤裸裸的侵略影响了整个狒狒群的内分泌系统。

在压力下，肾上腺会分泌氢化可的松，它是身体在紧急状态下分泌的一种荷尔蒙。[6]这些荷尔蒙会对身体的许多器官产生广泛影响，比如有些荷尔蒙可以在短期内帮助身体创伤复原。

通常情况下，我们的身体只需要含量适度的氢化可的松，它可以促进我们的新陈代谢并且帮助调节免疫系统。但是如果氢化可的松的含量长时间处于过高水平，身体就会出现问题。氢化可的松和其他相关荷尔蒙的长期分泌会引发心血管疾病并且损害免疫功能，还有可能使糖尿病和高血压恶化，甚至会破坏海马体的神经细胞，从而破坏记忆力。

氢化可的松不仅会损害海马体的功能，它还会影响到杏仁核，刺激杏仁核中产生恐惧的突触的增生。而且，过高的氢化可的松水平还会削弱前额叶皮层调节来自杏仁核的恐惧信号的能力。[7]

过高的氢化可的松水平会给神经系统带来三方面的影响。受伤的海马体会导致学习能力偏差、过度夸大引起恐惧的信号的范围（比如特殊的语调就可以引起他们的恐惧）。杏仁核会失去对恐惧的控制，前额叶皮层则无法调节来自过度兴奋的杏仁核的信号。其结果就是，杏仁核无法控制过度的恐惧，而海马体会错误地接收到过多的恐惧诱因。

猴子的大脑一直都会对诸如霍布斯之类的陌生者保持警惕。而在人类社会中，科学家们把这种警惕和反应过度的状态称为创伤后应激障碍。

我们的情感状态，比如痛苦或者快乐，都会开启或者关闭交感神经系统和下丘脑－垂体－肾上腺皮质轴。而且既然他人能够通过情绪传染等途径影响我们的情感，那么他们也会影响到我们体内的交感神经系统和下丘脑–垂体–肾上腺皮质轴。[8]

这种人际关系的变化对于生理状态的影响并不是特别强烈。但是如果恶性人际关系长年存在的话，它们就会引发生理压力（用专业术语来说就是“适应负荷”），从而加速病情的发作或者恶化。[9]

某项人际关系对我们健康的影响取决于它们在某段时期内给我们的情绪带来的良性或者恶性影响的总和。我们本身的状况越脆弱，比如在得重病之后，或者正处于心脏病恢复阶段，或者年老后，人际关系对我们健康的影响就会越强烈。

婚姻战争持续了一辈子、痛苦了一辈子却仍然长寿的托尔斯泰夫妇似乎是个例外。当然，特例不只他们两个，还有一些百岁老人把自己长寿的秘诀归结为每天吃许多奶酪或者吸一整盒烟。

当受到上司侮辱时

尽管伊莉莎·雅诺维茨已经为此丢了工作，而且还可能因此引发高血压，但她仍然坚持自己的原则。事情的起因是这样的，一天，她所在化妆品公司的一位高层领导者在视察了旧金山一家旗舰店的香水柜台后命令她——当时的区域销售经理——解雇一位优秀的售货员。

原因是什么？他认为那位售货员缺乏魅力，用他的原话来说就是不够“热辣”。而雅诺维茨认为那位售货员不仅是销售明星而且举止非常得体，她觉得这位领导者是在无理取闹，对他的命令极度反感。因此，她拒绝解雇那位售货员。

但是不久之后，雅诺维茨的上司们就开始对她吹毛求疵。尽管她当时业绩不错，刚刚被提升为销售经理，但是上司们突然开始频频找碴儿，说她失误不断。她当时就担心他们是想找个借口把自己赶出公司。在那难熬的几个月里，雅诺维茨得了高血压。就在她请病假的时候，公司找人取代了她的职位。[10]

于是，雅诺维茨起诉了她的老东家。不管这一案件以什么样的判决收场（在我写这本书的时候，审判还在进行中），它都引发了这样一个问题：雅诺维茨的高血压与上司们对她的态度有关系吗？[11]

下面一项研究是关于英国卫生保健工作者的，在轮流指导他们的两位导师中，他们十分惧怕其中一位，而喜欢另一位。[12]在令人畏惧的导师指导他们的日子里，他们血压的平均收缩压提高了13点，平均舒张压提高了6点，从113/75提高到126/81。尽管这一读数仍然处于健康范围之内，但是这种大幅提高如果持续很长时间的话，就有可能对他们产生临床上的显著影响，加快那些易患高血压人群高血压的发作。[13]

对瑞典各个阶层雇员和英国公务员的研究都表明，某个机构中职位较低的雇员患心血管疾病的概率比不需要忍受上司的反复无常的高层人员要高出4倍。[14]而那些受到不公正指责，或者无法得到老板理解的员工患冠状动脉性心脏病的概率比那些感觉受到公平对待的员工要高出30%。[15]

在等级森严的组织中，老板往往会成为独裁者，他们可以自由地表达对下属的轻蔑，而下属则会相应地产生敌意、恐惧和不安全的感觉。[16]侮辱和轻蔑可能是一些独裁管理者惯用的态度，它重申了老板的权威，使下属感到无助和脆弱。[17]因为自己的职位和薪水都要仰仗老板，因此员工们在与老板的交往中往往会丧失正常的判断力，把老板的一点点不开心误解为凶兆。事实上，基本上所有人在与上司谈话时血压水平的提升程度都要高于与同事进行相似对话时的提升程度。[18]

下面是人们应对侮辱的方法。在遇到同伴的侮辱时，人们可能会反驳他，或者要求道歉。但是如果侮辱来自有权有势的上司，下属们一般都会明智地压抑自己的怒火，忍气吞声。但是这种毫不反抗、忍气吞声的态度可能会助长上司的这种行为。

那些以沉默来应对侮辱的人的血压一般都会急剧上升。如果这种侮辱性信息持续存在，压抑自己情感的人就会感觉越来越无能、焦虑，最终导致抑郁。而且，这些情绪如果长时间存在，会极大提高患心血管疾病的概率。[19]

在一项研究中，100位男士和女士戴上了测量血压的仪器，记录他们在所有交流中的血压情况。[20]当他们和家人或者好朋友进行愉快、轻松的交流时，血压平稳。当他们与讨厌的人在一起时，血压升高。而血压上升最剧烈的是与让他们有矛盾情绪的人在一起的时候，比如和专横的家长、善变的恋人或者有竞争关系的朋友交流时。在所有人际关系中，类似于喜怒无常的老板这样的人都会给我们的身体带来负面影响。

我们会尽量避免与那些令人不愉快的人进行交流，但是生活中的许多人是我们无法逃避的，他们对我们的影响可能时好时坏：有时候他们令我们感到开心，有时候又会让我们生气。这种矛盾的关系需要我们在情绪上特别注意。因为每一次交流的过程和结果都是无法预测的，而且存在爆发的可能，因此需要我们的特别警惕和有意识的努力。

医学界已经发现了恶性人际关系导致心脏病的生理过程。在一项压力实验中，志愿者们需要为自己受到的在商店中偷窃的不实指控辩解。[21]在辩解的过程中，他们的免疫系统和心血管系统的反应相互矛盾，很可能会产生不良影响。免疫系统分泌出T淋巴细胞，而血管壁散发的物质则会与这些T细胞结合，逐渐在血管内皮上形成动脉阻塞。[22]

令医学界最为震惊的是，即使轻微的不安也会引发这一机制。因此我们可以推测，如果我们在日常生活中长期遭受压力的话，这种压力由外至内的连锁反应很可能会使我们患心脏病。

孤独比吸烟更可怕

发现人际交往中的压力与糟糕的健康状况之间存在某些联系并不怎么困难，找出一两个可能的神经过程也没什么大不了。尽管有一些研究可以证明它们之间的联系是有神经基础的，但是反对者们总是反驳说在这一过程中很有可能是其他因素在起作用。比如，如果糟糕的人际关系导致某人大量饮酒或者吸烟或者睡眠质量下降，这些都可能直接导致身体上的疾病。因此研究者一直在寻找一种可以完全排除其他因素的生理机制。

下面是卡内基·梅隆大学的心理学家谢尔登·科恩所做的一项实验。科恩在实验中故意使几百人患了感冒，[23] 当然这并不是因为他用心险恶，而是科学研究的需要。在严格控制的条件下，他按照计划有步骤地使志愿者们接触到可以引发普通感冒的鼻病毒。大约 1/3 的人在接触鼻病毒后出现了感冒的所有症状，但是其余的人甚至连鼻涕都没有流一次。

志愿者在接触鼻病毒前先被隔离 24 个小时，以确保他们不会因为其他原因而感冒。在接下来的 5 天中，志愿者们住在一个特别的房间内，每个人都和其他人保持至少 1 米的距离，以免交叉传染。

在这 5 天中，志愿者们的鼻子分泌物被送去化验，以找出感冒的迹象（比如根据鼻子分泌物的总重量等）和感染鼻病毒的迹象，研究者还化验了他们血液中的抗体。通过这种方式，科恩精确评估了感冒的症状，而不是仅仅观察流鼻涕和打喷嚏的次数。

我们知道维生素 C 的缺乏、吸烟和低质量睡眠都会提高被感染的概率。问题是，人际关系产生的压力也可以吗？科恩的回答是：当然可以。

科恩还计算出了影响人们是否感冒的因素的精确数值。那些正在与别人闹矛盾的人得感冒的概率是其他人的 2.5 倍，因此恶劣的人际关系和缺乏维生素 C 以及低质量睡眠在引发感冒方面效力相当。吸烟是最有害健康的习惯，会使人们的死亡率提高 3 倍。持续一个月或者更长时间的冲突会提高人们对疾病的易感性，但是偶尔的争吵并不会对健康造成危害。[24]

尽管长期的争吵会威胁我们的身体健康，但是不与别人交往产生的危害更大。和人际交往范围广的人相比，那些极少与人进行亲密交流的人患感冒的概率要高出 4.2 倍，因此孤独比吸烟更可怕。

我们的社交性越强，对感冒的免疫力也越强。这种观点似乎违背了我们的直觉：我们在与更多人交往的时候不是提高了感染感冒病毒的机会吗？答案当然是肯定的，但是社交活动可以提升我们的好心情，抑制氢化可的松的分泌并且提高应对压力的免疫功能。[25] 因此，人际关系本身就可以保护我们不受感冒病毒的侵害。

当你遇到不公平对待时

> 伊莉莎·雅诺维茨并不是唯一一个在工作中受到不公正待遇的人。一位在制药公司工作的女士在电子邮件中写道：“我正在和我的上司闹矛盾，她不是一个正直的人。在我的职业生涯中，我的自信心第一次动摇了。因为她和公司高层人员的关系都很好，我觉得自己无处申诉，因为这件事情的压力我都病倒了。”

这种恶毒的上司与她生病之间的关系是她假想出来的吗？有可能。但是，她的不幸与一项涉及 6 153 人的大型研究结果不谋而合。在实验中，这些志愿者接受了许多紧张性刺激，比如噪音和遭遇令人厌恶的人等。[26] 在所有的这些压力中，影响最恶劣的就是遭受严厉指责并且无能为力，就像那位与上司发生冲突的制药公司职员的情况一样。

位于旧金山的加利福尼亚大学医学院的行为医学专家玛格丽特·凯梅尼为我们揭示了这一过程的工作原理。她和同事萨莉·迪克森共同分析了数百项压力研究。凯梅尼告诉我，威胁或者挑战在“有观众在场的时候”给人们带来的压力最为强烈。

在所有研究中，衡量压力反应的标准都是人体内氢化可的松的提升水平。[27] 氢化可的松在人们遭遇人际关系压力时上升最剧烈。比如当有人坐在志愿者面前，要求他以尽可能快的速度用 1 242 减去 17，在得出结果后再减去 17，依此类推，并且把这一过程大声说出来的时候。如果人们进行这项复杂任务时还有他人在进行评判，他们体内氢化可的松的水平比接受同等水平非人际关系压力时要高出三倍。[28]

你可以想象一下你正在进行求职面试。当你正在讲述自己适合这个职位的相关才能和专业技能时突然出现了点小问题：你发现面试官表情肃穆地在笔记本上做记录，更糟糕的是，他言语刻薄，轻视你的专业知识。

这就是志愿者们在社交压力测试中遭遇的困境，这些志愿者都在找工作，因此先来进行一次模拟面试，而这些模拟面试实际上都是压力测试。这种测试是由德国科学家开发出来的，在全世界范围内的实验室得到了广泛应用，因为它可以提供强有力的数据。凯梅尼的研究也采用了这个测试的某一版本来检验社交压力对身体所产生的影响。

迪克森和凯梅尼认为，被别人评价会威胁到我们的“社交自我”，也就是我们从别人眼中看到的自己。这种对自己社交价值和社交地位的意识，以及由此引发的自尊都来自我们所认为的别人对我们的感知。这种对别人眼中的自我形象的威胁会对我们的生理状况产生巨大影响，这种影响甚至可能与对我们的生存威胁相当。毕竟，如果别人对我们的评价不好的话，我们不仅会感到羞辱，而且会感觉遭到了彻底的社交遗弃。[29]

在已经进行过的实验室压力模拟测试中，面试官的敌意或者其他令人沮丧的态度毫无例外地都会引起被测者下丘脑－垂体－肾上腺皮质轴分泌过多的氢化可的松。而社交压力测试比经典的实验室测试引发的氢化可的松的水平还要高得多。在那个经典实验室测试中，志愿者们在时间紧迫、环境嘈杂，还有蜂鸣器提示错误的情况下进行越来越复杂的数学运算，但是没有人在场指手画脚。[30]这种非人际困境很快就会被忘记，但是别人的评价会给人们带来强烈而且持久的羞愧感。[31]

令人震惊的是，内心象征性的判断也会引起人们同样的焦虑。一个虚拟观众和实际存在的观众会对人们的下丘脑－垂体－肾上腺皮质轴产生同样的影响。凯梅尼解释说，这是因为“当你想起某件事情的时候，你的内心就会呈现出某种影像，从而影响你的大脑”，这和真实影像所产生的效果是一样的。

无助的感觉还会进一步提升压力。迪克森和凯梅尼对于氢化可的松研究所做的分析发现，超出人们控制范围的威胁产生的危害尤其恶劣。如果无论我们怎么努力，威胁依然存在的话，那么我们体内的氢化可的松水平就会大幅上扬。比如，成为别人恶意歧视目标的人，和那两位被老板打击的女士的困境就是这种情况。长期处于危险、被排斥或者苦恼的人际关系之中，会引发下丘脑 – 垂体 – 肾上腺皮质轴的过度反应。

如果压力是由非人际因素引发的，比如听到刺耳的汽车喇叭声而又无法制止，我们对于别人认同感的渴望和归属感并不会受到威胁。凯梅尼发现，对于这样的非人际关系压力，身体内的氢化可的松水平在大约 40 分钟内就可以恢复正常。但是如果压力是由负面社交评价所引起的，人体内氢化可的松水平恢复正常所需要的时间大约要高出 50%，也就是说需要一个小时左右或者更长的时间。

大脑成像研究已经为我们揭示了在接收到恶意信号时大脑的哪些部分会做出反应。回忆一下我们在第五章曾经提到过的位于普林斯顿的乔纳森 · 科恩实验室所做的计算机模拟。在实验中，志愿者们做了最后通牒游戏。游戏要求两个人来分一笔钱，由其中一个人提出分配方案，另外一个人决定是否接受这个方案。

当其中一位志愿者感觉另外一个人提出的方案不公平的时候，他们大脑中的前脑岛就会出现反应。我们知道，前脑岛在愤怒或者厌恶的时候会被激活。事实也与之吻合：他们会表现出不满的态度，而且他们很有可能不仅拒绝这个方案，还会否决对方提出的下一个方案，不管下一个方案是否对自己有利。但是在他们相信对方只是在按照程序行事之后，那么不管对方提出多么无理的分配方案，他们的前脑岛依然会保持平静。社交脑明确区分了有意和无意伤害，而且对于恶意伤害的反应尤其强烈。

这一发现或许可以解释关于创伤后应激障碍的一个现象：如果病人意识到自己受到的伤害是他人故意造成的，会比由天灾引起的伤害对他们产生更加恶劣的影响。飓风、地震和其他自然灾害要比恶意伤害，比如强奸和虐待等引发的创伤后应激障碍的病例少得多。如果受害者意识到伤害是针对他个人的，那么创伤后遗症，比如压力等就会更加严重。

社交关系决定你的健康状况

埃尔维斯·普雷斯利是在 1957 年参加当时收视率最高的电视娱乐节目《爱德·沙利文秀》从而进入全美人民视线的。当时美国经济正处于战后的迅速发展时期，当时的美国总统是艾森豪威尔。那个时代汽车都有奇形怪状的车尾，年轻人都忙着约女伴参加被称为“短袜舞会”的学校舞会。

在 1957 年，威斯康星大学的科学家们开始调查 1 万名即将毕业的中学生，这个数字占整个威斯康星州毕业生总数的 1/3。到这些毕业生 40 多岁的时候，科学家们又对他们进行了一次采访。然后在这些毕业生 65 岁的时候，威斯康星大学的理查德·戴维森接过了接力棒，他从这些人——57 群体中招募了一批志愿者，并把他们带进了凯克功能性大脑成像与行为实验室。利用比当年的研究方法先进得多的大脑成像系统，戴维森开始研究他们的社交经历、大脑活动以及免疫系统之间的关系。

科学家们已经通过以前的采访了解了这些人生活中社交关系的情况，接下来对他们的社交关系与身体状况做了比较。科学家们检测了他们应对压力时的一些身体指标，包括血压、胆固醇、氢化可的松和其他一些压力荷尔蒙的水平。这些指标综合起来不仅可以预测患心血管疾病的概率，还能够预测今后身心状况的衰退趋势。如果某个人的这些指标总和特别高的话，就表明他不会长寿。[32] 科学家们发现人际关系的确会起作用：人们与最亲密的亲人、朋友和同事长年累月的恶性情感交流和他们高发病率的体质有着密不可分的联系。[33]

57 群体中的一个匿名志愿者就是一个很好的例子，我在这里姑且称她为简。简的生活中充满了不幸与失望。她的父母都是酒鬼，她在童年的大部分时间里都瞧不起自己的父亲，因为父亲在简上中学的时候骚扰过她。成年之后，她非常惧怕别人，对那些最亲密的人要么脾气暴躁，要么忧虑不安。尽管她曾经结过婚，但是很快就离婚了，由于社交活动过少，她无法获得多少情感安慰。在戴维森进行的医学调查中发现，她具备 22 种医学症状中的 9 种。

简的中学校友吉尔和她的情况正好相反，吉尔的生活中充满了温情的体验。尽管吉尔的父亲在她 9 岁的时候就去世了，但是母亲对她十分关心。吉尔与丈夫以及 4 个儿子的关系都非常亲密，而且对自己的家庭生活十分满意。她在其他社交活动中的表现也非常活跃，有许多亲密朋友和知己。在 60 多岁的时候，她只表现出了 22 种医学症状中的 3 种。

社交关系与健康状况的联系并不表明它们之间一定存在因果关

系。要想在它们之间建立因果关系就必须找出这一过程的具体生理机制。根据戴维森对于大脑活动的测试，科学家们已经从57群体身上找出了一些非常有启发性的线索。

吉尔，那位母亲慈爱、人际关系和谐、进入老年后身体仍然比较健康的女士，是57群体中前额叶皮层左半部比右半部更为活跃的一个。戴维森发现，这种大脑模式表明吉尔生活中的大部分时间都非常愉快。

简，那位父母都是酒鬼、进入老年后身患多种疾病的离异女士，所拥有的大脑模式正好与吉尔相反，她前额叶皮层的右半部比左半部更加活跃。这种模式表明简总是以紧张的痛苦情绪来面对生活，而且从情感挫折中恢复所需的时间也比较长。

大脑中的大路神经系统在调节小路神经系统的骚动时起着关键作用。戴维森在早期研究中发现，前额叶皮层的左半部会调节决定我们从痛苦中复原的能力，也就是恢复力的小路神经系统。[34] 前额叶皮层左半部相对于右半部的活动更活跃，我们就能更好地培养调节情绪的能力，我们从痛苦中恢复所需的时间也较短。反过来，这也决定了我们体内氢化可的松恢复正常水平所需要的时间。因此，恢复力在一定程度上取决于大路神经系统是否能够控制小路神经系统。

戴维森的早期研究成果还不只这些。他的研究小组还发现，人们前额皮层左半部的活动还与人体免疫系统接受流感病毒灭活疫苗的能力有着密切关系。大脑前额皮层左半部活动非常活跃的人在遭遇流感时体内产生的抗体会比其他人高出三倍。[35] 戴维森认为这一区别有着非常重要的临床意义，也就是说这些前额皮层左半部活动非常活跃的人遭遇病毒时患流感的可能性比较小。他的研究小组还发现，前额叶皮层左半部非常活跃的人遭遇病毒时患流感的可能性比较小。

戴维森认为，可以根据这些信息了解恢复力的生理机制。他推论说，安全和谐的人际交往经历可以为人们带来足够的内心储备，使他们在遇到情感挫折时能够很快复原。9 岁丧父，但是有位慈母的吉尔就是这样。

在 57 群体中，那些在童年时期遭受过巨大压力的人成年之后恢复力较差，一旦心情遭遇波折就很难平复。而那些在童年时经历过适度压力的人成年之后很可能会拥有前额叶皮层左右半部的完美比例，但前提是必须有一位成人能够为他们提供可供情感复原的安全基地。[36]

持续压力的危害

畅销书《奔腾年代》（*Seabiscuit*）的作者劳拉·希伦布兰德长期以来一直受到慢性疲劳综合征的困扰，她经常会感到身体虚弱、筋疲力尽，因此需要别人长期照顾。在她写《奔腾年代》的时候，照顾她的是体贴的丈夫博登。他当时正在忙于攻读研究生，但是仍然尽量抽出时间来照顾妻子，服侍她吃饭喝水，在她需要走动的时候帮助她，还为她读书读报。

但是希伦布兰德回忆说，有一天晚上自己在卧室的时候，“听到一个低沉的声音”。她从楼梯上看下去，发现博登“正在大厅里踱步，而且还在抽泣”。她本来想叫他，但是又觉得他可能想一个人静一静，所以就算了。

第二天早晨博登又像往常一样来帮助她，“情绪和以前一样愉快、稳定”。[37]

博登尽量隐藏自己的痛苦，以免影响脆弱的妻子。但是任何一个像博登这样要日夜照顾所爱之人的人都要承受巨大的压力，而且这种压力还会不可避免地侵害他们的身心健康，即使是最富有爱心的人也不例外。

这方面最有力的证据来自俄亥俄大学的一个跨领域研究小组，由心理学家贾尼丝·基科尔特·格拉泽和她的丈夫——免疫学家罗纳德·格拉泽所领导。[38] 通过一系列研究，他们发现，持续的压力会改变抵抗感染和帮助治愈创伤的免疫细胞的基因状况。

他们的研究小组对 10 名 60 多岁的女性进行了研究，她们都在照顾患有老年痴呆症的丈夫。[39] 她们承受着巨大的压力，一天 24 小时照顾病人，感觉非常孤单而且无暇自顾。对承受类似压力的女性进行的早期调查发现，流感病毒灭活疫苗对她们已经不起作用了，她们的免疫系统已经无法产生这种疫苗通常可以引发的抗体了。[40] 现在科学家们对免疫功能进行了更加严谨的实验，他们发现，照顾患有老年痴呆症丈夫的女性身体的许多指标都有问题。

首当其冲的就是遗传信息。实验表明，这些女性体内可以调节一系列关键免疫机制的一种基因的表达比其他同龄女性要低 50%。

GHmRNA 这种受损基因可以提高淋巴细胞的产量，并且增强杀伤细胞和巨噬细胞的活跃度，从而消灭入侵的细胞。[41] 这也可以解释另外一个早期发现：处于压力下的女性细小刺伤伤口愈合的时间要比对比组中没有压力的女性多出 9 天。

而且，巨大的压力还会侵袭这些照料者的 DNA，加速细胞的老化。其他科学家在研究长期照顾患有慢性病孩子的母亲的 DNA 后发现，孩子患病时间越久，母亲的细胞老化程度就越严重。

照顾患有慢性病孩子的母亲比同龄女性的平均生理状态要老 10 岁。当然这种情况也有例外，比如那些遭受了打击但是能从其他人那里得到情感抚慰的女人，即使她们需要照顾身患疾病的亲人，她们的细胞仍然能够保持年轻状态。

集体社交商也可以抵消长期照顾别人产生的负面影响。下面是新罕布什尔州三维治市的一个场景。这是一个阳光灿烂的秋日，菲利普·西蒙斯坐在轮椅上，被一群朋友和邻居簇拥着。西蒙斯是位大学英语教师，有两个年幼的孩子，他在 35 岁的时候被诊断出患有鲁盖瑞氏症（肌萎缩性侧索硬化症），医生当时断定他只剩下 2—5 年的寿命。现在他已经比医生预言的多活了几年了，但是他的瘫痪慢慢由下身扩散到了双臂，因此他生活已经不能自理了。这个时候，他送给朋友一本名为《分享照料》的书，这本书里描述了如何为重症病人建立一个团队来共同照顾他。

于是，35 位邻居决定共同帮助西蒙斯和他的家人。他们的日程大部分都是通过电话和电子邮件来安排的，他们在西蒙斯家里充当厨师、司机、保姆、佣人的角色，在那个秋日他们还当起了园艺工人。他们一直这样无私地奉献着，直到西蒙斯 45 岁去世。这个大家庭的出现极大改善了西蒙斯和他的妻子凯瑟琳·菲尔德的状况。最起码，正是因为他们的帮助，身为艺术家的菲尔德才能继续工作。而且他们还为菲尔德减轻了经济压力，使整个家庭，用菲尔德的原话来说，“感觉到被整个社区的人们所关爱”。[42]

这些邻居称自己为 FOPAK（“菲利普和凯瑟琳的朋友”的英文简写），他们都认为自己才是从中受益匪浅的人。

第十七章

家庭与婚姻中的社交商

我的母亲从大学退休后，突然发现自己要守着一所空荡荡的大房子：她的孩子们都在其他城市生活，有些还相当远，而她的丈夫——我的父亲在几年前已经去世了。现在回想起来，身为社会学教授的她当时做了一个相当明智的决定：她在家里留出一个房间，免费提供给所在大学的研究生们，而且优先考虑那些有着敬重老人传统的东亚国家的留学生。

现在她已经退休30多年了，这一做法还在持续。她的房客们一批一批地更换着，其中有些来自日本，有些来自中国。这些房客们似乎给她的健康带来了许多好处。其中有一对夫妻还带着一个孩子，这个小姑娘简直就把我母亲当作自己的亲奶奶。在她两岁的时候，她每天早晨都要跑到我母亲卧室里，去看看她是否已经起床了，而且每天都会拥抱我母亲好几次。

在她出生的时候我母亲已经快90岁了，她的出生使整栋房子都充满了快乐的气氛，我母亲好像在生理和心理上都一下年轻了好几岁。我们无法知道母亲的长寿和她的生活环境究竟有多大关系，但是很多迹象都表明这种社交环境无疑是非常有益的。

随着老朋友的不断去世或者搬家，老年人的社交网络也在不断缩小。同时他们往往还会选择性地剪除自己的社交网络，只保留那些积极的人际关系。[1] 这种策略会给他们的生理系统带来有益的影响。随着年纪的不断增长，我们的身体状况也不可避免地越来越脆弱。随着细胞的老化和死亡，我们的免疫系统和其他健康身体的防洪堤也在慢慢衰退。剪除那些无益的社交关系可以预防我们的情绪出现恶性波动。事实上，一项具有里程碑意义的研究在对生活美满的美国老年人进行调查后发现，社交网络给他们提供的情感支持越坚实，他们体内诸如氢化可的松之类的生理压力指标就越低。[2]

当然，我们生活中最重要的人际关系未必一定是最积极、最令人愉快的，比如某位亲人可能经常会使我们发狂，而不是让我们感到开心。不过，随着老人对次要社交关系的剔除，他们处理复杂情感（比如某个亲人所引发的酸甜苦辣）的能力似乎可以得到提高。[3]

一项研究发现，社交生活丰富、积极的老人所表现出来的认知能力的减退，要比那些孤立的老人晚 7 年。[4]

但是，孤独和老人们独自相处的时间并没有多大关系，和他们在某一天内与别人交往的次数也没有关系。事实上，老人们的孤独是由于缺少亲密、友好的交往而导致的。因此重要的是我们交往的质量：我们的交往对象是热情还是疏远，是支持我们还是打击我们。孤独的感觉（而不是单纯的朋友数量与交往次数）和我们的健康有着密切联系：人们的孤独感越强，他们的免疫系统和心血管功能往往就越脆弱。[5]

我们之所以要在年老的时候多关注自己的社交生活，还有另外一个生理上的原因。神经的形成，也就是大脑中神经细胞的生成，会一直持续到老年，当然速度会比年轻时要慢。许多神经学家认为，尽管这种速度的下降并不是不可避免的，但是单调的生活肯定会导致它的下降。新鲜事物在人们社交环境中的出现无疑会促进大脑对它们的学习，从而提高大脑中新细胞生成的速度。因此，许多神经学家正在和建筑师合作，希望研究出一种新型的养老院，使老人在日常生活中必须与他人进行更多的交流，就像我母亲所采用的方法一样。[6]

保卫婚姻

当我走出小镇上的一个杂货店的时候，不经意间听到了坐在外面长椅上的两位老人的谈话。其中一位老人在询问他们所认识的一对夫妻最近的情况。

另外一个老人的回答很简洁："你知道的，他们这辈子就争吵过一次——但是一直持续到现在。"

我们在前面提到过，这种人际关系引发的恶性情绪会对我们的身体状况产生不良影响。科学家们通过对新婚夫妇的研究发现了糟糕的婚姻关系危害人们身体健康的原因。这些新婚夫妇都认为自己的婚姻非常幸福，他们愿意将自己持续大约 30 分钟的解决分歧的情景用于研究。[7] 在争论中，所检测的 6 类肾上腺皮质激素中有 5 类的含量发生了变化，其中包括促肾上腺皮质激素浓度的上升，这表明下丘脑－垂体－肾上腺皮质轴比较活跃。他们的血压也大幅上升，而且免疫系统的各项指标都出现了下降，这种状况一直持续了好几个小时。

几个小时之后，免疫系统抵抗疾病的能力仍然会经历长时间的下降。他们争吵时的敌对态度越强烈，这种下降的幅度就越剧烈。科学家们总结说，内分泌系统“是一个把守人际关系与身体健康之间通道的重要大门”，它会释放压力荷尔蒙，从而影响心血管和免疫系统的功能。[8]当夫妻吵架时，他们的内分泌系统和免疫系统都会遭殃，而且如果他们之间的战争长期持续下去的话，这种危害也会累加起来。

作为婚姻冲突研究的一部分，科学家们邀请了一些60多岁的老年夫妇（平均婚龄为42年）来到同一间实验室，以监测他们争吵时的情景。和新婚夫妇一样，争吵也使老年夫妇的免疫系统和内分泌系统功能出现了下降，而且他们的怨恨越深，下降的幅度就越大。因为衰老本身会影响免疫系统和心血管系统，因此老年夫妇之间的敌意对健康产生的影响比新婚夫妇更加恶劣。在婚姻战争中，老年夫妇身体各项指标的下降程度比年轻夫妇更加严重，但是这种情况仅仅适用于妻子们。[9]

新婚妻子和步入老年的妻子都是如此。可以理解，那些在争吵中和争吵后免疫系统功能下降最严重的女性在一年之后对她们的婚姻状况也是最不满意的。

对于女性来说，如果丈夫在发生冲突的时候愤怒地冷落自己，她们的压力荷尔蒙水平就会上升。另一方面，如果丈夫在讨论的过程中表现出友善和同理心，那么他们的妻子就不会那么痛苦，她们的压力荷尔蒙也会相应处于较低水平。但是对于丈夫来说，不管解决分歧的过程是愉快还是痛苦，他们的免疫系统都不会发生多大变化。这种状况唯一的例外就是婚姻状况极度糟糕的人，这些人中丈夫和妻子的免疫功能都会比关系和睦的夫妻要弱一些。

许多方面的数据都表明，妻子比丈夫更容易因为恶劣的婚姻关系而导致身体健康状况的下降。但是总体来说，人际关系对于女性生理状况的影响并不比对男性的影响强烈。[10]

原因之一可能是女性比男性更加重视婚姻关系。[11] 针对美国女性的许多研究都表明，良好的夫妻关系是她们幸福感产生的主要因素，而且会长期影响她们的身心健康。而对于美国男性来说，夫妻关系的重要性要低于个人成就感和独立性。

而且，女人天生的母性意味着她们会比男人更加关心自己亲人或朋友的状况，因此她们比男人更容易因为自己所爱之人的困境而感到痛苦。[12] 除此之外，她们的情感更容易像坐过山车那样大起大落。[13]

科学家们还发现，妻子会比丈夫花更多的时间来反思不愉快的交往，而且她们的回忆会非常详尽、生动。当然，她们用于回忆美好时光的时间也多于丈夫。因为不愉快的记忆常常会不请自来，而且回忆某次冲突也会引发生理状态的变化，所以女性这种沉浸于苦恼中的倾向也会对身体产生不良影响。[14]

综上所述，与亲人或者朋友之间产生的矛盾对女性身体的不良影响要远远高于男性。[15] 例如，威斯康星大学的研究发现，57 群体中女性体内胆固醇的水平与她们婚姻生活中的压力直接相关，密切程度要远远高于男性。

一项对于充血性心力衰竭病人的研究表明，糟糕的夫妻关系导致女性提早去世的可能性要高于男性。[16] 而且，女性在因为离婚或者亲人死亡等原因而遭遇情感压力时得心脏病的概率相当高，而引发男性心脏病的往往都是身体原因。在遭遇突然的情感打击，比如亲人的意外死亡等而引发压力荷尔蒙升高时，老年女性似乎也比老年男性更为脆弱，医生把这一状况叫作“心碎综合征”。[17]

女性身体对于人际关系起伏的敏感性初步回答了那个由来已久的科学疑问：为什么男性的身体状况会因为结婚而得到改善，而女性却不会。许多关于婚姻和健康的调查都得出了这个结论，但是它仍然未必是正确的。使问题复杂化的主要原因是人们缺乏科学的想象力。

一项历时 13 年的研究为我们提供了不同的情景。在这项研究中，接近 500 名 50 多岁的已婚女性回答了一个非常简单的问题：“你对婚姻的满意程度如何？”结果非常清楚：女性对自己的婚姻越满意，她的健康状况就越好。[18] 如果她与丈夫相处愉快，有共同的兴趣和相似的品位，沟通良好并且在财务等方面的意见一致，对性生活质量满意的话，这些情况都会通过她的生理指标反映出来。对婚姻感觉满意的女性的血压、葡萄糖和胆固醇水平都要低于那些婚姻不幸的女性。

其他的许多调查也都搜集了快乐或痛苦的妻子们的信息，尽管女性的生理系统对婚姻中的起伏更加敏感，但是关键问题还是她们婚姻的美满程度。如果在婚姻中的不幸多于快乐的话，她的身体就会遭殃。但是如果婚姻生活中的主旋律是幸福的话，她和丈夫的身体状况都会因此而受益。

拯救情感

一位女士躺在轮床上，被推进了核磁共振成像系统的一个人形洞中，周围都是机器，只留下几厘米的空隙。她听到巨大的电磁铁急速旋转的嘈杂声音，还瞥见在脸上方几厘米的地方有一个监视器。

每隔 12 秒钟，屏幕上就会闪过一系列彩色的几何图形，比如绿色的正方形、红色的三角形等。研究者们告诉她在屏幕上显示某个图形的时候，她就会遭到电击，电流虽然并不会引起疼痛，但是也会令人感觉不舒服。

有时候她需要独自承受痛苦，有时候会有陌生人握住她的手，还有些时候她的丈夫会伸出有力的大手握住她的手。

8 位女性志愿者在理查德·戴维森的实验室中参与了这项实验，它的目的是评估在紧张、焦虑的时刻所爱之人对我们生理状况的缓解程度。结果显示，一位女士握住自己丈夫的手时比独自一人面对电击时的焦虑程度要低得多。[19]

握住陌生人的手也会在一定程度上减轻她们的焦虑，尽管程度没有握住丈夫的手时那么强烈。值得注意的是，戴维森的研究小组还发现，想在女士们不知道手的主人是谁的情况下进行实验是不可能的，因为在实验中妻子们即使闭着眼睛也总是能够准确地分辨出自己丈夫和陌生人的手。

当妻子们独自一人面对电击时，功能性核磁共振成像系统分析显示，她们大脑中的某些区域会活动，促使下丘脑－垂体－肾上腺皮质轴产生应激反应，使整个身体充满压力荷尔蒙。[20] 如果威胁不是轻度电击而是来自他人，比如一个充满敌意的面试官，那么这些区域的反应会更加强烈。

丈夫有力的大手可以大大平复这一神经系统的躁动。这一实验填补了我们知识上的一项重要空白，它表明了人际关系是如何影响我们的生理系统，使其向着或好或坏的方向发展的。我们现在可以大体了解在情感拯救时大脑内的活动了。

另外一个发现也很重要：妻子对于婚姻的满意度越高，丈夫的大手给她的身体带来的益处就越大。这也解释了一个由来已久的难题：为什么有些女性的婚姻会威胁到她们的健康，而另外一些女性的健康则会因为婚姻而受益。

肌肤相亲会产生特别的抚慰效果，这是因为它可以引发催产激素，从而产生温暖的感觉。这就可以解释为什么按摩或者温馨的拥抱会减轻人们的压力。催产激素的作用相当于压力荷尔蒙的“减压器”，它可以降低下丘脑－垂体－肾上腺皮质轴和交感神经系统的活动，而这些神经系统的持续活动会威胁到我们的健康。[21]

当分泌催产激素的时候，我们的身体会经历许多良性变化。[22] 当我们进入轻松的副交感神经系统活动模式时血压会降低，而且新陈代谢也会从原来的应对压力的肌肉推进模式转变为复原模式，这时身体的能量会用于储存营养、生长以及康复。氢化可的松的水平会直线下降，表明下丘脑－垂体－肾上腺皮质轴的活动正在降低。我们的疼痛极限也得到了提高，因此我们对于不适感的敏感性就降低了，甚至连伤口愈合的速度都会加快。

催产激素在大脑中的寿命很短，它在几分钟内就会消失。但是亲密、积极的长期人际关系可以为我们提供一个相对稳定的催产激素分泌来源。每一次拥抱、友好的触摸和温馨时刻都会引发它的分泌。当催产激素持续分泌，比如我们与所爱之人共同生活的时候，我们就可以收获爱给我们的身体带来的持久益处了。催产激素使我们与所爱之人更加亲密，而且把这种亲密关系转化为良好的身体状况。[23]

让我们重新回到托尔斯泰夫妇的故事中。尽管他们在各自的日记中表现出了对对方的怨恨，但是他们毕竟生育了 13 个孩子。这么一个大家庭意味着他们的家中有着充裕的爱和被爱的机会。因此托尔斯泰夫妇不需要仅仅依靠对方，他们还有许多其他的情感拯救者。

积极的情绪传染

年仅 41 岁的安东尼·拉齐威尔奄奄一息地躺在纽约一家医院的重症监护病房内，他得的是纤维肿瘤，一种致命癌症。据他的妻子卡罗尔回忆，在丈夫生病的时候，他的表兄小约翰·F. 肯尼迪曾经来医院探望过他。几个月之后，小肯尼迪也因为驾驶飞机在玛莎岛失事而去世了。

小肯尼迪刚刚结束聚会，还没有来得及换下晚礼服就走进了重症监护病房，医生告诉他安东尼只剩下几个小时的生命了。

小肯尼迪握住表弟的手，轻轻地唱起了《小熊泰迪的野餐》，这首歌是小肯尼迪的母亲杰奎琳在他们小时候经常为他们唱的摇篮曲。

已经奄奄一息的安东尼也跟着轻轻唱了起来。

用卡罗尔的话来说就是，小肯尼迪“使他进入了最安心的状态”。[24]

温柔的握手和摇篮曲无疑放松了安东尼最后时刻的情绪。人们的直觉认为，这似乎是帮助自己所爱之人的最好方式。

这一直觉已经得到了科学上的证实。心理学家发现，当人们在情感上越来越彼此依赖时，他们对彼此的生理状态也会起着积极的调节作用。这就意味着每个人从对方那里接收到的情感暗示都会对自己的身体产生特别的影响，这种影响可能是良性的，也可能是恶性的。

处于和谐人际关系中的人们会帮助对方控制他们的痛苦情绪，就像关爱孩子的父母一样。当我们感觉痛苦或者不安的时候，我们的同伴可以帮助我们反思痛苦的根源，以便做出明智回应或者使我们以正确的态度来看待这些痛苦。这两种情况都会减轻神经内分泌系统的负面影响。

我们与所爱之人长期的分离会使我们丧失得到或者给予这种亲密帮助的机会。对他们的思念在某种程度上表达了人们对于这种对彼此生理系统有益的人际关系的渴望。在自己亲人或者爱人去世之后，情绪上的混乱无疑反映了人们这种虚拟自我的缺失。这种重要生理同盟的丧失可以解释为什么人们在配偶去世之后患病或者死亡的危险会大大提升。

男性和女性在这一过程中的反应各不相同。在压力状态下，女性大脑分泌的催产激素要多于男性。它会产生镇定的效果，促使女性去与他人交流，比如去照顾孩子或者和朋友聊天等。加利福尼亚大学洛杉矶分校的心理学家谢利·泰勒发现，当女性在照顾别人或者与朋友交流的时候，她们的身体会分泌额外的催产激素，这会对她们产生进一步的镇定效果。[25] 这种照顾和交流冲动似乎是女性所独有的。男性荷尔蒙会抑制催产激素所引发的镇定效果，而女性荷尔蒙则会促进这种效果。这种差别使得女性和男性在面对威胁时会做出截然不同的反应：女性会与别人交流，而男性则选择自己面对。比如，如果女性被告知她们将会遭到电击，她们会选择等待其他志愿者一起接受，而男性则愿意自己先来。男性似乎比女性更能够通过其他可以分散注意力的事物来平复自己的痛苦，电视或者啤酒都是不错的选择。

女性拥有的亲密朋友越多，她们身体出现问题的可能性就越小，能够安享晚年的机会就越大。事实上科学家们发现，没有朋友对于女性健康的危害和吸烟以及肥胖等同样严重。即使在经历了严重的打击，比如配偶去世之后，有亲密朋友和知己的女性患上新的疾病或者丧失活力的可能性都比较小。

在与亲近的人相处时，我们控制情绪的能力，比如寻求安慰或者反思苦恼的能力，都会因为对方而得到加强。他们可能会提供建议或鼓励，或者通过积极的情绪传染来影响我们。这种与他人形成紧密生理连接的最初模式在婴儿早期与父母进行亲密交流时就形成了。这种大脑间的联系机制会陪伴我们一生，使我们的生理状态与我们所爱之人的生理状态密切相关。

心理学中用一个相当拗口的术语来表示这种二合一的状态："相互调节的心理及生理单位"，它模糊了"我"和"你"、自己和别人的心理以及生理的通常界限。[26]这种亲密的人们之间界限的模糊使得他们可以进行双向的调节，影响彼此的身体状况。总之，我们不仅可以在心理上帮助（或者危害）别人，也会对他们的生理产生积极（或者消极）的影响。你的敌视会使我的血压升高，同样，你的关爱也会使它降低。[27]

如果我们有一位亲密的伴侣、知心的朋友或者热心的亲戚可以依赖，我们就有了生理上的同盟。医学研究已经证实了人际关系对身体健康的影响，患有重病或者慢性病的病人可以因为情感上的抚慰而受益。因此，除了常规的药物治疗之外，生理同盟也是一剂良药。

亲密的情感是一剂良药

许多年前在印度乡下生活的时候，我惊奇地发现当地医院一般都不为病人提供饭菜。更让我吃惊的是他们这样做的原因：只要一个病人住院，他的家人都会过来，在病房里搭地铺睡觉，还在病房里生火做饭，尽可能地照顾好病人。

当时我就想，生病的时候有亲人或者爱人日夜陪伴在身边，帮助驱除由于疾病而产生的低落情绪是多么美妙的一件事情啊。这和西方社会中病人们的孤独情形形成了多么大的反差啊！

利用人际支持和关怀来提高病人生活质量的医疗体系也可以增强病人康复的能力。比如，病人躺在病床上等待第二天的一个大手术时难免会有些担心。在任何情况下，一个人的强烈情绪往往会传染给其他人，而且人们越是紧张、脆弱，他们就会越敏感，感染别人情绪的可能性就越大。[28] 因此，如果一个忧心忡忡的病人的室友也即将接受手术，那么他们两个人很可能会使彼此感觉更加焦虑和害怕。但是如果他的室友刚刚成功地接受完手术，因此感觉相对放松或者平静的话，那么室友的这种情绪就会使他感到安心一些。[29]

我曾经问过谢尔登·科恩（鼻病毒感染实验的领导者）是否有好的建议可以提供给住院的病人，他的建议是人们要有意识地寻找生理同盟。比如，他告诉我“去认识更多的朋友，特别是那些可以让你敞开心扉的朋友”是很有好处的。在我的一位朋友被诊断出患上了一种可能致命的癌症后，他做出了一个明智的决定：他开始定期拜访精神治疗师，在自己和家人经历高度焦虑和痛苦的时候向他倾诉。

科恩告诉我：“关于人际关系和身体健康的最惊人发现就是：社交生活完整的人——那些已婚、与家人和朋友关系密切、有自己的社交圈子和宗教组织，并且经常参加社交活动的人，康复速度比较快，而且寿命也比较长。大约 18 项研究都证实了社交性和死亡率的密切联系。”

科恩说，多花些时间和精力去与那些可以使我们得到滋养的人相处，将有益于我们的健康。[30] 他还鼓励病人尽可能地在生病期间减少与那些会对自己情绪产生不良影响的人交往，多与那些可以使自己感到心情愉悦的人相处。

科恩还建议，医院不应该只是教给心脏病患者如何避免疾病再次复发，而是应该考虑到病人的社交网络，培训那些最关心他们的人，使他们成为病人的生理同盟，共同改变必要的生活方式。

社交支持对于老人和病人非常重要，其他的一些因素却会妨碍他们实现对于温馨人际关系的渴望。其中一项就是家人和朋友面对病人时的手足无措和焦虑。特别是在病人的情况产生了不良的社交影响或者他们即将死亡的时候，周围原本亲近的人们可能会因为明哲保身的态度或者过于焦虑而无法为他们提供帮助，甚至不再来看望他们。

曾因慢性疲劳综合征而卧床几个月的作家劳拉·希伦布兰德回忆说："我周围的大部分人都疏远了我。"朋友们会互相打听她的情况，但是"在我收到一两张问候贺卡后他们就再没有了消息"。当她主动给老朋友打电话的时候，他们的谈话总是会非常尴尬。挂断电话之后她感觉自己真傻，真不该打这个电话。

但是像所有遭受疾病折磨的人一样，希伦布兰德非常渴望交流，渴望与自己的生理同盟联系。就像谢尔登·科恩所说的那样，最新的科学发现"毫无疑问向病人的家人和朋友发出了一个信号，要求他们不要忽视或者孤立病人。即使你不知道如何去安慰他，至少也应该去探望他"。

这一建议向所有关心病人的人们表明，即使我们不知道如何去表达自己的情感，但是拜访本身就是送给病人最好的礼物。拜访本身就会对病人产生惊人的影响，即使对于大脑严重受损，似乎毫无意识的植物人也是如此，医学术语把他们的这种状态称为“最低意识状态”。如果亲人或朋友向他们诉说往事或者轻轻地触摸他们，病人的大脑会和正常人的大脑产生同样的活动。[31]尽管他们似乎毫无反应，无法进行一次眼神交流，也无法回答一句话。

一个朋友告诉我她偶然读到一篇关于从昏迷中苏醒的人们的文章。这些人说，虽然他们当时一动也不能动，但是他们经常可以听到并且理解别人对他们所说的话。她正好是在去看望母亲的路上读到这篇文章的，她的母亲在充血性心力衰竭康复后也陷入了植物人状态。看到这一观点之后，她就不再只是静静地陪在母亲身边，看她的生命慢慢流逝，而是尽可能地去和她说话，或者轻轻地抚摩她。

亲密的情感在病人身体最脆弱的时候发挥的作用最显著，比如在人们患慢性病，或者免疫系统受损时，再或者年纪大了之后。尽管这种关爱并不是万能药，但是最新数据表明它有时的确可以改变人们的生理状态。从这种意义上讲，爱不仅可以改善病人的心境，而且还会在某种程度上产生同药物治疗一样的效果。

因此，内科医生马克·佩特斯极力主张我们应该学会辨认表明病人渴望人际关系的微妙信号，比如“眼泪、微笑、眼神甚至沉默”等，并且做出敏锐的回应。

佩特斯年幼的儿子在住院接受手术之前非常惊恐害怕、烦恼不已，而且因为发育迟缓，他当时还不会开口讲话，也不知道究竟发生了什么事情。[32]手术结束之后他躺在床上，身上插满了管子：胳膊上在进行静脉注射，一根管子通过鼻孔插进胃部，鼻孔中还有氧气管，还有一根管子把麻醉剂输送到椎管，另外一个管子通过阴茎到达膀胱。

佩特斯和妻子看到心爱的儿子这副模样心如刀绞，但是他们从儿子的眼神中感觉到自己可以通过爱意来帮助他，比如抚摩他、深情地望着他，或者仅仅在旁边看着他，什么都不做。

就像佩特斯所说的那样："爱，就是我们的语言。"

第十八章

一张关爱处方

在一家世界一流医院的脊柱外科诊室里，住院医生正在接待一位50多岁的女士。她已经被颈椎间盘增生折磨了许多年，然而这还是她第一次来咨询医生。以前她一直都是去找脊椎推拿师，但是推拿只能暂时缓解她的疼痛。疼痛越来越严重，她也开始担心了，于是这才来看医生。

这位女士和她的女儿滔滔不绝地向住院医生提出各种问题，倾诉她们的疑虑和担忧。医生花了大约20分钟的时间竭力回答她们的问题、安抚她们的情绪，但是并没有取得多大成效。

这时，主治医生进来，干脆利落地介绍了她所建议的用来消除炎症的小关节注射治疗方案以及用以拉伸并且锻炼颈部肌肉、配合治疗的物理治疗。那位女士的女儿无法理解这些治疗是如何发挥效用的，于是又向主治医生提了一大堆问题，而此时主治医生已经站起身来向门口走去。

那位女儿不理会医生谈话已经结束的暗示，仍旧提出一个个问题。在主治医生离开之后，住院医生又花了大约10分钟的时间，才最终说服病人同意接受注射。

在她们离开后不久，主治医生把住院医生叫到旁边，对他说："你很善良，但是你不能跟一个病人聊那么长时间。我们只能给每位病人 15 分钟的时间，而且这还包括写病历和医嘱的时间。这样一来，你就要通宵写病历和医嘱了，而且第二天还要工作一整天。几次之后你就不敢这么干了。”

“但是我很重视与病人的交流，”住院医生抗议道，“我想与他们建立融洽的关系，真正理解他们的感受。因此如果条件允许的话，我会给每位病人留出半个小时的时间。”

听到这话，主治医生有点生气，她把门关上，以免有人听到他们的对话。她说：“你看，外面还有 8 位病人在等候——那位女士占用这么长时间的做法是非常自私的。你接待每位病人的时间不能超过 10 分钟，这是我们能留出的最长时间。”

然后她又为住院医生推演了每位患者用时数据的演算过程，并为他计算了医生在经过层层“抽税”之后实际拿到的报酬，这些“税”包括交纳医疗事故保险的费用，医院以及其他特权阶层拿走的份额等。最终得出的结果是：如果医生一年能够为医院带来 30 万美元的收益，他自己可以拿到的大概只有 7 万美元。因此，增加自己收入的唯一方法就是用尽可能少的时间接待尽可能多的病人。

病人在经历漫长等待之后却只能匆匆同医生说上几句话，这种现象越来越普遍了。不仅病人对此感到不满，医生也有诸多抱怨。这种用经济学家的头脑来管理医院的模式不仅伤害了病人，也伤害了医生。越来越多的医生抱怨他们没有时间按照自己的意愿来与病人交流。而且这一情况不仅在美国非常普遍，在欧洲也是如此。欧洲一位参加全国健康计划的神经科医生曾经痛心疾首地指出：“他们把人当作了机器。我们报告治疗的过程，他们据此计算出应该给每位病人留出的时间。但是他们根本没有给我们留出与病人交流的时间，我们得通过谈话来亲近病人，向病人解释各种情况并安抚他们的情绪。许多医生都因此感到非常沮丧，他们想要足够的时间治疗病人，而不仅仅只是治疗疾病。”

漫长而痛苦的医学院生活和住院实习期已经为医生们的职业倦怠埋下了伏笔。繁重的工作量，再加上对医生要求越来越高的“医疗经济学”，难怪沮丧的情绪正在医生中悄悄蔓延开来。调查发现，80%—90% 的执业医生都表现出了一定程度的职业倦怠，它已经成为医生中的流行病了。[1] 其症状包括：因工作而引起的情绪低落、强烈的不满足感，以及将病人物化的“我和它”态度等。

集体性冷酷

4D 床位的病人是因为肺炎而入院的。她已经对多种药物产生了抗药性，而且年事已高，还患有多种其他疾病，因此康复的前景不容乐观。

在住院的几个星期里，她与夜班护士关系还不错。除此之外，没有一个人来看望她，联系人名单上一个人也没有，万一去世的话医院都不知道该去通知谁，而且她好像也没有任何朋友或者亲人。查房的夜班护士是唯一来看望她的人，而且他们之间的交流也仅仅局限于她体力所允许的简短对话。

4D 病人的重要生命体征正在逐渐消失，护士意识到她已经濒临死亡了。因此他在值班的时候一有空就去看她，只是待在那里看着她就能够给她带来莫大安慰。在她生命的最后时刻他也一直握着她的手，守在她身旁。

你知道他这充满人性关怀的做法激起了上司什么样的反应吗？

她斥责他在浪费时间，而且还要把她的批评写进他的人事档案中。

奥尔德斯·赫胥黎（Aldous Huxley）在《永恒的哲学》（*The Perennial Philosophy*）一书中直白地写道："我们的原则就是集体性冷酷。"这一原则适用于任何用"我和它"态度来对待自己客户的机构。当人们仅仅被看作带有编号的物体时，他们自身的利益和价值就被忽视了，同理心也在追求效率的名义下被牺牲了。

比如下面是一位即将拍 X 光的住院病人通常都会遇到的情况。他一早就会被告知，"你今天要去放射科拍 X 光"。

但是医院没有告诉他的是，住院病人没有门诊病人拍 X 光给医院带来的利润高（至少在美国是这样的）。因为住院病人的 X 光检查费和许多其他费用都是包含在保险公司支付的"套餐"费用中的，因此医院不得不精打细算，这也使得 X 光检查有可能成为医院的赔本生意。

因此住院病人通常都会被安排在队伍的最后焦急地等待。他们本以为 5 分钟就可以轮到自己，但有时可能要等上 5 个小时。更糟糕的是，有些检查是需要病人在前一天晚上就禁食的，因此如果检查一直拖延到下午的话，那就意味着病人早饭和午饭都没办法吃了。

一位医院负责人告诉我，“收入决定服务质量。我们没有想过排队的如果是自己的话我们会有什么感受。我们并不怎么在意病人们有什么期望，更不要说尽可能满足他们的需求了。我们的操作和信息流程都是为了能够方便医务工作者，而不是病人。”

然而，我们都知道，情绪会对人们的健康产生一定影响。因此，即使是打着提高效率的幌子，忽视病人作为一个人的基本需要也是欠妥的，这等同于自动放弃了治疗中潜在的生理同盟。我的意思并不是说一定要“温和”，因为再富有同情心的外科医生也必须要用手术刀切开病人的皮肤，再富有同情心的护士也不能避免引起病人的疼痛。但是在友好和关心的氛围中，手术和其他因素引起的疼痛也能得到缓解。医生和护士的关注、理解和关心可以在一定程度上减轻疼痛的感觉，而忧伤和漠视则会增强这种感觉。

要向更加人性化的方向转变，医院需要在两个层面上做出改变。第一，提供医疗服务的人必须转变观念。第二，医疗机构的规则需要改变，包括规则和潜规则。现在，有许多迹象表明，人们确实想要往这个方向转变。

对于基本人权的尊重

让我们设想一下一位对待病人完全没有感情的成功心脏外科医生。他不仅缺乏同情，而且态度傲慢，甚至轻视病人以及他们的情感。几天前，他为一位从五楼窗口跳下企图自杀的重症病人做了手术。在巡视的时候，他当着自己许多学生的面对这位病人说，如果想要惩罚自己的话还不如去打高尔夫。学生们哄堂大笑，但是病人脸上露出痛苦绝望的表情。

几天之后这位医生自己却成了病人。他感觉喉咙很痒，而且还咳出了血。在医院的喉科专家为他做检查的时候，这位外科医生的表情和动作都表明了他的恐惧、疑惑、不适和不知所措。喉科专家最后告诉我们的主人公，他的声带出现了增生，需要进行活组织切片和相关检查。

这位喉科专家离开去接待下一位病人的时候还不停地嘟囔："今天真够忙的！真够忙的！"

这个故事是已故的管理学教授彼得·弗罗斯特（Peter Frost）讲述的。[2] 他自己在癌症病房的亲身经历使他一直致力于推进人性化医疗服务。弗罗斯特指出，上面故事中两位医生所欠缺的主要就是对于别人基本人权的重视，其根本原因就是他们不把病人当人看待，让病人们丧失了尊严，甚至是求生的意志。

现代医疗机构往往缺乏人性化服务。有些人认为医生们例行公事的态度会导致无谓的"治疗疼痛"，也就是医务工作者的无情给病人带来的额外痛苦。即使对于垂死的人来说，医生们的冷漠有时也会给他们带来甚于疾病本身的情感折磨。

对于病人基本人权的重视在医学界掀起了一阵"以病人为中心"或者"以医患关系为中心"的运动，这一运动把医学关注的焦点从单纯的诊断扩展到了对被医治者的关怀以及改善医生与病人的关系等方面。[3]

这一扩大医疗卫生领域交流和同理心范围的运动反映出了挂在嘴上的宗旨和现实操作之间的差异。事实上，《美国医学会医师伦理纲领》（*The Code of Medical Ethics of the American Medical Association*）的第一条原则就训诫医生们应该以同情心来对待病人，为他们提供有效的治疗。大部分医学院的课程中也都有关于医患关系的模块。执业医师和护士们也都会接受关于人际关系和交流技巧的例行培训。但是直到几年前，美国医师从业考试才开始考察医生构建和谐关系以及与病人交流的能力。

事实上，实施这一更加严格的新标准的初衷也是为了更好地保护医生。1997 年《美国医学会杂志》上一项关于医生与病人谈话方式的研究引起广泛反响。这项研究发现，如果一位医生缺乏沟通能力，他就很可能会以玩忽职守的罪名被起诉，这甚至与他导致的医疗事故的数量并没有多大关系。[4]

与之对比，那些与病人关系融洽的医生被起诉的次数就要少很多。这些医生做的事情很简单，他们会告诉病人预期的治疗效果，与他们聊天，用肢体语言来安慰他们，坐在他们旁边，并且同他们一起大笑，毕竟幽默可以很快制造出融洽的氛围。[5] 而且，他们会确保病人理解自己的话语，询问他们的意见，为他们答疑解惑，并且鼓励他们说出自己的想法。总之，这些医生表现出了对病人本身的兴趣，而不是仅仅对疾病做出诊断。

在这一过程中，时间是一个关键因素，这些医生与病人的交谈大约要比其他医生长三分半钟。交谈的时间越短，医生被起诉的可能性就越大，毕竟建立和谐关系是需要一点时间的。对于需要在更短时间内接待更多病人的医生来说这真不是一个好消息。

越来越多的例子证明了在医生与患者之间建立和谐关系的必要性。比如，一项综述性研究发现，如果病人认为医生做到了同理心并且为自己提供了有价值信息的话，他们就会对医生非常满意。[6]但是值得注意的是，病人判断医生提供的信息是否有价值的标准不是信息本身所包含的内容，而是信息传达的方式。关切的语气会使病人更容易接受医生的话。而且，病人对医生越满意，对医嘱就记得越清楚，遵守得就越严格。[7]

除了促进医疗效果之外，和谐关系还有助于提高经济效益。至少在美国，医疗市场的竞争越来越激烈，对决定更换医疗服务的病人进行的“劝退访谈”发现，25% 的人离开的原因都是“我不喜欢医生和我进行交流的方式”。[8]

罗宾·扬森博士的转变出现在他的女儿因为脖子骨折而被急匆匆送到医院的那天。他年仅 5 岁的女儿被固定在床上整整 90 天，眼睛只能看到天花板，这让他和妻子心如刀绞。

这次磨难使得扬森博士——新西兰奥克兰市的一位麻醉学家，开始努力呼吁改变新西兰关于病人权益的立法规范。他认为除了现有的应当得到尊严和尊敬的权利之外，病人还应该拥有得到人性化治疗的权利。

他承认说，“在我的大部分职业生涯中，我都把面前的病人看作了一个‘生理学对象’”，但是他现在意识到，这种“我和它”的态度降低了建立有效治疗关系的可能性。他说，女儿住院的经历“使我重新找回了自己的慈爱之心”。

当然，任何医疗机构当中都有好心人。但是医学界本身的文化往往会抑制甚至完全破坏同理心关怀的表达，医生为了关心病人而承受巨大的成本和时间压力。而且，扬森博士认为，这种文化还使得“医生们形成了错误的思维方式和理念：直来直去、删繁就简、批评多鼓励少、极度悲观，还不能容忍模棱两可的情况。我们总是认为‘超然物外’是进行准确判断的关键。这是不对的”。

扬森博士认为，医生这个职业现在最大的问题就是，“我们已经完全丧失了同情心。”他说，同情心最大的敌人并不是医生或者护士的铁石心肠（他自己的同事们就都很愿意与人为善），而是无法抵挡对现代医学技术的依赖性。雪上加霜的是，医疗体制分工过度碎片化使得病人不得不往返于各个专科门诊之间；而且，护士紧缺，一个护士需要照顾的病人数量越来越多。结果就是，不管是否具备这样的技能和条件，病人们经常变成唯一负责监控自己医疗过程的人。

“治愈”（heal）这个单词来源于古英语中的“hal”，意思是“使……完全，修补”。治愈的不仅仅是某种疾病，还有这个人，要帮助他重拾圆满的感觉、重建良好的情绪。在治病的同时，病人本身也需要“治愈”，而且同情的治愈效果是任何药物或者技术都无法比拟的。

关怀流程图

南希·阿伯内西（Nancy Abernathy）在为医学院一年级学生讲授人际关系和决策技巧课程时遭遇了自己人生中最不幸的事情：寒假中，她年仅50岁的丈夫在自家佛蒙特州房子后面的森林里滑雪时因心脏病突发去世了。

虽然突然失去了自己最亲近的人，而且还要独自抚养两个处于青春期的孩子，阿伯内西仍然努力使自己挺过了接下来的一个学期，并且还跟同学生们交流了自己痛失亲人的痛苦，因为学生们以后也会经常遇到痛失亲人的病人家属。

阿伯内西透露，自己曾经一度非常担心无法面对下个学年的课程，特别是有些课上还要展示自己家人的照片。她不知道自己应该带哪些照片去上课，应该表露出什么程度的悲伤，也不知道自己如何才能在告诉学生们丈夫死讯的时候忍住不哭。

尽管如此，她还是报名在下个学年继续讲授这门课程，并挥手告别了当前的这批学生。

新学期来临，又要上那门痛苦的课程了，阿伯内西早早来到教室，却发现教室里基本已经坐满了。更令她惊奇的是，来的许多都是她原来的学生。

这些学生都已经进入二年级了，他们在用到场陪伴这种方式表达他们对老师的支持。

“这就是同情，”阿伯内西说道，“它是联结痛苦中的人与给予关怀的人的最简单的纽带。”[9]

在为别人提供关怀的时候，提供关怀的人们之间也需要彼此关心。任何一个服务机构中，职员间的相互关心都会影响他们为客户所提供的关怀的质量。

员工间的相互关怀就是成人版的安全基地。任何工作场所中都能发现这种有助于改善情绪的日常交流。从以同情的态度来听听一个人的心事，到专门停下手头工作来听取一个人的抱怨，都体现了这种相互关心。再比如，一句问候、一份敬意、一声称赞，或者是对他人工作的认可，都能起到同样的效果。

如果服务性行业的人员没有为自己的服务对象提供安全基地的意识，那么他们就很容易感染对同僚和服务对象的“同情疲劳症”。[10] 拥抱、倾听和同情的目光都很重要。然而，服务机构中的气氛通常都是喧嚣而忙乱的，它们常常会被我们遗忘。

通过认真仔细的观察，我们可以画出一张关怀“施与受”流程图。事实上，这个虚拟关怀流程图是威廉·卡恩（William Kahn）从人类学的角度对某个社会服务机构中员工的日常交流进行了三年观察之后提出的。[11] 这个机构的任务是为无家可归的儿童寻找一个成年志愿者，陪伴、教导他们。和许多非营利性机构一样，它也面临着严重的资金和员工短缺的困境。

卡恩发现，充满关心的交流并没有什么特别，在任何工作场所的日常生活中都能发现它的踪迹。比如当一位新社工在每周例会上讲述他遇到的一个棘手案例时，另外一位经验丰富的社工认真倾听了他的困扰，提出了一些启发性问题，尽可能地不打击他的积极性，并且还赞赏了这位新手的敏锐。她的做法就融合了多种关怀方式。

而另外一个会议上的情形却大不相同，会议的主题是一位社工主管同大家一起讨论他们所遇到的最棘手案例。但是这位主管完全偏离了会议的主题，转而滔滔不绝地讲述自己所关心的管理方面的问题。

而且她讲话的时候总是低头看着笔记，与大家没有任何眼神交流，没有给大家机会提问，更没有给大家机会来进行评论，而且她完全没有询问社工们的感受。对于社工们的超负荷工作她没有表现出任何关怀，当员工们问到关于日程安排的问题时，她的回答也不怎么切题。因此她的关心得分为“零”。

让我们从最上层开始看一下这家机构的关怀流程图。这家机构的行政主管非常幸运，因为董事们都非常热心地支持他的工作。他的董事长是一位模范上司，他总是能够感同身受地倾听行政主管的困难和挫折，为他提供帮助，确保董事会会支持他，并且给他足够的自主权以便他能够按照自己的方式来进行管理。

但是行政主管并没有把这种关心传达给那些承担了大部分实际工作、超负荷运转的社工们。他从来就没有询问过他们的感受，从来没有鼓励过他们，也从来没有对他们的辛勤努力表示过一点敬意。他与他们在情感上非常疏远：他总是对他们讲一些空洞的话。即使有少数几次他们寻机表达了自己的沮丧和愤怒，他也根本不去理会。这样的结果就是彼此之间的疏离和隔阂。

当然，这位主管对某些下属极其关怀，那就是他们的筹资人。他们相互支持，倾听彼此的苦恼，相互提供忠告和安慰。但是他们从来不关心机构中的其他人。

荒谬的是，作为行政主管负责直接下属的社工主管为上司提供的支持比上司给自己的支持还要多得多。令人惊奇的是，这种关心的倒置相当普遍，下属们经常要无偿地关心自己的上司而且得不到任何回报。这种由下而上的关心类似于某些家庭中的情形，父母放弃了自己的责任，还要反过来寻求孩子们的关心。

那位社工主管与自己下属的关心也是倒置的，她没有给予他们任何关心却一直在寻求他们的支持。比如，在一次会议上一位社工问主管是否从其他机构中了解一下如何对虐待儿童的文件进行归类，她回答说自己已经努力过了，但是没有成功。听到这里，另外一位社工主动要求承担这项任务。事实上，社工们还为主管分担了其他许多她份内的工作，比如日程安排等，并且尽量不让自己的苦恼打扰到她。

事实上，社工之间的关怀交流最为频繁。由于主管的冷漠，再加上巨大的压力和超负荷的工作，他们不得不竭力在彼此之间建立一个情感堡垒。在没有主管参加的会议中，他们会询问彼此的工作情况，认真倾听，为他人提供情感上和实际上的双重支持，并且互相帮助以摆脱困境。

许多社工都告诉卡恩说，当他们感受到别人的关心时，他们会更加乐意在工作中帮助别人。就像其中一位社工所说的那样，“当我感受到自己在这里的价值时，我就会全身心投入对孩子们的管理中”。

即便如此，社工们的情感“收支赤字”还是越来越大，因为他们的付出要远远大于回报。尽管他们的努力为许多人带来了希望，自己的精力却在一点点耗尽。他们经常会慢慢地厌倦自己的工作，变得筋疲力尽，并且最终离开。事实上，在两年半的时间内，一共有 14 名社工放弃了 6 个职位。

如果缺少必要的情感补给，这些为他人提供关怀的人最终也会筋疲力尽。医务工作者如果可以得到自己所需的情感支持的话，他们就能更好地为病人提供同样的情感关怀。但是，许多超负荷工作着的社工、医生或者护士都缺少必要的情感支持。

关怀医务工作者

增强医疗机构工作人员的同情心还有另外一个非常实际的好处，那就是可以提高成本效益，这一点无疑是医院做出决策时要考虑的重要因素。提升成本效益还可以帮助医院留住最优秀的员工。下面的信息来自一项对于医务工作者，特别是护士所做的“情感工作”的研究。[12]

那些职业倦怠更严重些的护士通常都缺乏使命感，身体状况较差，而且辞职的想法非常强烈。研究者们总结说，这些问题都是因为护士们“感染”了病人们的绝望、愤怒或者焦虑而引发了自身的苦恼。这些消极情绪不仅会影响护士们与病人的交流，也会影响他们与同事的交往。

但是如果一位护士能够关怀病人，并且经常感觉他们的情绪因为自己而转好，那么她自己的情绪也会变好。温言暖语和表达关爱都能缓解护士因工作而产生的心理压力，就像交流能够缓解病人压力一样。这些与病人情感交流密切的护士身体状况也会比较好，使命感也比较强，而且他们放弃工作的可能性也比较小。

护士见到或者激发的病患痛苦越强烈，她自己感染的痛苦情绪也会越强烈。反之，护士为病人带来的愉悦越多，自己的心情也会越好。在工作中，每一位护士肯定都不可避免地会给病人带来痛苦，当然也能使他们心情愉快。研究数据表明，她引发愉快情绪的次数越多，自己的心情就会越好。而且，这种情感交流中积极情绪与消极情绪的比例在某种程度上是由护士自己决定的。

不断听人诉苦、经常让人感染痛苦情绪，我们把这种情况称为“同情疲劳症”。在这种情况下，提供帮助的人反而会沉浸在需要帮助的人们的痛苦情绪中不能自拔。对于提供帮助的人来说，治疗这一症状的方法并不是不再倾听别人的痛苦，而是首先要寻找到自己的情感支持。在医疗机构中，处于第一线的护士或者其他医务工作者需要得到医院或者他人的帮助来“消化”那些无法避免的痛苦，使自己在情绪上具有更强的恢复力。医疗机构必须保证护士和其他医务工作者能够得到足够的情感支持，这样他们才能在工作中关怀病人。

就像进行高负荷体力劳动的人需要不断休息一样，那些从事繁重情感工作的人也需要休息时间来使自己平静，这样才能重新投入工作中去。但是只有在管理者们意识到医务工作者对于病人的这种情感关怀不仅十分重要，而且也是他们工作必不可少的一部分的时候，这种有助于情绪复原的休息才会成为常规性操作。

通常情况下，医疗护理工作中的情感关怀都没有被看作“实际”工作。但是如果把这种情感关怀纳入实际工作中，而且被看作相当重要的一部分的话，医务工作者完成工作的情况就会更出色。但是阻碍这一目标实现的最直接的问题就是无法对这些情感关怀进行量化，它们很难在对医务工作者的业绩评估中体现出来。

而且更为糟糕的是，医疗机构在选拔领导的时候也会犯和许多其他机构一样的错误。比如，人们很可能会因为自己专业方面的才能——比如本身是一位出色的外科医生，而被提拔为科室主任，同理心之类的基本情感能力却经常被忽视。

哈佛大学医学院附属马萨诸塞州综合医院负责改进服务质量的高级项目经理琼·斯特劳斯（Joan Strauss）曾经说过，“如果人们是因为专业知识，而不是人际能力而被提升到管理阶层，那么他们有时会需要一些指导。比如，他们可能不知道如何以礼貌、坦率的态度来对待自己的下属，无法自如运用一手软一手硬的技巧”。

科学家们在对出色的领导和平庸的领导进行对比研究后发现，为病人提供人性关怀的能力与医学知识或者专业技巧并没有多大关系，而是与社交商和情商密切相关。[13] 当然，医学知识对于医疗机构的领导来说是必不可少的条件，但是它仅仅是每位医疗机构领导都必须具备的最基本能力而已。要成为一位杰出的领导还需要人际交流能力，比如同理心、解决冲突以及管理的能力等。人性化的医疗机构需要有爱心的领导，这样的领导才能够为员工们提供情感上的安全基地。

关怀人际关系

肯尼思·施瓦茨（Kenneth Schwartz）——波士顿的一位成功律师，在 40 岁的时候被诊断出肺癌。在手术前一天，他来到了医院的术前接待区等候术前咨询，护士们业务繁忙，工作时都是疾步小跑。

等了好久之后护士终于叫到了他的名字，于是他走进办公室。一开始，那位进行术前咨询的护士态度十分简慢，施瓦茨感觉自己就是另外一个没有任何识别标志的病人。不过，当施瓦茨告诉她自己得的是肺癌的时候，她的表情柔和起来。她还握住他的手，问他感觉如何。

突然间，他们的关系不再是护士与病人，施瓦茨给她讲自己两岁的儿子本的故事。她告诉施瓦茨自己的侄子也叫本。当谈话快要结束的时候，她已经开始擦眼泪了。尽管她的职责并不要求她去手术区，但是她还是说她会来看他。

第二天当他坐在轮椅中等着被推进手术室的时候，她来了。她眼泪汪汪地抓住他的手，祝他好运。

施瓦茨在医院中还经历过许多这样的关怀。就像他所说的那样，这样的善意关怀“使许多原本难以忍受的过程变得不那么痛苦了”。[14]

在几个月后，也就是他去世前不久，施瓦兹做出了一项捐赠，希望通过自己的努力能够使更多的病人得到这种仁慈的关爱。他在马萨诸塞州综合医院成立了肯尼思·施瓦茨中心，来“支持和推动人性化医疗护理”。他希望这种人性化医疗护理能够为病人带来希望，并且为医务工作者提供支持，这些都有助于病人的康复。[15]

施瓦茨中心每年都会颁发年度人性化护理奖来表彰那些在护理病人过程中表现出极大爱心、堪称典范的医务工作者。该中心另外一项颇有成效的举措就是改革了医院研讨会。传统的医院研讨会一般都是为医务工作者介绍本领域的一些最新成果，而“施瓦茨中心研讨会”却为医院员工提供了一个可以畅谈自己忧虑和担心的机会。这样做的初衷在于让医务工作者能够通过对自身情感的反思来改善自己与病人间的交流。[16]

马萨诸塞州剑桥市奥本山医院的贝思·劳恩（Beth Lown）博士曾经说：“第一次在施瓦兹中心开研讨会的时候，我们以为大约六七十人能来参加就不错了。但是出乎我们意料的是，到场的医务工作者大约有160名。这些研讨会的成功证明我们的确需要坦诚地交流彼此对于工作的看法与情感。”

作为美国医师与病人学会的官员，劳恩博士看待问题有着自己独特的视角：“与病人进行良好的沟通本是许多人进入医学界的初衷，但是它逐渐被以生物学和医学为导向、以科学技术为驱动力、以尽快接收并治疗病人为目的的医院文化所取代。我们现在应该考虑的问题并不是医学院学生是否能够通过学习获得同理心的能力，而是我们现行体制中究竟哪些因素使他们丧失了这一基本能力。”

现行的医学资格考试中就包含了对于人际能力的评估，这也证明了医生营造和谐人际关系能力的重要性。医生在他们的职业生涯中的平均问诊次数大约为20万次，问诊是他们与病人建立和谐关系的最佳时机。

分析能力越来越强的医学头脑将问诊分成7个部分，包括开始时的询问和交流病人情况到最后治疗方案的制订。它所强调的不是医学操作的规范（当然是考虑到这一点的），而是人性化的服务。

比如，医生应该鼓励病人多谈一下自己的情况，而不要从一开始就占据着对话的主导权。医生们需要与病人进行良好的沟通，这样他们才能了解病人对于疾病和治疗的态度。换句话说，他们需要调动同理心并与病人建立和谐的关系。

劳恩博士认为，这些技巧“是可以通过学习获得的，但是它们也像其他临床技能一样，需要在实践中锻炼和培养”。而且，她还认为，这样不仅会提高医生的效率，使病人更好地坚持治疗，而且还会提高病人对于医疗服务的满意度。

肯尼思·施瓦茨去世前几个月的话语更加直白，他写道：“人性化关怀的疗效是大量的放射疗法和化学疗法都无法比拟的，它们燃起了我痊愈的希望。尽管我并不认为仅仅依靠希望和从容的心态就能够战胜癌症，但是它们的确改变了我”。

Part

- 6 -

第六部分

如何提高社交商

第十九章

当我们面临压力时

设想一下，你正在开车去上班的路上，心中筹划着和同事的一次重要会谈，而且不时地提醒自己不要忘记在下一个路口左转，而不要像往常一样右转，因为你要把衣服送到洗衣店去。

突然，后面传来一阵救护车急促的笛声，你连忙让道。你感觉自己的心跳正在加速。

你竭力想把思路转回与同事的会谈上，但就是无法集中精力。到达公司之后，你不禁在心里大声骂自己，因为你还是忘记把衣服送到洗衣店了。

这一场景并非来自商业管理书籍，而是来自学术期刊《自然》，是一篇名为《疲惫的生理原理》的文章的开头部分。[1]这篇文章总结了普通程度的焦虑——由于日常生活引发的疲惫对人们的思维以及行为造成的影响。

“疲惫”是一种神经状态，指的是情绪的高潮妨碍了大脑理性中心的正常运行。当我们感觉疲惫时，我们无法集中精力进行清晰的思维。这一现象的研究可以帮助人们了解如何才能保持办公室和教室中的最佳气氛。

在学校和工作中的优异表现都同样依赖于大脑的最佳表现状态。

而紧张的状态会妨碍大脑的发挥。

“消除恐惧”是已故质量控制大师爱德华兹·戴明提出的口号。他认为恐惧会使工作场所死气沉沉，工人们不愿讲话，不愿与别人交流，也不愿与别人合作，更不要说提高他们的工作质量了。这一口号也同样适用于学校，恐惧会使学生们的大脑处于疲惫状态，妨碍他们的学习。

疲惫产生的基本生理原理反映了身体应对紧急情况的默认状态。压力会使下丘脑–垂体–肾上腺皮质轴的活动异常活跃，从而使身体做好应对危机的准备。而杏仁核会强行取代大脑的行为中心——前额叶皮层对于大脑的控制。控制权由大路神经系统向小路神经系统的转换使人们更容易做出下意识行为，杏仁核会促使我们做出膝跳反射来保护自己也是这个道理。理性大脑暂时交出了管理权，毕竟大路神经系统的反应速度要比小路神经系统慢得多。[2]

随着小路神经系统对大脑决策权的控制，我们也丧失了做出最佳判断的能力。而且面临的压力越大，我们的思维能力和行为能力所受到的影响就越大。[3]杏仁核对于大脑的控制妨碍了我们的学习能力、在工作记忆中储存信息的能力以及组织和计划能力。神经学家把这种状态称为“认知障碍”。[4]

一位朋友坦率地说：“我在工作中所经历的最困难时期就是公司重组的时候，每天都会有人一声不响地‘消失’，只在办公桌上留张纸条说自己因为‘个人原因’而离开。空气中弥漫着紧张的气氛，这个时候没有人能够集中精力工作。事实上，那一段时间每个人的工作都没有什么实质性进展。”

考虑到当时的氛围，人们的这种状态一点都不奇怪。我们越是紧张，大脑的认知能力遇到的障碍就越大。在这种状态下，其他思绪会扰乱我们的注意力，占用原有的认知资源。因为高度焦虑会使我们的注意力范围缩小，也就减弱了我们接收新信息的能力，更谈不上产生新思路了。因此，亚恐慌状态是学习和创造的大敌。

烦躁不安的情绪是由杏仁核传到前额叶皮层的右半部的。当这一神经系统被激活时，我们的思绪会转向引发痛苦的源泉。当陷入忧虑或者憎恨的情绪中时，我们的反应速度会变得迟缓。同样，当我们悲伤的时候，前额叶皮层的活动会放缓，因而影响到我们的思维能力。[5]极度的焦虑和愤怒或者极度的悲伤都会使大脑无法进行高效工作。

厌倦也会影响到大脑的高效工作。当思绪漫无目的地游荡时，注意力是无法集中的，而且创造力也会丧失。在冗长的会议（很不幸的是，许多会议都是这样的）中，只要看到人们茫然的目光，我们就知道他们已经走神了。我们应该都还记得上学时自己倦怠时会茫然地看向窗外吧。

最佳的学习状态

一个高中班级的学生每两人一组，正在玩填字游戏。每组同学拿到的字谜都是一样的，但是其中一个是填好的，另外一个是空白的。游戏的规则是要求拿到完整填字的同学提示他的同伴，帮助他把空缺的字填上。而且因为这是西班牙语课，同学们必须用西班牙语进行提示，需要填的也都是西班牙语单词。

学生们完全沉浸在游戏中，下课铃声响起他们都没有听见。没有人愿意离开，他们都想继续这个游戏。而且，第二天在他们用游戏中学到的西班牙单词写作文的时候，学生们显示了对这些单词的良好理解与掌握。尽管学生们是在游戏中学习的，但是他们掌握得非常好。事实上，这种完全投入、寓教于乐的方式可能是最好的学习方式。

让我们把这次西班牙语课与某次英语课做一下对比。这次英语课的主题是教给学生逗号的用法。一个学生感到非常无聊，因此把手伸到书包里偷偷拿出一家服装店的产品目录。她翻看着宣传册，就好像在逛商店一样。

教育家萨姆·英特拉托花了一年的时间来观察高中课堂。[6]当他看到学生学习投入的情形，比如在做西班牙语课上的填字游戏时，他就会与学生讨论他们当时的思想和感受。

如果大部分学生都说自己当时在专心致志地学习课程内容的话，他就会把这种时刻评定为“受到鼓舞的”。这种时刻都包含共同的因素：高度集中的注意力、强烈的兴趣和积极的情感。这样才能保证愉快的学习过程。

南加利福尼亚大学神经学家安东尼奥·达马西欧认为，这种愉快的过程意味着“最佳生理状态的协调和生活的顺利运转”。作为世界神经学界的领军人物之一，达马西欧一直致力于把神经科学的最新发现应用到对人际关系的研究中。达马西欧认为，愉快的状态不仅可以帮助我们顺利地处理各项日常事务，而且还能提高我们的生活质量。

他认为，这种欢快的状态“使人们可以更加轻松地进行各种活动”，由此引发的协调可以使我们在做任何事情的时候都更加高效、更加自由。他还提到，认知科学领域在研究心理过程所涉及的神经网络时，也发现了类似的状态，他们称之为“最和谐状态”。

当达到这种和谐、轻松、高效以及反应迅速的内部状态时，我们所能发挥的能力也会达到高峰。对大脑的成像研究显示，当人们处于这种愉快、欢乐的状态时，大脑中最活跃的区域是前额叶皮层，也就是大路神经系统的中心区域。

处于高度活跃状态的前额叶皮层可以增强人们的思维能力，比如创造性思维、认知适应性以及对信息的处理能力等。[7] 即使以理性思维著称的内科医生在心情愉快时思维也会更加清晰。如果放射线专家（分析 X 光片来帮助医生做出诊断的人员）收到一份小礼物，并因此而情绪舒畅的话，他做出分析的速度和准确率也会提高，而且他还会在分析中为医生提供有益的治疗建议。[8]

压力与工作表现

认知表现（以及相应的行为表现）与情绪之间的关系大体呈现为一条稍稍向两边展开的倒 U 字形曲线。愉悦的心情、认知能力的高峰和出色的行为表现都出现在倒 U 字形的顶端。倒 U 字形曲线的一边是厌倦的心态，而另一边是焦虑的情绪。从曲线上可以看出，我们越是冷漠或者担心，我们的行为表现就会越差，不管是写论文还是准备公司备忘录都是如此。[9]

接收到新鲜刺激后，我们会脱离厌倦的状态，动力会随之提高，注意力也会变得集中。如果某项任务的困难程度是我们通过努力可以克服的，那么我们会充满动力，注意力也会高度集中，从而达到认知表现的高峰。越过这个认知表现的顶点之后，挑战的难度开始超出我们的能力范围，因此倒 U 字形曲线开始下降。

当我们意识到自己的论文或者备忘录已经拖延太久时，我们通常会产生惊慌的情绪。[10] 这时越来越强烈的紧张情绪会逐渐腐蚀我们的认知能力。如果任务的难度加大，挑战越来越严峻的话，小路神经系统的活动就会越来越活跃。越来越强的挑战会腐蚀我们的理性思维能力，大脑的控制权逐渐交到小路神经系统手里。这种神经系统控制权从大路神经系统到小路神经系统的转变决定了下面的倒 U 字形曲线。[11]

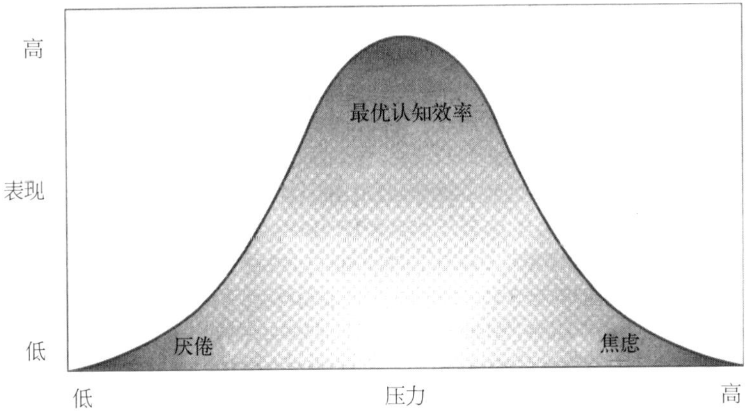

说明：这一倒 U 字形曲线表示的是压力水平与诸如学习或者决策等认知表现的

关系。压力会随着挑战的变化而变化，压力非常小的时候，人们会产生厌倦或者漠不关心的心态。挑战的升级会提高人们的兴趣、注意力和动力。这些因素达到顶点时，人们的认知能力和成就也都会达到高峰。当持续升级的挑战超出我们能力可以控制的范围时，人们会感觉到持续的压力，当压力达到最大值时，我们的表现和学习能力就会崩溃。

这种倒 U 字形曲线反映了两种不同的神经系统对于学习和行为表现的影响。注意力的集中和动力的提升会促进糖皮质激素的分泌，进而改善人们的学习能力和行为表现。而且，正常水平的氢化可的松可以使我们精力充沛。[12] 积极的情绪会促使身体分泌适量的氢化可的松，从而促进学习能力的提高。

但是，如果在达到学习能力与行为表现的最佳状态之后压力仍然持续上升的话，另外一类神经系统就会大量分泌降肾上腺素，这一激素一般在人们感觉恐惧的时候才会分泌。[13] 因此，从曲线的顶点开始一直到压力上升为恐慌程度的过程中，人们所承受的压力越大，认知表现和行为表现就会越糟糕。

在高度紧张的时候，大脑会分泌大量氢化可的松和降肾上腺素，它们都会妨碍神经系统学习和记忆能力的正常发挥。这些压力荷尔蒙达到一定程度后，它们会增强杏仁核的活动，削弱前额叶皮层的活动，从而使前额叶皮层无法控制杏仁核所产生的冲动。

学生们在考试之前通常都会比平时更加努力，他们知道适度的压力可以提升他们的动力和注意力。随着压力的上升，比如最后期限的来临、老师的监督或者接到具有挑战性的任务等，他们注意力的选择性越来越强。全神贯注的状态意味着工作记忆会更高效地运转，精神状态也会非常放松。

但是在这个最佳状态过后，随着困难开始超出人们的能力范围，持续上升的压力开始腐蚀人们的认知能力。比如，害怕数学考试的学生在做数学题目时注意力就会无法完全集中。他们的忧虑和担心占用了做题目时所需要的注意力，因此降低了他们解决问题或者掌握新知识的能力。[14]

上述因素都会影响我们学习或者工作中的表现。当我们感到悲伤时，我们的思维往往会比较混乱，而且往往会丧失追求阶段性目标的兴趣，哪怕这些目标对于我们来说十分重要。[15] 心理学家在研究情绪对学习能力的影响后总结说，如果学生在课堂上既不开心也不专心，那么他们只能学到一些皮毛。[16]

老师和领导者的情况也是如此，恶劣的心情会削弱他们产生同理心和关心的能力。比如，经理们心情糟糕时往往只会注意到下属的缺点，对他们吹毛求疵。[17] 老师们也是如此。

总之，大路神经系统在压力处于中等水平时效率最高。如果面临的压力过大，大脑的控制权就会交到小路神经系统手中。[18]

怎样学习最轻松

一节高中化学课上的气氛异常紧张。任何一个学生都有可能随时被老师叫到讲台上去计算非常复杂的化学公式。这都是些非常艰深的问题，只有那些化学小天才们才能回答得出来。因此，对于化学成绩好的孩子来说这是一个出风头的机会，而对于其他人来说则意味着难堪。

学生们担心因为做不出题目而遭到老师的批评或者同学们的嘲笑，课堂上的这种压力会引发他们体内压力荷尔蒙的大量分泌，提高氢化可的松的水平。这种社交恐惧会严重损害他们大脑的学习机制。[19]

每个人的倒 U 字形曲线都不完全一样。有些学生即使承受巨大压力也不会影响他们大路神经系统的发挥，因此他们不管自己的答案正确与否都能够在黑板前镇定自若。这类学生具有成为出色商人的潜质，他们长大之后能够在风云变幻的市场中保持从容冷静、指挥若定。而那些下丘脑–垂体–肾上腺皮质轴敏感的学生即使在压力不大的情况下思维也可能会停滞，反应迟钝。因此如果学生没有复习，或者他们本身的学习能力比较差的话，那么被老师叫到讲台上做题只能给他们带来痛苦。

中脑中靠近杏仁核的海马体是我们的主要学习器官。它帮助人们把“工作记忆”，也就是暂时储存在前额叶皮层中的新信息，转化为长期记忆，这就是学习的主要途径。一旦我们的大脑把新信息与已有知识联系起来，学习就完成了，即使在经过很长时间之后，我们也能够记得它们。

学生在课堂上听到的讲解和从书中了解到的信息都会通过这种方式植入大脑中，知识就这样慢慢积累起来。事实上，我们对于生活中所经历的细节的记忆都依赖于海马体。记忆的保持需要神经细胞的持续活动。事实上，绝大部分神经形成（大脑中新细胞的产生以及与其他细胞连接的形成）[20] 都发生在海马体。

氢化可的松在损害海马体的同时会促进杏仁核的工作，迫使注意力集中到我们所感受到的情绪上面，同时限制了我们接受新信息的能力。因此，苦恼的情绪会占据我们的思想。在学生经历一整天痛苦的随堂测验之后，他对自己惊慌情绪的记忆要比对测验的其他细节的记忆清晰得多。

在一项氢化可的松对学习能力影响的模拟实验中，大学生们自愿接受了可以提高他们体内氢化可的松水平的注射，然后去记忆一系列单词和图像。最终的实验结果也是呈倒 U 字形。两天后对他们的测试发现，轻微以及中等程度的氢化可的松会对他们的记忆有所帮助，但是过高浓度的氢化可的松会阻碍他们的回忆，显然，这是由于它们抑制了海马体关键作用的发挥。[21]

这一发现对课堂气氛的营造有着非同凡响的启发意义。我在前面的章节中曾经提到过，社交环境会影响大脑新生细胞的最终形状以及它们生成的速度。新细胞需要一个月的时间才能成熟，而与其他神经细胞形成完全的连接还需要 4 个月的时间。在这一时期，社交环境会在一定程度上决定它们的最终形状和功能。在学习中，促进记忆的新细胞会对所学的知识进行记忆，形成新的连接。而且，学习氛围越有利，他们的记忆就会越长久。

忧伤苦恼的情绪会扼杀学习能力。证明这一事实的研究可以追溯到 1960 年，当时斯坦福大学的心理学教授理查德·阿尔珀特通过实验证实了每位学生都知道的一个事实：高度紧张会影响考试中水平的发挥。[22]对于大学生们的一项研究也发现，在进行数学测验的过程中，如果学生的心态不同，比如有些学生认为这只不过是一次练习，而有些学生觉得自己的测验成绩会影响整个班级的奖金情况，那么他们的成绩就会出现一定差异，第一种情况下得出的成绩要比第二种情况高10%。也就是说，社交压力妨碍了他们的工作记忆。值得我们注意的是，越聪明的学生出现这种基本认知能力障碍的症状越严重。[23]

下面的数据来自一组在全美数学潜质测试中得分位于前5%的16岁学生。[24]科学家们发现，有些学生在数学课上表现优异，而另外一些学生尽管有学习数学的潜质但是表现欠佳。他们之间最大的差别就在于，表现优异的学生在学习的整个过程中心情愉悦的时间要多于焦虑的时间，它们大约分别为40%和30%。与之对比，那些表现欠佳的学生处于最佳状态的时间只有16%，而焦虑的时间却达到55%。

既然情绪对于行为表现的影响如此巨大，老师或者领导者所需要做的就是帮助自己的学生或者员工尽量停留在倒U字形的顶端，也就是情绪的最佳状态。

权力和情感流向

只要公司的会议陷入沉闷的状态，老板就会突然开始批评在座的某位好脾气的下属（通常都是市场总监，老板最亲密的朋友）。然后他很快又转回原来的话题，这时每个人的注意力都已经被他吸引回来了。这种策略总是能够使心不在焉的员工饶有兴趣地回到会议主题上来。在这个过程中，老板所做的正是把下属的情绪从倒U字形的厌倦状态提升到高度集中状态。

领导者表现出不满正是利用情绪传染的机制来达到自己的目的。如果运用得当的话，即使愤怒的情绪也可以唤回下属的注意力并且激发他们的斗志。许多杰出的领导者都认识到，自己适当程度的愤怒情绪可以为员工注入活力，但是过于强烈的愤怒则会使他们感到绝望。

判断一位领导者所表现的不满情绪是否适度的标准就是它所产生的作用究竟是把员工们的精神状态沿着倒 U 字形的左边曲线提升到最佳状态，还是使它们沿着右边曲线从最佳状态开始下滑。

不同的交流对象给人们带来的情绪影响是不一样的。在情绪传染的过程中，权力的作用十分重要，它决定了哪些人会影响他人，哪些人会受到他人的影响。这种情感流向一般都是由社会地位较高的人传递到地位较低的人。

原因之一就是任何一个机构中的人都会自然而然地更加关注和重视地位较高的人的言谈举止。这就增强了领导者所表达的情感信息的效力，使他们的情绪具有较强的传染性。我曾经听到一家小型机构的领导者叹息道："如果我的心中充满愤怒，那么员工们也会像得流感一样感染这种情绪。"

领导者的情绪状态所产生的影响不可小觑。例如，经理传达一条坏消息（比如某位员工的工作表现没有达到预期目标）时如果态度温和，那么员工的情绪就不会受到负面的影响。相反，如果经理传达好消息（比如顺利完成了任务）时表情阴沉，员工还是会感觉情绪低落。[25]

在一项实验中，科学家们监测了 56 位模拟工作小组负责人的情绪状态对整个小组的影响。[26] 结果发现，心情愉快的领导者的下属们都表示自己工作时状态不错。更重要的是，他们彼此配合协调，在工作中事半功倍。而阴郁的上司所领导的团队成员无法彼此协调，因此工作效率不高。更糟糕的是，他们对于上司的曲意迎合还导致了工作中决策和策略的失误。

虽然老板的适度不满可以刺激员工的积极性，但是过分的愤怒只会带来适得其反的效果。如果老板总是用自己的不满来刺激员工，那么他们或许可以完成更多的工作量，但是工作质量未必令人满意。而且，老板的恶劣情绪还会毒害员工们的精神状态，使他们的大脑无法达到最佳工作状态。

从这种意义上讲，领导的过程就是一系列社交活动进行的过程，在这个过程中，领导者可以影响下属的情绪，使其向着或好或坏的方向发展。在高质量的交流中，下属可以感受到领导者的关注与同理心、支持和赞赏。而在低质量的交流中，下属只会感觉到孤立无援和提心吊胆。

这种领导者与下属之间的情绪传递也存在于其他任何强势与弱势群体，比如老师与学生、医生与病人、父母与孩子之间。尽管这些人际关系中存在权力差异，但是它们都有一个善意的目的，那就是促进弱势群体的成长、学习或者康复。

但是，这一善意的目的经常被忽视。比如，一位医务工作者的宝宝一出生就死去了。在她因此生病住院的时候，她的上司经过她的病房时停了下来。她以为上司是来对她的不幸表示同情的，没想到他只是来问她什么时候才能回去工作。这位女士被他的冷酷无情所激怒，因此决定申请调离他管辖的部门。

老板对待员工的这种冷酷不仅可能会使他失去优秀的人才，还有可能破坏员工们的认知能力。而具有高明社交商的领导者则会帮助自己的下属调节情绪上的波动。哪怕从自己的商业利益考虑，领导者也应该关心、体贴自己的下属，并且把自己的关心付诸实际行动。

好老板、坏老板和丑恶的老板

任何一个机构的员工都会在脑海中把自己所遇到过的老板分成两类，他们愿意为其中一类老板效力，对另一类却避之唯恐不及。我在圣保罗、布鲁塞尔和圣路易斯等许多不同城市对各种不同类型机构的员工进行了广泛调查，征询他们对自己老板的印象。结果发现，不管他们的职业有多大的差别，他们对好老板和坏老板的标准却极其相似。

好老板	坏老板
善于倾听	不闻不问
鼓励员工	质疑员工
善于交流	暗箱操作
有胆有识	怯懦
幽默	脾气暴躁

关心、同理心	以自我为中心
有决断能力	缺乏决断能力
主动承担责任	推卸责任
谦虚	傲慢
共享权力	猜疑

好老板总是信任员工，关心他们并且乐意与他们交流，这会使员工感觉心情放松、充满斗志。而坏老板则冷漠疏远、难以相处且傲慢自大，他们会使员工感觉不自在，甚至憎恨他们。

上述老板截然相反的性格特征也类似于安全型父母与焦虑型父母的区别。事实上，老板对员工情绪的影响在某种程度上就像父母对孩子的影响一样。在童年时期，父母的影响塑造了我们的基本情感模式，随着我们的成长，其他一些因素也会不断影响这一情感模式。比如在学校里老师会充当父母的这个角色，而在工作后充当这个角色的就是老板了。

瑞士洛桑国际管理学院的心理学家乔治·科尔瑞瑟曾经对我说过："安全基地是安全感、热情和舒适感的源泉，它可以帮助我们自由释放我们的活力。"他认为工作中的安全基地可以大大改变人们的工作表现。

科尔瑞瑟认为，安全感可以使人们注意力更加集中，更容易达到自己的目标，即使遇到困难也会把它们看作对自己的挑战，而不是威胁。而那些焦虑不安的人的心头则总会萦绕着失败的忧虑，担心自己一旦表现不佳就会遭到别人的孤立或遗弃（或者被老板解雇），因此他们缺乏冒险精神，工作中总是循规蹈矩。

科尔瑞瑟发现，那些认为老板能够使自己产生安全感的员工一般都更加勇于探索和冒险，创新意识强，并且愿意接受新挑战。这种安全感同样会带来一定的商业效益，因为如果老板能够赢得员工们的信任，那么即使老板严肃地批评他们，他们也能心平气和地接受，并且还会认真反思自己。

但是和父母一样，领导者过度保护自己的员工不受任何压力伤害的做法也是不正确的，因为工作中的适度压力可以提高他们的恢复力。而过大的压力可能会使他们一蹶不振，因此高明的老板应该尽可能减轻员工们的压力，至少不要给他们施加过大压力。

一位中层领导者曾经对我说："我的老板就像一个出色的减压器。无论什么时候总部因为财政问题向他施加压力，也不管压力有多大，他都不会把这种压力传递给我们。而我们公司另外一个部门主管的做法却正好相反，他每个季度都要对所有员工的表现一一进行评价，即便如此，他们研发的产品仍然需要两三年的时间才能推向市场。"

另一方面，如果一个工作团队中的人员积极性高涨、韧性十足并且表现出色，也就是说他们正处于倒 U 字形的顶点的话，即使老板对他们的要求苛刻也没有关系，他们仍然能够出色地完成工作。但是如果状态欠佳的团队再遇到苛刻的老板，那情况就糟了。一位银行家曾经跟我提到过一个稍不如意就会大发雷霆的老板。在这位老板合并了另外一家公司后，"他惯有的工作方式赶走了新公司所有的经理，大家都认为他令人忍无可忍。在公司合并两年之后，公司的股票价格完全没有上涨”。

在成长的过程中，所有孩子都会遭遇情感阵痛，同样，任何机构的员工也都不可避免地会经历情绪上的波动，比如看到同事被解雇，读到总部下发的不公正政策，或者受到同事沮丧情绪的影响。引发人们不良情绪的原因是多方面的，比如暴戾的老板、讨厌的同事、一成不变的工作程序或者混乱的改革等。这些因素可能会使人们感到苦恼、愤怒，甚至会使他们丧失信心，意志消沉。

幸运的是，老板并不是我们在工作中唯一可以依赖的人。同事、工作团队、工作上的朋友，甚至团队本身都可以为我们带来安全感。团队中的任何一个人都会影响到整个团队的整体氛围，也就是人们在工作时所进行的情绪交流的总和。不管我们在团队里扮演什么样的角色，我们的工作方式、交流方式都会影响到团队的整体氛围。

不管我们在遇到麻烦时求助的人是主管还是普通同事，他们的存在本身对我们就是一种安慰。对于许多员工来说，同事在某种程度上已经成为“大家庭”，这个大家庭中的人会在情绪上彼此强烈依恋。这使他们对自己的团队以及同事特别忠诚。他们之间的情感纽带越紧密，他们的积极性就越高涨，工作效率以及对工作的满意度也都越高。

我们对于工作的认同感和满意感大部分都来自工作时和上司、同事或者客户之间的日常交流。这一过程中积极交流与消极交流的比例决定了我们对工作的满意度以及我们的工作能力。普通的日常交流，比如完成工作后得到的表扬或者遭遇挫折后得到的鼓励，都会影响到我们对工作的态度。[27]

即使在工作中我们只有一个人可以依赖，情况也会大不相同。在对近500家机构中的超过500万名员工进行调查后，科学家们发现，如果员工认为“我在工作中有一个好伙伴”，那么他们在工作时就会心情舒畅。[28]

在工作中，我们得到的这种情感支持越多，我们工作时的状态就越好。在一个有凝聚力的集体中，人们的情绪会非常容易彼此传染。在这种氛围中，即使平时总是非常焦虑的人也会放松下来。

一个成绩突出的科研团队的负责人曾经对我说：“在允许某个人进入我们实验室工作之前，我都会让他先和我们共同工作一段时间。然后我会询问实验室中其他人对他的看法，并且由他们决定是否把他留下。如果他无法与大家相处融洽，我是不会冒险录取他的，不管他在其他方面多么优秀都不能改变我的想法。”

做一个高社交商的领导者

一家大公司的人力资源部安排了一名本领域的著名专家为大家做一天的演讲。结果，来参加的员工数量大大超出了他们的预计，于是在最后一刻他们决定转移到另外一间会议室。这个会议室可以容纳下所有人，但是条件比较简陋。

结果，坐在后面的员工很难看到专家，也很难听到他的声音。在中间休息的时候，一位坐在后排的女士怒气冲冲地跑到人力资源部经理那里，抱怨说自己既看不到投射在屏幕上的专家的影像，也听不清楚他的话语。

“我知道我能够做的就是耐心地把她的抱怨听完，理解她，承认问题的存在，并且告诉她我会尽最大努力去维修设备，”人力资源部经理对我说，“然后，她亲眼看到我去找负责设备的人员，让他们把屏幕抬高了一点。但是对于糟糕的音响设备我确实没有丝毫办法。”

“在演讲结束之后，我又见到了那位女士。她说虽然自己仍然看不清楚，也听不清楚，但是她已经不那么耿耿于怀了。她非常感谢我能够听取她的意见并且竭力帮助她。”

当某个机构中的员工感到愤怒或者苦恼的时候，领导者（比如那位人力资源部经理）至少可以认真倾听他们的问题，理解他们的处境，表达自己的关心，并且努力去帮助他们。不管自己的努力是否能够解决问题，它都能够安抚员工的情绪。领导者对于员工情感的关注可以帮助他们减轻不良情绪，使他们不再耿耿于怀。

在这一过程中，领导者未必一定要赞同员工的立场与反应。对于员工观点的承认，并且在需要的时候道歉或者寻求其他解决方式，都可以抚慰员工的恶劣情绪，以免这种糟糕情绪引发其他危害。一项对700家公司的员工进行的调查发现，大部分员工都认为，对于他们来说，一个能够体贴下属的老板比薪水更重要。[29] 这一发现除了提醒我们要注意员工的情绪之外，还有其他商业方面的意义。这项研究还发现，员工们对于老板的喜爱是他们工作效率的源泉，也会决定他们是否会继续工作下去。如果员工们可以选择的话，不管薪水有多高，他们也不愿意为冷漠自私或者脾气暴戾的老板工作，除非遣散费可以保证自己下半辈子衣食无忧。

具有高明社交商的领导者首先要全神贯注地倾听并且与员工达到情绪上的一致。在领导者集中注意力之后，社交商其他方面的能力才能施展出来，比如察觉员工的感受并且猜测原因，与他们进行顺畅的交流从而把他们的情绪提升到积极的状态。事实上，没有什么灵丹妙药可以适用于任何社交场景，也没有诸如"运用社交商的 5 个步骤"之类的秘诀。但是无论我们在社交过程中采取什么样的行为，衡量成功的唯一标准就是社交双方的状态最终是否达到了倒 U 字形的顶点。

工作场合是社交商应用的主要领域。现代社会中人们的工作时间越来越长，公司开始取代家庭、社区和其他社交网络，但同时，老板一个不如意就会把我们扫地出门。这种矛盾意味着，在越来越多的机构中，希望都是与恐惧同在的。

有效的管理不能忽视员工们的情绪波动，因为情绪波动不仅会影响到员工个人的状态，还会影响他们的工作效率。而且，情绪是可以传染的，因此各个级别的领导者都应该记住自己的情绪对于整个团队来说有多么重要。

如何让孩子感受到关爱

玛伊娃的学校在纽约的一个贫民区。她 13 岁的时候才上六年级，因为留级，所以比同龄人晚了两年。玛伊娃的名声也不太好，因为她老是给大家制造麻烦。她们中学的老师都知道，她经常会像发疯了一样跑出教室，在走廊里来回游荡。

在帕梅拉（玛伊娃的新任英语老师）接手她们班级之前，其他老师就警告她说玛伊娃是个问题孩子。因此在第一节课上，帕梅拉在布置大家自己读一篇文章并且总结文章大意之后，就走到玛伊娃那里，想要帮助她完成作业。

一两分钟之后，帕梅拉就意识到了玛伊娃的问题所在：她的阅读水平仅仅停留在幼儿园水平。

“因此，学生们的行为问题经常都是因为无法达到老师对他们学习上的要求而引起的，”帕梅拉告诉我，“玛伊娃甚至无法理解单词的意思。我很震惊，真不知道就凭她的这种阅读能力是怎么升到六年级的。”

于是，帕梅拉为玛伊娃读了整篇文章，以帮助她完成作业。后来，帕梅拉还找到了一位专门负责辅导这类学生的特教老师。两位老师认为自己应该竭尽全力来帮助玛伊娃，否则她就只能退学了。特教老师答应每天辅导玛伊娃的阅读，从最初级的水平开始。

尽管如此，就像其他老师曾经警告的那样，玛伊娃还是出了问题。她在上课时随意说话，对同学态度粗鲁，而且还与同学打架，也就是说她会想尽一切办法来避免读书。如果这样还不能达到自己的目的，她就会大喊：“我不想学习！”然后跑出教室，在走廊里游荡。

尽管玛伊娃十分抵制，但是帕梅拉仍然坚持在课堂上给予她更多的帮助。当玛伊娃因为与同学闹矛盾而大发雷霆的时候，帕梅拉就会把她单独叫到走廊上，和她一起找出一个更好的解决方法。

帕梅拉一直在向玛伊娃表达自己对她的关心。“我们经常会在一起开玩笑，下课后也会待在一起。她吃完午饭后也会来找我。我还去见了她的妈妈。”

当玛伊娃的妈妈知道她无法阅读时和帕梅拉当初一样震惊。但是玛伊娃的妈妈还有其他 7 个孩子需要照顾，因此一直没有发现她的问题，就像其他老师也没有对此进行纠正一样。帕梅拉的劝说使玛伊娃的妈妈最终同意帮助女儿纠正自己的不良行为，给予她特别关注并且帮助她完成家庭作业。

玛伊娃第一学期（那时还是另外一位英语老师教她）的成绩单上，几乎所有的课程都不及格，其实她一直都是这样。但是在帕梅拉教了他们班 4 个月之后，她的成绩得到了极大提高。

在学期结束的时候，玛伊娃已经不再因为挫败感而在走廊里游荡了，即使受到挫折她也会留在教室里。更重要的是，她的成绩单上大部分课程都及格了，虽然基本都是刚刚及格。而且，她在几个月的时间内就完成了两年的阅读课程。

玛伊娃慢慢发现自己的阅读能力已经比班里的少数几位同学强了，其中包括刚刚从西非来的一个小男孩。于是她主动帮助他学习阅读的技巧。

帕梅拉和玛伊娃之间的这种特殊关系是提高孩子们学习能力的有力工具。大量研究都表明，如果学生感受到学校、老师、同学们的关爱，那么他们的学习成绩也会比较好。[30] 而且，他们抵制青春期问题的能力也会比较强，比如他们的犯罪率以及欺凌弱小和故意破坏的可能性都会比较低，而且出现焦虑与抑郁、吸毒、自杀、逃学和退学的情况也会比较少。

"感受到关爱"在这里的意思并不是指一种模糊的美好感觉，而是学生与同学、老师以及其他教职员工之间实实在在的情感联系。加强这种情感联系的有效方式之一就是在学生和成人之间建立相互协调的关系，就像帕梅拉和玛伊娃一样。帕梅拉已经成为玛伊娃的安全基地。

让我们考察一下这对像玛伊娃这样的问题学生意味着什么吧。在对全美范围内抽样得出的 910 名一年级学生进行的研究中，接受过培训的观察员们评估了他们的老师，并且观察了教学风格对于差等生学习的影响。[31] 研究发现，老师们的以下行为可以促进他们的学习。

关心孩子们的需求、情绪、兴趣和能力，能够让孩子成为交流中的主角。

用愉快的对话营造一种欢快的课堂气氛，使课堂中充满欢乐与兴奋的情绪。

关怀学生，肯定他们的成绩。

课堂管理合理，设立清晰而又可变通的计划与目标，使学生可以实行自我管理。

最坏的情况就是老师以“我和它”的态度来对待学生，不管学生的意愿而把自己的教学计划强加给他们，或者对他们冷漠疏远。这样的老师经常会对学生发火，而且还会采取惩罚性措施来维持课堂秩序。

那些本身表现优异的学生不管遇到什么样的老师都能够继续取得好成绩。但是那些表现不稳定的学生如果遇到冷漠或者控制欲强的老师，学习成绩就会大幅下降，即使老师严格遵守教学大纲也没有用。这项研究还发现，如果这些表现不稳定的学生遇到一位热心、关心他们需求的老师，那么他们的成绩就会大幅提升，他们的表现就可以像其他孩子一样优异。

老师的关爱不仅对一年级的孩子非常重要，对于高年级的学生也是如此。研究发现，得到老师关爱的六年级学生的成绩不仅在本学期会提高，而且在下一个学期也会如此。[32] 好的老师就像好的父母一样。通过为学生提供一个安全基地，老师营造了一种可以使学生大脑发挥最大效力的氛围。而且这个安全基地还会成为一个安全避风港，学生可以从中汲取力量，去自由探索，自主学习。

在学生们学会如何更好地控制自己的焦虑和注意力之后，这个安全基地就内化在了他们的神经系统之中，这可以增强他们达到最佳学习状态的能力。事实上，现在已经有一些“社交或情感学习”项目来帮助人们达到这一目的。最好的方法就是配合各个年龄段孩子们学校中的课程，来培养他们的自我意识等技巧，并且帮助他们控制不良情绪，学会同理心，从而顺利地与他人进行交流。一项对 100 多种类似项目的分析表明，通过这种培训，学生们不仅能掌握控制自己情绪和与人交流的技巧，他们的学习也变得更加有效，事实上他们的平均成绩要比没有接受过这种培训的同等水平学生高出 12%。[33]

这些项目在学生感受到老师的关爱时效力最高。不管学校是否提供这种培训项目，只要老师为他们营造一个关爱、关注的氛围，学生们的学习成绩就会提高，他们的学习热情也会高涨。[34] 哪怕学生在学校中只遇到一位关心自己的师长，他们的生活也会因此而不同。[35]

所以，每一个玛伊娃都需要一个帕梅拉。

第二十章

改造的新方式：沟通

下面是年仅 15 岁的马丁列出的自己身上从下到上的伤痕：

他的腿在十一二岁的时候曾经骨折过。两只手上都有因为打架而留下的伤疤，还有因为吸毒、偷窃和“不正当性关系”而留下的印记。一只胳膊在吸大麻的时候被烧伤，另外一只上面有个刀疤。

他从 11 岁开始失眠；从两岁开始就不断遭受虐待和性骚扰（甚至包括亲生父亲在他 7 岁时对他的骚扰）；11 岁时自杀未遂，大脑受到极大刺激。他还说，从 8 岁开始，因为吸食“毒品药丸、大麻、兴奋剂、酒精和鸦片”，他经常处于“精神恍惚”的状态。

马丁耸人听闻的过去只是少年监狱中再普通不过的故事罢了。对于那些童年时代遭受过虐待，有吸毒史并且遭受过其他社会腐蚀的问题少年来说，被送进少年监狱似乎是不可避免的。

许多国家更加人道的做法是把这些孩子送去治疗，而不是惩罚他们。但是在美国，这些孩子一般都是被送进监狱去接受“照顾”，监狱可不是一个能使孩子得到治疗的地方。大部分少年监狱就是为了惩治犯罪的少年，而不是帮助他们摆脱自己不光彩的过去。

但是马丁非常幸运，因为他所居住的密苏里州对待少年犯的政策不是惩罚，而是治疗。密苏里州也是经历了曲折的历程才做到这一点的。该州主要的少年改造机构曾经被联邦法庭指责为“半刑事、半军事化”，而且因为经常把那些不听话的犯人关进被称为“洞穴”的黑暗禁闭室而臭名昭著。这家机构的一位前任负责人曾经承认，“我看到过孩子们瘀青的眼睛、惨不忍睹的脸和被打断的鼻子。警卫们改造他们的通常方式就是用拳头把他们打倒在地，然后踢他们的裆部。许多警卫都是虐待狂”。[1]

密苏里州这一几十年前的场景可能仍然存在于当今的某些监狱中。但是现在密苏里州的监狱已经决定来“治疗”这些少年犯，比如马丁所在的那家机构就提供了另外一个更加积极的方式。他住在成立于 1983 年的少年犯之家。这些少年犯之家并不集中，有些在旧的校舍或者大房子中，还有一个在已经废弃的女修道院里，专为像马丁这样的问题少年而设。

每一个少年犯之家里有 30 多个少年犯和少量的工作人员。这些青少年不像在大的监狱中那样互不认识，在这里每个人都知道其他人的名字。他们就像一个“大家庭”一样生活，每个人都会得到工作人员一对一的关心和辅导。

这里没有烙铁，没有禁闭室，也几乎没有上锁的房间和各种安全设备，尽管摄像机会记录他们的一举一动。这里的氛围更像是一个家庭，而不是监狱。这些孩子大约每 10 人一组，每个人都有责任维护纪律。这些小组的孩子们一起吃饭、睡觉、学习、洗澡，当然，两位青少年专家会在一旁监督他们。

如果真的有孩子捣乱，这里也不会像一般监狱那样关他们禁闭，或者给他们戴上手铐。相反，每个小组成员都学会了在有人威胁到其他人安全的时候如何安全地约束他。他们会抓住他的胳膊和腿，把他按倒在地。直到他平静下来，恢复理智，他们才会松手。少年犯之家的负责人宣称，这种群体约束从来没有造成过严重伤害，而且打架的情况也鲜有发生。

每天孩子们都有 6 次机会聚在一起谈论自己的感受。如果某个孩子想要讨论自己关心的问题或者发发牢骚，他也可以召集这样的聚会，他们的话题大多都是关于安全、礼貌和敬意等。这样，他们关注的焦点就从某次课、某个练习或者大扫除转移到了自己内心的情绪。如果孩子们的这些情绪被忽视的话，他们很可能会因此而酿成大祸。每天下午他们都会聚在一起活动，增进彼此的友情与合作，设身处地为他人着想，并且培养自己的交流技巧和对他人的信任感。

所有这一切都为孩子们构建了一个安全基地，并且帮助他们完善了自己迫切需要的社交能力。这种安全的氛围是十分关键的，特别是它能够帮助这些孩子敞开心扉。信任是一把钥匙，于是他们开始一个个讲述自己的生活经历，其中不乏家庭暴力、性骚扰、虐待以及冷漠，同时他们也会开诚布公地谈论自己做的错事和犯下的罪行。

这种治疗并不是随着孩子们的离开而结束的。大部分从监狱出来的孩子都会被分配给某个假释警官，而这些警官往往要负责许多个孩子，他们根本照顾不过来。而密苏里州的孩子们在进入少年犯之家的时候就会接触到负责自己出狱后行为的协调员。在被释放的时候，他们已经与协调员非常熟悉了，这样协调员就可以比较容易地帮助他们重新回到正常的生活轨道上去。

出狱后的帮助与教导是密苏里“治疗”方案的核心部分。每个孩子在出狱后都会经常与协调员见面，而且他们与“跟踪员”接触的次数更多。“跟踪员”通常是他们的同乡或者当地的大学生，职责是监督他们每天的进展，帮助他们找到工作。

如此复杂的治疗措施真的能起作用吗？对于从少年犯之家出来的孩子的相关研究并不多。但是1999年的一项研究发现，密苏里州少年犯出狱三年后再次犯罪的概率为8%，而在马里兰州这个数字为30%。另外一项对比研究调查了少年犯在出狱一年后再次拘留、重新入狱或者被判缓刑的概率。密苏里州的这一比例仅为9%，而佛罗里达州则高达29%。[2]

而且把少年犯关入令人毛骨悚然的监狱也十分不人道。有数据证明，在过去的4年中，全国有110名少年犯在监狱自杀。而密苏里州实施新政策后的20年里，从未发生过一起少年犯自杀事件。

卡拉马祖模式

密歇根小城卡拉马祖（Kalamazoo）陷入了完全混乱的状态。选民们为一项耗资1.4亿美元来重新修建一座少年监狱的提案争吵不休。每个人都认为原有的监狱太拥挤，而且太不人道，关于这一点大家都没有什么异议。大家争论的焦点是应该用什么样的新型机构来取代原来的监狱。

有些人强烈建议改造旧监狱，修建新的铁丝网、牢房和大锁，并且增加更多的空间，但是反对者反驳说当务之急是找到更好的方式来预防犯罪和再次犯罪。

当地一位法官建议辩论双方在附近的费茨研究院（Fetzer Institute）进行一次讨论。当天，所有参加辩论的人都来了，他们中有教区主管、犯人权益维护团体、当地治安长官、法官、学校负责人、心理健康工作者、思想开放的民主党人和保守的共和党人等。

卡拉马祖的这次聚会引发了席卷全美的关于监狱体制的讨论浪潮，焦虑的市民们质疑监管的有效性，因为犯人在出狱后再次犯罪的概率仍然相当高。社会各个阶层都在反思“改造”的真正意义。

刑事界的一个普遍观点认为，罪犯所犯下的罪行已经剥夺了他们得到人道待遇的权利，因此必须为自己的罪行付出代价。当然，罪行也分不同的种类，因此犯人所付出的代价也应该根据自己的罪行而定。对于许多人来说，监狱就是一个人间地狱，罪犯们要进行一次次艰难的斗争才能在这里生存下去。每个人都要通过打架来赢得别人的尊敬，威望也是靠拳头赢得的。监狱里的规则是弱肉强食和欺软怕硬。这是一个精神疾病患者的天堂，因为冷酷和残忍是这里最适用的法则。

但是这种普遍存在于监狱的“我和它”的态度对人们神经系统的毒害是非常严重的。要想在这里生存，犯人们的杏仁核要像妄想狂的那样高度警惕，他们要紧闭心扉、不相信任何人，而且还要随时做好打架的准备。没有任何其他环境能像监狱一样更加适合罪恶本性的滋生了。

难道这就是改造犯人们的最佳“学校”吗，特别是对于只有十几岁或者二十几岁的少年犯来说？毕竟，他们的生活才刚刚开始。我们不难想象，在这种环境中待上几个月或者几年，出狱之后他们往往会再次犯罪，然后再回到这罪孽之地度过余生。

因此，我们不能再依赖这种只会滋生更多罪恶的监狱体制了，而是应该从社交神经可塑性（有益的交流对于大脑神经系统的影响）的角度来考虑一下“改造”的真正含义。我们可以论证，许多人的入狱都跟他们社交脑神经系统的缺陷有关，比如同理心和冲动控制区域的损伤等。

冲动控制主要是依赖眶额皮层的神经细胞，它们可以抑制杏仁核所引发的愤怒冲动。因此，眶额皮层受损的人们在无法抑制自己暴力冲动的时候就很有可能会做出残暴的举动。监狱中这种类型的犯人数量相当多。额叶皮层的迟钝也是这种无法自控的暴力行为的起因之一，而这主要是由于童年时的剧烈创伤而造成的。[3]

这种缺陷所涉及的区域主要集中在眶额皮层到杏仁核，也就是大脑控制恶意冲动的“刹车区”。[4]心理学家认为，额叶皮层受损的人们“认知控制”能力较弱，他们无法自主控制自己的思绪，特别是内心充满消极情绪的时候。[5]这种缺陷使得他们无法抵制恶意冲动，既然“刹车”失灵，他们的残暴冲动就会像脱缰野马一样横行于大脑中。

大脑这个区域中的关键神经系统会随着年龄的增长而得到加强，并在二十五六岁的时候最终成型。[6]从神经学角度上来说，在监禁期间，人们有两种选择，一种是加强犯人们敌对、冲动和暴力的神经系统，而另一种是加强他们自我控制、三思而后行以及遵纪守法的神经系统。也许现行的刑事体制最大的问题就在于没有以正确的方式来改造少年犯，因为毕竟他们的社交脑还是有很大弹性的。他们从监狱中得到的教训会对他们神经系统的最终状态起到深远并且持久的影响，而这种影响可能是积极的，也可能是消极的，这完全取决于监狱对他们的改造方式。

而目前的情况非常糟糕。这种悲剧是双重的，我们不但浪费了一个帮助他们重新塑造神经系统，从而使他们走上正轨的大好机会，而且还把他们置身于一个罪恶的训练场中。全美范围内的调查发现，首次入狱年龄低于 25 岁的犯人今后累计犯罪的次数是所有年龄段中最高的。

每一天，美国在服刑犯人的数量都超过了 200 万，也就是说每 10 万居民中就有 482 人在服刑。这一比例在世界范围内也是非常高的。[7] 目前服刑人员的总数比 30 年前要高出 7 倍。监狱所需的费用也从 20 世纪 80 年代的 90 亿美元左右上升到了 2005 年的 600 亿美元以上。监狱花费是增长最快的国家经费之一，仅次于卫生保健。美国监狱服刑犯人的急速增长使得监狱异常拥挤，各个州县也不得不想办法来解决这些问题，于是便有了我们前面提到的卡拉马祖事件。

比经费问题更迫切需要解决的是监狱的人道问题，因为犯人一旦入狱，他就很难逃脱监狱对他的深远影响。事实上，美国 2/3 的出狱人员都会在出狱三年内再次被逮捕。[8]

这正是反对建立新监狱的卡拉马祖市民所考虑的残酷事实。在讨论结束后，辩论双方提出了一个共同的目标：“使卡拉马祖成为美国最安全、最公正的城市。”然后根据这一目标，他们开始在全美范围内寻找有效的机制——通过实践检验可以降低犯人再次犯罪概率的体制。

最终，经过众多实践尝试，他们提出了一个前所未有的计划来转变犯人的生活，主要是通过在犯人和关心他们的人之间重新建立关爱的积极关系来对他们进行改造。[9]卡拉马祖模式还把改造方式扩展到预防犯罪、有效利用监狱时间、在犯人出狱后帮助他们建立有益的社交网络方面，以防止他们再次犯罪等。

卡拉马祖模式的首要指导原则就是利用积极的人际关系来防止犯罪，而且必须从关心社区中的问题少年开始。

相互关爱的社区生活

在波士顿南区的一个贫民居住区中，居民把一块空地改建成了一个社区菜园。每到春天和秋天，居民们就在这里种植卷心菜、甘蓝和番茄。在旁边还有一块手写的牌子：“请尊重我们的劳动”。

这个充满希望的小菜地就这样唤起了人们的关爱之心。一群在附近游荡的孩子在欺负小孩子的时候会有人出面制止吗？会有大人把他们驱散，甚至去找他们的家长吗？尊重和关爱会使这一切都变得不同，就像布满垃圾、充斥着毒品交易的废地会变成一个公共菜园一样。[10]

20 世纪 90 年代中期，在一些黑人官员们的努力下，波士顿一些臭名昭著的社区中那些放学后就在大街上游逛的孩子开始参加由当地大人们组织的课外活动。波士顿的谋杀率从 1991 年的 0.151% 降低到了 10 年之后的 0.035%，全美其他许多城市也都呈现了同样的趋势。

20 世纪 90 年代，全美范围内犯罪率的降低很大程度上是因为经济增长。但是除此之外，我们还应该考虑其他的一些问题。比如，我们能否像那些黑人官员一样，把某个社区中的人们召集起来，利用他们自己的活动来降低犯罪率呢？哈佛大学的精神病学家费尔顿·厄尔斯（Felton Earls）领导的一项为期 10 年的研究回答了这个问题，该研究分析了大量社区活动和犯罪之间关系的数据。最终得出的结论是，当然可以。

厄尔斯和他的研究小组用摄像机记录了芝加哥市 196 个社区 1 408 个街道的生活场景，其中包括最贫穷和犯罪率最高的社区。他们所记录的场景非常全面，其中既包括教堂的烘焙义卖，也包括毒品交易。然后他们对比了这些录像带与该社区的犯罪情况，以及对 8 782 名居民所进行的采访。[11]

厄尔斯的研究发现了两项影响社区犯罪率的基本因素。首先是社区的整体贫困程度，人们早就发现，高贫困率会引发高犯罪率，高文盲率也是如此。第二项是社区居民的关系，贫困以及松散的人际关系会对该地区的犯罪率带来极大的影响，而非人们通常认为的种族或家庭结构。

厄尔斯发现，即使在最贫困的社区，如果邻里关系良好，那么不仅该社区的犯罪率比较低，年轻人的吸毒率和未婚怀孕率也会比较低，孩子们的学业成绩也会比较优异。许多低收入的非洲移民后裔社区都有互相帮助的传统，他们通常通过教堂活动或者组成大家庭的形式来加强彼此的联系。厄尔斯认为推广这种邻里之间的互助精神是一种非常有效的预防犯罪的方式。[12]

如果墙壁上的乱写乱画是由当地社区的人们所清除的，那么再次出现乱写乱画现象的可能性会比由城管人员清除后再次出现的概率要小。由当地社区的人们自己来预防犯罪意味着孩子们会因为周围关爱的目光而产生安全感。全世界的贫困社区中，如果邻居们都能够自己行动起来保护彼此，特别是保护彼此的孩子，那么这里的犯罪势头肯定能够得到有效遏制。

消除丑恶思想

我的一位老朋友的儿子，姑且称他为布拉德，在十几岁的时候就喜欢喝酒胡闹，而且在喝醉之后往往变得好斗，甚至会有暴力行为。他也因此犯过几次小罪，最终因为在大学宿舍打斗中严重伤害同学而被判入狱。

一次我去监狱探望的时候，他告诉我，“不管犯人们的罪名是什么，他们之所以会被关进这里主要就是因为他们暴躁的脾气”。布拉德很幸运，因为他参加了一个为有希望改造自己行为的犯人所制订的特殊指导计划。参加这些计划的犯人住在一个包含 6 个小房间的单元中，他们每天都会举行讨论会来讨论诸如“创造性思维、丑恶思想或毫无头脑”所引发的行为差异之类的问题。

而在监狱的其他地方，打斗和欺凌弱小就是他们每天的主题。布拉德知道，自己将要面临的挑战就是在一个暴力与强权决定地位的等级森严的环境中学会控制自己的愤怒。他告诉我说，这样的环境是建立在“我们对它们”这样一种偏执态度之上的，他们会把任何一个身着制服的人都看作自己的“敌人”，哪怕是去帮助他们的人也不例外。

“所有的人都非常容易被激怒，一点小事也会使他们怒不可遏。他们解决任何分歧的方法都是打斗。但是在我所参加的这个计划中，人们不必这样生活。”

然而布拉德也会有与别人发生冲突的时候。“有一个和我年纪差不多大的孩子刚刚加入我们的计划，他老是嘲笑奚落我，还经常捉弄我，真是让我烦不胜烦，但我没有让自己的怒火爆发。开始的时候我不理睬他，径直走开，但是我走到哪里，他就跟到哪里。然后我就告诉他，他的这种行为非常愚蠢，我一点也不在乎他的话，但他仍然丝毫不为所动。”

“最后，我积累的怒火终于爆发了出来。我站在原地，冲着他大声吼叫，告诉他他的行为有多么愚蠢，然后我们互相瞪着对方，好像马上要打起来了。”

“我们通常打架的时候都会去某个牢房，而且把门锁上，以免被警卫发现。我们会一直打到其中一人求饶为止，然后再出去。于是我们两个来到我的牢房并且锁上了门，但是我仍然不想打架，于是对他说，‘如果你想打架的话就打我吧，现在就打。我已经被打过很多次了，能够承受，但我是不会打你的’。”

“结果他没有打我，相反，我们两个聊了起来，聊了一两个小时。他告诉了我他的情况，我也向他讲了我的情况。第二天他就从我们这个单元调走了，但是现在我们在院子里碰到的时候，他也不再惹我了。”

布拉德所参加的计划正是卡拉马祖市的改革派所认可的改造少年犯的有效方式之一。因为伤害罪而入狱的少年犯参加过类似计划之后可以学会三思而后行、保持冷静、在遇到问题时还会考虑除武力之外的其他解决方法以及各种方法所带来的不同后果。这样，他们打架斗殴的次数会减少，而且冲动和顽固的个性也会得到改善。[13]

但是绝大部分犯人都没有布拉德那么幸运，他们没有机会改正自己的习惯，也无法脱离监狱中暴力的大环境，因此他们总是重复着释放、“旧病复发”、然后重新入狱的恶性循环。既然大部分犯人在出狱后都会重新回到这里，那么使用“改造”这个词实在是不够恰当，因为事实上他们的任何恶习都没有被改造过来。

相反，监狱很大程度上成了犯罪大学，强化了犯人的不良嗜好和犯罪手段。新入狱的犯人在监狱中建立的人际关系网最可怕，他们在“经验丰富”的老手的“调教”下，出狱后会变本加厉，犯罪的手段也更高明。[14]

社交脑中负责同理心和控制情感冲动的神经系统，可能也是犯人与普通人最大的不同之处，实际上是大脑中成熟最晚的部分。联邦监狱和各个州监狱的犯人中有 1/4 都是 25 岁以下的青少年，他们大脑的这两类神经系统还有被改造好的希望。[15] 事实上，人们在对已经实行的监狱改造计划仔细研究后发现，这些少年犯的确是最有可能避免再次犯罪的人群。[16]

如果能够借助学校中发展成熟的社交技能课程和情感学习课程的成果的话，这些计划的执行效果可能会更加明显。[17] 这些课程会教给大家一些基本技能，比如控制愤怒的情绪和冲突、同理心和自我管理等。有数据表明，在学校中，通过学习这些课程，打架斗殴事件的发生率已经降低了 69%，欺凌弱小事件降低了 75%，骚扰事件降低了 67%。[18] 现在的问题就是，如何利用这些课程来改造少年犯，甚至年龄更大的犯人们。[19]

彻底改造监狱体制以便为犯人提供治疗型神经教育对于整个社会的平衡十分重要。如果这种针对首次入狱的犯人和少年犯的计划能够广泛推广，那么假以时日，全美范围内服刑犯人的数量肯定能够下降。毕竟，防止青少年再次犯罪能够有效地截断犯罪的部分源头。

在对 1994 年从劳教机构中释放的 272 111 名犯人进行的详尽分析发现，他们在自己的犯罪生涯中共犯下了高达 4 877 000 项罪行，也就是说平均每人有 17 项罪行，而且这还只是他们被指控的罪行而已。[20]

如果对他们的改造方式有效的话，这些重复犯罪应该在首犯的时候就可以避免。但是目前的现实是首次犯罪的犯人还是很有可能会在出狱后继续犯罪，并且罪行往往越来越严重。

在我年轻的时候，人们把少年监狱称为“改造学校”。如果它们的学习氛围可以增强孩子们遵纪守法所必需的能力：不仅包括文化知识和职业能力，还有自我意识、自我管理和同理心等能力，那么它们就真正做到名副其实了。如果它们能够达到上述目标的话，监狱是可以成为一个重新塑造犯人神经习惯的地方的，这才是“改造”学校的最深层次含义。

至于布拉德，当两年后我再次看望他的时候，他已经回到大学继续学习了，并且在一家高级餐厅里打工来支付自己的学费和生活费。

一开始他一直和几个高中同学住在一起，但是就像他跟我说的那样，“他们一点都不把学校当回事，整天就是喝酒闹事，所以我干脆搬了出来”。他搬回父亲家里，开始努力学习。

尽管这意味着他要失去一些老朋友，但是他说，“我一点也不后悔。相反，我觉得很开心。”

加强联系

2004 年 6 月的一个早晨，一场大火袭击了穆德廊桥——宾夕法尼亚州巴克斯县一座古老的标志性建筑。当两个月后纵火犯被抓住的时候，当地社会都十分震惊。

这 6 个年轻人都是当地高中赫赫有名的毕业生，并且都来自“好”家庭。人们感到不解和愤怒，整个社区都觉得受到了欺骗，觉得自己对于世界的美好印象都被打破了。

在审理 6 个纵火犯的过程中，其中一个男孩的父亲表达了对于陌生人在当地媒体上攻击自己和儿子的做法的愤怒。但是当被问到儿子的犯罪对他的影响时，他也承认，自己总是会想起这件事情以至夜不能寐，胸口就像堵了块儿大石头一样。最后他竟忍不住哭了起来。

听到自己家人和邻居痛苦的诉说，这些孩子也深感懊悔。他们向大家道歉，说自己真希望一切能够重来。[21]

这次审判是“帮教审判”的一次演练。“帮教审判”认为，除了惩罚之外，罪犯还应该直面自己的罪行给他人带来的情感创伤，并且尽自己可能去弥补。[22] 卡拉马祖模式在所有预防犯罪的有效措施中特别重视这种帮教审判。

在这种审判中，仲裁者经常会安排一些形式使得犯人能够在一定程度上弥补自己所犯下的罪行，比如通过经济补偿，或者从受害者的角度反思罪行，再或者真心实意地道歉。加利福尼亚一家监狱中该计划的负责人曾经说过，“关于受害者创伤的审判会议是非常能够触动罪犯情绪的。对于许多犯人来说，这是他们第一次真正考虑受害者的感受并且反思自己犯下的罪行”。

艾马科·E. 华盛顿（Emarco Washington）就接受过这种审判。他在十几岁的时候便开始吸食可卡因，并且通过抢劫来维持这一嗜好。如果母亲不给他钱买可卡因，他就会虐待、辱骂她。从十几岁到三十岁，他几乎每年都会进监狱。[23]

在旧金山监狱接受了帮教审判和削减暴力倾向的培训之后，华盛顿在出狱的时候做了一件出人意料的事情：他打电话给母亲并向她道歉。“我告诉她，原来当她不给我钱的时候我的确感到十分气愤，但是伤害她真的不是我的本意。打完电话之后我有一种重生的感觉，这告诉我，如果我改变自己的行为、语言，那么我就可以向自己和别人证明我并不是一个彻头彻尾的坏蛋。”

帮教审判所带来的情感变化会督促犯人们从对待受害者的“我和它”的态度转化为同理心。少年犯的许多罪行都是在醉酒或者吸毒后犯下的，因此他们根本就意识不到受害者的存在，而且当时他们的大脑中也没有任何伤害别人需要负责任的意识。通过使犯人产生对于受害者的同理心，帮教审判的这种方式很可能会改变犯人今后的生活。

卡拉马祖模式还为我们指出了犯人转变的另外一个关键点，那就是少年犯出狱回家的时候，如果没有外力干预，他们很容易回到原来的朋友圈子中，重新恢复原来的恶习，因此就很有可能再次入狱。

在预防再次犯罪的众多方法中，全方位疗法的效果最为明显。[24]“疗法”在这里可能并不十分恰当，因为这种治疗并不是指导者和犯人进行的一对一的长时间交流。相反，这种干预是贯穿整个生活的，比如在家里、大街上、学校里或者出狱犯人可能会到的任何其他地方，接触到的任何人。

例如，有位顾问跟踪调查了一名被释放的犯人，竭力想了解他出狱后的个人生活。这位顾问首先在犯人的社交圈中寻找积极因素，比如可以成为他益友的朋友，可以成为他良师的叔叔，或者可以给他带来温暖感觉的教堂等。然后这位顾问要确保使他亲近这些可以给他带来帮助的人，远离那些会误导他的人。

这种方法其实很简单，就是要增强他们的纪律性和对家人的关爱、减少与狐朋狗友的交往时间、在学校努力学习或者找一份工作并且积极参与体育活动等。最重要的是，建立一个健康的人际关系网络，使得出狱的犯人与那些关心他们并且能够为他们树立行为典范的人交往。这些人可以是他们的家人、邻居，也可以是朋友。[25]

尽管这次的全方位疗法只持续了 4 个月，但是它的确取得了一些效果。经历过这种治疗的少年犯出狱后三年内再次犯罪的概率在各个地区都出现了 25% 到 70% 的下降。而且更引人注意的是，那些最为顽固、最难以相处并且犯下严重罪行的犯人的行为也会因此而出现改观。

政府对于服刑犯人年龄的一项统计指出，监狱中数量增长最快的是中年人，而且他们一般都已经有过数年的犯罪史。[26] 从年轻时第一次被逮捕开始，他们中的大部分人就已经走上了不归路。

第一次入狱是改造犯人的黄金机会，是帮助他们摆脱今后犯罪可能性的关键时期。这一时期十分重要，它决定了少年犯们今后是远离监狱还是屡次光顾。

如果我们能够采纳诸如重塑社交脑等有效的计划，就可以实现犯人与社会的双赢。当然，卡拉马祖等模式所倡导的方式不止这些，这种“有效机制”还包括文化知识的学习、找到一份可以维持生计的工作和对自己的行为负责等。但是所有的这些方式都有一个共同的目的：帮助犯人转变为好人，而不是越来越高明的罪犯。

第二十一章

他们彼此为什么如此仇恨

那是在南非实行种族隔离政策的晚期——这项政策使得统治阶层的荷兰后裔与黑人之间完全隔离开来。有30个人已经秘密举行了4天会议，他们中有一半是白人企业管理者，另一半是黑人社团领导者。这个小组正在演练领导阶层的会议，以帮助黑人社团培养领导能力。

在他们会议的最后一天，他们牢牢地盯着电视机，观看了德克勒克总统宣布废除种族隔离政策的演讲。德克勒克总统宣布许多曾经被禁止的组织合法化，并且下令释放众多的政治犯。

安妮·勒塞波，一位黑人社团领导者，发出了会心的微笑。她知道随着这些组织的合法化，会有更多的人从幕后走出来光明正大地投入今后的斗争中去。

在听完演讲之后，小组举行了闭幕式，每个人都有机会致闭幕辞。大部分人都只是阐述了这次培训的意义并表达了自己参加培训的愉快心情。

但是轮到第五个人——一位身材高大、情感内敛的白人站起来的时候，他直视着安妮的眼睛，对她说："我要让你知道，我从小接受的教育就是把你们看作牲畜。"说到这里，他不禁泪流满面。[1]

这种“我们和它们”的态度是对“我和它”关系的一种集体性扩展，它们的本质是一样的，都是把别人作为一种物体来看待。就像马丁·布伯著作的英文译者沃尔特·考夫曼解释的那样，“我们和它们”这个短语“把整个世界分成了两类：阳光普照的孩子和黑暗世界中的孩子，绵羊和山羊，上帝的选民和被诅咒的人”。[2]

这种“我们和它们”的关系缺少同理心，更不用说适应了。如果“它们”向“我们”发出呼声的话，这种声音即使不被完全忽视，也不会引起“我们”足够的重视。

这种“我们和它们”之间的鸿沟正是由于缺乏同理心造成的。我们站在鸿沟的这边，对“它们”进行肆意的想象。就像考夫曼所说的那样：“正直、智慧、诚实、仁慈和胜利都是我们的特权，而邪恶、愚蠢、伪善和最终的失败都属于它们。”

当把别人看作“它们”的一分子时，我们就会关闭自己的利他本能。比如，科学家们在一系列实验中询问了志愿者们是否愿意代替别人来接受电击。他们没有看到这些将要接受电击的人，只是根据一些对他们的描述来做出决定。结果发现，对这些人的描述与他们本身的差别越大，他们就越不愿意提供帮助。[3]

诺贝尔和平奖获得者，也是纳粹大屠杀幸存者伊利·威塞尔说过：“憎恨，这种癌症可以从一个人传染给另一个人，从一个民族传染给另一个民族。”[4] 人类历史本身就是一部群体间相互侵犯、对彼此犯下滔天罪行的历史，尽管有时他们之间的相似性多于差异。比如北爱尔兰的新教徒与天主教徒、塞尔维亚人和克罗地亚人，他们之间的战争都由来已久，尽管从基因方面来看，他们是彼此最亲近的兄弟姐妹。

我们所生活的这个世界全球化程度越来越高，但是对于本民族的依恋是我们大脑的最原始反应。就像一位在塞浦路斯种族骚乱中度过童年的精神病学家所说的那样，相似的种族是通过“对微小差异的自恋”来把“我们”转变为“它们”的，也就是说，他们紧紧抓住自己与其他种族的微小差异，而忽视了他们之间的大量共同点。一旦与别人在心理上拉开距离，就很容易对他们产生敌意。

这一过程正是一项正常认知功能——分类的极端表现。人类大脑需要通过分类来识别周围世界的顺序与意义。人们总是会假设特定种类的未知物体的主要特征与该种类的已知物体相同，人们通过这种方式来适应周围不断变化的环境。

一旦我们对某个群体产生偏见，有色眼镜就形成了。然后，我们往往会紧紧盯着支持这种偏见的证据，而忽视其他事实。从这种意义上讲，歧视就是一种竭力证明自己正确性的假设。因此，当我们遇到潜在的歧视对象时，偏见就会扭曲我们的认知能力，使我们无法正确判断面前的人们。如果对某个群体的偏见是未经证实的假设，那么对他们的公开敌对就体现了我们扭曲的心理分类。

轻微忧虑、担心的感觉，或者因为对“它们”的文化不了解而产生的不安感觉，都足以歪曲我们的认知分类。每一次忧虑、每一次媒体的负面报道和每一次遭受不公正待遇的感觉，都会为大脑增加歧视他们的“证据”。随着这些证据的不断积累，忧虑就会演变成反感，进而又会演变成敌视。

即使在偏见并不强烈的情况下，极端的愤怒也会引发歧视。比如在一触即发的比赛中，对抗会促使“我们和它们”向“我们对它们”转变，从而引发彼此的敌对。

愤怒和恐惧都是由杏仁核所引发的，它们都会加剧尚处于萌芽状态的偏见的破坏性。当这类强烈情绪大量涌现时，前额叶皮层的效力会减弱，小路神经系统会取代大路神经系统在大脑中的控制权。这就破坏了大脑进行清晰思维的能力，从而使人们无法正确判断这个基本问题：他真的有那么多恶习以至我要把他归类为“它们”吗？一旦大脑形成了歧视，即使在没有愤怒或恐惧情绪的情况下，这个问题仍然会被忽略。

隐性的偏见

“我们和它们”的关系会呈现出多种形式，比如强烈的憎恨，或者一些连当事人都意识不到的模糊的成见。这种模糊的歧视藏于小路神经系统之中，表现为“隐性”的偏见，是一种自动、下意识的思想。这些隐性的偏见往往会左右我们的决定，比如决定在众多资历相当的求职者中到底录取哪一位，尽管有时这种选择可能会违背我们的理智。[5]

设计缜密的认知测量方法发现，那些对其他群体没有任何歧视表现的人和对其他群体持褒奖态度的人的内心仍然可能隐藏着某些偏见。比如，隐性假设测试会为你提供一个单词，然后要求你在尽量短的时间内对它进行归类。[6]在测试你是否认为女性和男性在自然科学方面具有同等能力的时候，它会要求你把“物理学”和“人文科学”与“男性”和“女性”进行匹配。

我们在不假思索的情况下做出的匹配所需要的时间是最短的。因此，那些认为男性在自然科学方面要优于女性的人们在匹配“男性”和理科相关词语时所需要的时间就比较短。这些判断时间上的差异是非常微小的，通常只有零点几秒钟，只有通过电脑分析才能发现。

这种隐性的偏见尽管非常微弱，但是仍然会扭曲我们对某个特定群体的判断，也会影响我们的选择，或者对于被告是否有罪的裁决。[7]在有章可循的情况下，隐性偏见可能带来的影响相对来说比较小，但是如果缺乏严格的标准，那么它们的威力就会显现出来。

一位女性认知科学家在进行隐性偏见测试后震惊地发现，自己竟然下意识地认同了对女性科学家——包括她自己的成见。因此她改变了办公室里的装饰，换上了许多女性科学家的照片。

这样就可以改变她对女性科学家的隐性成见吗？仅仅是可能而已。

心理学家一度认为像隐性态度之类的下意识心理分类是一成不变的。因为它们是自发、下意识进行的，所以科学家们认为它们的影响是无法改变的。毕竟，在隐性偏见和赤裸裸的歧视中起关键作用的都是杏仁核，而且小路神经系统似乎是很难改变的。[8]

但是最新的研究表明，这种自发的成见和歧视也是可以改变的，也就是说，隐性偏见并不能反映一个人的“真实”情感，它也是可以改变的。[9] 在神经层面，这种流动性表明，即使是小路神经系统在生活中也在不断地进行学习、更新。

下面是一个消除成见的简单实验。[10] 研究者们向那些对黑人有隐性偏见的人展示了受到人们普遍尊敬的黑人的照片，比如比尔·科斯比和马丁·路德·金，以及令人憎恶的白人的照片，比如连环杀手杰弗里·达默。这种展示的时间并不长，研究者们在 15 分钟里给他们看了 40 张精心挑选的照片。

这种对杏仁核的短暂引导大大改变了他们在隐性态度测试中的表现：他们对于黑人潜意识的歧视消失了。即使是在观看照片 24 小时后进行测试，他们仍然会做出同样的反应。如果人们能够经常看到某个群体中受人尊敬的人物的影像，比如自己喜爱的电视节目中的主人公，那么这种积极的转变可能会更加持久。因此，杏仁核会不断地学习，人们的偏见也并非一成不变的。

许多方法都被证实可以消除隐性偏见，尽管有些方法的效果只是暂时的。[11] 比如，当人们被告知智商测试显示自己拥有高智商时，他们的消极隐性偏见会消失；但是如果他们被告知自己智商低下时，他们的隐性偏见就会增强。再比如，在得到一位黑人主管的赞扬之后，人们对于黑人的隐性偏见也会减轻。

社交需求也会影响人们的隐性偏见。比如，如果人们处于一个不存在歧视的社交环境中，那么他们自己的隐性偏见也会减轻。而有意识地忽视他人与自己的差异，也可以减轻自己的隐性偏见。[12]

这一发现也与神经学原理吻合：当人们想到或者谈论宽容的态度

时，他们大脑中前额叶皮层会活跃起来，而隐性歧视的发源地杏仁核则会平静下来。[13] 当大路神经系统采取积极的态度时，小路神经系统就丧失了激发偏见的能力。如果人们能够接受一些有意识增强宽容性的训练，比如美国军方所采取的大量反歧视计划，那么他们的隐性偏见将得到控制。

以色列的一些实验还发现，另一种完全不同的方法也可以部分地减轻歧视。在实验中，研究者通过一些微妙方式，比如使志愿者想起自己所爱之人等来激发起他们的安全感。这种安全感的暂时提升使得原本歧视阿拉伯人和极端保守犹太人的志愿者们暂时减轻了自己的偏见。当他们知道自己要和一位阿拉伯人或者极端保守犹太人相处的时候，他们比几分钟前安全感没有得到提升时乐意多了。

没有人会天真地认为这种转瞬即逝的安全感可以彻底解决由来已久的历史和政治冲突。但是，至少这一实验再次证明隐性偏见是可以减轻的。[14]

消除敌意对立

多年来，心理学家们一直就消除“我们和它们”之间对立的途径进行着激烈的讨论。现在，社会心理学家托马斯·佩蒂格鲁已经部分解答了这个问题，佩蒂格鲁一直致力于研究美国人权运动在法律上废除种族不平等之后社会上仍旧存在的歧视。他是一名弗吉尼亚人，也是最早开始研究种族仇恨的心理学家之一。他的老师，社会学家戈登·奥尔波特也曾经提出，经常进行友善交流可以消除人们之间的歧视。

现在，30 年过去了，佩蒂格鲁已经完成了迄今为止规模最大的关于改变敌对双方观点的途径的分析。佩蒂格鲁和他的同事们总结了从 20 世纪 40 年代一直到 2000 年的 515 项相关研究，并对它们进行了综合统计分析。他们的研究得到了 38 个国家 250 493 人的回应。这项研究中“我们和它们”的分类不仅包括美国的白人与黑人，还涵盖了世界各地许多其他种族和宗教冲突方，除此之外，还有人们对于老人、残疾人和心理疾病患者的歧视。[15]

他们得出的结论是：情感交流，比如敌对群体中个人的友谊和爱情，可以帮助人们接受彼此所属的群体。比如，一项研究调查了与白人孩子玩耍的美国非洲裔孩子（虽然当时他们在学校是相互隔离的）后发现，如果童年时期有一位来自敌对群体的小伙伴，那么他们长大之后一般都不会对该群体形成歧视。在南非种族隔离时期，如果生活在乡村的白人家庭主妇与当地黑人雇工关系友好，那么她们至少会减轻对黑人的歧视。

值得注意的是，对跨敌对群体的友谊进行历史研究后发现，亲密关系本身就能够减轻歧视。但是，在大街上或者工作中的偶然接触很难改变人们的敌意成见。[16] 佩蒂格鲁认为，消除歧视的基本要求是亲密的情感交流。随着时间的推移，人们会把从彼此那里感受到的温暖归纳为所有“它们”的特征。比如，如果人们在种族对立方中有一位好朋友，那么他们对于这个种族的整体歧视就会减轻很多。[17]

“你可能仍然会对他们整个群体有成见，但是不会再对他们有强烈的厌恶情绪。”佩蒂格鲁对我说。

佩蒂格鲁与同事们在德国的实验向我们揭示了在消除歧视中接触的关键作用。“通常来说，民主德国人远比联邦德国人更加歧视其他所有种族，比如从波兰到土耳其等世界各地的民族，”佩蒂格鲁说，“例如，在原来的民主德国中针对少数民族的暴力事件要比联邦德国多得多。我们在研究了因为这些暴力事件而入狱的罪犯后，发现了两件事情。一是他们的歧视相当严重，二是他们跟自己所深切憎恶的群体实际上并没有什么接触。”

“在民主德国，即使共产党政府接纳了大量古巴人和非洲人，这些人实际上是与普通民众隔离开来的，”佩蒂格鲁评论说，“但是联邦德国人与其他民族已经建立了几十年的友谊，而且我们发现，他们与少数民族的人们接触越多，他们对待整个民族的态度就越友好。”[18] 也就是说，当“它”变成了“你”，“它们”也就转变为了“我们”。

但是隐性偏见呢，那些存在于自认为很公正的人们内心的微妙成见呢？它们也会发生变化吗？对于这个问题，佩蒂格鲁也一定要打破砂锅问到底。

“特定群体的文化中也渗透着对自己的刻板看法。”他观察说，“比如，我是一名苏格兰人，我的父母都是移民，人们都说苏格兰人是吝啬鬼，但我们说自己是节约。也就是说，对于群体的刻板看法依然存在，但是人们的情感取向发生了变化。”

隐性偏见的测试检验的是人们的认知分类，是完全抽象的概念，与情感无关。佩蒂格鲁认为，成见本身并没有多大影响，重要的是它所附带的情感取向。

如果群体间关系非常紧张，甚至有暴力冲突，那么担心隐性偏见就是多余的了，因为只有在没有赤裸裸仇恨的情况下，隐性偏见才会存在。如果群体间存在公开冲突，那么他们之间就会产生明显的歧视。但如果他们能够彼此和平相处，那么歧视所残留的思想可能就会引发人们的隐性歧视行为。

佩蒂格鲁的研究表明，对某个群体持反感态度要比仅仅对“它们”有成见引发敌对行为的可能性大得多。[19] 即使敌对双方成为朋友之后，原来的一些成见仍然会被保留下来。但是他们对彼此的情感会开始好转，这就是最大的不同。“我喜欢他们，尽管我对他们的整个群体仍然存在一些看法，”佩蒂格鲁推测：“这种隐性偏见可能仍然存在，但是随着情感的变化，人们的行为也会相应发生变化。”

多元文化的交流

在种族冲突猖獗的曼哈顿中学，来自波多黎各和多米尼加共和国的女孩为了保护自己不受伤害而结成了同盟。但是这个同盟内部有时也会出现不和谐因素，波多黎各和多米尼加女孩之间也会发生冲突。

有一天，两个女孩发生了矛盾，一个波多黎各女孩嘲笑一个多米尼加女孩刚移民不久就如此得意。结果不但她们两个成了敌人，整个同盟也因此而瓦解了。

在全美国的中学里，民族多元化的特点越来越显著，歧视划分的标准也在不断发生变化。[20] 原来的分类，比如黑人和白人，已经被新的更加细微的分类取代。在那所曼哈顿中学里，这些分类不仅包括黑人与拉丁美洲人的区分，在亚洲人之间还有ABC（美国出生长大的中国人）与FOB（刚刚移民到美国的人）的区分。考虑到未来几十年新移民的涌入，这种多元化的种族融合还会增加更多“我们和它们”之间的分类变体。

哥伦拜恩中学的枪击事件就是这种对立的社会文化所带来的惨痛教训之一。1999年4月20日，两名“异类”学生因为平日得不到大家的认可而开枪报复，在枪杀几名同学和一名老师后畏罪自杀。这一悲剧促使社会心理学家埃利奥特·阿伦森开始关注校园暴力问题，他认为这一问题的根源就在于学校文化中的“竞争性、帮派性与排他性”。

在这样一种环境中，阿伦森认为：“青少年们因为生活在奚落与排斥的氛围中而感到痛苦，他们的中学生活一般都不太愉快。对许多学生来说，这种经历还要更加糟糕，他们把学校描述成人间地狱，在这里他们感到不安，还经常被同学排斥、嘲笑和捉弄。”[21]

这一情况不仅存在于美国，事实上，从挪威到日本，许多国家都面临着如何防止孩子欺凌弱小的问题。任何一个地方都会有受欢迎的学生和被排斥的学生，缺乏交流的问题也已经成为未成年人世界中的一个通病。

有些人可能会认为这只是正常社交活动所带来的微小副作用，但是科学家们在对那些被视为异己的孩子们进行研究后发现，这种排斥会引发他们的心烦意乱、焦虑、萎靡不振，甚至会使他们感觉生活毫无意义。[22]孩子们的许多焦虑都是由于这种对社交排斥的担忧而引起的。

我在前面的章节曾经提到过，这种由于被排斥而引起的心理创伤和身体创伤会引起社交脑的相同活动，而且社交排斥还会影响到孩子们学业上的表现。[23]他们的工作记忆能力（也就是接受新信息的主要认知能力）会大幅下降，从而导致数学等科目学习成绩的下降。[24]除了对学习的影响之外，这种孤立的学生还往往会有暴力行为，他们行为怪异，经常旷课，辍学率也比较高。

学校是青少年的社交活动中心。他们在学校中可能会面临被排斥的危险，但同时学校也为他们提供了一个学习如何与人进行积极交流的场所。

阿伦森接受了这项挑战，他要帮助孩子与他人建立健康的交流关系。作为一名社会心理学家，他非常清楚，如果敌对群体能够为一个共同的目标而努力，那么他们就能慢慢地接受彼此，这样也就完成了从“它们”到“我们”的转变。

因此阿伦森大力提倡他所说的“拼图课堂”，这种方式要求学生们分成小组来完成某项学习任务，然后接受测试。就像在拼图游戏中一样，小组的每个学生都掌握着某一部分关键信息。比如在学习第二次世界大战的历史时，每个小组成员都会成为某个方面的专家，比如意大利的军事行动等。每位同学都和其他小组的同学一起学习这方面的知识，然后他们回到自己的小组中把自己所学到的知识传授给其他同学。

为了掌握这些知识，小组的所有同学都必须专心倾听别人的讲述。如果因为不喜欢某位同学而刁难他或者不认真听他讲述的内容，那么自己就很有可能在测试中表现不佳。这样，学习本身就成了一个鼓励倾听、尊重和合作的过程。

拼图课堂中的学生们很快就消除了自己对于他人的成见。同样，对国际学校的研究也发现，不同种族学生之间的接触越友好，他们的偏见就会越少。[25]

比如一个五年级学生卡洛斯，他不得不突然离开自己亲密的墨西哥裔同学，每天坐很长时间的汽车穿过整个城市来到一个更加繁华的地区上学。新学校的孩子们在所有课程方面都比他优秀，而且他们还嘲笑他的口音。卡洛斯马上变成了一个异类，害羞而且不安。

但是在拼图课堂上，那些嘲笑他的学生也不得不依赖他来学习一部分知识，这样才能取得好成绩。开始的时候，他们嘲笑他说话结结巴巴，使他无所适从，结果最后他们的成绩都很差。因此他们慢慢开始帮助他，鼓励他。他们的帮助越多，卡洛斯就越放松，说话也就越流利。同学们越来越喜欢他，他的表现也越来越优异。

几年之后，阿伦森意外地收到了即将大学毕业的卡洛斯的来信。卡洛斯在信中回忆了自己当时有多么恐惧，多么憎恨学校，而且还认为自己很笨，认为其他孩子都很残忍敌对。但是在他参加拼图课堂后，一切都变了，曾经使他感到痛苦的同学成了他的朋友。[26]

“从那时起我开始热爱学习，”卡洛斯写道，“现在我即将进入哈佛大学法学院了。”

宽恕和遗忘

这是一个寒冷的 12 月的一天，尊敬的詹姆斯·帕克斯·莫顿先生——纽约主教座堂的前任教长，宗教中心的负责人，给他的员工带来了一个坏消息。他们最大的捐资人已经停止了捐赠，中心已经无法继续支付房租了。因此，他们很快就要无家可归了。

在圣诞节即将来临的前几天，情况出现了不可思议的转机。来自塞内加尔的移民沙伊赫·穆萨·戴姆听说了他们的困境，主动提出在自己即将开设日托中心的大楼里为他们提供工作场所。

就这样，戴姆挽救了这个各种宗教信仰的人们共同努力工作的中心，莫顿认为这一行为正体现了该中心的宗旨。就像戴姆所说的那样："我们对彼此越是了解，就越乐意坐下来一起喝一杯，发生流血冲突的可能性就越小。"[27]

但是怎样才能平复已经发生过流血冲突的民族之间的仇恨呢？毕竟，种族间在经历过暴力冲突之后，他们的歧视和仇恨会不可避免地增强。

在敌对状态结束后，发展彼此间的和谐关系对群体中的个人也有一定影响。其中之一是生理影响，因为长时间的憎恶和怨恨会对人们的生理产生一定的影响。研究发现，只要人们想起他们所憎恨的群体，他们的体内就会引发愤怒的情绪，从而产生大量压力荷尔蒙，提升他们的血压并且降低他们的免疫功能。这种无声的愤怒越强烈、越频繁，它所带来的生理影响就越强烈。[28]

解决这一问题的方法之一就是宽恕。宽恕我们所怨恨的人可以在我们体内引发相反的生理反应，它可以平衡我们的血压、心率和压力荷尔蒙的水平，还会减轻我们的痛苦与抑郁。[29]

宽恕还有一定的社交意义，比如它会使原来的敌人变成朋友。但是我们并不一定要马上与自己原来的敌人成为朋友，特别是刚刚经历过伤害之后。宽恕并不一定意味着原谅别人的罪行，或者忘记自己所受的伤害，或者向伤害自己的人妥协，而是想办法使自己从痛苦中解脱出来。

心理学家用了一个星期的时间指导17位来自北爱尔兰的男性和女性进行宽恕训练。他们都是天主教徒或者新教徒，都因为宗教冲突而失去了亲人。在这一个星期中，他们讲述了自己的冤屈和不满，然后心理学家帮助他们从新的角度来看待已经发生的悲剧。心理学家引导他们不再停留在痛苦的回忆中，而是以自己更加美好的未来告慰亲人。甚至有许多人打算帮助别人进行同样的宽恕训练。训练过后，大家不仅感觉自己的情感创伤得到了抚慰，而且发现自己的身体创伤，比如胃口不好和失眠等情况也都有了好转。[30]

宽恕，但不能遗忘，至少不能全部遗忘。暴行中也有人们应当永世不忘的教训。就像拉比·劳伦斯·库什纳评论纳粹大屠杀时所说的那样："我想记住它的暴虐，仅仅是为了确保这种事情永远不会再发生在我或者其他任何人的身上。"[31]

库什纳说，从"一个疯狂政权的牺牲品"中得到惨痛教训之后，对这种回忆最好的纪念就是去帮助那些现在仍然面临种族屠杀危险的人们。

卢旺达流行的广播肥皂剧《新曙光》的创作意图也正是如此。这出肥皂剧的场景设定在现代，描述了两个贫瘠的村庄为了争夺位于它们中间的一块肥沃土地而导致冲突不断升级。

它的故事情节有些类似于《罗密欧与朱丽叶》。年轻姑娘巴塔丽亚喜欢上了邻村的小伙子施玛，而她的哥哥鲁纳格雷领导着村里的一个小集团，他竭力煽动大家对邻村的仇恨，以便对他们发起攻击。他还强迫巴塔丽亚嫁给自己的一个亲信。但是巴塔丽亚所属的小团体对两个村庄都非常友好。巴塔丽亚和她的朋友们竭尽全力来与挑衅者对抗，比如向邻村预先泄露挑衅者的攻击目标，公开反驳这些挑衅者等。

《新曙光》的宗旨就是培养人们抵制仇恨的能力，它是由荷兰慈善家和美国心理学家共同推动的一个项目。[32]“我们帮助人们了解大屠杀的起因，以及如何才能使这些悲剧永远不再发生。”马萨诸塞州大学阿默斯特校区的心理学家、该项目的策划者之一欧文·斯托布如是说。

斯托布对于大屠杀的了解部分是通过研究，部分是通过自己的亲身经历。他本人就是当年被瑞典大使拉乌尔·瓦伦堡从纳粹魔爪下解救出来的成千上万名匈牙利犹太人之一，当时他还是个孩子。

斯托布在他的著作《罪恶之源》（*The Roots of Evil*）一书中总结了引发这种大规模种族屠杀的心理因素。[33]它一般都发生在剧烈的社会动荡之后，比如经济危机和政治动荡等，当地一般都有着强势与弱势群体的长期对立。动乱会使得强势群体的人们把弱势群体的人们当作替罪羊，认为他们就是引发问题的根源，是他们妨碍了自己美好的未来。如果强势群体的人们过去曾经遭到迫害，并且现在仍然感觉受到不公平待遇，那么这种仇恨更容易在他们中间传播。他们的安全感已经丧失，当双方冲突升级时，他们就会认为必须诉诸武力来保卫自己，哪怕这种“自卫”的形式就是对弱势群体的大屠杀。

还有几个因素很容易引发这种暴行，比如弱势群体在政治上没有发言权，旁观者——那些本可以反对暴行的人们或者相邻国家的人——保持沉默等。“如果在暴徒刚刚开始侵害受害者时旁观者一言不发，暴徒就会把这种沉默理解为默许。”斯托布说，“而且人们一旦开始了这种暴行，他们渐渐地就会把对他人的迫害看作道德允许的行为。这时已经没有什么力量可以使他们回头了。”

斯托布和心理学家劳里·安妮·珀尔曼（Laurie Anne Pearlman）一直致力于向卢旺达的政治家团体、记者和社团领导传播这些思想和仇恨的排解方法。[34]“我们请他们用这些思想来分析自己的经历，这种方式很有效。我们正在努力推广团体疗法并且建立有效机制来抵制暴虐势力。”

他们的研究表明，要打破“我们和它们”的界限仅仅靠亲密的情感交流和友谊是不够的。斯托布发现，如果实施过暴虐行为的人不承认自己的暴行，不忏悔，也不对幸存者表示道歉，那么宽恕也是没有用的。这种单方面的宽恕只能加剧双方的不平衡。

斯托布还对宽恕与和解做了区分。和解的意思是用诚实客观的态度来反思暴行，并且努力补偿，就像在取消种族隔离政策后南非真相与调解委员会所做的工作一样。和解意味着犯下暴行的一方承认自己的罪行，双方都用冷静客观的态度来重新审视对方，这样双方才能够一起开始新生活。

后 记

最重要的事情

一位朋友曾经向我讲述了他的一次经历。一次，他被邀请参加为期一周的环希腊岛私人游艇旅行。那可不是一艘普通的游艇，而是“超豪华游艇”，事实上就是一艘小型轮船。它的名字被列在一本关于世界上最大的豪华游艇的目录中。在这本厚厚的目录中，每艘豪华游艇都有两页纸来专门描述它的所有奢华细节。

12 名应邀前来的客人都对这艘游艇的舒适和宽敞赞叹不已，直到有一天他们发现一艘更加庞大的游艇停泊在他们旁边。他们查看了目录，发现他们的新邻居是世界上最大的 5 艘游艇之一，它的主人是一位沙特阿拉伯王子。不仅如此，它的旁边还有一艘补给船为其提供物资，这艘补给船本身就和我的朋友所乘坐的游艇一样庞大。

人们会因此而眼红吗？普林斯顿大学心理学家丹尼尔·卡尼曼的回答是：当然会。卡尼曼曾于 2002 年获得诺贝尔经济学奖，他认为这种高端嫉妒是由“快乐水车”引发的。卡尼曼利用水车的比喻来解释为什么优越的生活环境，比如巨额财富等，和生活满意度并没有太大关系。

在解释为什么最富有的人们并不一定最幸福时，卡尼曼说，随着收入的增多，人们的期望值也越来越高，因此人们总是渴望得到更加高级、更加奢侈的享受。人们的欲望就像一个永不停止的水车一样，即使亿万富翁们也是如此。就像他所说的那样：“富人享受过的东西可能比穷人要多，但是他们只有获得更多的享受才能体会到和穷人一样多的幸福感。”[1]

卡尼曼在研究中还发现了一种避免这种“快乐水车”模式发生的方法，那就是进行有益的人际交往。他和一个研究小组调查了1 000多名美国妇女，请她们评价自己某一天内的活动，内容包括她们的行为、她们的伙伴和她们的感受。结果发现，对她们幸福感影响最强烈的并不是她们的收入和工作压力，也不是她们的婚姻状况，而是她们的伙伴。[2]

最令人愉快的两项活动是做爱和社交，这一发现完全在情理之中。最令人不愉快的是每天上下班的过程以及工作本身。最能让人们产生幸福感的因素依次是：

朋友

亲属

配偶或者恋人

孩子

顾客或客户

同事

老板

独处

卡尼曼建议，我们应该审视自己周围的人以及我们与他们相处时的愉悦程度，然后在时间和金钱允许的条件下尽量多花一些时间和令我们感到愉快的人相处。除了这个可能费时费力的办法之外，更好的选择应该是积极改善与周围所有人的关系，使交流的过程充满快乐。

生活的意义主要来自我们的幸福感和成就感，而高质量的人际关系是幸福感和成就感的主要源泉之一。情绪传染意味着我们的相当一部分情绪是通过与他人的交流产生的。从某种意义上来说，和谐的人际关系就像情感维生素一样，可以帮助我们渡过难关并且在日常生活中滋养我们。

世界各地的人们对于美满生活的理解各不相同，他们观点中唯一的共同点就是要有良好的人际关系。所有的人都相信，温情的人际交流是“最佳生存状态”的核心。[3]

我在第十五章中曾经提到过，婚姻专家约翰·高特曼发现，在美满、稳定的婚姻生活中，夫妻双方所经历的快乐时光与矛盾时刻的比例大约为 5∶1。这一比例可能也是适合所有其他交流的黄金分割点。我们可以做一次虚拟盘点，衡量一下所接触的每个人对于我们的“滋养”价值。

比如，如果这一比例反过来为 1∶5 的话，这种人际关系就急需修补了。当然，这种不理想的比例并不意味着我们应该终止与他们的交往。我们需要做的是尽自己所能来改善这种关系，而不是拒绝与这个人交往。在这方面，许多专家提供了各种各样的方法。如果对方愿意配合的话，许多方法都是行之有效的。如果对方不愿意配合，我们仍然可以从自己做起，改善自己的恢复力和社交商，因为交流毕竟是双向的。

当然，我们也需要评价一下自己对周围亲人与朋友的影响力，因为我们对他人的影响力也可以反映我们是否尽到了作为配偶、亲属、朋友和社区成员的责任。

“我和你”的态度可以使同理心转化为关爱的实际行为。然后，社交脑会指挥我们做出善意、友好和仁慈的行为。考虑到现代残酷的社会现实和经济现实，社交商中的这种关爱意识的意义就显得尤为重要了。

社交机制

马丁·布伯认为，现代社会中越来越严重的“我和它”倾向正在威胁着人们的健康状况。他警告大家要警惕对待他人的“物体化”趋势，这种失去人格的人际关系正在腐蚀着我们的生活质量，也在腐蚀着人类精神本身。[4]

早在 20 世纪初，美国哲学家乔治·赫伯特·米德就曾经提出了与布伯相似的观点。米德首次提出了“社交自我”的概念，也就是我们对于社交活动中表现出来的自我形象的意识。他还提出，社会发展的唯一目标应该是“日益完美的社交商”、和谐的人际关系以及相互的理解。[5]

这些人类的理想目标似乎与21世纪所发生的各种悲剧与摩擦格格不入。长久以来，大部分科学感性都很难与道德范畴相容。因此，许多科学家都宁愿转向人文科学、哲学甚至神学来寻求安慰。但是由于大脑精密的社交反应性，我们必须意识到，别人对于我们的情感和生理状态都会产生或好或坏的影响，反过来我们也会对他人产生一定的影响。

布伯的理论提醒现在的人们要警惕这样一种前景：人人都对他人漠不关心，社交技巧只是满足自己私欲的工具。他所推崇的是人们之间的相互同理心与关怀，以及每个人都对他人和自己负责任的态度。

这种态度对于社会神经学本身也有一定意义。人们对于科学理论的应用可能是善意的，也可能是扭曲的。比如，有些人可能会利用社会神经学的新发现来宣传或者鼓吹自己的理论，功能性核磁共振成像系统所反映的某个特定群体对某种信息的反应的相关数据也有可能被用来夸大该信息对情绪的影响。在这些情况下，科学就沦为了一些别有用心的人达到自己目的的工具。

这种情况并不稀奇，对新发现意料之外的应用是科学进步不可避免的附加后果。人们无法在一开始就预料到新发现可能带来的所有影响，因为它们的影响都是逐步产生的。

但是另一方面，这些新发现的有益影响已经开始逐步显现：社会神经学家已经开始应用它们来改善人们的生活。比如，人们可以培训医学院学生和精神治疗师，使他们了解同理心的知识，从而与病人进行更加有效的沟通。再比如，人们还可以使用无线生理监测系统来跟踪病人的情况。病人可以在家里一天 24 小时佩戴着它，当病人生理系统发生变化，比如陷入消沉状态时，它就可以自动发出信号通知医生。这无疑是一个真正意义上"随叫随到的精神科医师"。[6]

除此之外，对于社交脑的日益了解以及社交关系对于人们生理系统的影响都为我们指出了一些完善公共机构的途径。比如，因为良好的人际关系会对人们的生理系统产生积极影响，所以我们必须重新思考对待病人、老人和犯人的正确态度。

对慢性病患者或者病危的人，我们不仅应该从家人或者其他社交圈中为他们寻找照料者，还要为这些帮助他们的人提供支持。对于通常处于凄凉孤独境地的老人，我们也许可以为他们提供一个"共同居住的场所"，各个年龄段的人们住在一起，共同进餐，这样就为他们创造了一个可以享受亲情的大家庭。我们可以改进劳教系统，帮助犯人重新建立良性的人际交往，而不是使他们脱离可以帮助他们重新做人的社交活动。

让我们再考虑一下这些机构的工作人员：教师、医务工作者和监狱管理人员。这些机构都非常容易受到误导，往往把经济指标作为衡量社会效益的唯一因素。这种做法忽视了人们的情感交流，而情感交流是我们在工作中发挥最大潜力必不可少的因素。

领导阶层必须意识到，他们自己会为整个机构的情感氛围定下基调，而且这种情感基调还会反过来影响集体目标的完成，不管它们是表现为学习成绩、销售业绩还是员工的离职率等。

对此，早在 1920 年，爱德华·桑代克就曾经提出，我们需要培养社交智慧——可以使社交对象得到滋养的品质。

国民幸福总值

位于喜马拉雅山脉的不丹王国非常重视自己国家的“国民幸福总值”，他们认为这一指标和国内生产总值一样重要，都是权威经济指标。[7] 不丹国王宣称，公共政策应该与人民的幸福感挂钩，而不能把经济因素作为唯一标准。不丹的国民幸福总值考虑的因素包括经济自主、原始生态环境的保护、公共医疗、弘扬本地文化的教育体系和外交等诸多方面，经济增长只是其中的一部分。

这种国民幸福总值并不是不丹所独有的。这一概念把人民的幸福感和生活满意度放到了比经济增长更高的地位，已经受到了一小部分国际经济学家的推崇，而且正在被越来越多的经济学家所接受。他们认为，消费的商品数量越多幸福感就越强烈这种被全球决策者们认可的假设实际上是一种误导，因此他们正在研究新的方式来衡量国民生活状况，他们认为不仅要考虑人们的收入与就业率，还要考虑人们对于人际关系的满意程度以及有无生活目标等因素。[8]

丹尼尔·卡尼曼注意到，经济利益和幸福感之间没有直接联系，除非经济从低谷开始好转，人们从赤贫状态转变到能够维持生计，这时的经济好转能够极大提升人们的幸福感。[9] 最近，经济学家开始意识到，他们超级理性的经济理论忽视了人们的小路神经系统，也就是忽略了人们的情感因素，因此无法精确预测人们的选择，更不要说了解他们的幸福感源泉了。[10]

“技术上的解决办法”指的是科学技术对于人类生存状态的干预，这个术语是由长期担任美国橡树岭国家实验室主任并且创建能量分析研究所的阿尔文·温伯格提出来的。20 世纪五六十年代是温伯格在科学界最活跃的时期，当时的人们天真地认为科技的发展可以解决人类社会的一切问题。[11] 比如，大家普遍认为大量核电厂的建成可以大幅降低能源成本，而且建在海滨的核电厂还可以为人们提供足够的饮用水，因此核技术的发展可以提高整个人类的福利。最近，一些环境保护主义者提出，核能还是解决全球变暖问题的有效途径之一。

现在已经 90 多岁的温伯格看待问题的角度发生了变化，他的观点更加富有哲理性。“科技使人与人之间的交流越来越少，甚至使人们反思自己的机会也越来越少，”他告诉我，“文明是建立在个性之上的。人们曾经珍视的东西都已经被抛弃，生活就是坐在电脑前面与他人进行远距离的交流，我们仿佛生活在一个电脑的虚拟世界中，所有的注意力都放在了最新的科技发展上。但问题是，家庭、社区和社会责任感才是我们最应该关注的。”

作为 20 世纪 60 年代的美国总统科学顾问，温伯格曾经撰写过一份关于“科学选择标准”的文件。这份文件提出，价值观可能会影响到科学经费的分配，同时它也是科学哲学中的一个重要问题。现在半个多世纪已经过去了，他一直在进一步反思决定国家预算分配的“有价值”标准。

他对我说，传统的观点认为资本是唯一高效的资源，但是资本本身是没有人情味的。“我在考虑我们的经济模式是否已经没有其他选择，全球性的高失业率是否是结构性的，是否会长期存在。也许将来总是会有相当多的人（也可能是越来越多的人）找不到合适的工作。因此，我在想我们怎样才能改善我们的体制，从而使它不仅高效而且富有人情味。”

在海地和非洲国家做了大量工作并因此而闻名的公共卫生改革先锋保罗·法默，也曾谴责经济体制所造成的“结构性暴行”使得大量穷人因为疾病而无法摆脱困境。[12]法默认为，解决途径之一就是要把卫生保健作为一项基本人权并且在疾病发生之前就做好预防保健措施。沿着同样的思路，温伯格提出：“有人情味的资本主义制度要求我们改变财政预算分配的优先级，把大量资金投入公共事业中去，经济体制的人情化转变还可以保证政治上的稳定。”

但是，制定现行国家政策所依赖的经济理论很少考虑到普通人民的幸福。虽然美国每年的预算都会考虑因为洪水或者旱灾而导致的经济损失，但是这一部分其实是微不足道的。最明显的例子就是一些政策使得一些第三世界国家背负上沉重的债务，以至它们根本无法维持孩子们的基本生活和医疗条件。

经济学家的观点本身往往是有局限的，因为他们总是会忽略社会因素。有人情味的制度的一个基本要素就是同理心，这样才能在经济体制中考虑到普通人民的幸福。

因此，我们必须在全社会范围内培养人们的同情心。比如，经济学家们也许应该了解一些父母对于孩子社交能力的培养以及在学校和监狱开设社交和情感技巧方面的课程的益处。[13] 这种全社会对于优化孩子社交商所做出的努力会使这些孩子终生受益，从而也会使整个社会的面貌得到改观。这些益处可能会表现为学习成绩的提高、工作表现的改善，孩子们会更加幸福，在社交方面游刃有余，我们的社区会更加安全，人们的健康状况也会得到改善。而且，人们教育、安全和健康状况的改善无疑会大大促进经济的发展。

即使撇开远景不谈，温情的社交关系也会给我们的身体和心理带来立竿见影的积极影响。

原始的同伴感觉

诗人沃尔特·惠特曼在他的华丽诗篇《我为令人兴奋的躯体讴歌》（*I Sing the Body Electric*）中曾经这样写道：

> 我已经发觉同那些我喜欢的人在一起就满足了，
>
> 同别人晚上待在一起就满足了，
>
> 被那些美丽的、好奇的、生气勃勃的、欢笑着的肉体所包围就满足了……
>
> 我不要求更多的欢乐，我置身于其中就像游泳在海里了，
>
> 跟男人和女人们亲密地待在一起并望着他们，
>
> 同他们接触并闻到他们使灵魂十分欢喜的气味，那是很有意思的，

一切都能使灵魂欢喜，但这些是最能使灵魂欢喜的了。

单纯的人际接触，特别是充满爱意的交流可以激发人们的活力。亲人和朋友对于我们来说就像一剂灵丹妙药，是我们无穷力量的源泉。父母与孩子之间、爷爷奶奶与孙子孙女之间、情侣之间、夫妻之间或者好朋友之间的积极情感交流，都会对他们产生明显的益处。

神经科学甚至已经可以量化这种同伴关系所带来的益处，因此我们必须更加重视社交生活对于生理状态的影响。人际交流中的情绪传染以及大脑功能所产生的影响都是十分惊人的。

我们还必须重新思考恶性人际交流所产生的影响。我们总是以为，除了导致短暂的恶劣情绪之外，这种交流并不会对我们的生理状态产生任何影响。但是事实已经证明，这种想法只不过是人们的自我安慰罢了。就像与别人接触可能会感染病毒一样，我们也可能会“感染”某种恶劣情绪，它会使我们变得脆弱，或者直接破坏我们的身心健康。

从这种角度来看，就像二手烟会悄悄地损害周围人的肺一样，强烈的恶性情绪，比如厌恶、轻蔑或者怒火的爆发会悄悄损害他们的身心健康。改善人们的人际环境需要更多积极情绪的输入。

因此，如果我们能够帮助别人达到最佳心理状态，不管他们是偶然邂逅的陌生人，还是我们最亲密的亲人和朋友，我们都是在履行自己的社会责任。与惠特曼类似，一位研究社交性生存价值的科学家也认为，我们得到的全部教训都可以归结为“改善我们的社交关系”。[14]

社交商的完善无疑会大大改变我们的个人生活。与此同时，我们每个人都不可避免地受到所处时代的社会与政治潮流的影响。在 20 世纪，各民族的分歧与差异日益加大，我们群体性的同理心和同情能力也大打折扣。

在人类漫长的历史长河中，不同群体间由仇恨引发的对抗层出不穷，由于破坏手段的局限性，这种对抗产生的破坏并不是特别严重。但是在 20 世纪，科学技术和组织能力的发展帮助仇恨爆发出了前所未有的破坏力。就像当时的一位诗人 W. H. 奥登所尖锐预言的那样："要么爱，要么毁灭，这是我们无法逃避的选择。"

奥登的诗句精辟地表明，应对尚未释放的仇恨是人类的紧迫任务，但是我们也没有必要消沉。这种紧迫感会提醒人们，21 世纪人类面临的最大挑战将是如何扩大"我们"的范围，缩小"它们"的圈子。

社交商这门新科学为我们提供了一个可以慢慢消除这种差异的工具。我们并不一定要接受这种由于历史上的仇恨而引发的"我们和它们"的区分，而是应该求同存异，在对立双方之间架起一座交流沟通的桥梁。毕竟，同样的社交脑会把我们团结在人类共同的基本需要周围。

附录 1
关于大路和小路神经系统

小路神经系统的运行是自动的、下意识的，而且速度很快；大路神经系统是在人们有意识的控制下进行的，速度比较慢。我所使用的这种大路与小路的分类可以帮助我们更加清晰地区分各种行为的起因，但是这种分类对于大脑内部高度复杂而且相互交叉的神经系统来说似乎是过于简单了。[1]

科学家们对于这两类神经系统所包含的具体区域仍然有不同看法。加州大学洛杉矶分校的马修·利伯曼（Matthew Lieberman）曾经对此做过总结。利伯曼把自动模式称为“X 系统”（包括杏仁核等区域），把有意识控制的模式称为“C 系统”（包括前扣带皮层、前额皮层和其他区域）。[2]

所有这些神经系统都是共同工作的，但是自动模式与意识控制模式所占的比例会根据场合的不同而有所差异。比如，阅读的时候，我们需要决定阅读的内容，而且还要有意识地理解这些内容的含义，这些都是大路神经系统所完成的工作。而此时众多的小路神经系统在做大量的辅助工作，比如识别文章的格式、意义，解码句型等。实际上并没有完全纯粹的“大路”神经功能，但是纯粹的“小路”功能不计其数。事实上，我在这里所做的关于大路与小路的区分在实际生活中就像光谱一样，并没有明显的临界点。

大路与小路神经系统的分类把认知与情感、自动与控制的二维分类融合成为一个一维概念：自动与情感、控制与认知。在这里，我们忽略了自动认知功能（比如在阅读的时候识别某个单词）和有意识产生的情感（这种情况比较少见，比如演员对于自己情感的随意控制）。[3]

小路神经系统的自动过程似乎是大脑的默认模式，不分昼夜地高速运作。当这些自动过程被意外事件或者错误打断时，抑或是我们有意控制自己思维时，比如做出一个艰难的选择，此时，大路神经系统就开始投入工作了。这样看来，我们的大部分思绪都是自动进行的，它们可以处理一些例行事物，而我们的深思熟虑、学习或者改正错误都是大路神经系统的工作。

尽管如此，如果我们有意控制的话，大路神经系统是可以在一定程度上取代小路神经系统的，这就使得我们在生活中多了许多选择。

附录 2
社交脑

大脑中新的神经系统生成的首要条件是它必须具有非凡价值，能够有利于本物种的生存，这样才能把它一代一代传递下去。在灵长类动物出现初期，群体生活是他们对于生存的一种适应措施。他们只有生活在一起才能互相帮助，满足彼此的生活需要，这样比他们单个生活可以享受到的资源要多得多，所以，此时社交的重要性便不言而喻了。由此看来，社交脑似乎是造物主为了应对生存的挑战而赋予物种的适应性机制。

神经学家口中的社交脑究竟是什么意思呢？认为大脑内各种神经系统相互独立，每种神经系统都各自负责某项任务的想法就像 19 世纪“解释”大脑突起意义的颅相学理论一样过时了。事实上，完成某项心理过程的神经系统并不存在于某个特定的区域，而是分散在大脑中。这个过程越复杂，神经系统的分布就会越广泛。

大脑中神经系统相互交叉、错综复杂，因此，虽然社交脑这个术语非常有用，但它并不是一个实际存在的物体。为了方便起见，科学家们通常都是研究在某项过程进行中共同作用的大脑神经系统。因此，大脑中负责运动的神经系统被综合起来，简称为“运动脑”；负责感官活动的被简称为“感觉脑”。还有些“大脑”指的是解剖学上紧密相连的区域，比如“爬虫类脑”，这种控制自动反应的神经系统非常原始，甚至连爬虫类也有，因此人们称之为“爬虫类脑”。神经学家想要研究大脑某项高级功能（比如社交活动）进行时共同作用的神经网络时，这些分类的作用才能最好地体现出来。

因此，社交脑——当我们与他人交往时共同作用的神经模块——包含的神经系统是相当广泛的。在大脑中没有哪个区域可以独立控制社交活动，相反，社交脑是一系列独特，但不固定的神经网络，它们在大脑中的分布相当广，必要时，它们会共同作用来完成某项任务。

科学家关于社交脑在大脑中的分布还没有形成统一的看法，但是他们已经开始重点研究在社交活动中活跃的区域。早期的科学家提出它所涉及的区域有前额皮层，特别是其中的眶额皮层和前扣带皮层，以及下皮层，特别是其中的杏仁核。[1] 最新的研究表明，这种观点比较精确，但是仍然需要完善。[2]

因为社交脑神经网络分布的广泛性，神经网络的活动区域在很大程度上取决于我们所进行的社交活动的类型。因此，在进行简单对话的时候与我们思考自己是否喜欢某人的时候，大脑中活动的神经系统是不同的，尽管它们会有交叉。下面是对科学家关于神经网络与社交活动类型研究成果的一个简单介绍。

位于前额皮层或者顶叶（可能还有其他区域）的镜像神经细胞负责处理共同影像，也就是当我们和他人谈论共同熟悉的事物时大脑中出现的心理影像。其他区域的镜像神经细胞在我们观察到别人的行为，比如对话中可能出现的复杂手势和身体移动时，会被激活。在我们对交谈对象的动作做出回应时，右顶叶盖的细胞在指挥我们的肌肉运动知觉和感觉反馈。

在理解别人语调中的情感信息并做出相应反应时，大脑中连接脑岛、运动前区皮层与边缘系统（比如杏仁核）的神经网络在起作用。随着谈话的继续，杏仁核与脑干的神经网络会控制我们的自主反应，在进行激烈讨论的时候还会提高我们的心率。

颞叶梭形区的神经细胞可以帮助我们辨别、理解他人的脸部情感，并在他们走神的时候及时发现。体觉区帮助我们察觉别人和自己的心理状态。当我们做出情感回应时，脑干神经核与脸部神经指挥我们做出得体的皱眉、微笑或者挑起眉毛等表情。

当我们倾听、理解他人的情感时，同理心的实现在大脑中有两种途径，一种是通过皮层、丘脑和杏仁核之间的连接，这种方式属于速度非常快的小路神经系统；另一种是通过丘脑到新皮层，然后再到杏仁核，这种方式通过比较慢的大路神经系统做出深思熟虑的反应。情绪传染是通过第一种途径实现的，它使得我们的神经系统自动模拟他人的情感。但是涉及到理性大脑的第二种途径产生的同理心是经过深思熟虑的，而且还可以有选择地回避对他人的情感适应。

此时就是从边缘系统到眶额皮层和前扣带皮层的神经系统在起作用了，这些区域可以帮助我们感知他人的情感并且做出适当的情感回应。总体来说，前额皮层可以调节我们的情绪以便适应他人。例如，如果他人的话语使我们感到困扰，前额皮层会督促我们继续进行这个对话，尽管自己内心不安也仍然不能分神。

在我们不得不揣摩他人的情感信号时，前额皮层的后侧和正中区域会帮助我们思考这些情感信号的含义，并且衡量自己可选择的各种对策。例如，应该做出什么样的反应才能应对当时的情景而且还不会打乱我们的长期目标呢?

在进行人际交流的时候，位于大脑基底部的小脑一直在努力使我们集中注意力，这样我们才能更好地观察别人，敏锐地捕捉他们脸上任何细微的表情。非语言、下意识的一致，比如对话双方动作的协调，要求我们一直注意谈话中所出现的各种因素的社交含义，而这一活动还要依赖脑干中的原始神经系统，特别是小脑和基底神经中枢，它们在社交活动中会辅助社交脑的活动。[3]

所有这些区域会共同作用推动社交活动（甚至想象中的社交活动）的顺利进行，因此它们中任何一部分的损伤都会影响我们的适应能力。而且，社交活动越复杂，它所涉及的神经系统也就越复杂。总之，在社交脑中有不计其数的神经系统在共同作用，对于它的详细描绘才刚刚起步。

确认社交脑核心神经系统的方法之一就是描绘出在某个社交行为

进行时所涉及到的最基本的神经网络。[4] 例如，对于单纯感知和模拟他人情绪的过程，加利福尼亚大学洛杉矶分校的神经学家发现了一系列共同作用的神经系统：前颞叶在接收对于他人的初始视觉感官信号之后把它们传送给位于顶叶的神经细胞，然后顶叶会把看到的动作与别人的实际动作匹配起来。紧接着，匹配神经细胞会为这些信号增添更多的感官与实体信息。这一系列复杂的信息又传送到下额叶，然后下额叶会对即将模拟的行为目标进行编码。随后，这些行为的感官副本会被送回前颞叶，前颞叶将会对行为的实施进行监督。

谈到同理心，“热情”的情感神经系统必须要和“冷酷”的感知及运动神经系统相结合，也就是说，理性的感知运动系统必须要和位于边缘系统的情感中心进行沟通。加利福尼亚大学洛杉矶分校的研究小组提出，最有可能的连接系统似乎就是脑岛中连接边缘区域与额叶皮层的区域。[5]

美国心理健康学会（National Institute of Mental Health）的科学家认为，就描绘社交脑而言，人们要寻找的并不是某个单一、独立的神经系统，而是为了完成某项任务而共同工作、相互联系的一系列神经网络。[6] 比如，关于初步同理心——人与人之间情绪的直接传染，神经学家发现它的神经通道连接了感觉皮层与丘脑及杏仁核，然后再到做出得体反应所需的任何神经系统。但是对于认知同理心，也就是我们对于他人思想的感知，神经通道的路线是从丘脑经过皮层到达杏仁核，然后再到做出反应所需要的神经系统。

至于具体情感的同理心，美国心理健康学会的研究者们认为，对于这一过程中神经通道的具体区分也是可以实现的。例如，一些功能性核磁共振成像数据表明，理解他人在恐惧与愤怒的过程中所涉及的神经通道是不一样的。恐惧的表情似乎可以引发杏仁核的活动，对于眶额皮层的影响很小，但是愤怒的表情所激活的神经系统是眶额皮层，而非杏仁核。这一区别可能跟这些情感的不同功能有关：恐惧的时候，我们的注意力会集中在引发恐惧的事物上面，而愤怒的时候我们所关注的是如何才能逆转局势。至于厌恶的时候，杏仁核也不会有什么反应，在这一状态下被激活的是基底神经中枢和前脑岛。[7] 不管我们是亲身体验这些情感还是目睹别人经历这些情感，这些因具体情感引发的具体神经系统都会活动。

美国心理健康学会的科学家还发现了另外一种认知同理心变体（不仅了解别人内心深处的思想而且还要决定自己对它的回应）所涉及的关键神经系统：内侧额叶、皮质颞上沟和颞叶。

同理心对于我们判断正误能力的影响是有神经学依据的。对于那些由于脑部受伤而丧失已有道德标准，或者面对正误判断无所适从的病人进行的研究显示，要想使大脑对行为做出道德判断，相关的神经系统必须完好无损。[8] 在进行道德判断时激活的大脑区域包括从脑干（特别是小脑）到皮层区域的一系列神经系统，具体来说有杏仁核、丘脑、脑岛和上脑干。而感知他人和自己的情感也会涉及到这些区域，从额叶皮层到前颞叶（包括杏仁核和脑岛皮质）相互连接的神经系统被认为是同理心的关键区域。

科学家可以通过对神经系统受到损伤的病人的观察来研究大脑

的功能。比如，科学家对社交脑受损的病人与大脑其他区域受损的病人进行了对比。[9]尽管两组病人在完成认知任务，比如进行智商测试时都有相似的表现，但是社交脑受损的病人在人际关系方面的表现明显要差：他们在处理人际关系时会做出不恰当的决定，误解别人的感受，而且无法处理生活中的社交需求。

具有这种社交缺陷的病人的“躯体标志”都有损伤。“躯体标志”是南加利福尼亚大学神经学家安东尼奥·达马西欧提出来的，他的实验室曾经对这类病人进行过研究。连接前额皮层的正中区域、顶叶、扣带皮层、杏仁核右半部和脑岛的躯体标志在我们做出决定，特别是个人或社交决定时，都会被激活。[10]社交脑这一关键区域所控制的社交能力对于社交活动的顺利进行十分重要。比如，躯体标志受损的病人阅读或者传送情感信号的能力都比较差，因此很容易在社交活动中产生灾难性后果。

达马西欧提出的躯体标志这一概念和斯蒂法妮·普雷斯顿与弗兰斯·德瓦尔提出的社交脑认知模式中的神经系统在很大程度上是重合的。这两种模式都认为，对于别人情感的感知可以在我们的大脑中引发同样的神经活动过程，还会激活负责相关心理活动和行为（或者行为冲动）的神经系统。许多功能性核磁共振成像系统的研究都表明，脑岛连接着镜像系统和边缘区域，它会产生神经回路的情感要素。[11]

当然，某一次交流的细节会决定大脑中究竟哪些区域会做出反应，这已经通过对于不同社交场合大脑的成像得到了证实。比如，在志愿者们听到尴尬的社交事件（比如有人讲自己曾在某次宴会上喷饭）时对他们的大脑进行的成像显示，内侧前额皮层和颞叶（我们产生同理心时激活的区域）的活动相当活跃，眶额前脑皮层和内侧前额皮层的活动也同样活跃。[12] 同样的区域在人们不经意间喷饭（比如因为被呛住）时也会被激活。这一神经网络似乎可以用来判断某项行为是否符合社交规范，这可是我们在社交生活中会经常遇到的问题。

对于无法做出合理决定而经常在人际交往中做出不得体行为的精神疾病患者进行的临床研究表明，他们前额皮层的正中区域都有损伤。达马西欧的同事安托万·比察勒（Antoine Bechara）观察说，这一区域在整合大脑的记忆、情感和情绪神经系统时起着关键作用，因此这一区域的损伤会导致社交决定的偏差。对于社交尴尬的研究表明，内侧前额皮层附近，包括前扣带皮层的背侧区域，也可能是这一过程中最活跃的神经系统。[13] 达马西欧发现，这一区域形成了一个处理运动计划、动作、情感、注意力和工作记忆的相互连接的瓶颈网络。

对于神经学家来说，这些都仅仅只是一些支离破碎的片段，要揭开社交生活中的神经系统活动之谜仍然需要大量工作。

附录 3
反思社交商

从进化的角度来看，社交商对于人类的生存具有不可替代的意义。群居哺乳动物的社交脑是最为发达的，这已经逐渐演化为它们的生存特征。[1] 人类与其他哺乳动物的区别和人类最初的社交活动有着直接的关系。[2] 一些科学家推测，社交的力量（而非认知优势或者身体优势）使得 45 000 年前的智人脱离了类人猿进化为人类。[3]

进化心理学家认为，灵长类动物的社交脑以及相应的社交商会不断进化，以满足群体生活中的社交需要，比如帮助它们分辨谁是群体中的最高首领，谁是可以依赖、共同抵御敌人的朋友，谁又是自己必须讨好的对象以及如何才能讨好它们。在人类社会中，我们的社交需要，特别是协调合作以及竞争的需要，推动了我们大脑容量的提高和智力的发展。[4]

社交脑的主要功能——交流时的一致性、同理心、社交认知、交流技巧和对他人的关心等，都属于社交商的一部分。进化论要求我们重新思考社交商在人类各种能力中的地位，而且还提醒我们这种“智商”也包含非认知能力。

神经学在社交商方面的新发现可能会再次促进社会和行为科学的发展。例如，经济学的基本假设已经受到了新兴神经经济学的挑战，神经经济学研究的是人们进行决策的过程中大脑的神经活动。[5]它的一些新发现已经动摇了经济学的一些经典理论，特别是人们根据决策树模型来做出理性经济决策的观点。经济学家现在已经意识到，在决策过程中，小路神经系统的威力相当大，远非这种纯粹理性模型可以预料的。同样，智力理论和智力测试领域重新反思自己基本理论的时机似乎也已经成熟了。

最近一段时间里，社交商领域的进展一直停滞不前，许多社会心理学家和智力研究学者都忽视了这一领域。但是也有一些例外，比如1990年约翰·梅耶和彼得·萨洛维提出的情商理论就曾一度成为人们关注的焦点。[6]

梅耶曾经对我说，桑代克最初提出了三元智力论：机械智力、抽象智力和社交智力，但是他最终没能找出评估社交智力的方式。在20世纪90年代，随着人们对于大脑情绪中心的了解越来越深入，梅耶提出：“情商可以在一定程度上取代三元理论中社交智力的概念。”

社会神经学的出现标志着反思社交商与它的姊妹——情商的时机已经成熟。对于社交商的反思应该更加全面地反映社交脑的活动，关注那些经常被忽视，但实际上对于人际关系非常重要的能力。我在本书中提出的社交商模型只是一个参考，并非权威性论断。大家也可以从不同角度对它进行分析，我的模型只是其中的一种，更加合理的模型会随着对社交商研究的不断深入而出现。在此，我的目的只是对一些新的理论进行整理，以期抛砖引玉。

一些心理学家也许会抱怨说我所提出的社交商模型中掺杂了非认知因素，但这正是我所要强调的，因为谈到社交生活中的智力，认知能力与非认知能力本身就是密不可分的。非认知能力比如原始同理心、一致性和关怀都是关系到人类生存的基本社交能力，而且这些能力还会帮助我们实现桑代克所说的“行为得体”。

以往的社交商概念都只注重认知能力，早期的许多智力学家都认为这种社交商和普通智力并没有多大区别。许多认知科学家也都认为这两种能力基本上是一致的。毕竟，他们用计算机来模拟心理活动，他们所设计的模型也都是用纯粹理性的逻辑方式来处理信息的。

社交商与情商理论模型

情商	社交商
自我意识	**社交意识** 原始同理心 设身处地 倾听

	社交认知
自我管理	**社交技能**
	一致性
	自我表达
	影响力
	关怀

这种只关心社交商中认知能力的方式忽略了情感和小路神经系统的巨大威力。我认为我们应该转换一下视角，把社交商的范围从对社交生活的了解扩展到包括大路神经系统与小路神经系统在内的各种能力。科学家所提出的各种各样时髦的社交商理论还都不完善，而且所包含的各种能力也比较杂乱。

我们可以从智力领域的发展过程来观察智力学家们对于社交能力的看法。1920 年，当爱德华·桑代克首次提出社交商概念的时候，智商这一新兴概念仍然主导着心理测验学（测试人们能力的科学）的发展。因此不难理解，第一次世界大战时期，根据智商测试的成绩对美国士兵进行岗位分配在当时引起了人们的极大兴趣。

早期的社交商研究者们也想找到一个类似于智商测试的方法来鉴定人们在社交方面的才能。受到刚刚起步的心理测验学的启发，他们也在寻找衡量社交能力差别的方式，希望能够像通过智商测试评定人们的空间与语言论证能力一样来鉴定人们的社交能力。

这些早期尝试失败的最大原因就是它们只测量了人们应对社交情景的智力因素。比如，一项早期的社交商测验就只评估认知能力，例如某个特定句子在什么样的社交情景下才是最恰当的。20 世纪 50 年代末，戴维·韦克斯勒（应用最广泛的智商测试的设计者）从根本上否定了社交商的意义，认为它只是“应用于社交场合的普通智力”。[7] 这样一种思维充斥了整个心理学界，人们从此不再把社交商看作人类智力的重要组成部分。

20 世纪 60 年代末 J. P. 吉尔福德提出的智力模型是一个例外。他提出了 120 种独立的智力能力，其中 30 种都与社交商有关。[8] 尽管他提出了如此众多的智力种类，但是他的方法仍然无法体现人们在社交活动中的表现。更近的一些与社交商有关的模型，比如罗伯特·斯滕伯格的“实用智力”和霍华德·加德纳的“人际智力”都受到了广泛关注。[9] 但是心理学领域仍然没有一种社交商理论可以清晰地区分它与智商理论以及智商实际应用的区别。

原来的理论一直把社交商看作普通智力在社交场合的应用，此时所涉及的大部分都是认知能力。这种观点仅仅把社交商理解为对于社交生活知识的掌握。事实上，这种观点中的社交商概念与普通智力本身并没有多大区别。

那么，社交商同普通智力的区别究竟是什么呢？对于这个问题还没有一个令人满意的答案。原因之一就是心理学的研究者们都是从研究院毕业或者通过其他专业培训进入这一领域的。因此心理学家往往会从自己领域的视角来看待这个世界。但是，这种倾向可能会阻碍心理学界对于社交商真正本质的理解。

当普通人被问及什么样的表现才算是“有智慧”时，他们通常都会把社交能力排在前列。但是被视为智力专家的心理学家往往会强调诸如语言表达和解决问题之类的认知能力。[10] 韦克斯勒对于社交商的漠视可能就是建立在这样一种隐性认识之上的。

那些竭力寻找测试社交商方法的心理学家震惊地发现，他们的测试结果与智商测试的结果并没有多大区别，这似乎暗示着认知能力和社交能力之间并没有真正的区别。[11] 这也是社交商研究被忽视的一个重要原因。但是这一结果似乎正是由于扭曲的社交商定义——社交商只不过是认知能力在社交领域的应用——而导致的。

这种测试方法仅仅衡量人们自己所宣称的对于社交知识的掌握，比如它会让人们回答是否同意这种说法——“我可以理解别人的行为”和“我知道自己的行为给别人带来的感受”等。

上面的问题都来自一个新近设计的社交商量表。[12] 设计这个量表的心理学家请了 14 位心理学教授组成一个所谓的“专家团”来定义社交商。他们给出的定义是“理解他人以及应对不同社交场合的能力”——全部都是社交认知能力。[13]

心理学家们也知道这样一个定义还不够全面，于是他们设计了一些问题来测试人们在实际社交活动中的表现，比如问他们是否同意这种说法——“我需要很长一段时间才能够了解别人”。但是这个测试和其他测试一样，都没有考虑到重要的小路神经系统。社会神经学正在揭开与别人交往时被激活的多种认知和行为系统的迷雾。

当然，这些系统也包括诸如社交认知等在内的大路神经系统能力。但是社交商也需要诸如一致、适应、社交直觉、同理心关怀和同情冲动等小路神经系统能力。只有考虑到这些因素，对于社交商的衡量才会更加全面。

这些能力都是非语言性的、下意识的，它们的反应时间大概只有几微秒，在我们的意识能够察觉之前早已形成了。尽管有些人认为小路神经系统能力是微不足道的，但是它们的确能够决定社交活动是否能够顺畅进行。而且因为小路神经系统能力是非语言性的，所以无法通过纸与笔的测试体现出来，然而这正是大部分社交商测试所采取的形式。[14] 事实上，它们是通过对大路神经系统的测试来反映小路神经系统的能力，这种方式的确有待改进。

爱丁堡大学的发展心理学家克洛因·特里沃森认为，被广泛接受的社交认知的概念导致了人们对于社交关系与社交生活中情感的地位的普遍误解。[15] 尽管认知科学可以很好地应用于语言学与人工智能等领域，但是在应用于社交关系时有一定的局限。它忽视了如原始同理心和一致等非认知能力，而这些能力是与别人交往时所必不可少的。认知神经学领域的情感（更不要说社交）革命还没有波及智力理论。

对于社交商更加全面的测试不仅要包括对大路神经系统的测试，比如调查问卷，还要包含对小路神经系统的测试，比如非言语敏感性测验以及埃克曼对于微表情的测试等。[16] 它还可以通过虚拟现实等方式来进行社交模拟，或者至少要从他人的角度来观察接受测试者的社交能力。只有这样才能更加全面地衡量一个人的社交商。[17]

虽然很少有人提及智商测试本身也没有相应的理论原理的支持，但这的确是一个略微有些尴尬的事实。它们都是由科学家即兴设计的，用来预测人们的学习能力。就像约翰·基尔斯托姆和南茜·康托尔所说的那样，智商测试完全与理论无关，它仅仅是用来“体现孩子们在学校的表现”。[18]

但是大脑最重要的作用应该是帮助人们处理好自己的社交生活，而不仅仅是在学校中取得好成绩。进化论理论学家认为，社交商是大脑最原始的能力，人们的大脑都是为它服务的，而我们现在所谓的“智力”都是依附在社交商的神经系统之上的。因此，那些认为社交商只是应用于社交场合的普通智力的人们应该反过来想一想：普通智力虽然是我们的文化中相当重视的一部分，但它只不过是社交商的一种变体。

致谢

尽管本书中所得出的结论属于我的个人创作，但是在撰写过程中也借鉴了许多科学家的研究成果。我要特别感谢那些不辞辛苦阅读本书草稿的专家，尤其是：若歌大学的卡里·切尼斯、普林斯顿大学的乔纳森·科恩、俄勒冈州健康科学大学波特兰退伍军人管理局医学中心的约翰·克拉布、芝加哥大学的约翰·卡乔波、威斯康星大学的理查德·戴维森、杜克大学的欧文·弗拉纳根、马里兰大学的丹尼斯·戈特弗雷德森、纽约大学的约瑟夫·勒杜克斯、加州大学洛杉矶分校的马修·利伯曼、哥伦比亚大学的凯文·奥克斯纳、加州大学戴维斯分校的菲利普·谢弗、哈佛大学医学院的阿里亚娜·沃拉以及 J. P. 摩根伙伴基金的杰弗里·沃克。如果读者发现本书中的事实错误，请通过我的网站 www.Danielgoleman.info 告诉我，再版的时候我将努力改正。

我还要感谢那些激发了我灵感的人，他们是：

加州大学圣克鲁兹分校的埃利奥特·阿伦森、澳大利亚布里斯班市昆士兰大学的尼尔·阿坎纳什、南加州大学的沃伦·本尼斯、凯斯西部保留地大学的理查德·博亚兹、卡内基·梅隆大学的谢尔登·科恩、艾默利大学的弗兰斯·德瓦尔与乔纳森·科特、威廉姆斯学院的乔治·德赖弗斯、纽约的马克·爱泼斯坦、哈佛大学的霍华德·加德纳、加州大学旧金山分校的保罗·埃克曼、华盛顿大学的约翰·高特曼、加州大学洛杉矶分校的萨姆·哈里斯、索克研究中心的弗雷德·盖奇、纽约的莱恩·哈比卜、美国东北大学的朱迪思·霍尔、美国国际学院的凯西·霍尔、韦尔斯利学院的朱迪斯·乔丹、马萨诸塞州的约翰·科洛丁、哈佛大学的杰罗姆·卡根、普林斯顿大学的丹尼尔·卡尼曼、加州大学旧金山分校的玛格丽特·凯梅尼、加州大学洛杉矶分校的约翰·基尔斯托姆、瑞士洛桑国际管理学院的心理学家乔治·科尔瑞瑟、加州大学伯克利分校的罗伯特·利文森、纽约的凯里·洛厄尔、哈佛医学院的贝思·劳恩、纽约教育局的佩玛·拉特尚、泰里欧斯领导力研究中心的安妮·麦基、哈佛医学院的卡尔·马尔西、新罕布什尔大学的约翰·梅耶、麦吉尔大学的迈克尔·米尼、艾默利大学的斯蒂芬·诺威基、艾奥瓦大学附属临床医院的斯丹芬妮·普莱斯顿、圣塔克拉拉大学的赫什·舍夫林、加州大学圣克鲁兹分校的托马斯·佩蒂格鲁、Omega学院的斯蒂芬·雷斯特芬、克莱蒙特·麦肯纳学院的罗伯特·里吉欧、加州大学利佛塞德分校的罗伯特·罗森塔尔、杜尔大学的苏珊·罗森布罗姆、俄亥俄州立大学的约翰·谢里登、马萨诸塞州综合医院的琼·斯特劳斯、加州大学洛杉矶分校的丹尼尔·西格尔、斯坦福大学医学院的戴维·施皮格尔、日内瓦大学的丹尼尔·斯特恩、明尼苏达州圣克鲁德大学的艾丽卡·威拉、费茨研究院的戴维·史鲁特、纽约的伦纳德·沃尔夫、能量分析研究所的阿尔文·温伯格（已退休）和新西兰医师领导学会的罗宾·扬森。

此外，我的主要研究员雷切尔·布罗德为我在浩瀚的科学信息海洋中搜集、整理了大量资料。我还要特别感谢罗恩·福斯特，他总是在我需要的时候及时伸出援助之手。与我合作的编辑托尼·伯班克非常出色，我们的合作非常愉快。我还要将无限的感激之情献给我写作与生活中的益友——我的妻子塔拉·贝内特·戈尔曼，也是她带领我进入了社交商研究领域。

注 释

序言 揭开人际关系的新科学

1. The soldiers at the mosque were reported on *All Things Considered,* National Public Radio, April 4, 2003.

2 On least force necessary, see, for example, law enforcement competence modelsin *MOSAIC Competencies: Professional & Administrative Occupations* (U.S. Office of Personnel Management, 1996); Elizabeth Brondolo et al., "Correlates of Risk for Conflict Among New York City Traffic Agents," in Gary VandenBos and Elizabeth Bulatao, eds., *Violence on the Job* (Washington, D.C.: American Psychological Association Press, 1996).

3. To see the way this expands our discourse, consider empathy, versus rapport. Empathy is an individual ability, one that resides within the person. But rapport arises only *between* people, as a property that emerges from their interaction.

4. My intent here, as in *Emotional Intelligence,* is to offer what I see as a new paradigm for psychology and its inevitable partner, neuroscience. While

the concept of emotional intelligence has met with pockets of resistance in psychology, the notion has also been embraced by many others—most particularly by a generation of graduate students who have made it the focus of their own research. Any science advances through the pursuit of provocative and fruitful ideas rather than the lockstep pursuit of safe but sterile topics. My hope is that the new understanding of relationships and the social brain presented here will stimulate a similar tide of research and exploration. This refocusing on what happens in interactions, as opposed to within the person, as the basic unit of study has been called for, but largely neglected, within psychology. See, for example, Frank Bernieri et al., "Synchrony, Pseudosynchrony, and Dissynchrony: Measuring the Entrainment Prosody in Mother-Infant Interactions," *Journal of Personality and Social Psychology* 2 (1988), pp. 243–53.

5. On tantrums, see Cynthia Garza, "Young Students Seen as Increasingly Hostile," *Fort Worth Star-Telegram,* August 15, 2004, p. 1A.

6. The American Academy of Pediatrics recommends that children under two not watch TV at all and that older children watch no more than two hours a day. The report on television and toddlers was presented by Laura Certain at the Pediatric Academic Societies annual meeting, Baltimore, April 30, 2003.

7. Robert Putnam, *Bowling Alone* (New York: Simon and Schuster, 2000).

8. Cited in "The Glue of Society," *Economist,* July 16, 2005, pp. 13–17.

9. On Hot & Crusty, see Warren St. John, "The World at Ear' s Length," *New York Times,* February 15, 2004, sec. 9, p. 1.

10. The data on checking e-mail are cited in Anne Fisher, "Does Your Employer Help You Stay Healthy?" *Fortune,* July 12, 2005, p. 60.

11. Global average TV viewing was reported by Eurodata TV Worldwide, *One Television Year in the World: 2004 Issue* (Paris: Médiamétrie, 2004).

12. On Internet use, see Norman H. Nie, "What Do Americans Do on the

Internet?" Stanford Institute for the Quantitative Study of Society, online at www.stanford. edu/group/siqss; reported in John Markoff, "Internet Use Said to Cut into TV Viewing and Socializing," *New York Times,* December 30, 2004.

13. The earliest reference to the term "social neuroscience" I have found as yet is in a 1992 article by John Cacioppo and Gary Berntson. See "Social Psychological Contributions to the Decade of the Brain: Doctrine of Multilevel Analysis," *American Psychologist* 47 (1992), pp. 1019–28. The year 2001saw the publication of an article hailing the emergence of this new discipline under an alternative term, "social cognitive neuroscience," by Matthew Lieberman (now at UCLA) and Kevin Ochsner (now at Columbia University). See Matthew Lieberman and Kevin Ochsner, "The Emergence of Social Cognitive Neuroscience," *American Psychologist* 56 (2001), pp. 717–34.

14. It has taken a decade for social neuroscience to reach critical mass as a field, but now there are dozens of scientific laboratories dedicated to this research. The first conference on Social Cognitive Neuroscience was held at UCLA, April 28–30, 2001, with thirty speakers and more than three hundred attendees from several countries. In 2004 Thomas Insel, director of the National Institute for Mental Health, declared that a decade of research had by then demonstrated that social neuroscience had come of age as a field. The search for the social brain, he predicted, would yield data valuable for the public good. See Thomas Insel and Russell Fernald, "How the Brain Processes Social Information: Searching for the Social Brain," *Annual Review of Neuroscience* 27 (2004), pp. 697–722. In 2007 Oxford University Press will launch a journal called *Social Neuroscience,* the field' s first.

15. The phrase "social brain" has come into common usage in neuroscience within the last few years. For instance, an international science conference on "The Social Brain" was held in Goteborg, Sweden, March 25–27, 2003. The same year saw publication of the first scholarly collection on the subject, Martin Brüne

et al., *The Social Brain: Evolution and Pathology* (Sussex, U.K.: John Wiley, 2003). The first international conference on the social brain was held in Germany, at the University of Bochum, in November 2000.

16. For the original definition of social intelligence, see Edward Thorndike, "Intelligence and Its Use," *Harper's Magazine* 140 (1920), pp. 227–35, at 228.

17. A caveat: Those readers seeking the standard review of the psychological concept "social intelligence" will not find it here; for that, I recommend the excellent summary by John Kihlstrom and Nancy Cantor. My intention here is to encourage a new generation of psychologists to expand beyond the limits of present concepts by integrating findings from social neuroscience, rather than adhere lock-step to the standard categories psychology has called "social intelligence." See John Kihlstrom and Nancy Cantor, "Social Intelligence," in Robert Sternberg, ed., *Handbook of Intelligence,* 2nd ed. (Cambridge, U.K.: Cambridge University Press, 2000), pp. 359–79.

18. Thorndike, "Intelligence," p. 228.

第一章　情绪的力量

1. When I refer to the amygdala or any other specific neural structure, I usually mean not just that region but its connective circuitry to other neural areas as well. The exception occurs when I discuss some aspect of the structure itself.

2. Brooks Gump and James Kulik, "Stress, Affiliation, and Emotional Contagion," *Journal of Personality and Social Psychology* 72, no. 2 (1997), pp. 305–19.

3. This investigative function gets carried out through the amygdala's links to the cortex, which guides our attention to explore uncertainties. When the amygdala starts firing in reaction to a possible threat, it directs cortical centers to fixate our attention on the possible danger, and we feel distress, uneasiness, or

even a bit frightened as it does so. So if someone has a high level of amygdala activation, their world is an ambiguous and perpetually threatening place. A devastating trauma, like being mugged, can ratchet up the amygdala’s vigilance of the world, heightening levels of the neurotransmitters that keep us scanning for threats. Most of the symptoms of post-traumatic stress disorder, like overreaction to neutral events that are vaguely reminiscent of the original trauma, are signs of such an overreactive amygdala. See Dennis Charney et al., “Psychobiologic Mechanisms of Posttraumatic Stress Disorder,” *Archives of General Psychiatry* 50 (1993), pp. 294–305.

4. See, for example, Beatrice de Gelder et al., “Fear Fosters Flight: A Mechanism for Fear Contagion When Perceiving Emotion Expressed by a Whole Body,” *Proceedings of the National Academy of Sciences* 101, no. 47 (2004), pp. 16, 701–06.

5. At least that’s one way we recognize emotion. The existence of other neural routes might mean, for instance, that we don’t have to feel happy to recognize that someone else does.

6. Affective blindsight, in which a functionally blind person with certain brain lesions can register another person’s emotions from facial expressions via the amygdala, has been found in other patients too. See, e.g., J. S. Morris et al., “Differential Extrageniculostriate and Amygdala Responses to Presentation of Emotional Faces in a Cortically Blind Field,” *Brain* 124, no. 6 (2001), pp. 1241–52.

7. The classic work on emotional contagion is Elaine Hatfield et al., *Emotional Contagion* (Cambridge, U.K.: Cambridge University Press, 1994).

8. The high road, however, can be used to intentionally generate an emotion; actors do so routinely. Another example is the systematic generation of compassion in religious practices; this purposeful generation of positive emotion uses the high road to drive the low.

9. Of course, cognition and emotion are usually not at odds. Most of the time the

"high road" and the "low road" act synergistically, or at least weave closely parallel paths to the same place. Likewise, cognition and emotion typically work seamlessly together, to motivate and guide our behavior toward reaching our goals. But in some circumstances they diverge. These divergences produce the idiosyncrasies and seemingly irrational behaviors that have so puzzled behavioral scientists (including psychologists and economists). They also tell us much about the distinct characteristics of these two constituent systems in our brain—when two systems are working closely together, it is hard to tell what is contributing what; when they are in competition, it is easier to distinguish the contribution made by each.

10. The amygdala, in the midbrain below the cortex, handles automatic emotional processes; the prefrontal cortex, in its executive function, draws inputs from many other neural regions, integrates them, and makes plans accordingly. See Timothy Shallice and Paul Burgess, "The Domain of Supervisory Processes and Temporal Organization of Behaviour," *Philosophical Transactions of the Royal Society B: Biological Sciences* 351 (1996), pp. 1405–12.

11. The high road, however, is not immune to bias and perceptual skewing. On the high versus the low road, see Mark Williams et al., "Amygdala Responses to Fearful and Happy Facial Expressions Under Conditions of Binocular Suppression," *Journal of Neuroscience* 24, no. 12 (2004), pp. 2898–904.

12. For the two modes, see John Dewey, *Experience and Nature* (LaSalle, Ill., 1925), p. 256.

13. Roland Neumann and Fritz Strack, " 'Mood Contagion' : The Automatic Transfer of Mood Between Persons," *Journal of Personality and Social Psychology* 79, no. 2 (2000), pp. 3022–514.

14. On facial mimicry of emotions, see Ulf Dimberg and Monika Thunberg, "Rapid Facial Reactions to Emotional Facial Expression," *Scandinavian Journal of Psychology* 39 (2000), pp. 39–46; Ulf Dimberg, "Facial EMG and

Emotional Reactions," *Psychophysiology* 27 (1990), pp. 481–94.

15. See Ulf Dimberg, Monika Thunberg, and Kurt Elmehed, "Unconscious Facial Reactions to Emotional Facial Expressions," *Psychological Science* 11 (2000), pp. 86–89.

16. Edgar Allan Poe is quoted in Robert Levenson et al., "Voluntary Facial Action Generates Emotion-Specific Autonomic Nervous System Activity," *Psychophysiology* 27 (1990), pp. 363–84.

17. David Denby, "The Quick and the Dead," *New Yorker* 80 (March 29, 2004), pp. 103–05.

18. On the way movies play the brain, see Uri Hasson et al., "Intersubject Synchronization of Cortical Activity During Natural Vision," *Science* 303, no. 5664 (2004), pp. 1634–40.

19. On salience and attention, see, for example, Stephanie D. Preston and Frans B. M. de Waal, "Empathy: Its Ultimate and Proximate Bases," *Behavioral and Brain Sciences* 25 (2002), pp. 1–20.

20. Our brains are preprogrammed to pay maximal attention to such cues presumably because in the wild, moments of perceptual and emotional intensity may signal danger. In today's world, though, they may simply signal what's playing tonight.

21. Emily Butler et al., "The Social Consequences of Expressive Suppression," *Emotion* 3, no. 1 (2003), pp. 48–67.

22. That very attempt at suppression spurs repetitive thoughts about the matter; such thoughts intrude when we are trying to focus on something else or merely relax. Despite our desire to exert voluntary control and veto our natural impulses, we can't always do so one hundred percent. If we intentionally suppress our heartfelt emotions—putting on a placid face when we actually feel troubled—our feelings leak nonetheless. Rapport grows stronger as we more openly show our

feelings to others. By the same token, the more we try to suppress those feelings, and the stronger those hidden feelings are, the more we inadvertently heighten the tension in the air—a feeling familiar to anyone whose partner "hides" strongly felt emotions. On the costs of suppression see E. Kennedy-Moore and J. C. Watson, "How and When Does Emotional Expression Help?" *Review of General Psychology* 5 (2001), pp. 187–212.

23. The neural radar converged on the ventromedial area of the prefrontal cortex. See Jean Decety and Thierry Chaminade, "Neural Correlates of Feeling Sympathy," *Neuropsychologia* 41 (2003), pp. 127–38.

24. On trustworthiness, see Ralph Adolphs et al., "The Human Amygdala in Social Judgment," *Nature* 393 (1998), pp. 410–74.

25. On wiring for trust, see J. S. Winston et al., "Automatic and Intentional Brain Responses During Evaluation of Trustworthiness of Faces," *Nature Neuroscience* 5, no. 3 (2002), pp. 277–83. In short, the amygdala scans everyone we meet, making an automatic judgment of trustworthiness. When it judges someone "untrustworthy," the right insula activates to transmit that to the viscera, and the faceresponsive region of the fusiform gyrus lights up. The orbitofrontal cortex responds more strongly when the amygdala judges someone "trustworthy." The right superior temporal sulcus operates as an association cortex to process the verdict, which is then labeled by the emotional systems, including the amygdala and orbitofrontal cortex.

26.On gaze direction and lies, see Paul Ekman, *Telling Lies: Clues to Deceit in the Marketplace, Politics, and Marriage* (New York: W.W. Norton, 1985).

27. On clues to lying, see ibid.

28. On cognitive control and lying, see Sean Spence, "The Deceptive Brain," *Journal of the Royal Society of Medicine* 97 (2004), pp. 6–9. Lies demand extra cognitive and emotional effort from neural circuitry. This finding has spawned

the notion that an fMRI could one day be used as a lie detector. But that day will come only after those using this imaging technology have solved knotty logistical challenges, such as the artifacts created in the signal by someone speaking.

29. On the way the partner with less power converges more, see Cameron Anderson, Dacher Keltner, and Oliver P. John, "Emotional Convergence Between People over Time," *Journal of Personality and Social Psychology* 84, no. 5 (2003), pp. 1054–68.

30. Frances La Barre, *On Moving and Being Moved: Nonverbal Behavior in Clinical Practice* (Hillsdale, N.J.: Analytic Press, 2001).

31. Though in the 1950s and 1960s there was a spate of psychophysiological studies of two people interacting, the methods of the time were not precise or powerful enough, and the line of research faded away, not to be revived until the 1990s.

32.On empathy and shared physiology, see Robert Levinson and Anna Ruef, "Empathy: A Physiological Substrate," *Journal of Personality and Social Psychology* 63 (1992), pp. 234–46.

第二章　如何培育良好的人际关系

1. On the study of psychotherapy, see Stuart Ablon and Carl Marci, "Psychotherapy Process: The Missing Link," *Psychological Bulletin* 130 (2004), pp. 664–68; Carl Marci et al., "Physiologic Evidence for the Interpersonal Role of Laughter During Psychotherapy," *Journal of Nervous and Mental Disease* 192 (2004), pp. 689–95.

2. For the ingredients of rapport, see Linda Tickle-Degnan and Robert Rosenthal, "The Nature of Rapport and Its Nonverbal Correlates," *Psychological Inquiry*1, no. 4 (1990), pp. 285–93.

3. Frank J. Bernieri and John S. Gillis, "Judging Rapport," in Judith A. Hall and Frank J. Bernieri, *Interpersonal Sensitivity: Theory and Measurement* (Mahwah, N.J.: Erlbaum, 2001).

4. For rapport to bloom, full attention, positive feelings, and synchrony must arise in tandem. A boxing bout involves close physical coordination without positivity. Likewise, a marital tiff involves mutual attention and a bit of coordination devoid of affection. The combination of mutual attention and coordination devoid of positive feeling is typical of strangers walking toward each other on a crowded sidewalk: they can brush past without colliding while taking no interest in each other.

5. On wincing and eye contact, see J. B. Bavelas et al., "I *Show* How You Feel: Motor Mimicry as a Communicative Act," *Journal of Social and Personality Psychology* 50 (1986), pp. 322–29. Likewise, to the degree that mutual focus becomes a joint absorption— as in an engrossing conversation—the entry of a third person will break the conversational spell.

6. On negative feedback with positive expression, see Michael J. Newcombe and Neal M. Ashkanasy, "The Code of Affect and Affective Congruence in Perceptions of Leaders: An Experimental Study," *Leadership Quarterly* 13 (2002), pp. 601–04.

7. Systematic studies of tipping find that the biggest tips for what customers perceive as better service come in the evening. In one study, the best-tipped waitress earned an average of 17 percent of the bill, while the lowest earned 12 percent. Averaged over a year, that would amount to a substantial difference in income. See Michael Lynn and Tony Simons, "Predictors of Male and Female Servers' Average Tip Earnings," *Journal of Applied Social Psychology* 30 (2000), pp. 241–52.

8. On matching and rapport, see Tanya Chartrand and John Bargh, "The Chameleon Effect: The Perception-Behavior Link and Social Behavior," *Journal*

of Personality and Social Psychology 76 (1999), pp. 893–910.

9. On faking mimicry, the study was done by a student of Frank Bernieri and was reported in Mark Greer, "The Science of Savoir Faire," *Monitor on Psychology,* January 2005.

10. On moving in synch, see Frank Bernieri and Robert Rosenthal, "Interpersonal Coordination: Behavior Matching and Interactional Synchrony," in Robert Feldman and Bernard Rimé, *Fundamentals of Nonverbal Behavior* (New York: Cambridge University Press, 1991).

11. While strangers, even on a first meeting, can manage suitable nonverbal coordination, getting in synch heightens with familiarity. Old friends most readily fall into a smooth nonverbal duet, in part because they know each other well enough to adapt to personal quirks that might throw others off.

12. On breathing during conversation, see David McFarland, "Respiratory Markers of Conversational Interaction," *Journal of Speech, Language, and Hearing Research* 44 (2001), pp. 128–45.

13. On teacher-student rapport, see M. LaFrance, "Nonverbal Synchrony and Rapport: Analysis by Cross-lag Panel Technique," *Social Psychology Quarterly* 42 (1979), pp. 66–70; M. LaFrance and M. Broadbent, "Group Rapport: Posture Sharing as a Nonverbal Behavior," in Martha Davis, ed., *Interaction Rhythms* (New York: Human Sciences Press, 1982). The workings of this choreography can sometimes be counterintuitive; rapport actually feels stronger in a face-to-face interaction when the mimicking looks as it does in a mirror—that is, when person A lifts a right arm in response to person B lifting his left.

14. On the musicians' brains in synchrony: E. Roy John, personal communication. 15. On adaptive oscillators, see R. Port and T. Van Gelder, *Mind as Motion: Explorations in the Dynamics of Cognition* (Cambridge, Mass.: MIT Press, 1995).

16. On models for synchrony, see D. N. Lee, "Guiding Movements by Coupling Taus," *Ecological Psychology* 10 (1998), pp. 221–50.

17. For an overview of the research, see Bernieri and Rosenthal, "Interpersonal Coordination."

18. This movement-to-speech synchrony can be extraordinarily subtle. For example, it is more likely to occur early in "phonemic clauses," the natural chunks of a sequence of syllables that are held together as a single unit of pitch, rhythm, and loudness. (A speaker' s words fall into chains of such clauses, each ending with a barely perceptible slowing of speech before the next one begins.) See ibid.

19. On limb-to-limb synchrony, see Richard Schmidt, "Effects of Visual and Verbal Interaction on Unintended Interpersonal Coordination," *Journal of Experimental Psychology: Human Perception and Performance* 31 (2005), pp. 62–79.

20. Joseph Jaffe et al., "Rhythms of Dialogue in Infancy," *Monographs of the Society for Research in Child Development* 66, ser. no. 264 (2001). At around four months babies shift their interest from someone' s actions that are perfectly timed to their own to actions that are coordinated but imperfectly timed with theirs—an indication that their inner oscillators are becoming able to better synchronize with the timing. See G. Gergely and J. S. Watson, "Early SociolEmotional Development: Contingency Perception and the Social Feedback Model," in Philippe Rochat, ed., *Early Social Cognition* (Hillsdale, N.J.: Erlbaum, 1999).

21. On mother-infant interaction, see Beatrice Beebe and Frank M. Lachmann, "Representation and Internalization in Infancy: Three Principles of Salience," *Psychoanalytic Psychology* 11 (1994), pp. 127–66.

22. Colwyn Trevarthen, "The Self Born in Intersubjectivity: The Psychology of Infant Communicating," in Ulric Neisser, ed., *The Perceived Self: Ecological and Interpersonal Sources of Self-knowledge* (New York: Cambridge University Press, 1993), pp. 121–73.

第三章 人际关系秘诀：用情绪感染别人

1. On fear, mimicry, and contagion, see Brooks Gump and James Kulik, "Stress, Affiliation, and Emotional Contagion," *Journal of Personality and Social Psychology* 72 (1997), pp. 305–19.

2. See, for example, Paul J. Whalen et al., "A Functional MRI Study of Human Amygdala Responses to Facial Expressions of Fear Versus Anger," *Emotion*1(2001), pp. 70–83; J. S. Morris et al., "Conscious and Unconscious Emotional Learning in the Human Amygdala," *Nature* 393 (1998), pp. 467–70.

3. The person who sees the face of someone in terror experiences the same inner arousal but less intensely. One main difference is in their level of autonomic nervous system reactivity, which is maximal in the terrorized person and far weaker in the one who sees that person. The more the witness' s insula activates, the stronger their emotional response.

4. On mimicry, see J. A. Bargh, M. Chen, and L. Burrows, "Automaticity of Social Behavior: Direct Effects of Trait Construct and Stereotype Activation on Action," *Journal of Personality and Social Psychology* 71 (1996), pp. 230–44.

5. On speed of perception of fear, see Luiz Pessoa et al., "Visual Awareness and the Detection of Fearful Faces," *Emotion* 5 (2005), pp. 243–47.

6. For the discovery of mirror neurons, see G. di Pelligrino et al., "Understanding Motor Events: A Neurophysiological Study," *Experimental Brain Research* 91 (1992), pp. 176–80.

7. On the pinprick neuron, see W. D. Hutchinson et al., "Pain-related Neurons in the Human Cingulate Cortex," *Nature Neuroscience* 2 (1999), pp. 403–5. Other fMRI studies find that the identical brain areas activate when a person observes a finger movement and when they make that same movement; in one, activity was highest when the person made the movement in response to

someone else doing so—that is, when mimicking the person: Marco Iacoboni et al., "Cortical Mechanisms of Human Imitation," *Science* 286 (1999), pp. 2526–28. On the other hand, some studies have found that observing a movement activated a different set of neural areas than did imagining making the movement; the interpretation was that the areas involved in recognition of movements differ from those that contribute to the actual production of the movement—in this case, grasping an object. See S. T. Grafton et al., "Localization of Grasp Representations in Humans by PET: Observation Compared with Imagination," *Experimental Brain Research* 112 (1996), pp. 103–11.

8. On mirroring in humans, see, for example, L. Fadiga et al., "Motor Facilitation During Action Observation: A Magnetic Stimulation Study," *Journal of Neurophysiology* 73 (1995), pp. 2608–26.

9. That blocking is by inhibitory neurons in the prefrontal cortex. Patients with damage in this prefrontal circuitry are notoriously uninhibited, saying or doing whatever pops into their head. The prefrontal areas may have direct inhibitory connections, or posterior cortical regions, which have local inhibitory connections, may be activated.

10. To date, mirror neurons have been found in several areas of the human brain in addition to the premotor cortex, including the posterior parietal lobe, the superior temporal sulcus, and the insula.

11. On mirror neurons in humans, see Iacoboni et al., "Cortical Mechanisms."

12. See Kiyoshe Nakahara and Yasushi Miyashita, "Understanding Intentions: Through the Looking Glass," *Science* 308 (2005), pp. 644–45; Leonardo Fogassi, "Parietal Lobe: From Action Organization to Intention Understanding," *Science* 308 (2005), pp. 662–66.

13. See Stephanie D. Preston and Frans de Waal, "The Communication of Emotions and the Possibility of Empathy in Animals," in Stephen G. Post et al.,

eds., *Altruism and Altruistic Love: Science, Philosophy, and Religion in Dialogue* (New York: Oxford University Press, 2002).

14. If another person' s actions hold high emotional interest for us, we automatically make a slight gesture or facial expression that reveals that we feel the same. This "preview" of a feeling or movement, some neuroscientists suggest, may have been essential for the development of language and communication among humans. One theory holds that in prehistory, the evolution of language stemmed from the activities of mirror neurons, initially for an idiom of gesture and then a vocal form. See Giacomo Rizzolatti and M. A. Arbib, "Language Within Our Grasp," *Trends in Neuroscience* 21 (1998), pp. 188–94.

15. Giacomo Rizzolatti is quoted in Sandra Blakeslee, "Cells That Read Minds," *New York Times,* January 10, 2006, p. C3.

16. Daniel Stern, *The Present Moment in Psychotherapy and Everyday Life* (New York: W.W. Norton, 2004), p. 76.

17. Paul Ekman, *Telling Lies: Clues to Deceit in the Marketplace, Politics, and Marriage* (New York: W.W. Norton, 1985).

18. Robert Provine, *Laughter: A Scientific Investigation* (New York: Viking Press, 2000).

19. On the brain' s preference for happy faces, see Jukka Leppanen and Jari Hietanen, "Affect and Face Perception," *Emotion* 3 (2003), pp. 315–26.

20. Barbara Fraley and Arthur Aron, "The Effect of a Shared Humorous Experience on Closeness in Initial Encounters," *Personal Relationships* 11 (2004), pp. 61–78.

21. The circuitry for laughing resides in the most primitive parts of the brain, the brain stem. See Stephen Sivvy and Jaak Panksepp, "Juvenile Play in the Rat," *Physiology and Behavior* 41 (1987), pp. 103–14.

22. On best friends, see Brenda Lundy et al., "Same-sex and Opposite-sex Best Friend Interactions Among High School Juniors and Seniors," *Adolescence*

33 (1998), pp. 279–88.

23. Darryl McDaniels is quoted in Josh Tyrangiel, "Why You Can't Ignore Kanye," *Time,* August 21, 2005.

24. Legend was quoted in "Bling Is Not Their Thing: Hip-hop Takes a Relentlessly Positive Turn," *Daily News of Los Angeles,* February 24, 2005.

25. On memes, see Susan Blakemore, *The Meme Machine* (Oxford, U.K.: Oxford University Press, 1999).

26. For a more thorough account of priming, see E. T. Higgins, "Knowledge Activation: Accessibility, Applicability, and Salience," *Social Psychology: Handbook of Basic Principles* (New York: Guilford Press, 1996).

27. On priming for politeness, see Bargh, Chen, and Burrows, "Automaticity of Social Behavior," p. 71.

28. On automatic trains of thought, see John A. Bargh, "The Automaticity of Everyday Life," in R. S. Wyer, ed., *Advances in Social Cognition* (Hillsdale, N.J.: Erlbaum, 1997), vol. 10.

29. On mind-reading accuracy, see Thomas Geoff and Garth Fletcher, "Mind-reading Accuracy in Intimate Relationships: Assessing the Roles of the Relationship, the Target, and the Judge," *Journal of Personality and Social Psychology* 85 (2003), pp. 1079–94.

30. On the confluence of two minds, see Colwyn Trevarthen, "The Self Born in Intersubjectivity: The Psychology of Infant Communicating," in Ulric Neisser, ed. *The Perceived Self: Ecological and Interpersonal Sources of Self-knowledge* (New York: Cambridge University Press, 1993), pp. 121–73.

31. The emotional merge occurred whether or not the duo felt they had become close friends. Cameron Anderson, Dacher Keltner and Oliver P. John, "Emotional Convergence Between People over Time," *Journal of Personality and Social Psychology* 84, no. 5 (2003), pp. 1054–68.

32.At the infamous Heysel disaster in 1985, British hooligans charged Belgian fans, causing a wall to collapse and thirty-nine deaths. In the intervening years there have been fatal or near-fatal soccer riots throughout Europe.

33. Elias Canetti, *Crowds and Power* (New York: Continuum, 1973).

34. The rapidity of group mood sweeps is noted in Robert Levenson and Anna Reuf, “Emotional Knowledge and Rapport,” in William Ickes, ed., *Empathic Accuracy* (New York: Guilford Press, 1997), pp. 44–72.

35. On sharing emotions, see Elaine Hatfield et al., *Emotional Contagion* (Cambridge, U.K.: Cambridge University Press, 1994).

36. On emotional contagion in teams, see Sigal Barsade, “The Ripple Effect: Emotional Contagion and Its Influence on Group Behavior,” *Administrative Science Quarterly* 47 (2002), pp. 644–75.

37. Looping in a group helps everyone stay on the same wavelength. In decisionmaking groups it fosters the kind of connection that can allow airing differences openly, without fear of blow-ups. Harmony in a group allows the widest range of views to be considered fully and the very best decisions to be made—provided people feel free to bring up dissenting views. During a heated argument it’s hard for people to take in what another says, let alone attune.

第四章　为什么我们如此有同情心

1. On the Good Samaritan experiment, a classic in social psychology, see J. M. Darley and C. D. Batson, “From Jerusalem to Jericho,” *Journal of Personality and Social Psychology* 27 (1973), pp. 100–8. I cited the study in my 1985 book, *Vital Lies, Simple Truths.*

2. As with the rushed students, social situations influence the degree of looping that seems appropriate and even whether looping occurs at all. We would, for

instance, feel little need to rush to help someone moaning if we see ambulance attendants also approaching them. And since we loop most readily with people who seem similar to us, and progressively less so the more differences we perceive, we are more likely to offer help to a friend than to a stranger.

3. On the Good Samaritan and helping, see, for example C. Daniel Batson et al., "Five Studies Testing Two New Egoistic Alternatives to the Empathy-Altruism Hypothesis," *Journal of Personality and Social Psychology* 55 (1988), pp. 52–57.

4. English seems to be missing a word with the meaning of *kandou,* which Asian languages have named. In Sanskrit, for example, the word *mudita* means "taking pleasure in the goodness done by or received by someone else." But, English has readily adopted *Schadenfreude,* the exact opposite of *mudita.* See also Tania Singer et al., "Empathy for Pain Involves the Affective but Not Sensory Components of Pain," *Science,* 303 (2004) pp. 1157–62.

5. See Jonathan D. Haidt and Corey L. M. Keyes, *Flourishing: Positive Psychology and the Life Well Lived* (Washington, D.C.: American Psychological Association Press, 2003).

6. On fish brains, see Joseph Sisneros et al., "Steroid-Dependent Auditory Plasticity Leads to Adaptive Coupling of Sender and Receiver," *Science* 305 (2004), pp. 404–7.

7. If the baby feels tired or upset, he does the opposite, moving in ways that close down his perceptual systems, as he curls himself up waiting to be held or caressed for calming. See Colwyn Trevarthen, "The Self Born in Intersubjectivity: The Psychology of Infant Communicating," in Ulric Neisser, ed. *The Perceived Self: Ecological and Interpersonal Sources of Self-knowledge* (New York: Cambridge University Press, 1993) pp. 121–73.

8. On empathy in evolution and across species, see Charles Darwin, *The Descent of Man* (1872; Princeton: Princeton University Press, 1998).

9. S. E. Shelton et al., "Aggression, Fear and Cortisol in Young Rhesus Monkeys," *Psychoneuroendocrinology* 22, supp. 2 (1997), p. S198.

10. On sociable baboons, see J. B. Silk et al., "Social Bonds of Female Baboons Enhance Infant Survival," *Science* 302 (2003), pp. 1231–34.

11. Earlier thinking on what allowed humans to develop such a large and intelligent brain had fixed on our ability to hold and make tools. In recent decades the utility for survival—and for raising children who survive into parenting age—that a sociable life offers has drawn more proponents.

12. Stephen Hill, "Storyteller, Recovering from Head-on Crash, Cites 'Miracle of Mother's Day,' " *Daily Hampshire Gazette,* May 11, 2005, p. B1.

13. The notion that empathy entails an emotional sharing has a long history in psychology. One of the earliest theorists, William McDougall, proposed in 1908 that during "sympathy" the first person's physical state is elicited in the second. Eighty years later Leslie Brothers suggested that understanding the emotion of another person required that we experience the same emotion to some degree. And in 1992 Robert Levenson and Anna Reuf, reporting a concordance of heart rate in partners having an emotional discussion, suggested this physiological similarity could be a basis for empathy.

14. The neuroscientist is Christian Keysers of the University of Groningen in the Netherlands, quoted in Greg Miller, "New Neurons Strive to Fit In," *Science* 311 (2005), pp. 938–40.

15. Constantin Stanislavski is quoted in Jonathan Cott, *On a Sea of Memory* (New York: Random House, 2005), p. 138.

16. Neural circuitry for our own and others' feelings is discussed in Kevin Ochsner et al., "Reflecting upon Feelings: An fMRI Study of Neural Systems Supporting the Attribution of Emotion to Self and Other," *Journal of Cognitive Neuroscience* 16 (2004), pp. 1746–72.

17. On circuitry active during observing or imitating an emotion, see Laurie Carr et al., "Neural Mechanisms of Empathy in Humans: A Relay from Neural Systems for Imitation to Limbic Areas," *Proceedings of the National Academy of Sciences* 100, no. 9 (2003), pp. 5497–502. The areas activated: premotor cortex, inferior frontal cortex and anterior insula, and right amygdala (which showed a significant increase from levels during observation alone to levels during imitation).

18. For *Einfühlung,* see Theodore Lipps cited in Vittorio Gallese, "The 'Shared Manifold' Hypothesis: From Mirror Neurons to Empathy," *Journal of Consciousness Studies* 8, no. 5–7 (2001), pp. 33–50.

19. On empathy and the brain, see Stephanie D. Preston and Frans B. M. de Waal, "Empathy: Its Ultimate and Proximate Bases," *Behavioral and Brain Sciences* 25 (2002), pp. 1–20.

20. This similarity, however, does not inevitably indicate empathy. It could be that at the current resolution of our measuring instruments, happiness from two different neural sources looks similar.

21. On brain circuitry in empathy, see Stephanie D. Preston et al., "Functional Neuroanatomy of Emotional Imagery: PET of Personal and Hypothetical Experiences," *Journal of Cognitive Neuroscience: April Supplement,* 126.

22. In technical terms, this neural shorthand is "computationally efficient," both in the processing of information and in the space needed to store it. Preston and de Waal, "Empathy."

23. On the felt sense, see Antonio Damasio, *The Feeling of What Happens* (New York: Harcourt, 2000).

24.On Hobbes, see J. Aubrey, *Brief Lives, Chiefly of Contemporaries, set down by John Aubrey, Between the years 1669 and 1696,* ed., A. Clark (London: Clarendon Press, 1898), vol. 1.

25. A softer version of "every man for himself" was put forth by the

eighteenth-century British philosopher Adam Smith, who championed the creation of wealth in a laissez-faire economic system. Smith urged us to trust that individual self-interest would produce equitable markets, one of the economic assumptions underlying the free market system. Both Hobbes and Smith have frequently been cited in modern attempts to analyze the driving force of human behavior, particularly by those who favor pure self-interest—brutal in the case of Hobbes, rational in Smith.

26. Stephanie D. Preston and Frans de Waal, "The Communication of Emotions and the Possibility of Empathy in Animals," in S. Post et al., eds., *Altruism and Altruistic Love: Science, Philosophy, and Religion in Dialogue* (New York: Oxford University Press, 2002), argue that the selfish versus altruistic distinction is irrelevant from an evolutionary perspective, which can read a wide range of behaviors as technically "selfish."

27. Mencius quoted in Frans de Waal, *The Ape and the Sushi Master: Cultural Reflections by a Primatologist* (New York: Basic Books-Perseus, 2001), p. 256. Mencius proposes that if a child is about to fall into a well, anyone who sees has the impulse to help.

28. Jean Decety and Thierry Chaminade, "Neural Correlates of Feeling Sympathy," *Neuropsychologia* 41 (2003), pp. 127–38.

29.Ap Dijksterhuis and John A. Bargh, "The Perception-Behavior Expressway: Automatic Effects of Social Perception on Social Behavior," *Advances in Experimental Social Psychology* 33 (2001), pp. 1–40.

30. Charles Darwin, *The Expression of the Emotions in Man and Animals,* with commentary by Paul Ekman (1872; New York: Oxford University Press, 1998).

31. Beatrice de Gelder et al., "Fear Fosters Flight: A Mechanism for Fear Contagion When Perceiving Emotion Expressed by a Whole Body," *Proceedings of the National Academy of Sciences* 101 (2004), pp. 16701–06. The medial prefrontal-

anterior cingulate circuit that responds to social stimuli like pictures of people in distress in turn recruits other brain systems according to the nature of the challenge.

32. On similarity see, for example, Dennis Krebs, "Empathy and Altruism: An Examination of the Concept and a Review of the Literature," *Psychological Bulletin* 73 (1970), pp. 258–302; C. D. Batson, *The Altruism Question: Toward a Scientific Answer* (Mahwah, N.J.: Erlbaum, 1991). Conventional experimental paradigms in social psychology may not present human need in an urgent enough manner to tap the empathy-action pathways. A checklist asking whether one would donate to a charity appeals to cognitive as well as emotional systems. But an equivalent of Mencius' test—seeing a baby about to fall in a well—should tap into a different neural circuit and so yield contrasting results.

33. Preston and de Waal, "Communication of Emotions," propose an emotional gradient in relating to someone else's distress. *Emotional contagion* elicits the same intense state in the observer as in the distressed person, softening the boundary between self and other. In *empathy* the observer takes on a similar—though weaker—emotional state but maintains a clear self-other boundary. In *cognitive empathy* the observer arrives at a shared state through thinking about the predicament of the one in distress at a distance. And *sympathy* is a sense of the other's distress, with little or no sharing of that state. The likelihood of helping increases with the strength of the emotional sharing.

34. On the case for kindness, see Jerome Kagan in Anne Harrington and Arthur Zajonc, eds., *The Dalai Lama at MIT* (Cambridge, Mass.: Harvard University Press, 2006).

35. One philosophical approach that offers a way to reconcile these positions: Owen Flanagan, "Ethical Expressions: Why Moralists Scowl, Frown, and Smile," in Jonathan Hodge and Gregory Radick, *The Cambridge Companion to Darwin* (New York: Cambridge University Press, 2003).

第五章　为什么会有一见钟情

1. The OFC has been called the "ultimate neural integrating convergence zone." Among the key brain areas with strong connections to the OFC are the dorsolateral prefrontal cortex, regulating attention; the sensory cortex, for perception; the somatosensory cortex and brain stem, for sensations within the body; the hypothalamus, the brain's neuroendocrine center that regulates hormones throughout the body; the autonomic nervous system, controlling bodily functions like heart rate and digestion; the medial temporal lobe, for memory; the association cortex, for abstract thought; and brain stem centers like the reticular formation, which regulates levels of arousal in the brain. For functions of the OFC and connecting brain structures, see, for example, Allan Schore, *Affect Regulation and the Origin of the Self: The Neurobiology of Emotional Development* (Hillsdale, N.J.: Erlbaum, 1994); Simon Baron-Cohen, *Mindblindness: An Essay on Autism and Theory of Mind* (Cambridge, Mass.: MIT Press, 1995); Antonio Damasio, *Descartes' Error: Emotion, Reason and the Human Brain* (New York: Grosset/Putnam, 1994).

2. The orbitofrontal region (Brodmann's areas 11, 12, 14, and 47) regulates a wide range of social behavior. It has rich connections to the amygdala, the anterior cingulate cortex, and the somatosensory areas. Another linked cortical area is the temporal lobe, crucial for identifying what an object is, or the significance of things. All these areas play roles in coordinating smooth social interactions. The orbitofrontal lobe has an extensive network of projections throughout the emotional centers, allowing it to modulate emotional responses. One of the primary functions of these networks during a social interaction seems to be inhibiting emotional reactions, coordinating them with inputs about the social moment to make our responses well tuned socially. See, for example, Schore, *Affect Regulation*. See also Jennifer S. Beer et al., "The Regulatory Function of Self-conscious Emotion:

Insights from Patients with Orbitofrontal Damage," *Journal of Personality and Social Psychology* 85 (2003), pp. 594–604; Jennifer S. Beer, "Orbitofrontal Cortex and Social Behavior: Integrating Self-monitoring and Emotion-Cognition Interactions," *Journal of Cognitive Neuroscience* (2006), 18, pp. 871–80.

3. The OFC connects directly to the autonomic system, making it a control center for bodily arousal and relaxation. Other cortical areas with autonomic projections include the anterior cingulate cortex and the medial prefrontal cortex.

4. During moments of motherly love the OFC essentially swamps other areas of the brain, presumably triggering a flood of warm thoughts. See Jack B. Nitschke et al., "Orbitofrontal Cortex Tracks Positive Mood in Mothers Viewing Pictures of Their Newborn Infants," *NeuroImage* 21 (2004), pp. 583–92.

5. On first impressions, see Michael Sunnafrank and Artemio Ramirez, Jr., "At First Sight: Persistent Relationship Effects of Get-Acquainted Conversations," *Journal of Social and Personal Relationships* 21, no. 3 (2004), pp. 361 79. Not surprisingly, the partner who is less drawn to the other has the most power in determining whether a friendship will blossom. If one person wants to connect while the other does not, the reluctant one has veto power. In other words, if you don' t want to be my friend, I can' t make you. Two factors that would intuitively seem to matter did not: initial attraction and a feeling of similarity.

6. The ACC is involved in a range of functions, notably guiding attention, sensing pain, noting errors, and regulating internal organs like breathing and heart rate. This part of the cortex has rich connections to emotional centers, such as the amygdala, lower in the brain; some neuroanatomical researchers speculate the ACC evolved as an interface connecting our thoughts with our feelings. This intertwining gives the ACC a key role in social awareness.

7. On spindle cells, see John M. Allman et al., "The Anterior Cingulate Cortex: The Evolution of an Interface Between Emotion and Cognition," *Annals*

of the New York Academy of Sciences 935 (2001), pp. 107–17.

8. While most all the hundreds of types of neurons in the human brain are found in other mammals, spindle cells are a rare exception. We share them only with our closest cousins, the apes. Orangutans, a distant relative, have a few hundred; our closer genetic relatives the gorillas, chimps, and bonobos have far more. And we humans have the most, close to a hundred thousand of them.

9. See A. D. Craig, "Human Feelings: Why Are Some More Aware Than Others," *Trends in Cognitive Sciences* 8 (2004), pp. 239–41.

10. On ACC and social insight, see R. D. Lane et al., "Neural Correlates of Levels of Emotional Awareness: Evidence of an Interaction Between Emotion and Attention in the Anterior Cingulate Cortex," *Journal of Cognitive Neuroscience* 10 (1998), pp. 525–35. People who are so chronically depressed that medications do not help them typically have unusually little activity in the ACC.

11. On social emotions, see Andrea Bartels and Semir Zeki, "The Neural Basis of Romantic Love," *NeuroReport* 17 (2000), pp. 3829–34. Area F1 of the OFC and area Z4 of the ACC are rich in spindle cells.

12. On the ACC and OFC in social judgment, see Don M. Tucker et al., "Corticolimbic Mechanisms in Emotional Decisions," *Emotion* 3, no. 2 (2003), pp. 127–49.

13. Tanya Chartrand and John Bargh, "The Chameleon Effect: The Perception-Behavior Link and Social Interaction," *Journal of Personality and Social Psychology* 76 (1999), pp. 893–910.

14. The ACC may be only one region among many involved in a widely distributed liking-loathing neural system. Other candidates include the insula.

15. Henry James, *The Golden Bowl* (1904; New York: Penguin, 1987), pp. 147–49.

16. On the "people circuits," see J. P. Mitchell et al., "Distinct Neural Systems Subserve Person and Object Knowledge," *Proceedings of the National Academy*

of Sciences 99, no. 23 (2002), pp. 15238–43. The neural circuits that activate during judgments about people: dorsal and ventral aspects of the medial prefrontal cortex, right intraparietal sulcus, right fusiform gyrus, left superior temporal and medial temporal cortex, left motor cortex, and regions of the occipital cortex. The three that are activated while the brain is at rest: dorsal and ventral aspects of the medial prefrontal cortex, and areas of the intraparietal sulcus.

17. Matthew Lieberman is director of the Social Cognitive Neuroscience Laboratory at UCLA. In 2001 he and Kevin Ochsner scored an unheard-of professional coup. An article they had written as lowly graduate students at Harvard was accepted in psychology's most prestigious journal, *The American Psychologist,* one where even famed professors can have a tough time getting published. Their article proclaimed the joining of social psychology, cognitive science, and brain studies, launching a major strand in social neuroscience. Lieberman will be the editor of that discipline's first scholarly journal, *Social, Cognitive, and Affective Neuroscience,* set to launch sometime in 2006.

18. On the default activity, see Marco Iacoboni et al., "Watching Social Interactions Produces Dorsomedial Prefrontal and Medial Parietal BOLD fMRI Signal Increases Compared to a Resting Baseline," *NeuroImage* 21 (2004), pp. 1167–73.

19. On emotions as the brain's value system, see, for example, Daniel J. Siegel, *The Developing Mind: How Relationships and the Brain Interact to Shape Who We Are* (New York: Guilford Press, 1999).

20. This binary decision yields a characteristic "yes" or "no" pattern of cell firing, the neural equivalent of a thumbs up or thumbs down. That neural firing signature lasts for just one-twentieth of a second, holding the decision in place for long enough to give other areas a chance to read it. It takes about ten times longer—around 500 milliseconds—for the yes/no pattern to eventually register distinctly in the OFC. This initial stage of the like/dislike decision takes

roughly a half second.

21. If this is a bargaining session—that is, with opportunities for repeated interactions— then the rejection actually becomes rational (and common), as it establishes a bargaining position that pays off in later offers. The rejection is "irrational" only if it occurs in a "one-shot" confidential situation, where there is no opportunity to establish a bargaining position with the current partner, or a reputation for other potential partners.

22. The more prefrontal activity, the better the outcome of the Ultimatum Game; see Alan G. Sanfey et al., "The Neural Basis of Economic Decision-making in the Ultimatum Game," *Science* 300 (2003), pp. 1755–57.

23. The dorsolateral prefrontal area contains an inhibitory array that deploys when we consciously inhibit an impulse. Another route for inhibition travels via the medial area of the prefrontal cortex, which harbors excitatory neurons that activate inhibitory neurons within the amygdala. See Gregory J. Quirk and Donald R. Gehlert, "Inhibition of the Amygdala: Key to Pathological States?" *Annals of the New York Academy of Sciences* 985 (2003), pp. 263–72. However, neuroscientists disagree about the specifics of pathways for inhibition.

24. On regret, see Natalie Camille et al., "The Involvement of the Orbitofrontal Cortex in the Experience of Regret," *Science* 304 (2004), pp. 1167–70. 25. The OFC is but one high-road mechanism for modulating the amygdala. The ventromedial area is another prefrontal region that does so. The influence runs both ways, with the amygdala affecting prefrontal function. Precisely what conditions determine whether the OFC and the amygdala inhibit each other or act synergistically have yet to be discovered.

26. This obliviousness is known as "social anosognia," the lack of insight into one' s own inappropriateness. For OFC lesion and social gaffes, see Beer et al., "Orbitofrontal Cortex and Social Behavior."

27. The OFC seems important for regulating behavior implicitly, whereas the dorsolateral prefrontal cortex is important for doing so explicitly. If the latter remains intact, these patients *can* correct some of their behavior once they become explicitly aware of the fact that they behaved inappropriately. The trick for them is noticing they did something wrong in the first place.

28. On chat rooms, see Kate G. Niederhoffer and James W. Pennebaker, "Linguistic Style Matching in Social Interaction," *Journal of Language and Social Psychology* 21 (2002), pp. 337–60.

29. A sign of Internet disinhibition among girls in their early teens is "cyberbullying," excessively cruel harassment, teasing, and gossip that reduces the target to tears. See Kristin Palpini, "Computer Harassment: Meanness Bottled in a Message," *Daily Hampshire Gazette,* December 17, 2005, p. 1. A more ominous downside of cyberdisinhibition is the sleazy practice of adults who via the Internet lure teenagers to perform sex acts in front of webcams in their own homes, in return for payment. See Kurt Eichenwald, "Through His Webcam, a Boy Joins a Sordid Online World," *New York Times,* December 19, 2005, p. 1.

30.Kevin Ochsner et al., "Rethinking Feelings: An fMRI Study of the Cognitive Regulation of Emotion," *Journal of Cognitive Neuroscience* 14 (2002), pp. 1215–29. The thoughts of the woman are reconstructed from the description of the study.

31. Some MRI studies use special goggles to present the images instead.

32. The dorsolateral prefrontal cortex (PFC) appears to be involved when a person uses language and working memory to work out a new "solution" to an emotional problem, and does so via explicit, deliberative reasoning. By contrast, the OFC regulates emotion apparently via representations of social context, social rules, and so on, which are not explicitly verbalizable. Kevin Ochsner sees this process in terms of associative representations that link actions to affective values. The dorsolateral PFC can hold in mind descriptions of these associations

and guide behavior on their basis. See Kevin Ochsner and James Gross, "The Cognitive Control of Emotion," *Trends in Neuroscience* 9 (2005), pp. 242–49.

33 On alternate routes, see Kevin Ochsner et al., "For Better or for Worse: Neural Systems Supporting the Cognitive Down- and Up-regulation of Negative Emotion," *NeuroImage* 23 (2004), pp. 483–99.

34.Kevin Ochsner, "How Thinking Controls Feeling: A Social Cognitive Neuroscience Approach," in P. Winkleman and E. Harmon-Jones, eds., *Social Neuroscience* (New York: Oxford University Press, in press).

35. On naming an emotion, see A. R. Hariri et al., "Modulating Emotional Response: Effects of a Neocortical Network on the Limbic System," *NeuroReport* 8 (2000), pp. 11–43; Matthew D. Lieberman et al., "Putting Feelings into Words: Affect Labeling Disrupts Affect-related Amygdala Activity," UCLA, unpublished manuscript. 36. Though in the first moment of looping the brain matches our emotions with those we perceive, the high road then offers us a choice point, where we may follow with either of two types of responses. In one we continue to match how the other person feels—their joy gladdens us, their distress upsets us. In the other we feel envy at their joy or schadenfreude at their distress.

37. On stage fright, see David Guy, "Trying to Speak: A Personal History," *Tricycle* (Summer 2003).

38. On the amygdala and social phobia, see, for example, M. B. Stein et al., "Increased Amygdala Activation to Angry and Contemptuous Faces in Generalized Social Phobia," *Archives of General Psychiatry* 59 (2002), pp. 1027–34.

39. The lateral portion of the amygdala harbors a site where all sensory information first registers; the nearby central area holds the cells that acquire a fear, according to Joseph LeDoux.

40. For memory reconsolidation, see the work of Karim Nader at McGill

University, cited by Joseph LeDoux, presentation at the meeting of the Consortium for Research on Emotional Intelligence in Organizations, Cambridge, Mass., December 14, 2004.

41. This strategy applies both to cognitive therapy and to pharmacological interventions like propanolol. When it comes to overcoming a traumatic fear, reconsolidating the memory with less fear would be neurally direct, according to LeDoux. The neurons that store the fearfulness of the memory are in a part of the amygdala that does not directly connect to the area of the prefrontal cortex that retrieves the conscious aspect of the memory, such as the details of what happened, where, and with whom. But intentional relaxation—as in extinction therapy—utilizes the part of the prefrontal area that links straight to the amygdala' s fear center, offering a route to alter the fearful memory via reconsolidation. LeDoux proposes that each time we reexperience the original fear, we may have a twohour window for reconsolidation of a fearful memory. Within that window, taking propanolol, which blocks the action of cells in the amygdala (or presumably undergoing deep relaxation as in extinction therapy), alters the reconsolidation so that the amygdala will not react with such fear the next time the traumatic memory is revisited.

42. An alternate theory holds that therapy strengthens prefrontal circuitry that projects to inhibitory circuitry in the amygdala: See Quirk and Gehlert, "Inhibition of Amygdala."

43. On anger reduction, see Elizabeth Brondolo et al., "Exposure-based Treatment for Anger Problems: Focus on the Feeling," *Cognitive and Behavioral Practice* 4 (1997), pp. 75–98. Increasingly, exposure to the stimulus is virtual, as in simulations of an airplane flight.

44. On therapy for social phobia, see David Barlow, *Anxiety and Its Disorders* (New York: Guilford Press, 1988).

45. LeDoux uses the terms "high" and "low road" here in a particular technical sense, to refer to sensory input pathways to the amygdala from the sensory thalamus and sensory cortex. The "low road" provides a quick and dirty sensory impression, while the high road provides more sensory information. The low road can't distinguish a snake from a stick, but the high road can. The low road hedges its sensory bets—better safe than sorry. In terms of automatic versus controlled processing— the sense in which I use the high-low road heuristic—LeDoux's high and low roads are both "low road," automatic and rapid.

46. The phrase "social brain" was used by noted neuroscientist Michael Gazzaniga in a different sense: not to refer to those parts of the brain active during social interactions, but as a metaphor for the very structure and function of the brain itself. The brain operates like a small society, he argues, whose distinctly independent modules cooperate with one another to perform a given task—much as people agree to work together for a time on some project. However, in the sense I'm using the phrase here, the "social brain" is the module that orchestrates during person- to-person interactions.

47. Every area of the brain participates in a multitude of functions, so no area is exclusively "social," save perhaps specialized circuitry like mirror neurons. The fact that an area activates during a given social process does not mean it "causes" that process; involvement is not causation. For more caveats on relating neural activity to social process, see Daniel Willingham and Elizabeth Dunn, "What Neuroimaging and Brain Localization Can Do, Cannot Do, and Should Not Do for Social Psychology," *Journal of Personality and Social Psychology* 85 (2003), pp. 662–71.

48. On serotonin, see Michael Gershon, *The Second Brain* (New York: Harper, 1999); Michael Gershon, "Plasticity in Serotonin Control Mechanisms in the Gut," *Current Opinion in Pharmacology* 3 (1999), p. 600.

49. Precisely which networks are involved depends on the specific activity; all

these circuits in aggregate make up the social brain. On the relationship pathway, see Stephanie D. Preston and Frans B. M. de Waal, “Empathy: Its Ultimate and Proximate Bases,” *Behavioral and Brain Sciences* 25 (2005), pp. 1–20.

第六章　如何做一个超凡魅力的人

1. The interaction was witnessed by Dee Speese-Linehan, director of the Social Development Department, New Haven Public Schools.

2. Edward L. Thorndike, “Intelligence and Its Use,” *Harper's Monthly Magazine* 140 (1920), pp. 227–35. The abilities of social intelligence are embedded in my emotional intelligence model within the “social awareness” and “relationship management” domains.

3. That observation has now been borne out by hundreds of independent studies done within organizations to identify the competencies that set star performers, especially the most talented leaders, apart from the mediocre. See Lyle Spencer and Signe Spencer, *Competence at Work* (New York: John Wiley, 1993); Daniel Goleman, *Working with Emotional Intelligence* (New York: Bantam Books, 1998); Daniel Goleman, Richard Boyatzis, and Annie McKee, *Primal Leadership* (Boston: Harvard Business School Press, 2002).

4. David Wechsler, *The Measurement and Appraisal of Adult Intelligence,* 4th ed. (Baltimore: Williams and Wilkins, 1958), p. 75.

5. See Brian Parkinson, “Emotions Are Social,” *British Journal of Psychology* 87 (1996), pp. 663–83; Catherine Norris et al., “The Interaction of Social and Emotional Processes in the Brain,” *Journal of Cognitive Neuroscience*16, no. 10 (2004), pp. 1819–29.

6. The prototype of emotional intelligence developed by John Mayer and Peter Salovey subsumes aspects of social intelligence. Reuven Bar-On has confronted

this dilemma head on by renaming his model of emotional intelligence "emotional-social intelligence." See Reuven Bar-On, "The Bar-On Model of Emotional-Social Intelligence (ESI)," *Psicothema* 17 (2005). Appendix C explains how my own model incorporates social intelligence.

7. The need for this distinction between personal and social aptitudes was recognized by Howard Gardner in his groundbreaking *Frames of Mind: The Theory of Multiple Intelligences* (New York: Basic Books, 1983).

8. On primal empathy and mirror neurons, see Greg Miller, "New Neurons Strive to Fit In," *Science* 311 (2005), pp. 938–40.

9. Judith A. Hall, "The PONS Test and the Psychometric Approach to Measuring Interpersonal Sensitivity," in Judith A. Hall and Frank J. Bernieri, *Interpersonal Sensitivity: Theory and Measurement* (Mahwah, N. J.: Erlbaum, 2001). The PONS tests sensitivity to each channel of nonverbal cues for emotions and asks respondents to guess the social situation. So it may not represent a pure test of primal empathy. (Nor was it designed to be.) Aspects of the PONS, however, do seem to pick up this dimension.

10. On the Reading the Mind in the Eyes test, see Simon Baron-Cohen, *The Essential Difference: Men, Women, and the Extreme Male Brain* (London: Allen Lane, 2003).

11. For an overview of theory, research, and practice on listening, see A. D. Wolvin and C. G. Coakley, eds., *Perspectives on Listening* (Norwood, N.J.: Ablex, 1993). Also B. R. Witkin, "Listening Theory and Research: The State of the Art," *Journal of the International Listening Association* 4 (1990), pp. 7–32.

12. This holds wherever someone' s success depends on repeat customers or keeping a company' s ongoing clients happy. On star sales people, see Spencer and Spencer, *Competence.*

13. C. Bechler and S. D. Johnson, "Leading and Listening: A Study of Member Perception," *Small Group Research* 26 (1995), pp. 77–85; S. D. Johnson and

C. Bechler, "Examining the Relationship Between Listening Effectiveness and Leadership Emergence: Perceptions, Behaviors, and Recall," *Small Group Research* 29 (1998), pp. 452–71; S. C. Wilmington, "Oral Communication Skills Necessary for Successful Teaching," *Educational Research Quarterly* 16 (1992), pp. 5–17.

14. On outstanding helping professionals, see Spencer and Spencer, *Competence.*

15. See Edward Hollowell, "The Human Moment at Work," *Harvard Business Review* (January–February 1999), p. 59.

16. On physiological synchrony and listening, see Robert Levenson and Anna Reuf, "Emotional Knowledge and Rapport," in William Ickes, ed., *Empathic Accuracy* (New York: Guilford Press, 1997), pp. 44–72.

17. On empathic accuracy, see Ickes, *Empathic Accuracy,* p. 2.

18. Primal empathy seems to involve pathways connecting the sensory cortices with the thalamus and the amygdala, and from there to whatever circuits the appropriate response requires. But for cognitive empathy—like empathic accuracy or theory of mind—the likely circuitry travels from thalamus to *cortex* to amygdala, and then to the circuitry for the response. See James Blair and Karina Perschardt, "Empathy: A Unitary Circuit or a Set of Dissociable Neuro-cognitive Systems?" in Stephanie D. Preston and Frans B. M. de Waal, "Empathy: Its Ultimate and Proximate Bases," *Behavioral and Brain Sciences* 25 (2002), pp. 1–72.

19. People differ widely in how accurately they can notice, let alone read, these constant signals. But the wide spectrum of this ability in any given pool of people recommends just this accurate empathy as a way to evaluate individual differences, that stock in trade of psychometrics. See: William Ickes, "Measuring Empathic Accuracy," in Judith A. Hall and Frank J. Bernieri, *Interpersonal Sensitivity: Theory and Measurement* (Mahwah, N.J.: Erlbaum, 2001).

20.Victor Bissonette et al., "Empathic Accuracy and Marital Conflict

Resolution," in Ickes, *Empathic Accuracy.*

21. Levenson and Reuf, "Emotional Knowledge."

22. I use the term "social cognition" here in a more limited sense than its more general meaning in social psychology. See, for example, Ziva Kunda, *Social Cognition* (Cambridge, Mass.: MIT Press, 1999).

23. People who are too agitated or confused to perceive or reflect well, or too impul- sive in grasping a remedy or executing it, fare poorly. Hence the difficulties with social problem-solving among people with a range of psychiatric disorders. See Edward Chang et al., eds., *Social Problem Solving* (Washington, D.C.: American Psychological Association Press, 2004).

24. On the measure of social intelligence, see K. Jones and J. D. Day, "Discrimination of Two Aspects of Cognitive-Social Intelligence from Academic Intelligence," *Journal of Educational Psychology* 89 (1997), pp. 486–97.

25. The synergism of the elements of social awareness I propose here is, of course, a hypothesis awaiting rigorous testing.

26. While much of the research on interaction synchrony was done in the 1970s and 1980s, the area fell out of vogue and has been largely ignored by sociology and social psychology alike, despite more recent attempts to revive it. One of the early barriers to research—the immense effort required to score synchrony through human labor—may now yield to analysis by computer, though some researchers argue that human perception still outperforms a computer' s abilities at pattern recognition. See Frank Bernieri et al., "Synchrony, Pseudosynchrony, and Dissynchrony: Measuring the Entrainment Prosody in Mother-Infant Interactions," *Journal of Personality and Social Psychology* 2 (1988), pp. 243–53. Still, correlation is not causation: the relationship may work in the other direction. For instance, a feeling of rapport may guide our bodies into harmony. For nonverbal facilitators of rapport, see the meta-analysis of eighteen studies

in Linda Tickle-Degnan and Robert Rosenthal, "The Nature of Rapport and Its Nonverbal Correlates," *Psychological Inquiry* 1, no. 4 (1990), pp. 285–93.

27.Researchers at Emory University in Atlanta have designed a version of the PONS to diagnose this problem in youngsters. The test shows faces of children and adults expressing one of four major emotions: happiness, sadness, anger, and fear. It also has them hear a neutral sentence—like "I am going out of the room now but I' ll be back later" —spoken in each of those four emotional tones. By age ten, most children can well identify these feelings when they hear the nuances of the sentence—but dyssemic kids can' t. See Stephen Nowicki and Marshall P. Duke, "Nonverbal Receptivity: The Diagnostic Analysis of Nonverbal Accuracy (DANVA)," in Hall and Bernieri, *Interpersonal Sensitivity.*

28. Because these basic social aptitudes are so essential for forming satisfying relationships through life, there are now tutorial programs that help dyssemic children get up to speed. See Stephen Nowicki, *The Diagnostic Analysis of Nonverbal Accuracy-2: Remediation,* unpublished manuscript, Emory University; and Marshall P. Duke et al., *Teaching Your Child the Language of Social Success* (Atlanta: Peachtree Press, 1996). Another cause of being out of synch may be what some experts now call "sensory processing disorder." See Carol Stock Kranowitz, *The Outof- Synch Child: Recognizing and Coping with Sensory Processing Disorder* (New York: Penguin, 2005).

29. For the children' s checklist, see Nowicki and Duke, "Nonverbal Receptivity." 30. On adult dyssemia, see Stephen Nowicki and Marshall P. Duke, *Will I Ever Fit In?* (New York: Free Press, 2002).

31. On what accounts for dyssemia: Stephen Nowicki, personal communication.

32. On remedial programs for dyssemia, for adults, see Nowicki and Duke, *Will I Ever.* On programs for children, see Duke et al., *Teaching Your Child.* Nowicki, who first identified dyssemia and has designed remedial programs, tells me that

regardless of the cause, everyone with these deficits can benefit from learning—though those who are neurologically or emotionally impaired will take longer.

33. In experiments that compare natural synchrony with intentional attempts to influence another person through, say, smiling or frowning, the artificial manipulation Affiliation, and Emotional Contagion," *Journal of Personality and Social Psychology* 72 (1997), pp. 305–19.

34.Ronald E. Riggio, "Charisma," in Howard Friedman, ed., *Encyclopedia of Mental Health* (San Diego: Academic Press, 1998).

35. On the other hand, clever stage management can boost one' s aura of power. As political handlers know, potent symbols and props, such as oceans of flags, an impressive stage, and the roars of a friendly crowd, can gin up the aura of charisma even for those who lack the necessary expressiveness or force of character.

36. On a crowd in synchrony, see Frank Bernieri quoted in Mark Greer, "The Science of Savoir Faire," *Monitor on Psychology* (January 2005).

37. On gender and emotion norms, see Ursula Hess et al., *Cognition and Emotion* 19 (2005), pp. 515–36.

38. Elizabeth Brondolo et al., "Correlates of Risk for Conflict Among New York City Traffic Agents," in Gary VandenBos and Elizabeth Brondolo, eds., *Violence on the Job* (Washington, D.C.: American Psychological Association Press, 1996).

39.Ronald Riggio and Howard Friedman, "Impression Formation: The Role of Expressive Behavior," *Journal of Personality and Social Psychology* 50 (1986), pp. 421–27.

40. Suppose one partner tactlessly expresses blunt, unpleasant truths to the other that cause pain or distress. In such a case greater empathic accuracy might raise doubts and create unpleasantness that could impair the relationship. In such cases Ickes proposes an alternative: "benevolent misconceptions." See

Jeffrey Simpson et al., "When Accuracy Hurts, and When It Helps: A Test of the Empathic Accuracy Model in Marital Interactions," *Journal of Personality and Social Psychology* 85 (2003), pp. 881–93. On times when empathy does not help, see William Ickes and Jeffrey A. Simpson, "Managing Empathic Accuracy in Close Relationships," in Ickes, *Empathic Accuracy.*

41. A study comparing Chinese-Americans and Mexican-Americans found that while there was no difference in the actual emotions they experienced, the Mexican group was invariably more expressive than the Chinese. See Jose Soto et al., "Culture of Moderation and Expression," *Emotion* 5 (2005), pp. 154–65.

42.Reuven Bar-On' s measure of emotional and social intelligence, in earlier versions, assessed empathy and social responsibility separately. But further testing revealed that the two are so closely associated that they seemed to be measuring the same qualities. The evolution of the Bar-On scale can be tracked by comparing the model set forth in Reuven Bar-On and James D. A. Parker, eds., *The Handbook of Emotional Intelligence* (San Francisco: Jossey-Bass, 2000), and the later revision described in Bar-On, "Bar-On Model."

43. A. R. Weisenfeld et al., "Individual Differences Among Adult Women in Sensitivity to Infants: Evidence in Support of an Empathy Concept," *Journal of Personality and Social Psychology* 46 (1984), pp. 118–24.

44. On donations, see Theo Schuyt et al., "Constructing a Philanthropy Scale: Social Responsibility and Philanthropy," paper presented at 33rd conference of the Association for Research on Nonprofit Organizations and Voluntary Action, Los Angeles, November 2004.

45. On empathic concern, see Paul D. Hastings et al., "The Development of Concern for Others in Children with Behavior Problems," *Developmental Psychology* 36 (2000), pp. 531–46.

46.On training in reading microexpressions, see MicroExpression Training Tool

(METT), a CD available at www.PaulEkman.com. At present there have been no published validation studies of the METT, though positive preliminary data is posted on the website. Further testing is needed to assess how long the gains from the training persist and how robust they are in real-life applications.

47. On the doctor and the tack, Joseph LeDoux was interviewed on www.Edge.com in February 1997.

48. LeDoux has made a critique of emotion researchers who ignore the low road. "It is widely recognized," he wrote, "that most cognitive processes occur unconsciously, with only the end products reaching awareness, and then only sometimes. Emotion researchers, though, did not make this conceptual leap," nor have those theorists of social intelligence who remain fixated on social cognition done so. For LeDoux's critique, see Joseph LeDoux, "Emotion Circuits in the Brain," *Annual Review of Neuroscience* 23 (2000), p. 156.

49.For example, see Karen Jones and Jeanne Day, "Cognitive Similarities Between Academically and Socially Gifted Students," *Roeper Review* 18 (1996), pp. 270–74; see also John Kihlstrom and Nancy Cantor, "Social Intelligence," in Robert Sternberg, ed., *Handbook of Intelligence,* 2nd ed. (Cambridge, U.K.: Cambridge University Press, 2000), pp. 359–79.

50. I find compelling the arguments of Colwyn Trevarthen, a developmental psychologist at the University of Edinburgh, who argues that the widely accepted notions of social cognition create profound misunderstandings of human relations and the place of emotions in social life. See Trevarthen, "The Self Born in Intersubjectivity: The Psychology of Infant Communicating," in Ulric Neisser, ed. *The Perceived Self: Ecological and Interpersonal Sources of Self-knowledge* (New York: Cambridge University Press, 1993), pp. 121–73.

51. Lawrence Kohlberg, foreword to John Gibbs and Keith Widaman, *Social Intelligence* (Englewood Cliffs, N.J.: Prentice Hall, 1982).

第七章　如何进行恰当的交流

1. On agency and communion, see David Bakan, *The Duality of Human Existence* (Boston: Beacon Press, 1966). Since the 1950s theoretical models of interpersonal life have used agency and communion as the two main dimensions along which behavior arranges itself, beginning with Timothy Leary' s influential "circumplex" model. See Timothy Leary, *Interpersonal Diagnosis of Personality* (New York: Roland, 1957). That tradition has had a revival of late: see Leonard M. Horowitz, *Interpersonal Foundations of Psychopathology* (Washington, D.C.: American Psychological Association Press, 2004).

2. On the question with "you," see Marcelle S. Fischler, "Vows: Allison Charney and Adam Epstein," *New York Times,* Jan. 25, 2004, sec. 9, p. 11. Allison Charney Epstein, in an e-mail, told me she did not even have a chance to start the clock.

3. For a psychoanalytic account of intersubjectivity, see Daniel Stern, *The Present Moment in Psychotherapy and Everyday Life* (New York: W.W. Norton, 2004).

4. On I-You, see Martin Buber, *I and Thou,* trans. Walter Kaufmann 1937; (New York: Simon and Schuster, 1990). Buber' s main focus in this aphoristic text was on a mode of relating that sacralizes everyday relationships, and on the human connection with a sacred dimension of being. Technically, *Du* should be translated as "Thou," the familiar form of "you." But because the usage "thou" has become archaic in English today—instead of connoting familiarity it suggests a ceremonial formality—I prefer the word "you" as the contemporary equivalent.

5. Buber observed that either party can begin that loop; it needn' t come from both sides at first—though once one person attunes, the likelihood of two-way rapport increases. When people in a Swedish study described times they had been the target of someone' s empathy, they felt that the other person shared their feelings, understood them, and showed genuine concern. See Jakob Hakansson

and Henry Montgomery, "Empathy as an Interpersonal Phenomenon," *Journal of Social and Personal Relationships* 20 (2003), pp. 267–84.

6. On *amae,* see Takeo Doi, *The Anatomy of Dependence* (New York: Kodansha International, 1973).

7. See, for example, Emmanuel Lévinas, "Martin Buber and the Theory of Knowledge," in Sean Hand, ed., *The Lévinas Reader* (Oxford, U.K.: Blackwell, 1989).

8. On mental similarities, see Roy F. Baumeister and M. R. Leary, "The Need to Belong: Desire for Interpersonal Attachments as a Fundamental Human Motivation," *Psychological Bulletin* 117 (1995), pp. 497–529.

9. Some theorists invoke this sense of oneness to explain how much people are likely to trouble themselves to help another—for instance, someone about to be evicted. Studies find that the choice to help is as strongly driven by the perceived closeness of the relationship as it is by the severity of the person' s need. This sense of connectedness need not be limited to those we hold dear; simply *perceiving* closeness with someone has the same effect. See Robert Cialdini et al., "Reinterpreting the Empathy-Altruism Relationship: When One into One Equals Oneness," *Journal of Personality and Social Psychology* 73 (1997), pp. 481–94.

10. On high-intensity validation, see Lynn Fainsilber Katz and Erica Woodin, "Hostility, Hostile Detachment, and Conflict Engagement in Marriages: Effects on Child and Family Functioning," *Child Development* 73 (2002), pp. 636–52.

11. Buber, *I and Thou,* p. 11.

12. See Nicholas D. Kristof, "Leaving the Brothel Behind," *New York Times,* January 19, 2005, p. A19.

13. See Stephanie D. Preston and Frans de Waal, "The Communication of Emotions and the Possibility of Empathy in Animals," in S. Post et al., eds., *Altruism and Altruistic Love: Science, Philosophy, and Religion in Dialogue* (New York: Oxford University Press, 2002).

14. Jean-Paul Sartre, *Being and Nothingness,* trans. Hazel Barnes (New York: Philosophical Library, 1959), p. 59.

15. On rapport in helping relationships, see Linda Tickle-Degnan and Robert Rosenthal, "The Nature of Rapport and Its Nonverbal Coordinates," *Psychological Inquiry* 1, no. 4 (1990), pp. 285–93.

16. The story of Mary Duffy was told in Benedict Carey, "In the Hospital, a Degrading Shift from Person to Patient," *New York Times,* August 16, 2005, p. A1.

17. On social rejection and pain, see Naomi Eisenberger and Matthew Lieberman, "Why Rejection Hurts: A Common Neural Alarm System for Physical and Social Pain," *Science* 87 (2004), pp. 294–300.

18. On a neural alarm system, see Matthew Lieberman et al., "A Pain by Any Other Name (Rejection, Exclusion, Ostracism) Still Hurts the Same: The Role of Dorsal Anterior Cingulate Cortex in Social and Physical Pain," in J. Cacioppo et al., eds., *Social Neuroscience: People Thinking About People* (Cambridge, Mass.: MIT Press, 2005).

19. On laughter and tears, see Jaak Panksepp, "The Instinctual Basis of Human Affect," *Consciousness and Emotion* 4 (2003), pp. 197–206.

20. On number of contacts and loneliness, see, for example, Louise Hawkley et al., "Loneliness in Everyday Life: Cardiovascular Activity, Psychosocial Context, and Health Behaviors," *Journal of Personality and Social Psychology* 85 (2003), pp. 105–20.

21. On the psychoanalyst, see George Ganick Fishman, "Knowing Another from a Dynamic System Point of View: The Need for a Multimodal Concept of Empathy," *Psychoanalytic Quarterly* 66 (1999), pp. 1–25.

22. Hume' s quotation has been slightly paraphrased. See David Hume, *A Treatise on Human Nature* (1888; London: Clarendon Press, 1990), p. 224; he is quoted in Stephanie D. Preston and Frans B. M. de Waal, "Empathy: Its Ultimate

and Proximate Bases," *Behavioral and Brain Sciences* 25 (2002), p. 18.

第八章　自恋型领导者

1. Delroy Paulhus and Kevin Williams, "The Dark Triad of Personality: Narcissism, Machiavellianism, and Psychopathy," *Journal of Research in Personality* 36, no. 6 (2002), pp. 556–63.

2. Harry Wallace and Roy Baumeister, "The Performance of Narcissists Rises and Falls with Perceived Opportunity for Glory," *Journal of Personality and Social Psychology* 82 (2002), pp. 819–34.

3. On narcissistic leaders, see Michael Maccoby, "Narcissistic Leaders," *Harvard Business Review* 78 (January–February 2000), pp. 68–77.

4. For the business school professor, see Howard S. Schwartz, *Narcissistic Process and Corporate Decay* (New York: New York University Press, 1990).

5. On the college men denied a sexual favor, see Brad J. Bushman et al., "Narcissism, Sexual Refusal, and Aggression: Testing a Narcissistic Reactance Model of Sexual Coercion," *Journal of Personality and Social Psychology* 84, no. 5 (2003), pp. 1027–40.

6. On narcissists, see Constantine Sedikides et al., "Are Normal Narcissists Psychologically Healthy? Self-esteem Matters," *Journal of Personality and Social Psychology* 87, no. 3 (2004), pp. 40–416, at 400.

7. On self-enhancement, see Delroy Paulhus et al., "Shedding Light on the Dark Triad of Personality: Narcissism, Machiavellianism, and Psychopathy," paper presented at the Society for Personality and Social Psychology conference, San Antonio, Tex., 2001.

8. Robert Raskin and Calvin Hall, "Narcissistic Personality Inventory," *Psychological Reports* 45 (1979), pp. 450–57.

9. On well-being in narcissists, see Sedikides et al., "Normal Narcissists."

10. Shinobu Kitayama and Hazel Markus, "The Pursuit of Happiness and the Realization of Sympathy," in Ed Diener and Eunbook Suh, eds., *Culture and Subjective Well-being* (Cambridge, Mass.: MIT Press, 2000).

11. To be sure, Machiavelli urged tyrants to act in ways that would make their citizens love them—if only just enough to ward off insurrections.

12. Paulhus et al., "Shedding Light."

13. The narcissist's lack of empathy is particularly striking when compared to people who assume that other people are basically trustworthy; such people attune to others' feelings with a high level of accuracy. Mark Davis and Linda Kraus, "Personality and Empathic Accuracy," in William Ickes, ed., *Empathic Accuracy* (New York: Guilford Press, 1997).

14. On emotional confusion, see Henry Krystal, *Integration and Self-Healing* (Hillsdale, N.J.: Analytic Press, 1988).

15. Even scientific studies of Machs carry a tone of moral disapproval. Behind the distaste lies an assumption that the Machiavellian person has *chosen* an evil path in life. But one recent look at the psychological mechanisms that propel opportunistic manipulation suggests that the Mach's deeds are not entirely volitional. This theory holds that Machs are simply doing their best to live well despite genuine puzzlement about others' feelings. See Colin Wastell and Alexandra Booth, "Machiavellianism: An Alexithymic Perspective," *Journal of Social and Clinical Psychology* 22 (2003), pp. 730–44.

16. On the case of Peter, see Leo J. Potts et al., "Comprehensive Treatment of a Severely Antisocial Adolescent," in William H. Reid et al., eds., *Unmasking the Psychopath* (New York: W.W. Norton, 1986).

17. John McHoskey et al., "Machiavellianism and Psychopathy," *Journal of Clinical and Social Psychology* 74 (1998), pp. 192–210.

18. John Edens et al., "Further Validation of the Psychopathic Personality Inventory Among Offenders: Personality and Behavioral Correlates," *Journal of Personality Disorders* 15 (2001), pp. 403–15.

19. See, for example, Christopher Patrick, "Emotion in the Criminal Psychopath: Fear Imaging Processing," *Journal of Abnormal Psychology*103 (1994), pp. 523–34; Adrian Raine and P. H. Venables, "Skin Conductance Responsivity in Psychopaths to Orienting, Defensive, and Consonant-Vowel Stimuli," *Journal of Psychophysiology* 2 (1988), pp. 221–25.

20. Paulhus, "Shedding Light."

21. On low anxiety in psychopaths, see Paulhus and Williams, "Dark Triad of Personality." 22. On brain imaging in psychopaths, see K. A. Kiehl et al., "Limbic Abnormalities in Affective Processing by Criminal Psychopaths as Revealed by fMRI," *Biological Psychiatry* 50 (2001), pp. 677–84; Adrian Raine et al., "Reduced Prefrontal Gray Matter Volume and Reduced Autonomic Activity in Antisocial Personality Disorder," *Archives of General Psychiatry* 57 (2000), pp. 119–27; Antonio Damasio, "A Neural Basis for Sociopathy," *Archives of General Psychiatry* 57 (2000), pp.128–29.

23. On psychopaths' lack of emotional resonance, see Linda Mealey and Stuart Kinner, "The Perception-Action Model of Empathy and the Psychopathic 'Coldheartedness,' " *Behavioral and Brain Sciences* 25 (2002), pp. 42–43.

24. On psychopaths' lack of impulse to help, see Linda Mealey, "The Sociobiology of Sociopathy," *Behavioral and Brain Sciences* 18 (1995), pp. 523–99.

25.On successful psychopaths, see Sharon Ishikawa et al., "Autonomic Stress Reactivity and Executive Functions in Successful and Unsuccessful Criminal Psychopaths from the Community," *Journal of Abnormal Psychology* 110 (2001), pp. 423–32.

26. On the sociopathic rapist, see Robert D. Hare, *Without Conscience: The Disturbing World of the Sociopaths Among Us* (New York: Pocket Books, 1993), p. 14.

27. On John Chaney, see Matt Vautour, “Temple Extends Chaney’s Suspension,” *Hampshire Daily Gazette,* February 26, 2005, p. D1.

28. On the supermarket display, see G. R. Semin and A. Manstead, “The Social Implications of Embarrassment Displays and Restitution Behavior,” *European Journal of Social Psychology* 12 (1982), pp. 367–77.

29. On orbitofrontal patients, see Jennifer S. Beer et al., “The Regulatory Function of Self-conscious Emotion: Insights from Patients with Orbitofrontal Damage,” *Journal of Personality and Social Psychology* 85 (2003), pp. 594–604.

30. On righteous anger, see D. J. de Quervain et al., “The Neural Basis of Altruistic Punishment,” *Science* 305 (2004), pp. 1254–58.

第九章　男女有什么不同

1. On Asperger’s syndrome, see Simon Baron-Cohen, *The Essential Difference: Men, Women, and the Extreme Male Brain* (London: Allen Lane, 2003).

2. On testing a child’s grasp of theory of mind, see David Bjorklund and Jesse Bering, “Big Brains, Slow Development and Social Complexity: The Developmental and Evolutionary Origins of Social Cognition,” in Martin Brüne et al., eds., *The Social Brain: Evolution and Pathology* (Sussex, U.K.: John Wiley, 2003).

3. When actual monkeys (chimps in this case) play a version of Mean Monkey, they fail to learn the lesson that others can have desires different from their own. In the chimp version, one chimp in a pair gets to choose which of two treats they can eat; the chosen treat, however, always goes to the other chimp, not to the one who selects it. With chimps—unlike four-year-old children—the lesson never gets learned. The reason seems to be that chimps are unable to restrain their desire for the more luscious treat, even merely to select the lesser one so that in the end they can get what they want.

4. On children’ s stages of empathy, see Phillipe Rochat, “Various Kinds of Empathy as Revealed by the Developing Child, not the Monkey’ s Brain,” *Behavioral and Brain Science* 25 (2002), pp. 45–46.

5. On mirror neurons, see Marco Iacoboni, presentation at the annual meeting of the American Academy for the Advancement of Science, Feb. 2005, reported in Greg Miller, “New Neurons Strive to Fit In,” *Science* 311 (2005), pp. 938–940.

6. C. A. Sanderson, J. M. Darley, and C. S. Messinger, “ ‘I’ m not as thin as you think I am’ : The Development and Consequences of Feeling Discrepant from the Thinness Norm,” *Personality and Social Psychology Bulletin* 27 (2001), pp. 172–83; Mark Cherrington, “The Sin in Thin,” *Amherst* (Summer 2004), pp. 28–31.

7. See Temple Grandin and Catherine Johnson, *Animals in Translation: Using the Mysteries of Autism to Decode Animal Behavior* (New York: Scribner, 2005).

8. On all these assessments, those with autism or Asperger’ s score more poorly than do most men.

9. The differences in what Baron-Cohen calls the “male” and “female” brains emerge only at the far ends of a bell curve for the ratio of empathy and systematizing, among the 2 or 3 percent of men and women whose brains typify the utmost extremes. A further caveat: Baron-Cohen does not mean to attribute the “male” brain to all men, nor the prototypic “female” one to all women. Some men have a “female” brain, and some women a “male” one—about one in five people with autism are women. And while there are no quick-and easy ways to estimate the number of men who have superb abilities at empathizing, there is every reason to expect there to be as large a pool of men with this attunement talent as there are women adept at systems thinking.

10. Layne Habib is with Circle of Friends, Shokan, N.Y.

11. The tale of Marie, which was used in a story comprehension test of theory of mind, comes from S. Channon and S. Crawford, “The Effects of Anterior

Lesions on Performance of a Story Comprehension Test: Left Anterior Impairment on a Theory of Mind-type Task," *Neuropsychologia* 38 (2000), pp. 1006–17; quoted in R. G. Morris et al., "Social Cognition Following Prefrontal Cortical Lesions," in Brüne et al., *Social Brain,* p. 235.

12. For instance, what may seem obvious social facts baffle not just people with autism but those with any of a range of clinical disorders that damage key parts of the social circuitry, such as a common brain trauma from an auto accident. These brain deficits undermine a person' s ability for accurate mindsight, and so they lack an accurate sense of what others think, feel, or intend. On brain trauma, see Skye McDonald and Sharon Flanagan, "Social Perception Deficits After Traumatic Brain Injury," *Neuropsychology*18 (2004), pp. 572–79. Related research reveals that the face area coordinates with a distributed network including the amygdala, the medial prefrontal cortices, and the superior temporal gyrus, which together in- terpret for us how to read and react during social interactions. This network performs the critical task of recognizing people and reading their emotions, as well as understanding relationships. Paradoxically, people with deficits in these neural circuits can sometimes have outstanding abilities in others. On neural networks for social interaction, see, for example, Robert Schultz et al., "fMRI Evidence for Differences in Social Affective Processing in Autism," presentation at the National Institute of Child Health and Development, October 29, 2003. Another brain basis of autism appears to be located in the fusiform, which MRI and other studies find is smaller in autistic than in nonautistic people. This deficit may lead to difficulties in learning the normal links between social perceptions and reactions—possibly at the most basic level, failing to attend to the appropriate stimuli. The lack of coordinating attention with another person leads autistic children to miss the most fundamental social and emotional cues, compromising their ability to share feelings—let alone empathize—with others.

On failure to attend, see Preston and de Waal, "Empathy."

13. F. Gougoux, "A Functional Neuroimaging Study of Sound Localization: Visual Cortex Activity Predicts Performance in Early-Blind Individuals," *Public Library of Science: Biology* 3 (2005), p. e27 (e-published).

14. K. M. Dalton et al., "Gaze-fixation and the Neural Circuitry of Face Processing in Autism," *Nature Neuroscience* 8 (2005), pp. 519–26.

15. See Simon Baron-Cohen et al., "Social Intelligence in the Normal and Autistic Brain: An fMRI Study," *European Journal of Neuroscience* 11 (1999), pp. 1891–98. In addition, mirror neuron deficiencies are also part of the picture; see Lindsay M. Oberman et al., "EEG Evidence for Mirror Neuron Dysfunction in Autism Spectrum Disorders," *Cognitive Brain Research,* 24 (2005), pp. 190–98.

第十章　基因≠命运

1. Even more heat was being generated in the 1970s by another theorist on the Harvard faculty, biologist Edwin O. Wilson, who had begun to articulate his theory of sociobiology, and by anthropologist Irven DeVore and his star student, Robert Trivers, who were just starting to develop their theory of evolutionary psychology— today, widely influential. At the time these schools of thought were vehemently opposed by a group led by paleontologist Stephen Jay Gould and geneticist Richard Lewontin, also Harvard faculty members.

2. John Crabbe et al., "Genetics of Mouse Behavior: Interactions with Laboratory Environment," *Science* 284 (1999), pp. 1670–72.

3. Some behavior geneticists objected to what they saw as an "emperor has no clothes" finding, largely because that was the angle played up in an accompanying commentary. But the more sober reading of the article was that a single test of the same behavior was no longer enough; the study raised the

methodological bar for the field. Now, as Crabbe commented, "When someone knocks out a gene for anxiety, you see them using three tests to show the effect, where before they could get away with just one."

4. The methyl molecule consists of just four atoms—a carbon and three hydrogen; precisely how they attach to one gene determines what happens. In one formation, the methyl group inactivates the gene, coiling its DNA tighter so the gene cannot be expressed. In another configuration, the methyl group relaxes the DNA coils, enabling the gene to manufacture its particular RNA (and so its protein).

5. On genes and environment, see Robert Plomin and John Crabbe, "DNA," *Psychological Bulletin* 126 (2000), pp. 806–28.

6. Michael J. Meaney, "Nature, Nurture, and the Disunity of Knowledge," *Annals of the New York Academy of Sciences* 935 (2001), pp. 50–61.

7. On the plasticity of genetic mechanisms that regulate behavior, see Elizabeth Hammock and Larry Young, "Microsatellite Instability Generates Diversity in Brain and Sociobehavioral Traits," *Science* 308 (2005), pp. 1630–34. 8. On bad families of origin and kids adopted by good or bad homes, see R. J. Cadoret et al., "Genetic-Environmental Interaction in the Genesis of Aggressivity and Conduct Disorders," *Archives of General Psychiatry* 52 (1995), pp. 916–24.

9. Michael Meaney, "Maternal Care, Gene Expression, and the Transmission of Individual Differences in Stress Reactivity Across Generations," *Annual Review of Neuroscience* 24 (2001), pp. 1161–92.

10. On behavior genetics, see S. McGuire and J. Dunn, "Nonshared Environment in Middle Childhood," in J. C. DeFries et al., eds., *Nature and Nurture During Middle Childhood* (Oxford, U.K.: Blackwell, 1994).

11. On genetic closeness, see David Reiss et al., *The Relationship Code* (Cambridge, Mass.: Harvard University Press, 2000).

12. Every child's unique experience of the same family is called a "nonshared

environment" in behavior genetics. See Judy Dunn and Robert Plomin, *Unshared Lives: Why Siblings Are So Different* (New York: Basic Books, 2000).

13. It gets more complicated by a genetic timetable. For example, the study discovered that about a third of the genes that influence antisocial behavior in the early teen years no longer do so by midadolescence; they are by then replaced by new social and genetic factors that were not operating earlier.

14. On the other hand, an outgoing baby who flirts and loves to cuddle gets more cuddling in return. As the child grows, she will continue to elicit warmth and engagement from others, reinforcing her own sociability. Either way, how parents treat the baby seems to intensify the genes involved, amplifying how the child acts one way or the other.

15. On neurogenesis: Fred Gage, Salk Institute, personal communication.

16. Fire together, wire together: For example, at the cellular level, the process of learning entails glutamate activating a receptor on one neuron while calcium channels open on another, which triggers the synthesis of proteins in the cell body that "glue together" their receptors. That connection results in a larger response from cell to cell. At the cellular level, learning means that the input from one cell now has a larger output. See Joseph LeDoux, presentation at the meeting of the Consortium for Research on Emotional Intelligence in Organizations, Cambridge, Mass., December 12, 2004.

17. On experience and the development of neural systems, see B. J. Casey, "Imaging the Developing Brain: What Have We Learned About Cognitive Development?" *Trends in Cognitive Science* 9 (2005), pp. 104–10.

18. Such stress impairs neurogenesis, reduces hippocampal volume, produces alterations in HPA function, and results in emotional hyperreactivity. See C. L. Coe et al., "Prenatal Stress Diminishes Neurogenesis in the Dentate Gyrus of Juvenile Rhesus Monkeys," *Biological Psychiatry* 54 (2003), pp. 1025–34.

19. On neural defaults, see Gerald Edelman, *Neural Darwinism* (New York: Basic Books, 1987).

20. On spindle cells and stress while migrating to their proper place, see John Allman et al., "The Anterior Cingulate Cortex: The Evolution of an Interface Between Emotion and Cognition," *Annals of the New York Academy of Science* 935 (2001), pp. 107–17.

21. Davidson adds that we still need to identify more precisely what circuits may be more malleable throughout the life span, and which circuits may be particularly plastic early in life but then become relatively fixed in adulthood.

22. Jerome Kagan and Nancy Snidman, *The Long Shadow of Temperament* (Cambridge, Mass.: Harvard University Press, 2004).

23. Carl Schwartz et al., "Inhibited and Uninhibited Infants 'Grown Up': Adult Amygdalar Response to Novel Versus Newly Familiar Faces," *Science* 399 (2003), pp. 1952–53.

24. On the once-fearful boy, see Kagan and Snidman, *Long Shadow,* pp. 28–29.

第十一章　安全的港湾

1. On the suicidal patient, see John Bowlby, *A Secure Base: Parent-Child Attachment and Healthy Human Development* (New York: Basic Books, 1988).

2. On secure children, see Mary Ainsworth et al., "Infant-Mother Attachment and Social Development: Socialization as a Product of Reciprocal Responsiveness to Signals," in M.P.M. Richards, ed., *The Integration of a Child into a Social World* (London: Cambridge University Press, 1974).

3. On proto-conversation and thinking, see Trevarthen, "The Self Born in Intersubjectivity: The Psychology of Infant Communicating," in Ulric Neisser, ed. *The Perceived Self: Ecological and Interpersonal Sources of Self-knowledge*

(New York: Cambridge University Press, 1993), pp. 121–73.

4. On brain circuits for attachment, see Jaak Panksepp, *Affective Neuroscience: The Foundations of Human and Animal Emotions* (New York: Oxford University Press, 1998).

5. Attachment circuits include "the cingulate cortex, septal area, bed nucleus of the stria terminalis, and preoptic and medial areas of the hypothalamus, along with their respective mesencephalic projection areas," according to Panksepp, *Affective Neuroscience,* p. 249. Lesions in the bed nucleus of the stria terminalis, which has a profusion of oxytocin receptors, severely impair mothering.

6. On secure babies and their mothers, see Russell Isabella and Jay Belsky, "Interactional Synchrony and the Origins of Infant-Mother Attachments: A Replication Study," *Child Development* 62 (1991), pp. 373–94.

7. See, for example, M. J. Bakermans-Kranenburg et al., "The Importance of Shared Environment in Infant-Father Attachment: A Behavioral Genetic Study of the Attachment Q-Sort," *Journal of Family Psychology* 18 (2004), pp. 545–49; C. L. Bokhorst et al., "The Importance of Shared Environment in Mother-Infant Attachment Security: A Behavioral Genetic Study," *Child Development* 74 (2003), pp. 1769–82.

8. On attachment style, see Erik Hesse, "The Adult Attachment Interview: Historical and Current Perspectives," in Jude Cassidy and Phillip Shaver, eds., *Handbook of Attachment: Theory, Research and Clinical Applications* (New York: Guilford Press, 1999).

9. Synchrony between babies and their mothers was judged by their simultaneous movements, the similar tempos of their actions, and the coordination of their interactions. Frank Bernieri et al., "Synchrony, Pseudosynchrony, and Dissynchrony: Measuring the Entrainment Prosody in Mother-Infant Interactions," *Journal of Personality and Social Psychology* 2 (1988), pp. 243–53.

10. The lullaby in Italian: *"Batti, batti, le manine, / Che tra poco vie-ne papà. /*

Ti porta le cara-mel-line / Fabiana le man-ge-rà."

11. On the depressed mother and baby, see Colwyn Trevarthen, "Development of Intersubjective Motor Control in Infants," in M. G. Wade and H.T.A. Whiting, *Motor Development in Children* (Dordrecht: Martinus Nijhoff, 1986), pp. 209–61.

12. On the depressed loop, see Edward Z. Tronick, "Emotions and Emotional Communication in Infants," *American Psychologist* 44 (1989), pp. 112–19.

13. Meaney argues that it makes more sense to identify not just the relevant genes but also the parenting styles (and any other such factors) that might alter levels of the expression of the genes for depression. In other words, what experiences might help inoculate that child against depression? Answers to that question could then guide essential interventions that might lower the risk the child will later become depressed herself. See Michael Meaney, "Maternal Care, Gene Expression.

14. On depressed mothers and infant cortisol, see Tiffany Field et al., "Maternal Depression Effects on Infants and Early Interventions," *Preventive Medicine* 27 (1998), pp. 200–03.

15. On preventing transmission of mood deficits, see A. Cumberland-Li et al., "The Relation of Parental Emotionality and Related Dispositional Traits to Parental Expression of Emotion and Children' s Social Functioning," *Motivation and Emotion* 27, no. 1 (2003), pp. 27–56.

16. On children of depressed mothers, see Tronick, "Emotions and Emotional Communication.

17. On neglected children' s emotion recognition, see Seth Pollak et al., "Recognizing Emotion in Faces: Developmental Effects of Child Abuse and Neglect," *Developmental Psychology* 36 (2000), pp. 679–88.

18. A poignant extreme can be seen in the thousands of infants placed in Romanian orphanages during the severe economic troubles in the 1980s. These

infants spent up to twenty hours a day in their cribs, with no one to attend their needs. As eightyear-olds, a sample of those adopted by American families still showed troubling symptoms: they were ultrastoic, neither crying nor expressing pain; they were uninterested in playing; and they hoarded food. Many of their problems improved as they fit into their new families. Even so, brain scans showed that key areas of their social brains were underactive, including the orbitofrontal cortex. See Harry Chugani et al., "Local Brain Functional Activity Following Early Deprivation: A Study of Postinstitutionalized Romanian Orphans," *NeuroImage*14 (2001), pp. 1290–1301.

19. On abused children and angry faces, see Seth Pollak et al., "P3b Reflects Maltreated Children' s Reactions to Facial Displays of Emotion," *Psychophysiology* 38 (2001), pp. 267–74.

20. On scanning for anger, see Seth Pollak and Stephanie Tolley-Schell, "Selective Attention to Facial Emotion in Physically Abused Children," *Journal of Abnormal Psychology* 112 (2003), pp. 323–38.

21. On parents shaping of the orbitofrontal cortex, see Allan Schore, *Affect Regulation and the Origin of the Self: The Neurobiology of Emotional Development* (Hillsdale, N.J.: Erlbaum, 1994).

22. on repairing childhood trauma, see Daniel J. Siegel, *The Developing Mind: How Relationships and the Brain Interact to Shape Who We Are* (New York: Guilford Press, 1999).

第十二章　快乐的起点

1. E. Z. Tronick and J. F. Cohn, "Infant-Mother Face-to-Face Interaction: Age and Gender Differences in Coordination and the Occurrence of Miscoordination," *Child Development* 60 (1989), pp. 85–92.

2. On hostile couples and preschoolers, see Lynn Fainsilber Katz and Erica Woodin, "Hostility, Hostile Detachment, and Conflict Engagement in Marriages: Effect on Child and Family Functioning," *Child Development* 73 (2002), pp. 636–52.

3. On parents' and teachers' ratings of children, see John Gottman and Lynn Fainsilber Katz, "Parental Meta-emotion Philosophy and the Emotional Life of Families: The Theoretical Models and Preliminary Data," *Journal of Family Psychology* 10 (1996), pp. 243–68.

4. On positive affective core, see Robert Emde, "The Pre-presentational Self and Its Affective Core," *Psychoanalytic Study of the Child* 38 (1983), pp. 165–92.

5. On the three scenarios, see Daniel J. Siegel, *The Developing Mind: How Relationships and the Brain Interact to Shape Who We Are* (New York: Guilford Press, 1999).

6. On the orbitofrontal cortex, see Allan Schore, *Affect Regulation and the Origin of the Self: The Neurobiology of Emotional Development* (Hillsdale, N.J.: Erlbaum, 1994).

7. This attunement starts in the first year of life, when the sympathetic nervous system comes on line, branching beyond the brain out into the body to control physiological arousal such as heart rate. The sympathetic branch operates as an energizer for the body, generating upbeat emotions like excitement and interest, pleasure and joy—the exuberant happiness of infancy. When parents match this energy with their own—by, say, looping with a baby's joy—they teach their infant that joyousness and other positive states can be shared and that they can feel safe expressing them. In healthy families most communications between infant and parent during the first year of life are loops aligning positive feelings. In the second year of life the parasympathetic nervous system develops; this branch operates as a brake, modulating or inhibiting impulses—it calms us down and relaxes us. Note the felicitous timing: the parasympathetic branch matures

just as babies become more mobile and independent—capable of climbing that table with a lamp. See ibid.

8. On parenting styles, see Siegel, *Developing Mind.*

9. Far more rare are parents who, in a rage, throw a lamp down. They respond to the child as an It, not a You. In such moments they have no empathy but are driven only by their worst impulses. Whenever such parents react to naughtiness with an utter failure to control their own emotional impulse, they fill their children with terror, who learn to fear for their own safety. Neurologically, Siegel proposes, the child endures a simultaneous, contradictory surge in the nervous system, as though accelerating and braking at the same time. The parent—often himself a victim of a troubled childhood—unwittingly offers a disorienting model and becomes an ongoing source of fear for the child rather than offering a secure base. The child suffers a "double insult," being engulfed by terror at the parent, and losing the one relationship that might have helped him emotionally survive by offering safety. As adults, such children often find their closest relationships stormy and chaotic; their history with partners typically is replete with intense emotions and confusing, disastrous endings.

10. Emily Fox Gordon, "In the Garden of Childish Delights," *Time,* January 17, 2005, p. A22.

11. Mary Ainsworth et al., *Patterns of Attachment* (Hillsdale, N.J.: Erlbaum, 1978).

12. On brain circuitry for play, see Jaak Panksepp, *Affective Neuroscience: The Foundations of Human and Animal Emotions* (New York: Oxford University Press, 1998).

13. Ibid.

14. On play and epigenetics, see Nakia Gordon et al., "Socially Induced Brain 'Fertilization': Play Promotes Brain-Derived Neurotrophic Factor Transcription in the Amygdala and Dorsolateral Frontal Cortex in Juvenile

Rats," *Neuroscience Letters* 341 (2003), p. 17.

15. Panksepp, *Affective Neuroscience.*

16. On tickling, see Jaak Panksepp et al., "Empathy and the Action-Perception Resonances of Basic Socio-emotional Systems of the Brain," *Behavioral and Brain Sciences* 25 (2002), pp. 43–44.

17. On ADHD and play, see Panksepp, *Affective Neuroscience.* The idea of a vigorous recess instead of medications, he notes, has never been rigorously tested and remains a speculation. However, since prolonged use of the medications commonly prescribed for ADHD may produce lasting changes in a child's catecholamine system, such nondrug interventions may be more desirable should they prove effective.

18. On charisma, see Panksepp, *Affective Neuroscience.*

19. On emotional set point, see R. J. Davidson and W. Irwin, "The Functional Neuroanatomy of Emotion and Affective Style," *Trends in Cognitive Neuroscience* 3 (1999), pp. 11–21.

20. As Davidson is the first to point out, such data are highly suggestive of a link between how we are parented and our lifelong happiness, but they by no means prove it. It may just be, for instance, that contented adults remember their good times from childhood more readily than the bad ones and so rate their parents as more caring than they actually were. It will take a longitudinal study of many children over decades to establish with greater scientific certainty the relationship between the kind of care we get as children and our brain's capacity for joy in adulthood.

21. Here parents must be sure not to deny or dismiss a child's fear or distress but rather to show empathy for it—and then be sure not to become trapped themselves within the child's bad mood but to confront the situation with a reassuring and optimistic sense that something can be done. By seizing moments

of distress as an opportunity for empathy and intimacy, and for helping their child grow and learn, such parents become coaches in the art of managing life' s ups and downs: Evidence suggests that such parenting changes not only how a child behaves but her brain. One sign of this biological shift is that a child' s physiology develops a greater ability to recover from the adverse arousal of stresses and strains. See Siegel, *Developing Mind.*

22. On preschoolers and HPA, see M. R. Gunnar et al., "Temperament, Social Competence, and Adrenocortical Activity in Preschoolers," *Developmental Psychobiology* 31 (1997), pp. 65–85.

23. For the child, the crucial lesson boils down to how to shift from distress to calm. Lacking the ability to shift readily out of distress, children can learn faulty ways to make themselves feel at least a bit better. Some overreact, suppressing distress in a tight overcontrol. Others simply become overwhelmed by anxiety. If such defensive strategies become habitual, they may rigidify, imprinting in the brain as lifelong mental maneuvers deployed to ward off dysphoria of all kinds.

24. On squirrel monkeys, see Karen Parker et al., "Prospective Investigation of Stress Inoculation in Young Monkeys," *Archives of General Psychiatry* 61 (2004), pp. 933–41.

第十三章　爱情之谜

1. The three distinct types of love are crystal clear at the biochemical level. Appropriately, sex hormones—androgens and estrogens—largely fuel lust. Attraction, that sine qua non of romantic attachment, seems driven by a mix of high levels of dopamine and norepinephrine (which increase pleasure and relaxation) and low levels of serotonin (which adds a pleasing mood). The chemistry that makes a relationship last fuels kindness and drives caregiving,

which waxes and wanes with varying levels of oxytocin and vasopressin. See Helen Fisher, *Why We Love* (New York: Henry Holt, 2004).

2. John Bowlby, *Attachment and Loss,* vol. 1, *Attachment,* 2nd ed. (New York: Basic Books, 1982).

3. M. K. McClintock, "A Functional Approach to the Behavioral Endocrinology of Rodents," in D. Crews, ed., *Psychobiology of Reproductive Behavior* (Englewood Cliffs, N.J.: Prentice-Hall, 1987), pp. 176–203.

4. On the woman' s gaze, see Sarah-Jayne Blakemore and Uta Firth, "How Does the Brain Deal with the Social World?" *NeuroReport* 15 (2004), pp. 119–28. On the four faces, see Knut Kampe et al., "Reward Value of Attractiveness and Gaze," *Nature* 413 (2001), p. 589.

5. The classic study of flirting was done by Iren 鋟 s Eibl-Eibesfeldt, who used a special camera to surreptitiously capture images of romantic couples in Samoa, Brazil, Paris, and New York. See I. Eibl-Eibesfeldt, *Human Ethology* (New York: Aline de Gruyter, 1989).

6. On the parallels between flirting in lovers and in babies, see Jaak Panksepp, *Affective Neuroscience: The Foundations of Human and Animal Emotions* (New York: Oxford University Press, 1998).

7. This consideration plays a larger role in how women weigh a potential partner than it does for men, which may be one reason men tend to fall in love more quickly than do women.

8. On love as an addiction, see Panksepp, *Affective Neuroscience.*

9. On drug addiction, see R. Z. Goldstein, "Drug Addiction and Its Underlying Neurobiological Basis: Neuroimaging Evidence for the Involvement of the Frontal Cortex," *American Journal of Psychiatry* 159 (2002), pp. 1642–52. This study shows that in addition to the subcortical circuitry long known to be at play in addiction, prefrontal areas provide the overly positive appraisal of the drug and

disable the neuronal arrays for inhibition of impulse.

10. Brenda and Bob are used as an example in Eileen Kennedy-Moore and Jeanne C. Watson, *Expressing Emotion: Myths, Realities and Therapeutic Strategies* (New York: Guilford Press, 1999).

11. On attachment styles, see Jude Cassidy and Phillip Shaver, eds., *Handbook of Attachment Theory: Research and Clinical Applications* (New York: Guilford Press, 1999).

12. Judith Feeney, "Adult Romantic Attachment and Couple Relationships," in ibid. Feeney notes that there are differing typologies for attachment styles, including some with four types rather than three, and that these styles are not necessarily "frozen" —that one can adopt different styles with changing relationship experiences. There are no hard-and-fast boundaries among these types; people can blend them, or manifest one with some people and another with others.

13. On a secure partner, see Deborah Cohn et al., "Working Models of Childhood Attachments and Couple Relationships," *Journal of Family Issues* 13, no. 4 (1992), pp. 432–49.

14. On attachment style and brain mechanism, see Omri Gallath et al., "Attachmentstyle Differences and Ability to Suppress Negative Thoughts: Exploring the Neural Correlates," *NeuroImage* (in press).

15. The key neural circuitry for attachment styles seems to run between major highand low-road landmarks of the social brain: the orbitofrontal area, the amygdala, the anterior temporal pole (ATP), the anterior cingulate, and the hippocampus. The amygdala activates the low road during feelings of fear, the ATP and cingulate during sadness. The high road opens when the orbitofrontal area engages, as when we try to think through our relationships and overcome any upsetting related emotions.

16. These structures are all activated on the brain' s right side, which seems

more involved in distressing emotions.

17. This retrieval of angst was signaled by heightened activity in their hippocampus, the site that goes to work retrieving memories in general.

18. The dorsal area of the cingulate monitors for situations that require greater control by the prefrontal cortex, such as distressing emotions. See Matthew M. Botvinick et al., "Conflict Monitoring and Anterior Cingulate Cortex: An Update," *Trends in Cognitive Sciences* 8, no. 12 (2004), pp. 539–46.

19. On the avoidant style, see Mario Mikulincer and Phillip Shaver, "The Attachment Behavioral System in Adulthood: Activation, Psychodynamics, and Interpersonal Processes," in Mark P. Zanna, ed., *Advances in Experimental Social Psychology,* 35 (San Diego: Academic Press, 2003), pp. 53–152.

20. These brain activity patterns seem to explain discoveries made in earlier studies by Shaver's group. For instance, when people in long-term romantic relationships vividly imagined that their partner was leaving them for someone else, those who were anxiously attached were unable to shut off their worried train of thought, while those who were secure or avoidant could readily stop these upsetting ruminations. On shutting off worry, see R. C. Fraley and P. R. Shaver, "Adult Attachment and the Suppression of Unwanted Thoughts," *Journal of Personality and Social Psychology* 73 (1997), pp. 1080–91. But while vanquishing such worries comes easily to those who are secure, suppressing distressing feelings about relationships demands constant mental effort for avoidant types. See Mario Mikulincer et al., "Attachment-Related Strategies During Thought-Suppression: Ironic Rebounds and Vulnerable Selfrepresentations," *Journal of Personality and Social Psychology* 87 (2004), pp. 940–56.

21. On avoidant types, see Feeney, "Adult Romantic Attachment," in Cassidy and Shaver, *Handbook.*

第十四章　欲望是如何产生的

1. On brain imaging while looking at a photo of the beloved, see H. A. Fisher et al., "Early Stage Intense Romantic Love Activates Cortical-basal Ganglia Reward/Motivation, Emotion, and Attention Systems," poster presentation at the Annual Meeting of the Society for Neuroscience, New Orleans, November 11, 2003.

2. The two centers are the caudate nucleus and the septum.

3. On casual sex, see Helen Fisher, *Why We Love* (New York: Henry Holt, 2004), p. 117.

4. On attractive traits, see David Buss, "Sex Differences in Human Mate Preference: Evolutionary Hypotheses Tested in 37 Cultures," *Behavioral and Brain Sciences* 12 (1989), pp. 1–49.

5. On the sweat study, see Charles Wysocki, "Male Axillary Extracts Contain Pheromones that Affect Pulsatile Secretion of Luteinizing Hormone and Mood in Women Recipients," *Biology of Reproduction* 68 (2003), pp. 2107–13.

6. On the hip-to-waist-to-bust ratio, see David Buss, "Sex Differences."

7. Devendra Singh, "Female Mate Value at a Glance: Relationship of Hip-to-Waist Ratio to Health, Fecundity, and Attractiveness," *Neuroendocrinology Letters,* suppl. 4 (2002), pp. 81–91.

8. The main areas activated during romantic love include the medial insula, the ACC, the caudate nucleus, and the putamen, all on both sides. These all light up during intense happiness. Just as important, portions of the cingulate gyrus and amygdala that activate during dysphoria were deactivated. See Andrea Bartels and Semir Zeki, "The Neural Basis of Romantic Love," *NeuroReport* 17 (2000), pp. 3829–34.

9. On sexual arousal and brain circuitry in men, see Serge Stoleru et al., "Neuroanatomical Correlates of Visually Evoked Sexual Arousal in Human

Males," *Archives of Sexual Behavior* 28 (1999), pp. 1–21; S. L. Rauch et al., "Neural Activation During Sexual and Competitive Arousal in Healthy Men," *Psychiatry Research* 91(1999), pp. 1–10.

10. The neural wiring for sex includes structures in the higher limbic brain like the septal area, bed nucleus of the stria terminalis, and preoptic areas, which connect through the anterior hypothalamus to the medial forebrain bundle of the lateral hypothalamus. See Jaak Panksepp, *Affective Neuroscience: The Foundations of Human and Animal Emotions* (New York: Oxford University Press, 1998).

11. The aggression circuitry concentrates in the temporal lobes, an area more active in males; the circuitry for tender nurturance, focused in the cingulate area, tends to be more active in women. Here, as everywhere in the brain, what happens depends on specifics: exactly how testosterone affects sexual desire in women differs with the dose; moderate levels increase libido, while very high levels suppress it. See R. C. Gur et al., "Sex Differences in Regional Cerebral Glucose Metabolism During a Resting State," *Science* 267 (1995), pp. 528–31.

12. Dopamine raises testosterone levels, and so the class of antidepressants that raise dopamine levels frequently increase libido as well. See J. P. Heaton, "Central Neuropharmacological Agents and Mechanisms in Erectile Dysfunction: The Role of Dopamine," *Neuroscience and Biobehavioral Reviews* 24 (2000), pp. 561–69.

13. Vasopressin can also impel aggression. Vasopressin and oxytocin act in the brains of both men and women, the one possibly energizing the more assertive side of mothering in women, and the other encouraging the gentler side of fatherhood in men.

14. This simplified account of the neurochemistry of love draws on Panksepp, *Affective Neuroscience.* Panksepp notes that a far wider array of brain chemicals are at play in sexuality, most of which are as yet little understood.

15. On afterplay, see C. S. Carter, "Oxytocin and Sexual Behavior,"

Neuroscience and Behavioral Reviews 16 (1992), pp. 131–44.

16. On the young lawyer and her fiancé, see Mark Epstein, *Open to Desire* (New York: Gotham, 2005).

17. Anne Rice talked about her sex fantasies in Katherine Ramsland, *Roquelaure Reader: A Companion to Anne Rice's Erotica* (New York: Plume, 1996).

18. On common fantasy themes, see Harold Leitenberg and Kris Henning, "Sex Fantasy," *Psychological Bulletin* 117 (1995), pp. 469–96.

19. Not all sex fantasies involve an elaborate scene; some are merely fleeting thoughts or images of a romantic or sexual activity. For a review of the current psychological consensus, see ibid.

20. On fantasizing, see Sigmund Freud, "Creative Writers and Daydreaming," in James Strachey, ed., *The Standard Edition of the Complete Psychological Works of Sigmund Freud,* Vol. 9 (1908; London: Hogarth Press, 1962), p. 146.

21. On Daydreams and lovemaking, see, for example, G. D. Wilson and R. J. Lang, "Sex Differences in Sexual Fantasy Patterns," *Personality and Individual Differences* 2(1981), pp. 343–46.

22. But if the fantasy reality becomes imposed on the other, without their consent, then the I-You evaporates into I-It sexuality: "*it* arouses me" rather than "*you* arouse me." The etiquette for navigating this borderline between consent and imposition has apparently been well defined in the subculture of bondage and discipline, where the very nature of the operative fantasies can all too easily stray into interpersonal disaster.

23. Michael J. Bader, *The Secret Logic of Sexual Fantasies* (New York: St. Martin's Press, 2002), p. 157.

24. On narcissists and sexual attitudes, see Brad J. Bushman et al., "Narcissism, Sexual Refusal, and Aggression: Testing a Narcissistic Reactance Model of Sexual Coercion," *Journal of Personality and Social Psychology* 48 (2003), pp. 1027–40.

25.On women forced into coercive sex, see Edward O. Laumann et al., *The Social Organization of Sexuality: Sexual Practices in the United States* (Chicago: University of Chicago Press, 1994).

26. E. J. Kanin, "Date Rapists: Differential Sexual Socialization and Relative Deprivation," *Archives of Sexual Behavior* 14 (1985), pp. 219–31.

27. On coerced sex as a turn-on or a turn-off, see Bethany Lohr et al., "Sexual Arousal to Erotic and Aggressive Stimuli in Sexually Coercive and Noncoercive Men," *Journal of Abnormal Psychology* 106 (1997), pp. 230–42.

28. K. E. Dean and N. M. Malamuth, "Characteristics of Men Who Aggress Sexually and of Men Who Imagine Aggressing," *Journal of Personality and Social Psychology* 72 (1997), pp. 449–55.

29. On testosterone, see Alan Booth and James Dabbs, Jr., "Testosterone and Men' s Marriages," *Social Forces* 72, no. 2 (1993), pp. 463–78.

30. On arousal from depictions of rape, see G. Hall et al., "The Role of Sexual Arousal in Sexually Aggressive Behavior: a Meta-analysis," *Journal of Clinical and Consulting Psychology* 61 (1993), pp. 1091–95.

31. On convicted rapists' lack of empathy, see D. Scully, *Understanding Sexual Violence* (London: HarperCollinsAcademic, 1990).

32. On rapists and negative messages, see E. C. McDonell and R. M. McFall, "Construct Validity of Two Heterosocial Perception Skill Measures for Assessing Rape Proclivity," *Violence and Victims* 6 (1991), pp. 17–30.

33. Clinical evidence suggests that sex offenders masturbate regularly to fantasies of their preferred scenario. Some prisons for pedophiles, rapists, and exhibitionists try to lower the rate of repeat offenses after release by offering treatment programs. For many decades the treatment centered on trying to change the offender' s fantasies, through such means as pairing the sex scenario during masturbation with a nauseating odor, or using hormone-blocking medications

to extinguish the troubling desire. But today those approaches alone are seen as insufficient without one that also enhances the offender’s empathy for their victims. So treatments can include having the offender meet real victims of crimes like their own to listen to the pain and suffering the victims felt. The treatments also address the perpetrator’s distorted sense of how victims see them. Exhibitionists, for instance, are confronted with the fact that women they expose themselves to typically see them as pathetic rather than as awesome. Therapy also attacks the distorted thinking that lets a perpetrator rationalize the crime as harmless. On the other hand, trying to suppress the dangerous fantasies can have a paradoxical effect: they may increase instead of decreasing, the more we try to avoid them. So in the more effective programs offenders instead learn how to prevent a relapse by spotting the early stirrings of the dangerous fantasies and by nipping in the bud the habits that in the past had led them to act out those scenarios. See Leitenberg and Henning, “Sex Fantasy.”

34. See, for example, Neil Malamuth, “Predictors of Naturalistic Sexual Aggression,” *Journal of Personality and Social Psychology* 50 (1986), pp. 953–62.

35. On desire with empathy, see Judith Jordan, “Clarity in Connection: Empathic Knowing, Desire, and Sexuality,” in *Women’s Growth in Diversity* (New York: Guilford, 1997). On ego orgasm, see, for example, Masud Khan, “Ego-Orgasm in Bisexual Love,” *International Review of Psycho-analysis* 1 (1974), pp. 143–49.

第十五章　为什么会有夫妻相

1. The quote is slightly paraphrased from John Bowlby, *A Secure Base* (New York: Basic Books, 1988), p. 62.

2. On romantic partners, see Brooke Feeny, “A Secure Base: Responsive Support of Goal Strivings and Exploration in Adult Intimate Relationships,”

Journal of Personality and Social Psychology 87, no. 5 (2004), pp. 631–48.

3. On the other hand, someone who lacks confidence in his ability to deal with the world may actually find reassurance in a partner who takes control, welcoming the intrusiveness as comforting, relieved to have the chance to be dependent.

4. On attachment anxiety and caregiving, see Mario Mikulincer et al., "Attachment, Caregiving and Altruism: Boosting Attachment Security Increases Compassion and Helping," *Journal of Personality and Social Psychology* 89 (2005), pp. 817–39.

5. On selfish altruism, see R. B. Cialdini et al., "Empathy-based Helping: Is It Selflessly or Selfishly Motivated?" *Journal of Personality and Social Psychology* 52 (1987), pp. 749–58.

6. The secure types offered to help the woman even when her difficulties seemed more extreme: they were told that she was not only destitute but also severely depressed. Presumably she would still be down even if they helped her out, but they were nonetheless willing to lend a hand. This seems to refute theories that hold that people help others in order to feel the pleasure of making someone happy—interpreted by these theoreticians as a "selfish" motive for compassion.

7. Jack Nitschke et al., "Orbitofrontal Cortex Tracks Positive Mood in Mothers Viewing Pictures of Their Newborn Infants," *NeuroImage* 21 (2004), pp. 583–92.

8. Oxytocin is produced in nuclei of the hypothalamus, from where it flows to the pituitary and then is released into the bloodstream. In other pathways from the hypothalamus, oxytocin acts on many other areas, such as the amygdala, the raphe nuclei, and the locus coeruleus (among others), as well as the spinal fluid.

9. On voles and oxytocin, see C. Sue Carter, "Neuroendocrine Perspectives on Social Attachment and Love," *Psychoneuroimmunology* 23, no. 8 (1998), pp. 779–818.

10. On the complex connections between oxytocin and testosterone, see Helen Fisher, *Why We Love* (New York: Henry Holt, 2004).

11. On social allergies, see Michael R. Cunningham et al., "Social Allergies in Romantic Relationships: Behavioral Repetition, Emotional Sensitization, and Dissatisfaction in Dating Couples," *Personal Relationships* 12 (2005), pp. 273–95. The passage about the wet towels and toilet paper roll is quoted from the 2000 Rob Reiner film, *The Story of Us.*

12. On basic neural systems, see Jaak Panksepp, *Affective Neuroscience: The Foundations of Human and Animal Emotions* (New York: Oxford University Press, 1998).

13. On meeting emotional needs, see John Gottman, *The Relationship Cure* (New York: Three Rivers Press, 2002).

14. See John Gottman, *What Predicts Divorce: The Relationship Between Marital Processes and Marital Outcomes* (Hillsdale, N.J.: Erlbaum, 1993).

15. On facial similarity in couples, see R. B. Zajonc et al., "Convergence in the Physical Appearance of Spouses," *Motivation and Emotion* 11 (1987), pp. 335–46.

16. S. M. Drigotas et al., "Close Partner as Sculptor of the Ideal Self," *Journal of Personality and Social Psychology* 77 (1999), pp. 293–323.

17. Erik Filsinger and Stephen Thoma, "Behavioral Antecedents of Relationship Stability and Adjustment: A Five-Year Longitudinal Study," *Journal of Marriage and the Family* 50 (1988), pp. 785–95.

18. See, for example, Gottman, *What Predicts Divorce.*

19. On older couples and pleasures, see Robert W. Levenson et al., "The Influence of Age and Gender on Affect, Physiology, and Their Interrelations: A Study of Longterm Marriages," *Journal of Personality and Social Psychology* 67, no. 1 (1994), pp. 56–68.

20. On the five-to-one ratio, see Gottman, *Relationship Cure.*

第十六章　当我们的身心疲惫时

1. For the tale of the Tolstoy marriage, see William L. Shirer, *Love and Hatred: The Stormy Marriage of Leo and Sonya Tolstoy* (New York: Simon and Schuster, 1994).

2. On survival after congestive heart failure, see H. M. Krumholz et al., "The Prognostic Importance of Emotional Support for Elderly Patients Hospitalized with Heart Failure," *Circulation* 97 (1988), pp. 958–64.

3. Men who reported feeling loved most strongly had the very lowest levels of coronary artery disease. While having a loving mate offers protection, being trapped in a toxic relationship may be harmful to health. See T. E. Seeman and S. L. Syme, "Social Networks and Coronary Heart Disease: A Comparative Analysis of Network Structural and Support Characteristics," *Psychosomatic Medicine* 49 (1987), pp. 341–54.

4. On poor relationships as a health risk, see Janice Kiecolt-Glaser et al., "Marital Stress: Immunologic, Neuroendocrine, and Autonomic Correlates," *Annals of the New York Academy of Sciences* 840 (1999), pp. 656–63.

5. On relationships and disease, see Teresa Seeman, "How Do Others Get Under Our Skin: Social Relationships and Health," in Carol Ryff and Burton Singer, eds., *Emotion, Social Relationships, and Health* (New York: Oxford University Press, 2001).

6. Activation of the HPA axis starts when the hypothalamus releases corticotropin hormone (CRH), which in turn triggers the pituitary to release adrenocorticotropin hormone (ACTH), which then stimulates the adrenal cortex to release cortisol, which floods into the bloodstream and has widespread effects throughout the body. See Robert Sapolsky et al., "How Do Glucocorticoids Influence Stress Responses?" *Endocrine Reviews* 21 (2000), pp. 55–89. The Sapolsky laboratory was among the first to document that sustained stress can

damage the hippocampus, a region of the brain central to learning and memory. Their work has pinpointed glucocorticoids, a class of steroid hormones secreted from the adrenal gland during stress, as critical to such neurotoxicity. Moreover, they were the first to demonstrate that glucocorticoids will impair the capacity of hippocampal neurons to survive a variety of neurological diseases, including stroke and seizure. A major focus of the laboratory is to examine the cellular and molecular events underlying hippocampal neuron death, and to identify the components of such death worsened by glucocorticoids.

7. The key areas are in the prelimbic cingulate.

8.Via the social brain, our interactions can matter biologically for our resilience in the face of threats to our health. But at this point researchers can only sketch the bare beginning of a map for the specific brain mechanisms involved. More specifically, social information is processed first by the sensory systems of the neocortex; and it is then fed via the temporal lobe to the amygdala and hippocampus, which then send signals to the HPA axis and the noradrenergic and serotonergic systems. See Seeman, "How Do Others."

9. For better or worse, the steady accumulation of such emotions over years and years is what matters—not just a few intense but passing episodes—as was found when thousands of men and women were tracked for ten years in a study of stress and heart disease. If their stress soared only in the first year, or only in the tenth year, the likelihood that they would end up with cardiovascular problems was much lower because the stress was temporary, not chronic. But people who had high stress levels in both the first year *and* the last—suggesting that stress was more likely a constant feature of their emotional diet—were most at risk for getting heart disease. See James House et al., "Social Relationships and Health," *Science* 241 (1989), pp. 540–45.

10. On the case of Elysa Yanowitz, see Steven Greenhouse, "Refusal to Fire

Unattractive Saleswoman Led to Dismissal, Suit Contends," *New York Times,* April 11, 2003, p. A14.

11. The causes of hypertension are, of course, complex. Medicine assumes that an underlying genetic predisposition is always at play, though life' s stresses (as well as diet and exercise) also determine how rapidly or strongly that predisposition transforms into an actual malady. Naming a specific person as the "cause" of hypertension seems dubious.

12. Nadia Wager, George Feldman, and Trevor Hussey, "Impact of Supervisor Interactional Style on Employees' Blood Pressure," *Consciousness and Experiential Psychology* 6 (2001).

13. While the jury is still out on the case of Elysa Yanowitz' s hypertension, medical data suggest that her disapproving bosses played at least some role in her rising blood pressure. Chronic jumps in blood pressure can raise the set point to which blood pressure returns after recovering from the rise, thus gradually leading to hypertension. In theory, epigenetics means that someone with a genetic vulnerability for hypertension could be rushed into the disease by distressing, ongoing circumstances like these. On the other hand, simple fluid hydraulics may accomplish the same thing. See, for example, B. D. Perry et al., "Persisting Psychophysiological Effects of Traumatic Stress: The Memory of States," *Violence Update* 1, no. 8 (1991), pp. 1–11. However, for a skeptical review see Samuel A. Mann, "Job Stress and Blood Pressure: A Critical Appraisal of Reported Studies," *Current Hypertension Reviews*, 2, (2006) pp. 127–38.

14. S. P. Wamala et al., "Job Stress and the Occupational Gradient in Coronary Heart Disease Risk in Women," *Social Science and Medicine* 51 (2000), pp. 481–98; M. G. Marmot and M. J. Shipley, "Do Socio-economic Differences in Mortality Persist after Retirement? 25 Year Follow-up of Civil Servants in the First Whitehall Study," *British Medical Journal* 313 (1996), pp. 1177–80.

15. On fairness and bosses, see M. Kivimaki et al., "Justice at Work and Reduced Risk of Coronary Heart Disease Among Employees: The Whitehall II Study," *Archives of Internal Medicine* 165 (2005), pp. 2245–51.

16. Some have argued the higher rate of disease among those in lower rungs stems from their having less education, or lower salaries, or less control over how they do their job. Such factors certainly could play a role. But in extensive analyses, toxic interaction between bosses and employees has emerged as the critical variable. See: R. G. Wilkinson, *Unhealthy Societies: The Afflictions of Inequality* (London: Routledge, 1996).

17. Y. Gabriel, "An Introduction to the Social Psychology of Insults in Organizations," *Human Relations* 51 (1998), pp. 1329–54.

18. On status and blood pressure, see James Lynch, *The Broken Heart* (New York: Basic Books, 1979).

19. On heightened risk of cardiovascular disease, see, for example, S. P. Thomas, "Women' s Anger: Relationship of Suppression to Blood Pressure," *Nursing Research* 46 (1997), pp. 324–30; T. M. Dembroski et al., "Components of Type A, Hostility, and Anger-in: Relationship to Angiographic Findings," *Psychosomatic Medicine* 47 (1985), pp. 219–33.

20. On blood pressure during interactions, see Julianne Holt-Lunstad et al., "Social Relationships and Ambulatory Blood Pressure: Structural and Qualitative Predictors of Cardiovascular Function During Everyday Social Interactions," *Health Psychology* 22, no. 4 (2003), pp. 388–97.

21. On false accusation and heart disease, see Jos A. Bosch et al., "Acute Stress Evokes Selective Motibliation of T Cells that Differ in Chemokine Receptor Expression: A Potential Pathway Linking Reactivity to Cardiovascular Disease," *Brain, Behavior and Immunity* 17 (2003), pp. 251–59.

22. This provoked the T cells to attack the endothelium, where deadly plaque

formation begins. This recruitment of T cells, which inflame tissue as they fight off invading bacteria, fits the emerging understanding of the crucial role for such inflammation in atherosclerotic plaque buildup.

23. Cohen assessed the emotional quality of their social interactions in one of his groups of volunteers in the days before coming into the lab. Unpleasant interactions, especially prolonged conflicts (as with heightened levels of cortisol), predicted that a person would be more likely to come down with a severe cold. See Sheldon Cohen, "Social Relationships and Susceptibility to the Common Cold," in Ryff and Singer, *Emotion, Social Relationships,* pp. 221–44.

24. Sheldon Cohen et al., "Sociability and Susceptibility to the Common Cold," *Psychological Science* 14 (2003), pp. 389–95. The study measured social encounters in the weeks before exposure to the rhinovirus, rather than in the days during and after the exposure (since volunteers were in quarantine by then), and so it does not answer the question of whether pleasant or unpleasant encounters just before and on the day of exposure affect immune defenses. That study remains to be done.

25. Sociability—seeking out others in a friendly, genial way—was linked to better moods, better sleep efficiency, and lower levels of cortisol, which in turn predicted less risk of a cold. But, Dr. Cohen notes, searching for a more robust connection might show with greater precision how sociability might "get inside the body" —a question that remains a mystery in need of a more rigorous solution. See Sheldon Cohen, "Psychosocial Models of Social Support in the Etiology of Physical Disease," *Health Psychology* 7 (1988), pp. 269–97. Relationships with a spouse, grandchildren, neighbors, friends, fellow volunteers, or fellow religious congregants all predict that a person will be less susceptible to colds when exposed to rhinoviruses. See Sheldon Cohen, "Social Relationships and Health," *American Psychologist* (November 2004), pp. 676–84.

26. On meta-analysis, see Sally Dickerson and Margaret Kemeny, "Acute Stressors and Cortisol Responses: A Theoretical Integration and Synthesis of Laboratory Research," *Psychological Bulletin* 130 (2004), pp. 355–91.

27. Some of the studies also assayed levels of ACTH, another stress hormone activated by the HPA axis. The effects were much the same, although ACTH acts more quickly, peaking at around ten to twenty minutes after exposure to a stressor, while cortisol peaks later, around thirty to forty minutes after first exposure. There are two widely used scientific measures of cortisol: how much the body secretes and how long those levels take to fall back to normal. People differ greatly in their recovery times; some bounce back quite quickly from a stressful moment, while others seem to remain stuck in the bad mood.

28. For some reason, we may not realize how greatly social stress actually affects our biology. Subjectively people rated the noise just as distressing as the subtraction task, despite the far greater cortisol hike from the subtraction.

29. Social stress tends to activate the following neural areas (all key in the social brain): right prefrontal cortex, amygdala, anterior cingulate, hippocampus, insula.

30. When they felt they were being evaluated during the math problems, their cortisol rise was, again, higher than when they were doing the math alone in a room. See Tara Gruenewald et al., "Acute Threat to the Social Self: Shame, Social Selfesteem, and Cortisol Activity," *Psychosomatic Medicine* 66 (2004), pp. 915–24.

31. When a critical observer made humiliating remarks, people continued to brood— and so maintain stress arousal—long afterward. But they did not obsess nearly so much if their ordeal was impersonal, like being shocked when a computer program detected they were too slow to push a button whenever they heard a tone. See Laura Glynn et al., "The Role of Rumination in Recovery from Reactivity: Cardiovascular Consequences of Emotional States," *Psychosomatic Medicine* 64 (2002), pp. 714–26.

32. On decline, see Teresa Seeman et al., "The Price of Adaptation: Allostatic Load and Its Health Consequences," *Archives of Internal Medicine* 157 (1997), pp. 2259–68; Teresa Seeman et al., "Exploring a New Concept of Cumulative Biologic Risk: Allostatic Load and Its Health Consequences," *Proceedings of the National Academy of Sciences* 98 (2001), pp. 4770–75.

33. On the cumulative emotional tone of relationships and health, see Ryff and Singer, *Emotion, Social Relationships.* The negative health impact of relationships was worse for men than for women, particularly because they tended to have higher readings for indicators of heart disease, while women adversely affected showed highly elevated readings of stress hormones.

34. The left dorsal-superior zone of the prefrontal cortex, to be precise.

35. On relationships and immune function, see Rosenkrantz et al., "Affective Style and In Vivo Immune Response: Neurobehavioral Mechanisms," *Proceedings of the National Academy of Sciences,* 100 (2003), pp. 11, 148–52.

36. In his research on how mother lab rats treat their pups, Michael Meaney discovered that differences in parental care affect genes in the hippocampus that control HPA output via glucocorticoid, a precursor of cortisol. Glucocorticoids are steroids that regulate changes in blood glucose levels, heart rate, and neuron functioning. Genetic research on the complex ways that glucocorticoids themselves are regulated shows they are heavily influenced by social encounters, particularly stressful ones. The pups in Meaney' s research whose moms licked and groomed them the most ended up with genes that expressed little of the stress hormone, while those pups who were neglected expressed a great deal. In wellnurtured pups the genes for regulating stress hormones were twice as active as those in neglected pups. The key zone of the left frontal area in the Wisconsin high-schoolers appears identical to that found in Meaney' s rodents as being altered by the amount of nurturance during puphood. Meaney' s research has identified precise mechanisms

that tie nurturance to the body' s response to stress. Under stress, the brain response begins with cells in the hypothalamus that secrete corticoid-releasing factor (CRF), which signals the brain to mobilize. CRF activates cells in the pituitary, which release ACTH into the blood, triggering the adrenals to secrete glucocorticoids. These hormones travel up to the brain, where they trigger cells in the hippocampus that monitor CRF levels; these cells in turn signal cells in the hypothalamus to lessen levels of CRF. This regulatory system for adjusting levels of CRF operates constantly. As Meaney notes, how those genes are modified during childhood has lifelong consequences: once their level of expression has been set, it persists in that pattern through life. Good parenting, Meaney finds, produces genes that make the hippocampus better at monitoring stress hormones, so that optimal levels are emitted when under stress—making a person more resilient. We humans share the identical stress hormone circuits with all mammals, including Meaney' s lab rats. See Michael Meaney, "Maternal Care, Gene Expression, and the Transmission of Individual Differences in Stress Reactivity Across Generations," *Annual Review of Neuroscience* 24 (2001), pp. 1161–92.

37.On Borden, see Laura Hillenbrand, "A Sudden Illness—How My Life Changed," *The New Yorker,* July 7, 2003.

38. The group centers on Janice Kiecolt-Glaser, a psychologist, and her husband, Ronald Glaser, an immunologist, and has also included William B. Malarkey, a physician at te Ohio State College of Medicine and John T. Cacioppo, a founder of social neuroscience, now at the University of Chicago. See, for example, John T. Cacioppo et al., "Autonomic, Endocrine, and Immune Response to Psychological Stree: The Reactivity Hypothesis," *Annals of the New York Academy of Sciences* 840 (1998), pp. 664–73.

39.On women caregivers, see William B. Malarkey et al., "Chronic Stress Down- Regulates Growth Hormone Gene Expression in Peripheral Blood

Mononuclear Cells of Older Adults," *Endocrine* 5 (1996) 1, pp. 33–9.

40. On an earlier study of Alzheimer' s Disease caregivers, see Janice Kiecolt-Glaser et al., "Slowing of Wound Healing by Psychological Stress," *Lancet* 346 (1995), pp. 1,194–6

41. On cell aging, see Elissa Epel et al., "Accelerated Telomere Shortening in Response to Life Stress," *Proceedings of the National Academy of Science* 101 (2004) 49, pp. 17,312–5.

42.Suki Casanave, "Embracing this Imperfect Life," *Hope* (March/April 2002), pp. 32–35.

第十七章　家庭与婚姻中的社交商

1. On choosing pleasant relationships, see Robert W. Levenson et al., "The Influence of Age and Gender on Affect, Physiology, and Their Interrelations: A Study of Long-Term Marriages," *Journal of Personality and Social Psychology* 67, no. 1(1994), pp. 56–68.

2. On emotional support and biological stress, see Teresa Seeman et al., "Social Ties and Support and Neuroendocrine Function," MacArthur Studies of Successful Aging, *Annals of Behavioral Medicine* 16 (1994), pp. 95–106. Earlier studies have found the same relationship, emotional support lowering risk, with a range of other biological measures, including lower heart rate and blood pressure, lower serum cholesterol, and lower norepinephrine: Teresa Seeman, "How Do Others Get Under Our Skin?" in Carol Ryff and Burton Singer, eds., *Emotion, Social Relationships, and Health* (New York: Oxford University Press, 2001).

3. On older people and emotional complexity, see L. L. Carstensen et al., "Emotional Experience in Everyday Life Across the Lifespan," *Journal of Personality and Social Psychology* 79 (2000), pp. 644–55.

4. On a supportive environment and cognitive ability in the elderly, see Teresa E. Seeman et al., "Social Relationships, Social Support, and Patterns of Cognitive Aging in Healthy, High-functioning Older Adults," *Health Psychology* 4 (2001), pp. 243–55.

5. On loneliness and health, see Sarah Pressman et al., "Loneliness, Social Network Size, and Immune Response to Influenza Vaccination in College Freshmen," *Health Psychology* 24 (2005), pp. 297–306.

6. On social engineering in homes for the elderly speeding neurogenesis, see Fred Gage, "Neuroplasticity," paper presented at the twelfth meeting of the Mind and Life Institute, Dharamsala, India, October 18–22, 2004.

7. On newlyweds disagreeing, see Janice Kiecolt-Glaser et al., "Marital Stress: Immunologic, Neuroendocrine, and Autonomic Correlates," *Annals of the New York Academy of Sciences* 840 (1999), pp. 656–63.

8. Ibid., p. 657.

9. There was little relationship between the verbal struggle and endocrine measures in the older husbands.

10. Tor Wagner and Kevin Ochsner, "Sex Differences in the Emotional Brain," *Neuro-Report* 16 (2005), pp. 85–87.

11. On the importance of personal relationships, see Carol Ryff et al., "Elective Affinities and Uninvited Agonies: Mapping Emotion with Significant Others Onto Health," in Ryff and Singer, *Emotion, Social Relationships.* From middle age onward men place increasing importance on their relationships, but still to a lesser extent than women.

12. On women and caring, see R. C. Kessler et al., "The Costs of Caring: A Perspective on the Relationship Between Sex and Psychological Distress," in I. G. Sarason and B. R. Sarason, eds., *Social Support: Theory, Research and Applications* (Boston: Martinus Nijhoff, 1985), pp. 491–507.

13. On women being more sensitive, see M. Corriel and S. Cohen, "Concordance in the Face of a Stressful Event," *Journal of Personality and Social Psychology* 69 (1995), pp. 289–99.

14. On memories and biological shifts, see Kiecolt-Glaser et al., "Marital Stress."

15. Numerous studies find that women show stronger immune, endocrine, and cardiovascular reactions to marital arguments than do their husbands. See, for example, Janice Kiecolt-Glaser et al., "Marital Conflict in Older Adults: Endocrinological and Immunological Correlates," *Psychosomatic Medicine* 59 (1997), pp. 339–49; T. J. Mayne et al., "The Differential Effects of Acute Marital Distress on Emotional, Physiological and Immune Functions in Maritally Distressed Men and Women," *Psychology and Health* 12 (1997), pp. 277–88; T. W. Smith et al., "Agency, Communion, and Cardiovascular Reactivity During Marital Interaction," *Health Psychology* 17 (1998), pp. 537–45.

16. On women's deaths from heart disease, see James Coyne et al., "Prognostic Importance of Marital Quality for Survival of Congestive Heart Failure," *American Journal of Cardiology* 88 (2001), pp. 526–29.

17. On broken heart syndrome, see Ilan Wittstein et al., "Neurohumoral Features of Myocardial Stunning Due to Sudden Emotional Stress," *New England Journal of Medicine* 352 (2005), pp. 539–48.

18. On satisfaction and women's health, see Linda Gallo et al., "Marital Status and Quality in Middle-aged Women: Associations with Levels and Trajectories of Cardiovascular Risk Factors," *Health Psychology* 22, no. 5 (2003), pp. 453–63.

19. On holding hands, see J. A. Coan et al., "Spouse, But Not Stranger, Hand Holding Attenuates Activation in Neural Systems Underlying Response to Threat," *Psychophysiology* 42 (2005), p. S44, J.A. Coan et al., "Lending

a Hand: Social Regulation of the Neural Response to Threat," *Psychological Science* (2006) in press.

20. The circuitry encompasses the insula, hypothalamus, right prefrontal cortex, and anterior cingulate.

21. On neuroendocrinology and oxytocin, see C. Sue Carter, "Neuroendocrine Perspectives on Social Attachment and Love," *Psychoneuroimmunology* 23 (1998), pp. 779–818. The data for the health benefits of oxytocin are strong, but in map-ping biological impacts of relationships, researchers will undoubtedly find that other neuroendocrine pathways are also involved in the mix.

22. On the health benefits, see Kerstin Uvn 鋝 -Moberg, "Oxytocin Linked Antistress Effects: The Relaxation and Growth Responses," *Acta Physiologica Scandanavica* 161 (1997), pp. 38–42. While oxytocin has a short half-life—a matter of minutes—it seems to trigger a cascade of secondary mechanisms that have broad health advantages.

23. On blood pressure and oxytocin, see ibid.

24. Carole Radziwill, *What Remains: A Memoir of Fate, Friendship, and Love* (New York: Scribner' s, 2005).

25. On women and stress, see Shelley E. Taylor et al., "Female Responses to Stress: Tendand- Befriend, not Fight-or-Flight," *Psychological Review* 107 (2000), pp. 411–29. See also Shelley E. Taylor, *The Tending Instinct* (New York: Times Books, 2002).

26. On relationships as emotional regulators, see Lisa Diamond and Lisa Aspinwall, "Emotion Regulation Across the Life Span: An Integrative Perspective Emphasizing Self-regulation, Positive Affect, and Dyadic Processes," *Motivation and Emotion* 27, no. 2 (2003), pp. 125–56.

27. Some argue that our overall pattern of cardiovascular and neuroendocrine activity varies to a significant degree as a function of the emotional status

of our most major relationships. See, for example, John Cacioppo, "Social Neuroscience: Autonomic, Neuroendocrine, and Immune Responses to Stress," *Psychophysiology* 31 (1994), pp. 113–28.

28. On stress and contagion, see Brooks Gump and James Kulik, "Stress, Affiliation, and Emotional Contagion," *Journal of Personality and Social Psychology* 72, no. 2 (1997), pp. 305–19.

29. On patients and surgery, see James Kulik et al., "Stress and Affiliation: Hospital Roommate Effects on Preoperative Anxiety and Social Interaction," *Health Psychology* 12 (1993), pp. 118–24.

30. In this sense, the network of people who deeply care about a patient' s well-being is an underutilized health resource.

31. On brain activity in minimally conscious patients, see N. D. Schiff et al., "fMRI Reveals Large-scale Network Activation in Minimally Conscious Patients," *Neurology* 64 (2005), pp. 514–23.

32. Mark Pettus, *The Savvy Patient* (Richmond, Va.: Capital Books, 2004).

第十八章　一张关爱处方

1. On rates of burnout, see Sameer Chopra et al., "Physician Burnout," *Student JAMA* 291 (2004), p. 633.

2. On the heart surgeon turned patient, see Peter Frost, "Why Compassion Counts!" *Journal of Management Inquiry* 8 (1999), pp. 127–33. The saga of the heart surgeon as told by Frost is loosely based on the story of Fitzhugh Mullan, a physician who wrote about his own shift from doctor-in-charge to helpless patient suffering from cancer in *Vital Signs: A Young Doctor's Struggle with Cancer* (New York: Farrar, Straus and Giroux, 1982). I, in turn, have slightly modified and shortened Frost' s version.

3. David Kuhl, *What Dying People Want* (Garden City, N.Y.: Doubleday, 2002).

4. On rapport and lawsuits, see W. Levinson et al., "Physician-Patient Communication: The Relationship with Malpractice Claims Among Primary Care Physicians and Surgeons," *Journal of the American Medical Association* 277 (1997), pp. 553–59.

5. Fabio Sala et al., "Satisfaction and the Use of Humor by Physicians and Patients," *Psychology and Health* 17 (2002), pp. 269–80.

6. On patient satisfaction, see Debra Roter, "Patient-centered Communication," *British Medical Journal* 328 (2004), pp. 303–4.

7. Doctors, it turns out, are not the best judges of how well their patients understand them. When patients being treated for myocardial infarction or pneumonia were surveyed about their posthospital treatment plans, just 57 percent said they comprehended the plans. But when the very physicians who made up those plans and had explained them to their patients were asked the same question, they said 89 percent understood. That gap showed up again when just 58 percent of patients knew when they could resume their normal activities, while their physicians assured the researchers that 95 percent knew. See Carolyn Rogers, "Communications 101," *American Academy of Orthopedic Surgeons' Bulletin* 147 (1999), p. 5.

8. On exit interviews, see ibid.

9. On the second-year medical students, see Nancy Abernathy, "Empathy in Action," *Medical Encounter* (Winter 2005), p. 6.

10. On security and compassion, see Omri Gillath et al., "An Attachment-Theoretical Approach to Compassion and Altruism," in P. Gilbert, ed., *Compassion: Conceptualizations, Research, and Use in Psychotherapy* (London: Routledge and Kegan Paul, 2004).

11. For the flow chart for caregiving, see William Kahn, "Caring for the

Caregivers: Patterns of Organizational Caregiving," *Administrative Science Quarterly* 38 (1993), pp. 539–63.

12. Lyndall Strazdins, "Emotional Work and Emotional Contagion," in Neal Ashkanasy et al., eds., *Managing Emotions in the Workplace* (Armonk, N.Y.: M.E. Sharpe, 2002).

13. For a detailed study of leadership excellence in the medical sector and service professions generally, see Lyle Spencer and Signe Spencer, *Competence at Work: Models for Superior Performance* (New York: John Wiley, 1993).

14. On making the unbearable bearable, see Kenneth B. Schwartz, "A Patient' s Story," *Boston Globe Magazine,* July 16, 1995.

15. The Kenneth B. Schwartz Center has a website at www.theschwartzcenter.org

16. These rounds might be on any topic pertinent to the personal aspects of patient care, ranging from handling a difficult or hostile patient or family, to coping with the emotional price of caring for seriously ill patients. They are regularly scheduled at Mass General (as Harvard Medical School' s most renowned hospital is known) and have been adopted by more than seventy other hospitals. The Schwartz Center offers help to other hospitals interested in starting such rounds.

17. Mack Lipkin et al., *The Medical Interview* (New York: Springer-Verlag, 1995).

第十九章　当我们面临压力时

1. Amy Arnsten, "The Biology of Being Frazzled," *Science* 280 (1998), pp. 1711–13.

2. That suggests the wisdom of Nature' s design in extreme situations—at least for people who have well-honed expertise to rely on. The problem arises

when that same response gets triggered when there is no threat to life—just the symbolic perils of modern life. For the most part in those situations we need to call on the brain' s executive center, not our primal habits. To work at our best we need the low road to support the high—not to command it.

3. On stress intensity and impairment, see J. T. Noteboom et al., "Activation of the Arousal Response and Impairment of Performance Increase with Anxiety and Stressor Intensity," *Journal of Applied Physiology* 91 (2001), pp. 2039–101.

4. Though that dysfunction holds for the brain' s temporarily crippled executive centers, the brain still makes a hedged bet that can work well. Consider studies of people under extreme stress in settings like fire houses, combat units, and basketball teams. Under dire pressure, the most seasoned leaders did best by relying on habits and expertise formed over years. A fire captain, for instance, could direct his firemen amid the chaotic uncertainty and terror of a blaze by trusting intuitions forged in a long history of similar situations. While old-timers instinctively know what to do in such high-intensity moments, for a novice the best theory can fail. See Fred Fiedler, "The Curious Role of Cognitive Resources in Leadership," in Ronald E. Riggio et al., eds., *Multiple Intelligences and Leadership* (Mahwah, N.J.: Erlbaum, 2002).

5. On brain correlates of sadness and joy, see Antonio R. Damasio et al., "Subcortical and Cortical Brain Activity During the Feeling of Self-generated Emotions," *Nature Neuroscience* 3 (2002), pp. 1049–56.

6. Sam Intrator, *How Teaching Can Inspire Real Learning in the Classroom* (New Haven, Conn.: Yale University Press, 2003).

7. Positive moods, for example, can make people more realistic; when people who are feeling good have an important goal that they want to achieve, they will seek out potentially useful information even when it might be negative and upsetting. See, for example, L. G. Aspinwall, "Rethinking the Role of Positive

Affect in Selfregulation," *Motivation and Emotion* 22 (1998), pp. 1–32. On the other hand, an elevated mood is not necessarily best for every task: being too giddy bodes poorly for detail work like checking a contract. Indeed, negative moods can sometimes make our perceptions more realistic rather than overly rosy. At the right time, it pays to get serious. For a further review, see Neal M. Ashkanasy, "Emotions in Organizations: A Multi-level Perspective," in Neal Ashkanasy et al., eds., *Emotions in the Workplace: Research, Theory, and Practice* (Westport, Conn.: Quorum Books, 2000).

8. On radiologists' diagnoses, see C. A. Estrada et al., "Positive Affect Facilitates Integration of Information and Decreases Anchoring in Reasoning Among Physicians," *Organizational Behavior and Human Decision Processes* 72 (1997), pp. 117–35.

9. The more difficulty we have performing a given task, the more diffuse and unfocused the pattern of active sites will be in our brain. A diffusely activated brain occurs, for instance, when we are bored and daydreaming, or when we are highly anxious. The brain activation pattern during peak cognitive efficiency looks highly specific to the task at hand. Brain imaging taken while the person is performing a task well shows that the brain has mobilized the sites most pertinent to that activity, and not others that are irrelevant (and so represent an extraneous action or distraction). Cognitive efficiency demands that the specific tools of the brain contribute to the task at hand in a well-orchestrated manner.

10. Anxiety erodes cognitive efficiency. For example, students with math anxiety have less capacity in their working memory when they tackle a math problem. Their anxiety occupies the attentional space they need for math, impairing their ability to solve math problems or grasp new concepts. See Mark Ashcroft and Elizabeth Kirk, "The Relationship Among Working Memory, Math Anxiety, and Performance," *Journal of Experimental Psychology* 130, no. 2

(2001), pp. 224–27.

11. That argument, in terms of the "X-system" and the "C-system" (roughly the low and high roads, respectively), is made by Matthew Lieberman et al., "A Pain by Any Other Name (Rejection, Exclusion, Ostracism) Still Hurts the Same: The Role of Dorsal Anterior Cingulate Cortex in Social and Physical Pain," in J. Cacioppo et al., eds., *Social Neuroscience: People Thinking About Thinking People* (Cambridge, Mass.: MIT Press, 2005).

12. On cortisol and the inverted U, see Heather C. Abercrombie et al., "Cortisol Variation in Humans Affects Memory for Emotionally Laden and Neutral Information," *Behavioral Neuroscience* 117 (2003), pp. 505–16.

13. Moderate stress enhances focused attention. See Eran Chajut and Daniel Algom, "Selective Attention Improves Under Stress: Implications for Theories of Social Cognition," *Journal of Personality and Social Psychology* 85 (2003), pp. 231–48.

14. On anxiety and working memory, see Mark Ashcroft and Elizabeth Kirk, "The Relationship Among Working Memory, Math Anxiety, and Performance," *Journal of Experimental Psychology* 130 (2001), pp. 224–27.

15. See, for example, Mario Mikulincer et al., "Attachment, Caregiving and Altruism: Boosting Attachment Security Increases Compassion and Helping," *Journal of Personality and Social Psychology* 89 (2005), pp. 817–39.

16. Mihalyi Csikszentmilhalyi and Reed Larson, *Being Adolescent: Conflict and Growth in the Teenage Years* (New York: Basic Books, 1984).

17. On managers in bad moods, see J. M. George and A. P. Brief, "Motivational Agendas in the Workplace," *Research in Organizational Behaviour* 18 (1996), pp. 75–109.

18. In describing the relationship between mood and performance in terms of the inverted U, I am oversimplifying a bit. Every major emotion has its distinctive

influence on how we think. Our moods sway our judgments; when we are in a sour mood, we more readily dislike what we see; in contrast, we are more forgiving or appreciative while we are upbeat. See Neal M. Ashkanasy, "Emotions in Organizations: A Multi-level Perspective," in Neal Ashkanasy et al., eds., *Emotions in the Workplace: Research, Theory, and Practice* (Westport, Conn.: Quorum Books, 2000). While good moods have great benefits, negative emotions can be useful in specific situations. "Bad" moods can enhance certain kinds of performance, such as attending to detail in a search for errors or making finer distinctions among choices. This mood-task fit has been mapped in more detail in the work of John Mayer at the University of New Hampshire. For a review of how moods affect performance, see David Caruso et al., *The Emotionally Intelligent Manager* (San Francisco: Jossey Bass, 2004). Neuroscientists have started to map the specific ways different emotional states might boost various intellectual abilities. In the mild mood range at least, moods can facilitate specific tasks—and on a limited range of specific tasks, negative moods help at times and positive moods sometimes hurt. For instance, anxiety (at least at the levels instilled by watching a clip of a horror film) seems to augment tasks largely processed by the right prefrontal cortex, such as face recognition. Enjoyment (induced by watching a comedy) enhances left-hemisphere tasks such as verbal performance. See Jeremy R. Gray et al., "Integration of Emotion and Cognition in the Lateral Prefrontal Cortex," *Proceedings of the National Academy of Sciences*199 (2002), pp. 4115–20.

19. On social stress and working memory impairment, see Bernet Elizuya and Karin Rochlofs, "Cortisol-Induced Impairments of Working Memory Requires Acute Sympathetic Activation," *Behavioral Neuroscience* 119 (2005), pp. 98–103.

20. Destroying the hippocampus ends the ability to learn; neurological patients with damage there live every moment as though the last has not occurred. Some conditions— notably trauma and chronic depression—shrink the hippocampus

by killing off cells. As patients recover from these disorders, their hippocampus gradually grows back.

21. On cortisol and the inverted U, see Abercrombie et al., "Cortisol Variation in Humans."

22. R. Alpert and R. N. Haber, "Anxiety in Academic Achievement Situations," *Journal of Abnormal and Social Psychology* 61 (1960), pp. 207–15.

23. Sian Beilock and Thomas Carr, "When High-powered People Fail: Working Memory and 'Choking Under Pressure' in Math," *Psychological Science* 16 (2005), pp. 101–5.

24. Jeanne Nakamura, "Optimal Experience and the Uses of Talent," in Mihalyi and Isabella Csikzentmihalyi, eds., *Optimal Experience: Psychological Studies of Flow in Consciousness* (New York: Cambridge University Press, 1988).

25. Oddly, the combination of good news delivered with a gloomy expression was perceived even more negatively than bad news delivered with a tone of gloom. On the effects of a positive facial expression in managers, see Michael T. Newcombe and Neal M. Ashkanasy, "The Code of Affect and Affective Congruence in Perceptions of Leaders: An Experimental Study," *Leadership Quarterly* 13 (2002), pp. 601–4.

26. Thomas Sy et al., "The Contagious Leader: Impact of the Leader's Mood on the Mood of Group Members, Group Affective Tone, and Group Processes," *Journal of Applied Psychology* 90 (2005), pp. 295–305.

27. Neal Ashkanasy et al., "Managing Emotions in a Changing Workplace," in Ashkanasy et al., *Emotions in the Workplace.*

28. James Harter, Gallup Organization, unpublished report, December 2004.

29. The poll is cited in Amy Zipkin, "The Wisdom of Thoughtfulness," *New York Times,* May 31, 2000, p. C5.

30. Students tend to feel more a part of things at school the more their teachers

are supportive and caring, and the more good friends and favorite extracurricular involvements they have there. See the special edition of the *Journal of School Health* 74, No. 7, September 2004.

31. For the study of teaching style and student achievement, see Bridget Hamre and Robert Pianta, *Child Development* 76 (2005), pp. 949–67.

32. K. Wentzel, "Are Effective Teachers Like Good Parents? Teaching Styles and Student Adjustment in Early Adolescence," *Child Development* 73 (2002), pp. 287–301.

33. Joseph Durlak and Roger Weisberg, "A Major Meta-Analysis of Positive Youth Development Programs," presentation at the annual meeting of the American Psychological Association, Washington, D.C., August 2005.

34. On the educational benefits of a caring environment, see, for example, K. F. Osterman, "Students' Needs for Belonging in the School Community," *Review of Educational Research* 70 (2000), pp. 323–67.

35. See, for example, the special issue of the *Journal of School Health* (September 2004) on school connectedness.

第二十章　改造的新方式：沟通

1. Former superintendent John Tindall, as quoted in 1949 by the *St. Louis Dispatch* in a report by the Annie E. Casey Foundation, *Small Is Beautiful* (Missouri Division of Youth Services, 2003). My account of the Missouri system is based on that report.

2. On recidivism rates, see ibid. However, comparisons across states should be viewed with caution; they may not reflect identical measures. A better comparison would include all states, tracking in the identical way those released. Such data do not yet exist.

3. On prefrontal damage, see Adriane Raine et al., "Brain Abnormalities in Murderers Indicated by Positron Emission Tomography," *Biological Psychiatry* 42 (1997), pp. 495–508.

4. Adriane Raine et al., "Reduced Prefrontal Gray Matter Volume and Reduced Autonomic Activity in Antisocial Personality Disorder," *Archives of General Psychiatry* 57 (2000), pp. 119–27. Many violent people have atrophy in the amygdala; see R. J. Davidson, K. M. Putnam, C. L. Larson, "Dysfunction in the Neural Circuitry of Emotion Regulation—A Possible Prelude to Violence," *Science* 289 (2000), pp. 591–94.

5. On prefrontal lobe and cognitive control, see E. K. Miller and J. D. Cohen, "An Integrative Theory of Prefrontal Cortex Function," *Annual Review of Neuroscience* 24 (2001), pp. 167–202.

6. This neurological timeline was the basis for a 2005 Supreme Court decision against allowing the execution of juveniles, because young brains have not matured to the point that their decision-making and impulse-control abilities are at levels of adults.

7. Nationally, the annual cost of this vast prison system surpassed $60 billion in 2002. On the prison population, see Bureau of Justice Statistics, U.S. Department of Justice, Nov. 2005.

8. On costs and recidivism rates, see Patrick Langer and David Levin, "Recidivism of Prisoners Released in 1994," report from the Bureau of Justice Statistics, NCJ 193427, (Jun. 2002).

9. Kalamazoo County Coalition on Criminal Justice, "A Plan for Integrating Prevention, Intervention, Corrections, and Reintegration Programs in the Kalamazoo County Criminal Justice System," September 15, 2004.

10. On connectedness and crime, see Dr. Felton Earls, interview by Dan Hurley, "On Crime as Science (A Neighbor at a Time)," *New York Times*, January 6,

2004, p. C1.

11. On analysis of neighborhoods, see Robert J. Sampson et al., "Neighborhoods and Violent Crime: A Multi-level study of Collective Efficacy," *Science* 277 (1997), pp. 918–24.

12. The creation of greater cohesiveness is a social experiment waiting to be done well.

13. Nancy Guerra and Ronald Slaby, "Cognitive Mediators of Aggression in Adolescent Offenders: 2. Intervention," *Developmental Psychology* 26 (1990), pp. 269–77.

14. On younger inmates, see "Childhood on Trial: The Failure of Trying and Sentencing Youth in Adult Criminal Court," Coalition for Juvenile Justice, 2005 Annual Report.

15. These circuits remain somewhat malleable throughout life; if a person of any age has the motivation to learn, they still can do so with some success, given the proper model of learning. But after this window has closed in the twenties, it takes far more effort and time to shape them—and so requires that the person be more highly motivated and be given more personalized help. For the apt model of learning, see Part Two in Daniel Goleman et al., *Primal Leadership* (Boston: Harvard Business School Press, 2002). See also "Best Practices" at www. eiconsortium. org.

16. On rehab in prison, see James McGuire, ed., *What Works: Reducing Reoffending* (New York: John Wiley, 1995); James McGuire, *Offender Rehabilitation and Treatment* (New York: John Wiley, 2002).

17. On programs in social and emotional learning, see www.casel.org.

18. On lower rates, see Wendy Garrard, "Does Conflict Resolution Education Reduce Antisocial Behavior in Schools? The Evidence Says Yes," presented at the annual meeting of the Ohio Commission on Dispute Resolution and Conflict

Management, Columbus, Ohio, November 2005.

19. The National Emotional Literacy Project for Youth-at-Risk is one pilot program that adapts social-emotional abilities to young prison populations (www.lionheart. org). Another pilot program teaches social intelligence skills to youth offenders in Connecticut prisons—for example, they learn better social problemsolving skills and ways to disengage from anger. See Zak Stambor, "Can Teaching Troubled Teens Social Problem-solving Keep Them Out of Trouble?" *Monitor on Psychology* (December 2005), pp. 90–91.

20. On highest recidivism among youngest prisoners, and those with the longer records, see Bureau of Justice Statistics, 2005.

21. On the Bucks County meeting, see Laura Mirsky, "Directing *Burning Bridges,* a Documentary About a Restorative Conference," at www.realjustice.org.

22. On restorative justice, see Gerry Johnstone, *Restorative Justice* (London: Willan Publishers, 2001).

23. See Kathleen Kenna, "Justice for All," *Great Good* (Spring/Summer 2005).

24. On recidivism in multisystemic therapy, see C. M. Boruin et al., "Multisystemic Treatment of Serious Juvenile Offenders: Long-term Prevention of Criminality and Violence," *Journal of Consulting and Clinical Psychology* 63 (1995), pp. 569–78.

25. ibid.

26. On age of prisoners, see Paige Harrison and Alan J. Beck, "Prisoners in 2003," *Bulletin,* Bureau of Justice Statistics, Washington, D.C., November 2004.

第二十一章　他们彼此为什么如此仇恨

1. The Afrikaaner and Anne were witnessed by Peter Senge and recounted

in Peter Senge et al., *Presence: Human Purpose and the Field of the Future* (Cambridge, Mass.: Society for Organizational Learning, 2004).

2. On Us-Them, see Walter Kaufmann, prologue to Martin Buber, *I and Thou* (1937; New York: Simon and Schuster, 1990), p. 13.

3. On similarity and shocks, see, for example, Dennis Krebs, "Empathy and Altruism; An Examination of the Concept and a Review of the Literature," *Psychological Bulletin* 73 (1970), pp. 258–302; C. Daniel Batson, *The Altruism Question: Toward a Scientific Answer* (Hillsdale, N.J.: Erlbaum, 1991).

4. Elie Weisel made these remarks at the sixtieth anniversary of the liberation of Auschwitz. See *Jerusalem Post,* January 25, 2005.

5. For instance, data from the Implicit Association Test suggest that in the United States most whites and about half of blacks are quicker to associate positive terms like "joy" with whites and negative ones like "bomb" with blacks. Even people who espouse antiracist views are often chagrined to find that they, too, are quicker to be positive about whites and negative about blacks.

6. On the Implicit Association Test, see Anthony Greenwald et al., "Measuring Individual Differences in Implicit Cognition: The Implicit Association Test," *Journal of Personality and Social Psychology* 74 (1998), pp. 1464–80.

7. T. Andrew Poehlman et al., "Understanding and Using the Implicit Association Test: III. Meta-analysis of Predictive Validity," unpublished manuscript.

8. Brain imaging reveals that the stronger a person holds such subtle prejudice, the more active the amygdala while looking at the photo of someone in the target group, be it whites, women scientists, or the elderly. See Alan Hart et al., "Differential Response in the Human Amygdala to Racial Out-group Versus Ingroup Face Stimuli," *NeuroReport* 11 (2000), pp. 2351–55; Elizabeth

Phelps and Mahzarin R. Banaji, "Performance on Indirect Measures of Race Evaluation Predicts Amygdala Activation," *Journal of Cognitive Neuroscience* 12 (2000), pp. 729–38. And when images of faces from a Them group are shown quickly (or masked) so that the conscious mind has no idea what it has seen, the amygdala reacts more strongly to these barely glimpsed images than to ones that are consciously seen. See also William A. Cunningham et al., "Separable Neural Components in the Processing of Black and White Faces," *Psychological Science* 15 (2004), pp. 806–13.

9. Irene V. Blair, "The Malleability of Automatic Stereotypes and Prejudice," *Personality and Psychology Review* 202 (2002), pp. 242–61.

10. On stereotype reduction, see Nilanjana Dasgupta and Anthony Greenwald, "On the Malleability of Automatic Attitudes: Combating Automatic Prejudice with Images of Admired and Disliked Individuals," *Journal of Personality and Social Psychology* 81 (2001), pp. 800–14.

11. On methods to reduce implicit bias, see Blair, "The Malleability."

12. Intriguingly, people who hold an ongoing resolve to suppress negative stereotypes are able to do so as long as they are aware of the moment they see a person in the target group. But when the exposure to that person is subliminal (a blink, just 33 milliseconds), the implicit bias remains. See Blair, "The Malleability."

13. On prefrontal and amygdala activity, see Matthew Lieberman et al., "A Pain by Any Other Name (Rejection, Exclusion, Ostracism) Still Hurts the Same: The Role of Dorsal Anterior Cingulate Cortex in Social and Physical Pain," in J. Cacioppo et al., eds., *Social Neuroscience: People Thinking About Thinking People* (Cambridge, Mass.: MIT Press, 2005).

14. This study also suggests why demagogues have always stirred fear and anger into the mix with hostility toward Them. A group' s sense of security poses

a threat to one thing: prejudice.

15. On intergroup studies, see Thomas Pettigrew and Linda Tropp, "A Meta-analytic Test of Intergroup Contact Theory," *Journal of Personality and Social Psychology* (2006, in press).

16. Casual contact counts less than relationships that people feel are important. See Rolf van Dick et al., "Role of Perceived Importance in Intergroup Conflict," *Journal of Personality and Social Psychology* 87, no. 2 (2004), pp. 211–27.

17. On ethnic divides in Europe, see Thomas Pettigrew, "Generalized Intergroup Contact Effects on Prejudice," *Personality and Social Psychology Bulletin* 23 (1997), pp. 173–85.

18. On Germans and prejudice, see Ulrich Wagner et al., "Ethnic Prejudice in East and West Germany: The Explanatory Power of Intergroup Contact," *Group Processes and Intergroup Relations* 6 (2003), pp. 22–36.

19. On affect versus cognitive categories, see Pettigrew and Tropp, "Meta-analytic Test."

20. On categories breaking down, see Susan Rakosi Rosenbloom and Niobe Way, "Experiences of Discrimination Among African American, Asian American and Latino Adolescents in an Urban High School," *Youth & Society* 35, (2004), pp. 420–51.

21. Elliot Aronson, *Nobody Left to Hate* (New York: W.H. Freeman, 2000), p. 15.

22. On the toll of not belonging, see Mean Twenge et al., "Social Exclusion and the Deconstructed State: Time Perception, Meaninglessness, Lethargy, Lack of Emotion, and Self-awareness," *Journal of Personality and Social Psychology* 85 (2003), pp. 409–23.

23. National Center for Chronic Disease Prevention and Health Promotion, Division of Adolescent and School Health, *School Connectedness: What We Know*

That Makes a Difference in Students' Lives (Atlanta, Ga., 2004).

24. On the decrement in working memory, see Toni Schmader and Michael Johns, "Converging Evidence that Stereotype Threat Reduces Working Memory Capacity," *Journal of Personality and Social Psychology* 85 (2003), pp. 440–52.

25. Samuel Gaertner et al., "The Contact Hypothesis," in Judith Nye and Aaron Brower, *What's* Social *about Social Cognition?* (Thousand Oaks, Calif.: Sage, 1996).

26. On the letter, see Aronson, *Nobody Left,* p. 151.

27. On the gift, see Joseph Berger, "A Muslim Santa' s Gift to an Interfaith Group: Free Rent," *New York Times,* December 24, 2004, p. B3.

28. Forgiveness, of course, comes more readily when the offender offers an authentic apology. As one Israeli proposed, a leader on either side of the Israeli rift with the Palestinians could make a ritual apology like, "You have been through so much because of us. We are sorry. We are sorry because we didn' t mean to hurt you, we only wanted to build a nation." That might help the peace process. See Lucy Benjamin, "Impasse: Israel and Palestine," Conference at Columbia University, New York, November 20, 2004.

29. On the physiology of forgiveness, see Fred Luskin, *Forgive for Good* (San Francisco: HarperSanFrancisco, 2001).

30. On forgiveness in Northern Ireland, see ibid.

31. Rabbi Laurence Kushner was interviewed in Jonathan Cott, *On a Sea of Memory* (New York: Random House, 2005), p. 153.

32. The producer of *New Dawn* is George Weiss, La Benevulencija Productions, Amsterdam. The Rwanda Project has its website at www.Heal-reconcile-Rwanda.org.

33. Ervin Staub, *The Roots of Evil* (New York: Cambridge University Press, 1992).

34. Ervin Staub and Laurie Anne Pearlman, "Advancing Healing and

Reconciliation in Rwanda and Other Post-conflict Settings," in L. Barbanel and R. Sternberg, eds., *Psychological Interventions in Times of Crisis* (New York: Springer-Verlag, 2006).

后　记　最重要的事情

1. On the hedonic treadmill, see Daniel Kahneman et al., "A Survey Method for Characterizing Daily Life Experience: The Day Reconstruction Method," *Science* 306 (2004), pp. 1776–80, at 1779.

2. The other strong factors in creating unhappiness were being depressed and not sleeping well, both of which can sometimes be indirect measures of relationships.

3. On vibrant relationships, see Ryff and Singer, "The Contours of Positive Human Health," *Psychological Inquiry* 9 (1988), pp. 1–28.

4. On thingification, see James Gustafson, "G. H. Mead and Martin Buber on the Interpersonal Self," in Ulric Neisser, ed., *The Perceived Self* (New York: Cambridge University Press, 1993).

5. On perfected social intelligence, see George Herbert Mead, *Mind, Self, and Society* (Chicago: University of Chicago Press, 1934), p. 310.

6. Carl Marci of Massachusetts General Hospital has proposed teaching empathy via the physiological logarithm and (working with colleagues at MIT's Media Lab) has already designed a prototype for a patient-monitoring fanny pack.

7. While Bhutan's king declared this national priority decades ago, only in 2004 did the idea gain enough traction to inspire an international conference, held in Thimbu, the nation's capital. Proceedings of an earlier seminar were published in 1999 by the Centre for Bhutan Studies as *Gross National Happiness: A Set of Discussion Papers* (Thimbu, Bhutan).

8. One proposal for a measure of national well-being would include in lifesatisfaction factors like trustworthy and engaging relationships, as a more comprehensive assessment of the consequences of public policy. For the index of social good, see www.neweconomics.org.

9. David Myers, *The Pursuit of Happiness* (New York: William Morrow, 1992).

10. Colin Camerer et al., "Neuroeconomics: How Neuroscience Can Inform Economics," *Journal of Economic Literature* 43 (2005), pp. 9–64.

11. Alvin Weinberg was for several decades director of one of America's largest national nuclear science laboratories at Oak Ridge, Tennessee, and was also a science policy adviser to two presidents. The lab he directed led the "swords into plowshares" movement, seeking to find peaceful applications of nuclear and related technologies—pioneering in nuclear medicine, alternative energy sources, global climate studies, genetics and biomedical assays, among other areas. See Alvin Weinberg, *Reflections on Big Science* (Cambridge, Mass.: MIT Press, 1967). As it happens, Alvin Weinberg is my uncle.

12. On structural violence, see Paul Farmer, *Pathologies of Power* (Berkeley: University of California Press, 2003).

13. For information on parent education programs, see, for example, www.families_first.org. For social and emotional learning, including data on the effectiveness of such programs, and their benefits for academic achievement, see www.casel.org.

14. Susan Alberts, a Duke University biologist, is quoted in "Social Baboons Make Better Mums," *New Scientist* (November 2003).

附录 1　关于大路和小路神经系统

1. For a fuller discussion of these systems, see Colin Camerer,

"Neuroeconomics: How Neuroscience Can Inform Economics," *Journal of Economic Literature* 43 (2005), pp. 9–64.

2. Lieberman proposes as candidates for the neural wiring of the X-system, the amygdala, basal ganglia, lateral temporal cortex, ventromedial prefrontal cortex, and dorsal anterior cingulate cortex. He proposes that the control mode involves the anterior cingulate cortex, lateral prefrontal cortex, posterior parietal cortex, and hippocampus, among others. See: Matthew D. Lieberman, "The X- and C-systems: The Neural Basis of Automatic and Controlled Social Cognitions," in E. Harmon-Jones and P. Winkielman, *Social Neuroscience* (New York: Guilford Press, 2006). Daniel Siegel suggests a different "high-low road" dichotomy, using the "high" to signify an intact and well-functioning social and emotional apparatus, and "low" an impaired mode. See Daniel Siegel, *The Developing Mind* (New York: Guilford Press, 1999).

3. Some cognitive theorists would argue that many emotional reactions involve a mix of cognition and affect, both to some degree automatic and controlled—another way in which this dichotomy oversimplifies complexities.

附录 2　社交脑

1. Leslie Brothers, "The Social Brain: A Project for Integrating Primate Behavior and Neurophysiology in a New Domain," *Concepts in Neuroscience* 1 (1990), pp. 27–51.

2. For instance, another tentative mapping of the social brain has been offered by Preston and de Waal in their review of the neuroanatomy of empathy. See Stephanie D. Preston and Frans B. M. de Waal, "Empathy: Its Ultimate and Proximate Bases," *Behavioral and Brain Sciences* 25 (2002), pp. 1–20.

3. Ibid.

4. On minimal circuitry, see Marco Iacoboni and Gian Luigi Lenzi, "Mirror Neurons, the Insula, and Empathy," *Behavioral and Brain Sciences* 25 (2002), pp. 39–40.

5. On emotional resonance, see Marco Iacoboni, "Understanding Intentions Through Imitation," in Scott Johnson, ed., *Taking Action: Cognitive Neuroscience Perspectives on Intentional Acts* (Cambridge, Mass.: MIT Press, 2003). pp. 107–38.

6. On interlocking and independent circuits, see James R. Blair and Karina S. Perschardt, "Empathy: A Unitary Circuit or a Set of Dissociable Neuro-Cognitive Systems?" *Behavioral and Brain Sciences* 25 (2002), pp. 27–28.

7. On disgust, see Anthony Atkinson, "Emotion-specific Clues to the Neural Substrate of Empathy," *Behavioral and Brain Sciences* 25 (2002), pp. 22–23.

8. On moral judgment and empathy, see Paul J. Eslinger et al., "Emotional and Cognitive Processing in Empathy and Moral Behavior," *Behavioral and Brain Sciences* 25 (2002), pp. 34–35; Iacoboni and Lenzi, "Mirror Neurons."

9. On the emotional brain and relationships, see Reuven Bar-On et al., "Exploring the Neurological Substrates of Emotional and Social Intelligence," *Brain* 126 (2003), pp. 1790–1800.

10. On somatic markers, see Antonio Damasio, *Looking for Spinoza: Joy, Sorrow, and the Feeling Brain* (New York: Harcourt, 2003).

11. On the role of the insula, see Iacoboni and Lenzi, "Mirror Neurons."

12. On embarrassing moments, see S. Berthoz et al., "An fMRI Study of Intentional and Unintentional Embarrassing Violations of Social Norms," *Brain* 125 (2002), pp. 1696–1708.

13. On the neurology of social decision-making, see Antoine Bechara, "The Neurology of Social Cognition," *Brain* 125 (2002), pp. 1673–75.

附录 3　反思社交商

1. Stephanie D. Preston and Frans B. M. de Waal, "Empathy: Its Ultimate and Proximate Bases," *Behavioral and Brain Sciences* 25 (2002), pp. 1–20.

2. The more members of a primate band in a species, the larger the neocortex relative to the rest of the brain. See T. Sawaguchi and H. Kudo, "Neocortical Development and Social Structures in Primates," *Primates* 31 (1990), pp. 283–89.

3. Sarah-Jayne Blakemore and Uta Firth, "How Does the Brain Deal with the Social World?" *NeuroReport* 15 (2004), pp. 119–28.

4. On the social origins of intelligence, see Denise Cummins, *Human Reasoning: An Evolutionary Perspective* (Cambridge, Mass.: Bradford/MIT Press, 1997).

5. On neuro-economics, see Colin Camerer et al., "Neuroeconomics: How Neuroscience Can Inform Economics," *Journal of Economic Literature* 43 (2005), pp. 9–64.

6. Mayer, a psychologist at the University of New Hampshire, with his colleagues set the standard for theory and research in this area. As Peter Salovey and Mayer (and others, including myself) define emotional intelligence, the concept overlaps social intelligence. For example, see John Mayer and Peter Salovey, "Social Intelligence," in Christopher Peterson and Martin E. P. Seligman, eds., *Character Strengths and Virtues: A Handbook and Classification* (New York: Oxford University Press, 2004).

7. David Wechsler, *The Measurement and Appraisal of Adult Intelligence,* 4th ed. (Baltimore: Williams and Wilkins, 1958), p. 75.

8. J. P. Guilford, *The Nature of Intelligence* (New York: McGraw-Hill, 1967).

9. See, for example, Robert Hogan, "Development of an Empathy Scale," *Journal of Consulting and Clinical Psychology* 33 (1969), pp. 307–16; Robert

Sternberg, *Beyond IQ: A Triarchic Theory of Human Intelligence* (New York: Cambridge University Press, 1985); Howard Gardner, *Multiple Intelligences: The Theory in Practice* (New York: Basic Books, 1993).

10. On what makes a person intelligent, see Robert Sternberg et al., "People' s Conceptions of Intelligence," *Journal of Personality and Social Psychology* 41 (1981), pp. 37–55.

11. On the high correlations with IQ, see, for example, Ronald Riggio et al., "Social and Academic Intelligence: Conceptually Distinct but Overlapping Domains," *Personality and Individual Differences* 12 (1991), pp. 695–702.

12. David H. Silvera et al., "The Tromso Social Intelligence Scale," *Scandinavian Journal of Psychology* 42 (2001), pp. 313–19.

13. In another study, when psychologists, all experts on intelligence, were asked to come up with a similar list, they ignored practical social skills in favor of more abstract cognitive abilities like verbal and more abstract social problem-solving skills. See Sternberg et al., "People' s Conceptions."

14. Psychometricians have until recently found paper-and-pencil tests most convenient, and so aspects of intelligence that can be assessed in that format have prevailed. This may be one hidden factor in the dominance of cognitive abilities as the current gold standard in assessing social intelligence. The low road will, no doubt, come more readily within the purview of social intelligence measures with the unstoppable forward march of digital media.

15. Colwyn, Trevarthen, "The Self Born in Intersubjectivity: The Psychology of Infant Communicating," in Ulric Neisser, *The Perceived Self: Ecological and Interpersonal Sources of Self-knowledge* (New York: Cambridge University Press, 1993), ed. pp. 121–73.

16. The PONS is one such widely used nonverbal measure. Paul Ekman' s Web-based measure of the ability to detect microemotions already is a novel

means for assessing someone' s ability to empathize at a noncognitive level, a prerequisite for emotional attunement. Some tests for emotional intelligence (which overlaps with social intelligence), such as the MSCEIT, already use some noncognitive measures; see, for example, John Mayer et al., "Emotional Intelligence: Theory, Findings, and Implications," *Psychological Inquiry* 60 (2004), pp. 197–215. Ekman' s Web-based assessment of microemotions is at www.paulekman.com. Encouragingly, Ekman' s assessment also reveals the social brain to be an eager learner for reading microemotions, suggesting that some key abilities of social intelligence can be strengthened through coaching via electronic media.

17. The model of social intelligence I propose here is a heuristic, intended to prime new thinking about social intelligence. I assume it will be challenged and revised, hopefully on the basis of data generated from fresh theories. This list adds to abilities familiar from existing social intelligence models; four that, so far as I know, are found on no inventory as yet: primal empathy, attunement, synchrony, and concern. These will be controversial for some in the intelligencemeasuring field. My view is that social intelligence should reflect the interpersonal aptitudes of the social brain—and neural logic does not necessarily track the conventional wisdom. Even so, there are already a number of tests and scales assessing various aspects of these "soft" skills. None, as yet, encompasses them all. The best measure would cover the spectrum of social intelli-gence, and identify interpersonal stars while spotting social deficits. See John Kihlstrom and Nancy Cantor, "Social Intelligence," in Robert Sternberg (ed.), *Handbook of Intelligence,* 2nd ed. (Cambridge, U.K.: Cambridge University Press, 2000), pp. 359–79.

18. Kihlstrom and Cantor, Ibid.

《情商》

套装·全6册

全　新　升　级　版

EMOTIONAL INTELLIGENCE

千万级畅销书，“情商之父”**丹尼尔·戈尔曼**

巅峰巨献！

情商：为什么情商比智商更重要

Emotional Intelligence:
Why It Can Matter More Than IQ

[美] 丹尼尔 · 戈尔曼 著

ISBN：978-7-5086-8376-8
定 价：69.00 元

ISBN 978-7-5086-8376-8

9 787508 683768 >

全球销量超过 10 000 000 册的《情商》作者
“情商之父”丹尼尔 · 戈尔曼成名巨作

情商 2：影响你一生的社交商

Social Intelligence:
The New Science of Human Relationships

[美] 丹尼尔 · 戈尔曼 著

ISBN：978-7-5086-8377-5
定 价：75.00 元

ISBN 978-7-5086-8377-5

9 787508 683775 >

社交商是一种基本生存能力，决定你的心智表现，
决定你一生的走向与成就

情商 3：影响你一生的工作情商

Working With Emotional Intelligence

[美] 丹尼尔·戈尔曼 著

ISBN：978-7-5086-8379-9

定 价：69.00 元

ISBN 978-7-5086-8379-9

职场成功的秘诀不仅仅是知识和技能，更重要的是你的工作情商

情商 4：决定你人生高度的领导情商

Primal Leadership:
Learning to Lead with Emotional Intelligence

[美] 丹尼尔·戈尔曼 著

ISBN：978-7-5086-8382-9

定 价：59.00 元

ISBN 978-7-5086-8382-9

打造高活力工作团队，深刻影响你的职业生涯，决定你的人生高度

情商 5：影响人类未来的生态商

Ecological Intelligence:
How Knowing the Hidden Impacts of What We Buy
Can Change Everything

[美] 丹尼尔 · 戈尔曼 著

ISBN：978-7-5086-8378-2
定 价：59.00 元

ISBN 978-7-5086-8378-2

9 787508 683782

智商关乎一个人，情商关乎一群人，生态商关乎全人类
《时代周刊》评为“正在改变世界的十大观念”之一

情商（实践版）：新发现——从“情商更重要”到如何提高情商

The Brain and Emotional Intelligence:
New Insights

[美] 丹尼尔 · 戈尔曼 著

ISBN：978-7-5086-8380-5
定 价：49.00 元

ISBN 978-7-5086-8380-5

9 787508 683805

全球销量超过 10 000 000 册的《情商》作者
“情商之父”丹尼尔 · 戈尔曼最新研究成果